"十四五"职业教育河南省规划教材

机械制造基础

JIXIE ZHIZAO JICHU

主　编　张晓妍
副主编　刘云豫　苏　静　杨雪玲

中国教育出版传媒集团
高等教育出版社·北京

内容提要

本书是"十四五"职业教育河南省规划教材。

本书根据教育部最新发布的《高等职业学校专业教学标准》中对本课程的要求，参照现行国家标准和职业技能等级考核标准，结合多年来教学探索和实践经验编写而成。本书突出职业教育特色，强调立德树人，在每一单元中通过案例引入或知识拓展有机融入课程思政元素。

本书采用模块化方式构建内容体系，由3个模块15个单元组成，主要内容包括金属材料的力学性能、金属的晶体结构与结晶、铁碳合金、钢的热处理、钢及其应用、铸铁、非铁金属及粉末冶金材料、非金属材料、铸造、锻压、焊接、金属切削加工基础、机械加工方法与设备、零件材料与加工工艺的选择、先进制造技术等。

本书是新形态一体化教材，为方便教学，配套提供数字化教学资源，如微课、视频、动画等。

本书可作为高等职业院校装备制造大类相关专业的专业群基础平台课程教材，也可作为有关技术人员的岗位培训和自学用书。

图书在版编目(CIP)数据

机械制造基础/张晓妍主编. —北京：高等教育出版社，2024.2(2025.7重印)

ISBN 978-7-04-061640-8

Ⅰ.①机… Ⅱ.①张… Ⅲ.①机械制造-高等职业教育-教材 Ⅳ.①TH

中国国家版本馆CIP数据核字(2024)第004244号

策划编辑　张尕琳　　责任编辑　张尕琳　　班天允　　封面设计　张文豪　　责任印制　高忠富

出版发行	高等教育出版社	网　　址	http://www.hep.edu.cn
社　　址	北京市西城区德外大街4号		http://www.hep.com.cn
邮政编码	100120	网上订购	http://www.hepmall.com.cn
印　　刷	上海叶大印务发展有限公司		http://www.hepmall.com
开　　本	787 mm×1092 mm　1/16		http://www.hepmall.cn
印　　张	23.25		
字　　数	508千字	版　　次	2024年2月第1版
购书热线	010-58581118	印　　次	2025年7月第3次印刷
咨询电话	400-810-0598	定　　价	49.00元

本书如有缺页、倒页、脱页等质量问题，请到所购图书销售部门联系调换

版权所有　侵权必究

物　料　号　61640-A0

配套学习资源及教学服务指南

二维码链接资源

本书配套微视频、动画、图片、知识扩展等学习资源，在书中以二维码链接形式呈现。手机扫描书中的二维码进行查看，随时随地获取学习内容，享受学习新体验。

打开书中附有二维码的页面　　扫描二维码　　查看相应资源

教师教学资源索取

本书配有课程相关的教学资源，例如，教学课件、应用案例等。选用教材的教师，可扫描以下二维码，关注微信公众号"高职智能制造教学研究"，点击"教学服务"中的"资源下载"，或电脑端访问地址（101.35.126.6），注册认证后下载相关资源。

★如您有任何问题，可加入工科类教学研究中心QQ群：240616551。

本书二维码资源列表

页码	类型	名称	页码	类型	名称
2	微视频	材料科学家师昌绪	53	动画	共析钢过冷奥氏体等温转变曲线建立
2	微课	强度和塑性	53	微视频	过冷奥氏体的等温转变
3	微视频	拉伸试验	56	微视频	过冷奥氏体的连续冷却转变
6	动画	布氏硬度	59	微课	退火与正火
8	动画	洛氏硬度	59	微视频	钢的退火
9	动画	维氏硬度	59	动画	退火
10	动画	摆锤冲击试验	60	微视频	钢的正火
13	微视频	材料发展史	60	动画	正火
16	微课	金属的晶体结构	61	微视频	钢的淬火
17	微视频	金属的晶体结构	61	动画	淬火
17	动画	晶格与晶胞	61	微课	淬火与回火
17	动画	体心立方晶格	62	动画	淬火方法
18	动画	面心立方晶格	62	微视频	大型齿轮的淬火
18	动画	密排六方晶格	66	微视频	钢的回火
22	微视频	合金的组织与相	66	动画	回火
23	动画	渗碳体晶格	67	微视频	钢的表面淬火
23	微视频	金属的结晶	69	动画	火焰加热表面淬火
24	动画	纯金属的结晶过程	70	微视频	钢的化学热处理
30	微课	铁碳合金及其平衡组织	79	微课	钢铁材料基础知识
31	微视频	铁碳合金的基本相	79	微视频	钢铁之路——鞍钢
31	图片	铁素体晶体结构	79	动画	炼钢
31	图片	奥氏体晶体结构	79	动画	棒材和方坯的生产
32	动画	渗碳体晶体结构	79	动画	钢管的生产
32	微视频	珠光体与莱氏体	86	微视频	合金钢的分类和牌号
33	微视频	铁碳合金相图的形成	87	微课	非合金钢和低合金钢
33	动画	特性点、特性线	91	知识拓展	鸟巢用钢
34	微视频	相图中的特性线	93	微课	合金钢
36	动画	共析钢结晶过程	93	微视频	合金结构钢
37	动画	亚共析钢结晶过程	96	图片	汽车齿轮热处理工艺曲线
37	动画	过共析钢结晶过程	102	图片	机床齿轮热处理工艺曲线
45	动画	金相试样的制备	102	微视频	弹簧热卷成型
49	动画	热处理相变点	105	微视频	合金工具钢
52	微课	钢在加热和冷却时的组织转变	115	图片	鱼骨状莱氏体组织
52	动画	热处理工艺曲线	117	微视频	特殊性能钢

续表

页码	类型	名称	页码	类型	名称
129	微课	铸铁	205	动画	金属型铸造
129	微视频	黄河铁牛——考古记	209	动画	卧式离心铸造
130	微视频	铸铁的性能和分类	218	微视频	超级大力士——15 000吨水压机
130	微视频	铸铁的石墨化	219	微课	锻压概述
132	微视频	常用铸铁材料	219	动画	轧制
138	知识拓展	年轻的蠕铁	219	微视频	筒体的轧制及检验
145	微课	铝及铝合金	219	动画	挤压
145	微视频	铝及铝合金	220	动画	拉拔
151	微课	铜及铜合金	221	动画	锻压过程组织变化
151	微视频	铜及铜合金	224	微视频	大型锻件自由锻
156	微视频	其他常用合金简介	224	动画	自由锻
159	知识拓展	刀具材料的发展	227	动画	自由锻基本工序
166	微课	非金属材料	231	微视频	模锻汽轮机叶片
166	微视频	带孔的新材料	231	动画	模锻
170	微视频	塑料的功与过	236	微视频	模锻件制造过程
179	微视频	碳纤维风机叶片	239	微课	胎模锻原理
184	微视频	殷墟青铜铸造之谜	239	动画	板料冲压
185	微视频	用匠心"铸造卓越"——劳模毛正石	240	动画	冲裁件断面特征
187	动画	整模造型	240	微视频	拉伸起皱
187	动画	分模造型	240	微视频	拉伸拉穿
188	动画	三箱造型	240	动画	弯曲件的回弹
188	动画	砂型铸造机器造型生产线	250	微课	焊接概述
188	微视频	智能造型生产线	250	微视频	大国工匠——焊接火箭发动机第一人高凤林
190	动画	灰铸铁冒口的作用	251	动画	焊条电弧焊
190	微视频	自动化浇注	251	微视频	世界技能大赛焊接冠军——曾正超
191	动画	铸件浇不到缺陷形成过程	253	微视频	殷瓦手工焊接——世界上难度最高的焊接技术
191	动画	铸件冷隔缺陷形成过程	260	微视频	氧-乙炔切割
191	动画	铸件表面夹砂结疤	261	微视频	埋弧焊
191	动画	铸件表面化学黏砂	262	微视频	钨极氩弧焊——管极对接
193	动画	缩孔与缩松的形成	263	微视频	CO_2气体保护焊
194	动画	浇注位置的概念及其选择原则	265	动画	压力容器筒体缝焊
196	动画	分型面的概念及应用	265	动画	闪光对焊
204	微课	熔模铸造	271	微视频	带极堆焊
204	微视频	熔模铸造高温叶片	272	微视频	机器人焊接

续表

页码	类型	名称	页码	类型	名称
275	动画	切削运动	298	微视频	铣键槽
279	微视频	车刀组成	300	微视频	钻床
279	微视频	车刀的几何角度	304	动画	多刃复合镗刀
280	微视频	带状切屑	304	微视频	磨削加工
285	微课	车床型号及组成	304	微视频	平面磨床
289	微课	车削概述	310	动画	拉刀工作原理
289	微视频	大国工匠——车工表永斌	318	微课	零件选材原则
289	动画	车削加工	340	微视频	智能制造概述
290	微视频	车外圆	342	微视频	数控车削加工
290	微视频	车端面	343	微视频	数控铣削加工
290	微视频	车螺纹	344	微视频	五轴联动加工叶轮
291	微视频	中心架与跟刀架	348	微视频	柔性制造单元
294	微视频	铣削加工	349	微课	初识3D打印
294	微视频	铣床的结构	350	微视频	3D打印叶轮模型
298	动画	铣平面			

前　言

本书是"十四五"职业教育河南省规划教材。

本书贯彻落实党的二十大精神,以立德树人为根本任务,以培养德智体美劳全面发展的社会主义建设者和接班人为目标,根据教育部最新发布的《高等职业学校专业教学标准》中对本课程的要求,并参照现行国家标准和职业技能等级考核标准编写而成。

机械制造业担负着向国民经济各个部门提供各种性能先进、安全可靠的技术装备的任务,在装备制造领域具有举足轻重的地位。随着现代制造业的产品不断升级换代,产品的生产方式、生产工艺及组织生产模式都在日益更新,高等职业教育的培养目标也在向技术技能型复合人才培养的方向发展。作为机械类、机电类等专业的一门重要的专业基础课程,"机械制造基础"课程教材必须跟上时代的步伐,不断创新。

本书编写立足高等职业教育的定位和特点,充分利用编者团队的企业工程实践经验和多年教学经验,结合新技术、新工艺,同时有机融入课程思政内容,突出基础理论知识的同时注重职业素质和工程实践能力的培养。本书将传统纸质教材升级为新形态一体化教材,配套丰富的数字化资源,助力提高教学质量和教学效果。

本书主要特色如下:

1. 依据教育部最新专业教学标准,以职业能力、职业素质培养为主线,汲取近年来高职教育教学改革最新成果,体现新工艺、新技术、新标准,融入行业标准和职业资格证书有关内容。

2. 对接职业岗位(群)能力要求,引入企业实际工程案例,体现最新科研成果和先进制造技术;将理论知识学习和实践有机结合,注重学生工程实践能力、工程素质和创新能力培养,以适应产业发展和技术转型升级要求。

3. 以机械产品或零件的机械加工工艺过程为主线安排教学内容,注重基本理论、基本知识和基本工艺,将基础性和实用性有机结合,深入浅出、通俗易懂、循序渐进、主次分明。

4. 对现有课程的教学内容、教学方法和教学手段进行改革,整合序化教学内容,形成3大教学模块15个教学单元。

5. 建设新形态一体化教材,配套开发信息化教学资源。应用互联网技术等现代化信息技术手段,重点、难点部分用二维码扫描直接观看教学资源,既拓展了教材内容,又突出重点,突破难点;实现知识碎片化,教材立体化。

6. 在全书每一单元中通过案例引入或知识拓展有机融入课程思政元素。

7. 知识、技能目标明确,突出职业教育类型特色。

本书由河南工业职业技术学院张晓妍担任主编,朱成俊担任主审,刘云豫、苏静、杨雪玲担任副主编,参与编写工作的还有王笛、李成思、刘欣宁、董嫔、郭君扬、李亚楠、董营。

在本书的编写过程中,河南星光机械制造有限公司高级工程师李达提出了许多建设性的意见,南阳市弘源机电科技有限公司等企业提供了大力支持和帮助,在此表示感谢。

由于编者水平有限,本书难免有不当之处,敬请广大读者批评指正。

编　者

目 录

模块一　1
机械工程材料

单元一　金属材料的力学性能
1.1　强度和塑性 ……………………………… 3
1.2　硬度 ……………………………………… 6
1.3　冲击韧性 ………………………………… 10
1.4　疲劳强度 ………………………………… 11
知识拓展 ……………………………………… 13
小结 …………………………………………… 14
习题一 ………………………………………… 14

单元二　金属的晶体结构与结晶
2.1　纯金属的晶体结构 ……………………… 17
2.2　纯金属的实际晶体结构 ………………… 18
2.3　合金的晶体结构 ………………………… 21
2.4　纯金属的结晶 …………………………… 23
2.5　合金的结晶 ……………………………… 25
知识拓展 ……………………………………… 26
小结 …………………………………………… 27
习题二 ………………………………………… 27

单元三　铁碳合金
3.1　铁碳合金的基本组织 …………………… 30
3.2　铁碳合金相图 …………………………… 32
3.3　铁碳合金成分、组织性能之间的关系 …… 40
3.4　铁碳合金相图的应用 …………………… 44
知识拓展 ……………………………………… 45
小结 …………………………………………… 46

目录

习题三 …… 46

单元四 钢的热处理
4.1 钢在加热时的组织转变 …… 49
4.2 钢在冷却时的组织转变 …… 52
4.3 钢的热处理工艺 …… 59
4.4 钢的表面热处理与化学热处理 …… 67
4.5 热处理工艺的应用实例 …… 71
4.6 热处理新技术简介 …… 72
知识拓展 …… 74
小结 …… 75
习题四 …… 76

单元五 钢及其应用
5.1 钢铁材料的生产 …… 79
5.2 杂质元素对钢性能的影响 …… 79
5.3 合金元素在钢中的作用 …… 80
5.4 钢的分类及牌号表示方法 …… 84
5.5 非合金钢 …… 87
5.6 低合金钢 …… 91
5.7 合金结构钢 …… 93
5.8 合金工具钢 …… 105
5.9 特殊性能钢 …… 117
5.10 新型钢材 …… 123
知识拓展 …… 126
小结 …… 127
习题五 …… 127

单元六 铸铁
6.1 概述 …… 129
6.2 铸铁的石墨化 …… 130
6.3 常用铸铁 …… 132
知识拓展 …… 141
小结 …… 142
习题六 …… 143

单元七 非铁金属及粉末冶金材料
7.1 铝及其合金 …… 145
7.2 铜及其合金 …… 151

目录

7.3 粉末冶金材料 …………………… 156
知识拓展 ……………………………… 161
小结 …………………………………… 162
习题七 ………………………………… 163

单元八 非金属材料
8.1 高分子材料 ……………………… 166
8.2 陶瓷材料 ………………………… 174
8.3 复合材料 ………………………… 178
知识拓展 ……………………………… 180
小结 …………………………………… 181
习题八 ………………………………… 182

模块二 184
金属材料的成形

单元九 铸造
9.1 概述 ……………………………… 185
9.2 砂型铸造 ………………………… 186
9.3 金属的铸造性能 ………………… 191
9.4 铸造工艺设计 …………………… 194
9.5 铸件的结构工艺性 ……………… 200
9.6 特种铸造 ………………………… 204
9.7 铸造工艺设计实例 ……………… 212
9.8 铸造过程的数值模拟 …………… 213
知识拓展 ……………………………… 215
小结 …………………………………… 216
习题九 ………………………………… 217

单元十 锻压
10.1 概述 …………………………… 219
10.2 金属的塑性变形 ……………… 220
10.3 自由锻 ………………………… 224
10.4 模锻 …………………………… 230
10.5 板料冲压 ……………………… 239
10.6 模锻工艺应用实例 …………… 242
10.7 锻压新技术 …………………… 243
知识拓展 ……………………………… 245
小结 …………………………………… 246
习题十 ………………………………… 247

目录

单元十一 焊接
- 11.1 概述 …………………………………… 250
- 11.2 焊条电弧焊 …………………………… 251
- 11.3 其他焊接方法 ………………………… 259
- 11.4 焊接结构工艺设计 …………………… 266
- 11.5 焊接结构工艺设计实例 ……………… 269
- 11.6 焊接新技术 …………………………… 270
- 知识拓展 …………………………………… 271
- 小结 ………………………………………… 272
- 习题十一 …………………………………… 273

模块三　274
机械加工工艺基础

单元十二 金属切削加工基础
- 12.1 切削运动与切削要素 ………………… 275
- 12.2 金属切削刀具 ………………………… 277
- 12.3 金属切削过程 ………………………… 280
- 12.4 金属切削机床的分类与型号 ………… 283
- 知识拓展 …………………………………… 287
- 小结 ………………………………………… 287
- 习题十二 …………………………………… 288

单元十三 机械加工方法与设备
- 13.1 车削 …………………………………… 289
- 13.2 铣削 …………………………………… 294
- 13.3 钻削和镗削 …………………………… 300
- 13.4 磨削 …………………………………… 304
- 13.5 刨削与拉削 …………………………… 308
- 知识拓展 …………………………………… 311
- 小结 ………………………………………… 312
- 习题十三 …………………………………… 313

单元十四 零件材料与加工工艺的选择
- 14.1 零件的失效分析 ……………………… 314
- 14.2 选材的原则及方法 …………………… 318
- 14.3 零件毛坯的选择 ……………………… 322
- 14.4 零件热处理的技术条件和工序位置 … 325
- 14.5 典型零件材料和毛坯的选择及加工工艺分析 …………………………………… 329

知识拓展 ······ *336*
　　小结 ······ *336*
　　习题十四 ······ *337*

单元十五　先进制造技术
　　15.1　先进制造技术概述 ······ *340*
　　15.2　数控加工 ······ *342*
　　15.3　柔性制造系统 ······ *346*
　　15.4　3D打印技术 ······ *349*
　　知识拓展 ······ *351*
　　小结 ······ *354*
　　习题十五 ······ *354*

主要参考文献 ······ *355*

模块一　机械工程材料

单元一　金属材料的力学性能

学习目标
1. 掌握金属材料的力学性能概念、指标。
2. 熟悉硬度试验的原理、测定方法。

重　点
金属材料的力学性能及相关试验原理。

难　点
低碳钢拉伸试验过程的理解。

案例引入

泰坦尼克号是20世纪初由英国白星航运公司制造的一艘巨大豪华邮轮,全长269.06 m,宽28.19 m,排水量46 000 t,是当时世界上体积最庞大、内部设施最豪华的客运轮船(图1-1),有"永不沉没的梦幻邮轮"美誉。泰坦尼克号在1912年4月15日从英国南安普敦驶向纽约的处女航行中,在北大西洋撞上冰山而沉没,由于缺少足够的救生艇,1 517人葬身海底,造成了迄今为止最为惨重的一次航海事故。科学考察队采集金属样本进行分析,认为沉船事故与船体使用的材料有很大的关系。首先当时的炼钢技术并不十分成熟,炼出的钢铁材料以现在的标准根本不能造船,泰坦尼克号上所使用的钢板含有许多化学杂质硫化锌,加上长期浸泡在冰冷的海水中,使得钢板由韧性变为脆性。其次,泰坦尼克号船体都是铆钉结构的制造工艺,导致整体刚度增强,但是抵抗弹性变形的能力下降。因此,掌握金属材料的力学性能并加以合理利用,对工业生产和装备制造有着重要的作用和意义。

图 1-1　泰坦尼克号

　　工程材料主要是指在机械、交通运输、建筑、化工、能源、仪器仪表、航空航天等工程领域中用来制造工程构件和零件的材料,包括用于制造工具的材料和具有特殊性能(如耐蚀、耐高温等)的材料。

　　工程材料的性能分为使用性能和工艺性能(图 1-2)。使用性能是指材料保证工件正常工作应具备的性能,包括力学性能、物理性能、化学性能等。材料的使用性能决定其使用寿命和应用范围。工艺性能是指材料适应各种加工的性能,包括铸造性能、锻压性能、焊接性能、切削加工性能等。材料工艺性能直接影响构件和零件的制造方法和制造成本。

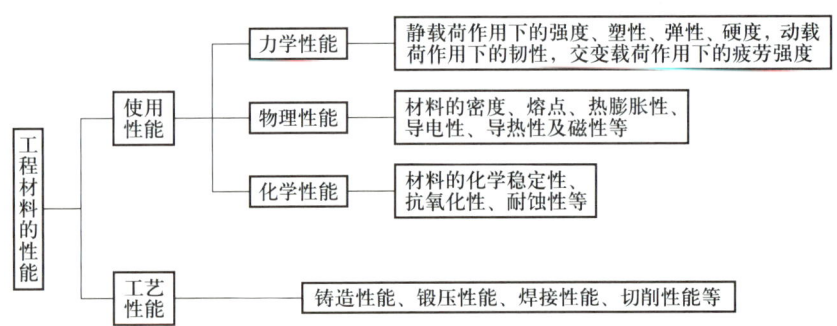

图 1-2　工程材料的性能

　　金属材料是最重要的工程材料之一,包括金属和以金属为基的合金。工业上把金属和其合金分为两大部分:黑色金属(铁及以铁为基的合金)和非铁金属(黑色金属以外的所有金属及其合金)。

　　金属材料的力学性能是指金属材料在不同环境(温度、介质)下,在各种载荷(拉伸、压缩、弯曲、扭转、冲击、交变应力等)作用下,抵抗变形或断裂的能力,包括强度、塑性、硬度、冲击韧性、疲劳强度等。金属材料的力学性能是评价金属材料的主要指标,是设计和选材的重要依据。

1.1 强度和塑性

1.1.1 强度

1. 拉伸试验

金属的强度、塑性可以通过金属拉伸试验来测定。在试验时将金属材料制成一定的尺寸和形状的标准试样,根据国家标准 GB/T 228.1—2021(ISO 6892-1:2019,MOD)[1]《金属材料 拉伸试验 第 1 部分:室温试验方法》的规定,标准圆形拉伸试样如图 1-3 所示。其中,d_o 是试样的原始直径,L_o 是原始标距。根据标距与直径之间的关系,试样可分为长试样($L_o=10d_o$)和短试样($L_o=5d_o$)两种。

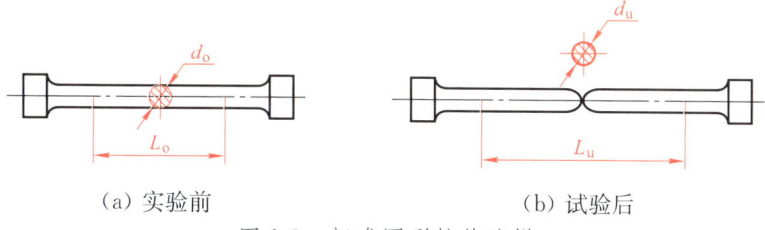

(a) 实验前　　　　　　　　(b) 试验后

图 1-3　标准圆形拉伸试样

将拉伸试样装夹在拉伸试验机上,对试样缓慢施加静拉力,在拉力不断增加的过程中,观察试样的变化,直至把试样拉断。根据试样在拉伸过程中承受的载荷与产生的轴向变形量(这里指试样伸长量)之间的关系,可绘出该金属的拉伸曲线,并由此表征该金属的强度及塑性。

微视频

拉伸试验

2. 拉伸曲线

拉伸试验中,试验机自动记录的拉伸力 F 与试样承载的伸长量 ΔL 之间的关系曲线称为拉伸曲线。如图 1-4 所示为低碳钢的拉伸曲线,拉伸过程中可分为弹性变形、塑性变形和断裂三个阶段。具体分析如下。

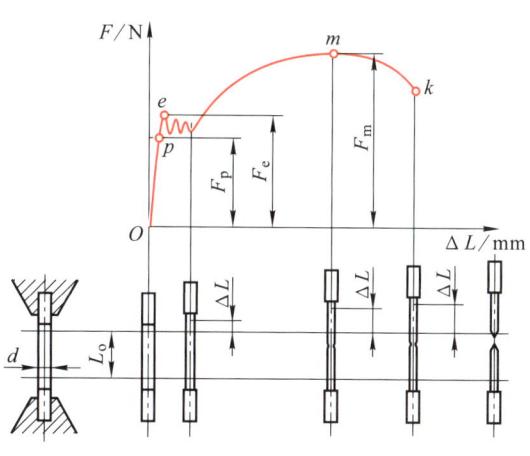

图 1-4　低碳钢的拉伸曲线

---

1) MOD 表示为修改采用国际标准 ISO6892-1:2019。

Op 段:试样的伸长量与载荷呈直线关系,完全符合胡克定律,试样处于弹性变形阶段。

pe 段:当载荷超过 F_p 后,试样将继续伸长,此时若卸除载荷,试样的变形不能完全消失,而是保留一部分残余变形,试样开始产生塑性变形。

em 段:e 点以后拉伸曲线上出现平台或锯齿形,载荷不增加或变化不大,试样仍继续伸长,出现明显的塑性变形,这种现象称为"屈服"。

屈服后期,载荷增加,伸长沿整个试样长度均匀伸长,称为均匀塑性变形阶段;同时,随着塑性变形不断增加,试样的变形抗力也逐渐增加,这个阶段是材料的强化阶段。

m 点:载荷达到最大,试样局部面积减小,伸长增加,形成了"缩颈"。

mk 段:随着缩颈处截面不断减小(非均匀塑性变形阶段),承载能力不断下降,到 k 点时,试样发生断裂。

3. 强度

材料在载荷的作用下抵抗塑性变形和断裂的能力称为强度。强度用应力值 R 表示,单位为 MPa。常用的强度指标主要有屈服强度、规定残余延伸强度、抗拉强度等。

(1) 屈服强度:当金属材料呈现屈服现象时,在拉伸试验期间金属材料产生塑性变形而力不增加时的应力。屈服强度分为上屈服强度和下屈服强度,分别用 R_{eH} 和 R_{eL} 表示。

① 上屈服强度 R_{eH}:是指试样发生屈服而力首次下降前的最大应力。其计算公式为

$$R_{eH}=\frac{F_{eH}}{S_o}$$

式中:F_{eH}——试样发生屈服而力首次下降前的最大载荷,单位为 N;

S_o——试样的原始横截面积,单位为 mm^2。

② 下屈服强度 R_{eL}:是指屈服期间,不计初始瞬时效应时的最小应力。其计算公式为

$$R_{eL}=\frac{F_{eL}}{S_o}$$

式中:F_{eL}——屈服期间,不计初始瞬时效应时的最小力,单位为 N;

S_o——试样的原始横截面积,单位为 mm^2。

屈服强度表示金属材料对微量塑性变形的抗力指标,是工程技术最重要的力学性能指标之一。一般机械零件或构件在使用中不允许产生过量的塑性变形,因此 R_{eL} 是设计和选材的主要力学依据之一。

对于低塑性材料或脆性材料,在拉伸试验中力卸除后不产生明显的屈服现象,也不产生缩颈,可用规定残余延伸强度 R_r 来表示。使用 R_r 符号时需附加下脚标以说明所规定的残余延伸率,如 $R_{r0.2}$ 表示规定残余延伸率为 0.2% 时的应力。

(2) 抗拉强度:材料在拉断前所能承受的最大应力称为抗拉强度,用 R_m 表示。其计算公式为

$$R_\mathrm{m} = \frac{F_\mathrm{m}}{S_0}$$

式中：F_m——材料断裂前所能承受的最大载荷，单位为 N；

S_0——试样的原始横截面积，单位为 mm^2。

R_m 是设计和选材的主要依据之一，也是材料主要力学性能指标之一，对于没有塑性变形的材料尤为重要。

（3）强度的意义：强度是金属材料的重要性能指标。一般构件或零件在使用时不允许发生塑性变形，这就要求选用的零件受到的工作应力应小于屈服强度，因此设计与选材的主要依据是屈服强度 R_eL 或规定残余延伸强度 $R_\mathrm{r0.2}$。而抗拉强度 R_m 表示金属材料抵抗拉伸断裂的能力，它是评定金属材料性能的重要指标。若工作应力大于抗拉强度，则构件或零件会发生断裂而造成事故。工程上，还通过计算屈强比（$R_\mathrm{eL}/R_\mathrm{m}$）来判别材料强度的利用率，屈强比越小，构件或零件的可靠性越高，但屈强比不能太小（太小时，材料的强度利用率太低），屈强比越大，材料性能使用效率越高。因此，在实际应用时要根据具体情况考虑，一般材料的屈强比以 0.75 为宜。

1.1.2 塑性

金属材料在外力作用下发生塑性变形但不被破坏的能力称为塑性。塑性指标主要是断后伸长率 A 和断面收缩率 Z。

1. 断后伸长率

断后伸长率是指试样拉断后标距的伸长量与原始标距的百分数，用 A 表示，即

$$A = \frac{L_\mathrm{u} - L_0}{L_0} \times 100\%$$

式中：L_u——试样拉断后的标距，单位为 mm；

L_0——试样原始标距，单位为 mm。

试样的标距对金属材料的断后伸长率 A 是有影响的。对于同种材料，用长、短试样测得的断后伸长率是不同的，它们之间不能直接比较。因为 L_u 是试样的均匀伸长和产生缩颈后局部伸长的总和，相对来说，短试样中缩颈的伸长量占总伸长量的比例大，所以短试样的断后伸长率较大。

2. 断面收缩率

断面收缩率是指试样拉断后缩颈处横截面积的最大缩减量与试样原始横截面积的百分数，用 Z 表示，即

$$Z = \frac{S_0 - S_\mathrm{u}}{S_0} \times 100\%$$

式中：S_u——试样断口处最小横截面积，单位为 mm^2；

S_0——试样原始横截面积，单位为 mm^2。

断面收缩率不受试样尺寸的影响,较为准确地反映了材料的塑性。

3. 塑性的意义

金属材料的断后伸长率 A 和断面收缩率 Z 越大,说明该材料的塑性变形量越大,即塑性越好。金属材料的塑性是决定其能否进行塑性加工的必要条件。塑性好的材料不仅可进行轧制、锻压等塑性加工,而且在使用中偶尔受载荷过大时可以通过产生塑性变形来避免突然断裂,在一定程度上保证了构件或零件的工作安全,增加了可靠性。一般情况下,材料的伸长率 A 达到 5% 或收缩率 Z 达到 10%,即可满足多数构件或零件的塑性要求。脆性材料 $A<5\%$,韧性材料 $A\approx5\%\sim10\%$,塑性材料 $A>10\%$。

1.2 硬度

金属材料抵抗局部变形和破坏的能力称为硬度。硬度是衡量金属材料软硬程度的指标,它表示材料抵抗塑性变形的能力,是材料强度和塑性的一个综合依据。生产中常用压入法测定硬度,即将一定几何形状的压头,在一定的压力作用下,压入材料的表面,根据压头压入的程度来测定材料的硬度。压入法测硬度常用的方法有布氏硬度、洛氏硬度、维氏硬度等。

1.2.1 布氏硬度

1. 布氏硬度的测量原理

按照国家标准 GB/T 231.1—2018(ISO 6506-1:2014,MOD)《金属材料 布氏硬度试验 第1部分:试验方法》,布氏硬度的测量原理是用一定直径的碳化钨合金球做压头,以规定的试验力 F(单位为 N)作用下压入被测材料的表面(图 1-5),保持规定时间后卸除载荷,测量并计算压痕平均直径 d(单位为 mm),计算出压痕的面积 S(单位为 mm^2),再算出压痕的单位面积上所承受的平均压力,该值即为被测金属的布氏硬度值,用 HBW 表示。习惯上只写出硬度的数值,不标注单位。布氏硬度值的计算公式为

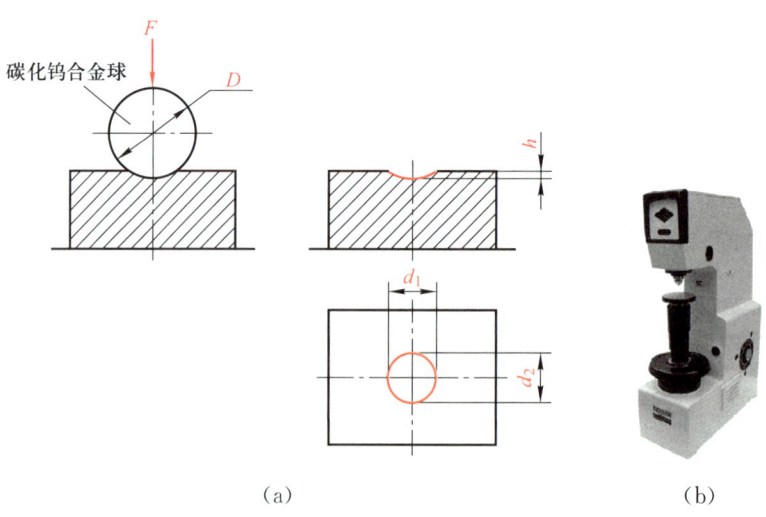

图 1-5 布氏硬度测量原理及布氏硬度计

$$\text{HBW} = 常数 \times \frac{F}{S} = 0.102 \frac{2F}{\pi D(D-\sqrt{D^2-d^2})}$$

式中：F—试验力，单位为 N；

D—压头直径，单位为 mm；

d—压痕平均直径，在相互垂直方向测量的压痕直径 d_1、d_2，计算得到 $d = \frac{d_1+d_2}{2}$，单位为 mm。

从计算公式可知，只有 d 是变值，用读数显微镜测量 d 的数值，经计算或查表可确定布氏硬度值。

2. 布氏硬度的表示方法

布氏硬度数值在前，符号在后。符号后面按压头直径、试验力大小、试验力保持时间（10～15 s 不标注）的顺序用数字表示试验条件。例如，120 HBW10/1000/30 表示用直径 10 mm 的压头、9.8 kN（1 000 kgf）试验力、保持 30 s 的测量条件下，布氏硬度值为 120。一般在零件图或工艺文件上可只标出硬度值的大小和符号，而不必规定试验条件，如 450～480 HBW。布氏硬度试验规范见表 1-1。

表 1-1　布氏硬度试验规范

材料	布氏硬度 HBW	压头直径 D/mm	$0.102 \times F/D^2$ N/mm²	试验力 F/N	试验力保持时间 t/s	备注
钢、镍基合金、钛合金	—	10 5 2.5	30	29 420 7 355 1 839	10～15	任一压痕中心距试样边缘距离至少应为压痕平均直径的 2.5 倍；两相邻压痕中心间距离至少应为压痕平均直径的 3 倍。试样厚度至少应为压痕深度的 8 倍；试验后，试样背部应不可见变形。 对于铸铁，压头的名义直径应为 2.5 mm、5 mm、10 mm
铸铁	<140	10 5 2.5	10	9 807 2 452 612.9	10～15	
铸铁	≥140	10 5 2.5	30	29 420 7 355 1 839	10	
铜和铜合金	<35	10 5 2.5	5	4 903 1 226 306.5	60	
铜和铜合金	35～200	10 5 2.5	10	9 807 2 452 612.9	30	
铜和铜合金	>200	10 5 2.5	30	29 420 7 355 1 839	30	

续 表

材料	布氏硬度 HBW	压头直径 D/mm	$0.102 \times F/D^2$ N/mm²	试验力 F/N	试验力保持时间 t/s	备 注
轻金属及其合金	<35	10 5 2.5	2.5	2 452 612.9 153.2	60	任一压痕中心距试样边缘距离至少应为压痕平均直径的2.5倍;两相邻压痕中心间距离至少应为压痕平均直径的3倍。试样厚度至少应为压痕深度的8倍;试验后,试样背部应不可见变形。对于铸铁,压头的名义直径应为2.5 mm、5 mm、10 mm
	35~80	10 5 2.5	5	4 903 1 226 306.5	30	
		10 5 2.5	10	9 807 2 452 612.9	30	
		10	15	14 710	30	
	>80	10 5 2.5	10		30	
		10	15	14 710	30	
铅、锡	—	10	1	980.7	60	

3. 布氏硬度的适用范围

布氏硬度试验测量压痕面积较大,能反映较大范围内被测金属的平均硬度,故试验结果较准确,适合于测量组织粗大且不均匀的金属材料(如铸铁、铸钢、非铁金属材料及各种退火、正火或调质处理的钢材等毛坯或半成品)的硬度,不适合测量成品或薄片金属的硬度。

1.2.2 洛氏硬度

1. 洛氏硬度的测量原理

按照国家标准 GB/T 230.1—2018(ISO 6508-1:2016,MOD)《金属材料 洛氏硬度试验 第1部分:试验方法》,洛氏硬度的测量是用顶角为120°、顶部半径为0.2 mm曲率的金刚石圆锥体压头或直径为1.587 5 mm 的碳化钨合金球形压头,在初试验力 F_0 及总试验力 F(初试验力 F_0 与主试验力 F_1 之和)分别作用下,将压头压入试样表面,保持规定时间后卸除主试验力,保持初试验力,用测量压头的残余压痕深度来计算硬度值。测量原理如图1-6所示。图中 $0-0$ 为金刚石压头的起始位置,$1-1$ 为压头在初试验力(98.07 N)作用下压入试样深度为 h_1 的位置,以此为测量的基准;$2-2$ 为压头在总试验力作用下压入深度为 h_2 的位置;$3-3$ 为卸

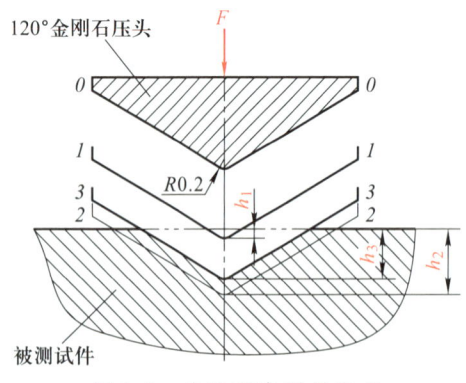

图1-6 洛氏硬度测量原理

除主试验力、保留初试验力后的位置 h_3。因此,压痕深度 $h=h_3-h_1$,洛氏硬度计算公式为

$$HR=N-\frac{h}{S}$$

式中:HR 为洛氏硬度;

N 和 S 为常数,分别是指给定标尺的全量程常数和给定标尺的标尺常数。

当采用金刚石圆锥体压头时,N 取值100;当采用碳化钨合金球形压头时,N 取值130;S 取值均为 0.002 mm 和 0.001 mm。

实际测量时洛氏硬度值可以在硬度试验机的表盘上直接读取。

2. 洛氏硬度的表示方法

洛氏硬度可以测量从软到硬较大范围的硬度值。根据被测对象的不同,可用不同的压头和试验力,组成多种不同的洛氏硬度测量标尺,常用的是 HRA、HRBW、HRC 三种,其中 HRC 标尺使用最广泛。洛氏硬度表示方法为

硬度值+HR+标尺

表 1-2 为常用洛氏硬度试验规范及应用范围。

表 1-2　常用洛氏硬度试验规范及应用范围

标尺	压头类型	总试验力 F/N(kgf)	硬度范围	应用举例
HRA	120°金刚石圆锥	588.4(60)	20～95	硬质合金、碳化物、浅层表面硬化钢
HRBW	φ1.587 5 mm 碳化钨合金球	980.7(100)	10～100	退火和正火钢、铝合金、铜合金、铸铁
HRC	120°金刚石圆锥	1 471(150)	10～70	淬火钢、调质钢、深层表面硬化钢

3. 洛氏硬度的适用范围

洛氏硬度测量操作简单迅速,能直接从表盘上读取硬度值,并且压痕较小,可以测量成品以及薄件,测定范围大。但由于压痕面积小,对内部组织不均匀的金属材料测得的硬度数值不够准确,通常需要在材料的不同部位进行多次测量,取其平均值。

1.2.3　维氏硬度

按照国家标准 GB/T 4340.1—2009(ISO 6507-1:2005,MOD)《金属材料　维氏硬度试验　第 1 部分:试验方法》,维氏硬度的测量是用相对面夹角为 136°的金刚石正四棱锥压头,以规定的试验力 F 压入待测试样的表面,保持规定时间后卸试验力,根据压痕对角线长度的算术平均值计算硬度,其测量原理与布氏硬度测量法基本相似。维氏硬度值用 HV 表示。

在实际应用中,维氏硬度值不用计算,和布氏硬度值一样,可以根据压痕对角线的长度在相关表中直接读取。

维氏硬度试验时所用的载荷可以根据试样的大小、厚薄、硬度高低等情况进行选择。维氏硬度常用的试验力主要有 49.03 N(5 kgf)、98.07 N(10 kgf)、196.1 N(20 kgf)、294.2 N

(30 kgf)、490.3 N(50 kgf)、980.7 N(100 kgf)等几种。

维氏硬度的表示方法为

硬度值＋HV＋试验条件

例如,640 HV30 表示用 294.2 N(30 kgf)的试验力保持 10～15 s(可省略不标)测得的维氏硬度值为 640。

维氏硬度可测软硬金属,尤其是极薄零件和渗氮层、渗碳层的硬度,它测得的压痕轮廓清晰,数值较准确。同时,维氏硬度采用一种标尺,金属材料的硬度可以直接通过测量进行比较,确定大小,并且试验载荷可以任意选择,因此可以测量厚薄不同的材料硬度。但维氏硬度测量法对试样表面要求高,不便于测定,其硬度值需要测量压痕对角线后计算或查表得到,效率没有洛氏硬度高,因此不适用于成批零件的常规检验。

由于各种硬度测量法试验条件不同,相互间没有理论换算关系,所以试验结果不能直接进行比较。但根据试验结果,可以采用如下的粗略换算:硬度在 200～600 HB 时,1 HBW≈10 HRC;硬度小于 450 HBW 时,1 HBW≈1 HV。

1.3 冲击韧性

金属材料的强度、塑性、硬度是在静载荷作用下测得的。实际上,许多机械零件在工作中,往往受到冲击载荷的作用,如锻锤锤杆、冲模、锻模、活塞销等。制造这些零件的材料,所承受的冲击载荷破坏力大,其性能不能单纯用静载荷作用下的指标来衡量,而应该考虑材料抵抗冲击载荷的能力。冲击载荷是指加载速度很快而作用时间很短的突发性载荷。

动画
摆锤冲击试验

金属材料抵抗冲击载荷作用而不被破坏的能力称为冲击韧性。冲击载荷下金属的力学性能指标是冲击吸收能量。冲击吸收能量数据越大,材料承受冲击的能力越强。

1.3.1 冲击吸收能量

冲击吸收能量通过用一次摆锤冲击试验来测量,其原理如图 1-7 所示。按照国家标准 GB/T 229—2020(ISO148-1:2016,MOD)《金属材料 夏比摆锤冲击试验方法》规定,冲击试样的横截面尺寸为 10 mm×10 mm,长度为 55 mm,常用试样的中部带有 V 形或 U 形缺口。

试验时,将带有 V 形或 U 形缺口的标准冲击试样背向摆锤置于试验机支架上,将质量为 m 的摆锤举至规定高度 h_1,然后自由落下,试样被冲断,由于惯性摆锤又升至高度 h_2。冲击吸收能量是试样在冲击试验力作用下折断时所吸收的能量,用 K 表示,单位为 J。冲击吸收能量的值可从试验机的刻度盘上直接读出。其计算公式为

$$KV(或 KU) = mgh_1 - mgh_2 = mg(h_1 - h_2)$$

式中:KV(或 KU)为以 V 形(或 U 形)缺口试样测定的吸收能量,单位为 J;

m 为摆锤质量,单位为 kg;

g 为重力加速度,单位为 m/s;

h_1 为摆锤的起始高度,单位为 m;

h_2 为摆锤冲断试样后回升的高度,单位为 m。

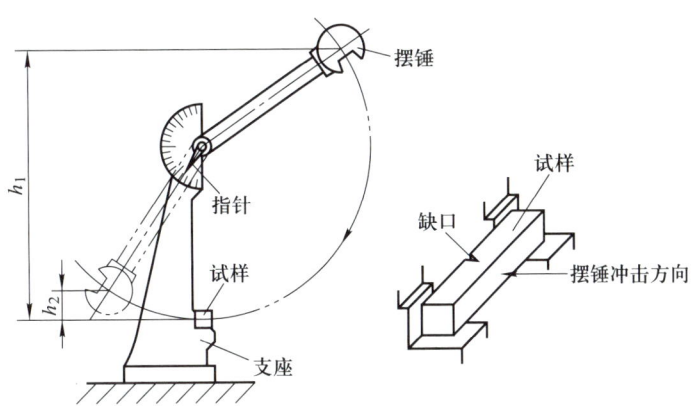

图 1-7　摆锤式冲击试验原理

KV（或 KU）值越大，材料的冲击韧性越好，断口处会发生较大的塑性变形，断口呈灰色纤维状；KV（或 KU）值越小，材料的冲击韧性越差，断口处无明显的塑性变形，断口具有金属光泽且较为平整。

材料的冲击韧性除了取决于材料的化学成分、内部显微组织外，还与加载速度、温度、试样的表面质量（缺口形状、表面粗糙度）、试样尺寸、材料的冶金质量等有关。

1.3.2　小能量多次冲击试验

在一次冲断条件下测得的冲击吸收能量，对于判别材料抵抗大能量冲击能力，有一定的意义。而绝大多数零件在工作中所承受的多是小能量多次冲击，零件在使用过程中承受这种冲击有上万次或数万次。对于材料承受多次冲击的问题，当冲击能量低、冲击次数较多时，材料的冲击韧性主要取决于材料的强度，材料的强度高则冲击韧性好；如果冲击能量高，材料的冲击韧性则主要取决于材料的塑性，材料的塑性越高则冲击韧性越好。因此冲击吸收韧性通常只作为设计和选材的参考。

一般情况下，冲击韧性随着温度的降低而减小，并在某个温度附近急剧减小，这个温度称为金属材料的韧脆转变温度，如图 1-8 所示。当工作温度高于韧脆转变温度时，金属材料呈现韧性断裂，断裂前有明显的塑性变形；当工作温度低于韧脆转变温度时，金属材料呈现脆性断裂，断裂前无塑性变形。金属材料的韧脆转变温度越低，其低温冲击韧性越好。韧脆转变温度低的材料可以在高寒低温地区使用。一般设计零件时，应选用韧脆转变温度低于工作温度的金属材料。

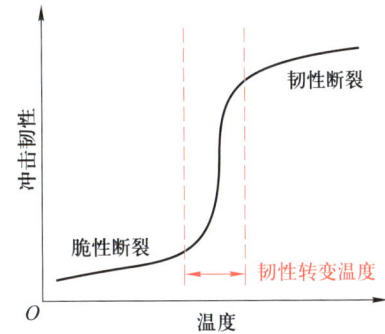

图 1-8　冲击韧性与温度的关系

1.4　疲劳强度

1.4.1　疲劳现象

许多零件（如齿轮、弹簧等）是在一定交变载荷的作用下工作的，经过一定次数的应力循环或较长时间的工作后,尽管交变载荷低于屈服强度,但仍然会发生突然断裂,这种现象称为金属材料的疲劳。交变载荷一般包括交变应力和重复应力。交变应力是指大小、方向随时间作周期性变化的应力。疲劳断裂与静载荷作用下的断裂(如拉伸)不同,断裂前没有明显的塑性变形,断裂瞬间发生,一般很难觉察到,故有很大的危险性。

疲劳断裂对材料表面和内部缺陷非常敏感。疲劳裂纹往往在循环应力作用下在表面缺口、划痕、显微裂痕、脱碳、夹杂、孔洞等应力集中处形成并随着应力循环周次的增加,裂纹不断扩展,减小了零件的有效承载面积,最后突然断裂。零件的疲劳失效过程可分为疲劳裂纹产生、疲劳裂纹扩展和瞬时断裂三个阶段。疲劳断口形貌示意图如图1-9所示,一般可明显地分为疲劳源、疲劳裂纹扩展区及瞬时断裂区三个区域。

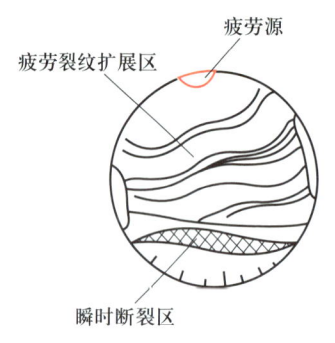 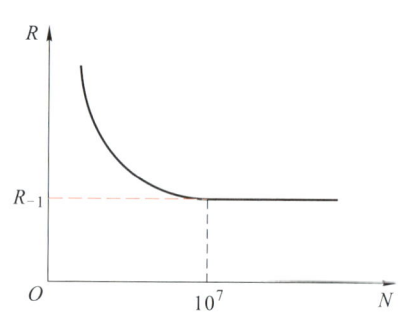

图1-9 疲劳断口形貌示意图　　　　图1-10 疲劳曲线

1.4.2　疲劳曲线与疲劳极限

大量试验表明,金属材料所能承受的交变应力值 R 与断裂前承受载荷的循环次数 N 有关,且 R 越大,N 越小。根据 R 与 N 的关系建立起来的曲线称为疲劳曲线,如图1-10所示。

由图1-10可知,材料承受的交变应力越大,疲劳破坏前能循环工作的次数越少;当交变应力小于某个数值时,曲线接近水平线,循环次数可以达到非常大,甚至无限大,此时试样可以经过无数次的交变应力的作用而不发生断裂。材料在无数次交变载荷作用下而不破坏的最大应力值称为疲劳强度,用 R_{-1} 表示。实际上,疲劳试验不可能无限次地做下去,对于钢铁等黑色金属,一般用循环次数达 10^7 次时试样在不断裂情况下所承受的最大循环应力值表示疲劳强度。对于非铁金属,循环次数取 10^8。

金属的疲劳极限受到很多因素的影响,主要有工作条件、表面状态、材料成分、残余内应力等。

1.4.3　提高疲劳极限的途径

提高疲劳极限的途径主要包括:合理的选材、在零件设计时改善零件的结构形状,尽量避免尖角、缺口和截面突变,以免产生应力集中而由此产生疲劳裂纹;提高零件表面加工质量,降低零件表面粗糙度值,减少疲劳源;采取表面强化处理。

知识拓展

材料的发展史

材料发展史

1. 石器时代

石器时代的人类利用各种天然材料制作各种工具和用具,并开始烧制陶器和瓷器。早在公元前6000~5000年的新石器时代,中华民族的先人就能用黏土烧制成陶器,到东汉时期又出现了瓷器,并流传海外。

2. 青铜器时代

青铜器时代是一个辉煌的时代,我国青铜器时代制造的工具和生活用品,已经具有了精美的图案、铭文和优越的性能。4000年前的夏朝,我们的祖先已经能够炼铜,到殷商时期,我国的青铜冶炼和铸造技术已达到很高水平。"越王勾践剑"为春秋晚期越国青铜兵器,长55.7 cm,千年不锈,剑锋犀利,能吹毛断发。

3. 铁器时代

铁器时代由铁制作的各种农具、手工工具及各种兵器得以广泛应用,极大地促进了当时社会的发展。

4. 钢铁时代

泰坦尼克号、埃菲尔铁塔、金门大桥都是钢铁时代的象征。

埃菲尔铁塔于1889年建成,塔高300 m,天线高24 m,总高324 m。所用金属7 300 t。钢铁构件有18 038个,使用钢钉259万个。

金门大桥(Golden Gate Bridge)是世界著名的桥梁之一,也是近代桥梁工程的一项奇迹。大桥长1 900多m、宽约27.4 m,历时4年多,于1937年5月建成通车。所用钢材10万多吨,耗资达3 550万美元。

中华人民共和国成立后,先后建起了鞍山、攀枝花、宝钢等大型钢铁基地。钢产量由1949年的15.8万吨上升到现在的超过十亿吨。

5. 新材料时代

进入21世纪,世界的变化日新月异。汽车成为了人们日常的交通工具,智能(无人)驾驶很快也会进入人们的生活。由于高温高强度结构材料的研发,使得载人飞船成为可能。由于光纤的生产,使得人们的通信发生了质的飞跃。国家大剧院(图1-11)的外形像一个漂浮于水面的椭圆形球体。它的壳体表面由2万块钛金属板和1 200多块超白透明玻璃组成,钛金属板厚度只有0.44 mm。

1-11 国家大剧院

小 结

性能	载荷	判据	力学性能		备 注
材料的力学性能	静载	强度判据	屈服强度	R_{eL} 塑性材料产生明显永久变形的抗力	设计选材依据、检查材质标准
				$R_{r0.2}$ 非塑性材料产生0.2%变形的抗力	非塑性材料选材依据
			抗拉强度	R_m 断前最大应力	设计选材依据
		塑性判据		A（断后伸长率）>5%	可满足一般零件要求
				Z（断面收缩率）>10%	
		硬度判据	布氏硬度	HBW	结果精确，但测量麻烦，测原材料、半成品、毛坯
			洛氏硬度	20~95 HRA，10~100 HRBW，10~70 HRC	测定简单，不伤工件，测成品或半成品
	非静载	韧性判据	冲击韧性	受冲击零件选材、检验的依据	
		疲劳判据	疲劳极限	R_{-1} 试样承受无限次应力循环或达到规定的循环次数不断裂的最大应力	循环交变载荷零件选材与检验判据

习 题 一

一、名词解释

强度、塑性、硬度、冲击韧性、疲劳强度。

二、填空题

1. 工程材料的性能分为_____和_____性能两大类。

2. 使用性能是指材料保证工件正常工作应具备的性能，包括_____、_____和化学性能等。

3. 金属材料的力学性能主要包括强度、_____、_____、_____等。

4. 拉伸试验时，试样拉断前能承受的最大应力称为材料的_____。

5. 塑性指标通常用_____和_____来表示。

6. 压入法测硬度常用的方法有用_____、_____和_____硬度等。

7. 洛氏硬度中适于测量硬质合金、渗碳钢等的硬度应用_____标尺，硬度值有效范围为_____，使用的压头是_____。

三、判断题

1. 拉伸试验只能做出抗拉强度和屈服强度性能指标。（   ）

2. 机械零件工作时承受应力远小于材料的屈服强度，也能发生突然性断裂。（   ）

3. 更能准确反映材料的塑性的指标是 A，因 A 值不受试样尺寸的影响。　　　（　　）
4. 洛氏硬度试验可用于测定退火、正火、调制钢及有色金属的硬度。　　（　　）
5. 布氏硬度不适合测量原材料和铸造毛坯件。　　　　　　　　　　　　（　　）
6. 材料的冲击韧性与试样的缺口形状、试样尺寸无关。　　　　　　　　（　　）

四、简答题

1. 什么是金属材料的力学性能？根据载荷形式的不同，力学性能主要包括哪些指标？
2. 什么是强度？什么是塑性？衡量强度和塑性的指标有哪些？各用什么符号表示？
3. A 与 Z 哪个指标表征材料的塑性更准确，为什么？塑性指标在工程上有哪些意义？
4. 什么是硬度？HBW、HRA、HRBW、HRC 各代表什么方法测出的硬度？
5. 在零件图上，下列硬度的标注方法是否正确？若不正确，请改正。

a. HBW450～500；b. 150～200 HBA；c. HRC20～25；d. HBW=200～220 kgf/mm²；e. 48～52 HRA；f. 450～480 HRBW；g. 180～210 HRC；h. HRC40N。

6. 什么是冲击韧性？$KV(KU)$ 代表什么？
7. 什么是金属疲劳？什么是疲劳强度？

五、综合应用题

1. 钢厂供应的 20 钢，力学性能按照国家标准规定应不低于以下指标：$R_m=410$ MPa、$R_{eL}=245$ MPa、$A=25\%$、$Z=40\%$。现购回 $\phi10$ mm 的 20 钢若干，进行拉伸试验检测，得到以下数据：$F_b=35\,200$ N，$F_{eL}=24\,900$ N，这批钢材是否合格？
2. 下列工件或材料各应采用何种硬度试验法测定其硬度值？

退火钢件、铸铁原材料、锉刀、黄铜轴套、渗碳齿轮、硬质合金刀片。

单元二 金属的晶体结构与结晶

学习目标

1. 了解金属及合金的晶体结构,理解合金、相、组织、固溶体的概念。
2. 熟悉常见金属的晶体结构及实际金属中的晶体缺陷对力学性能的影响。
3. 了解金属结晶的过程,掌握实际生产中细化晶粒的方法。

重 点

金属晶粒大小对力学性能的影响。

难 点

合金的晶体结构及其性能特点。

案例引入

金属材料的各种性能(力学性能、物理性能、化学性能)主要取决于其化学成分和组织结构,相同成分材料的组织结构不同时,它们表现出来的性能差异很大。研究金属材料的组织结构对于生产、加工、使用现有材料和发展新型材料均具有重要的意义。因此,要掌握金属材料的性能必须了解金属材料的组织结构(图 2-1),并着重探讨材料中原子的排列方式,即不同的晶体结构以及显微镜下的微观结构。

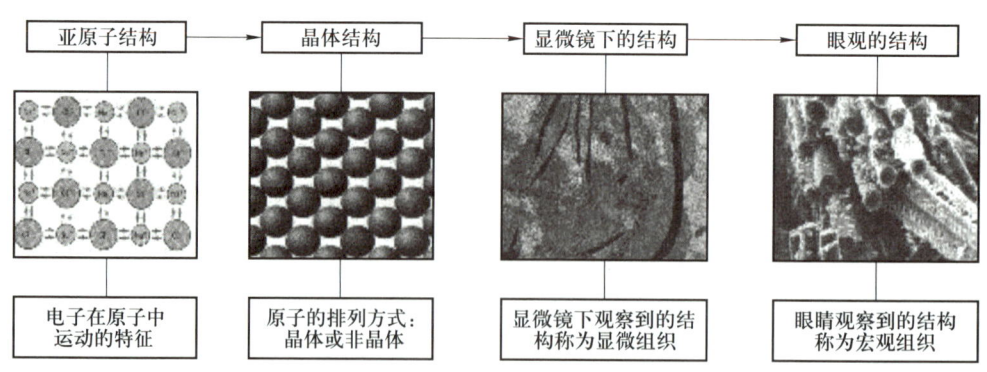

图 2-1 金属材料的组织结构

2.1 纯金属的晶体结构

金属材料在固态下通常都是晶体,因此研究金属材料结构首先要研究金属晶体结构。

金属的晶体结构

2.1.1 晶体的基本概念

1. 晶体与非晶体

固态物质按其原子(或分子)的聚集状态不同分为晶体和非晶体两大类。原子(或分子)成规则排列的物质称为晶体,如水晶、金刚石、食盐、一切固态的金属及合金等;原子(或分子)无规则排列的物质称为非晶体,如松香、塑料、玻璃、沥青、木材等。晶体与非晶体不同,晶体具有规则的外形、固定的熔点和各向异性。由一个晶粒构成的晶体称为单晶体,由许多晶粒构成的晶体称为多晶体。经常使用的金属材料都是多晶体。

2. 晶格、晶胞及晶格常数

晶体中原子或分子规则排列的方式称为晶体结构,如图 2-2a 所示。为了便于理解和描述晶体内部原子排列的规律,把晶体中的原子抽象为静止的刚性小球,这些晶体中的"原子小球"可看成一个个固定不动的点,再把这些点用假想的直线连接起来,形成一个几何空间格架。这种用于表示金属内部原子排列规律的抽象的空间格架称为晶格,如图 2-2b 所示。晶格中的每个点称为结点,它是金属原子平衡中心的位置。晶格中能代表晶格原子排列特征的最小几何单元称为晶胞,如图 2-2c 所示。晶格也可以认为是由许多大小、形状、位向相同的晶胞堆积而成的。在晶体学中,晶胞的几何特征可以用晶胞的三条棱边长 a、b、c 和三条棱边夹角 α、β、γ 六个参数来表示,其中,a、b、c 称为晶格常数,一般为 $(1\sim7)\times10^{-10}$ m。

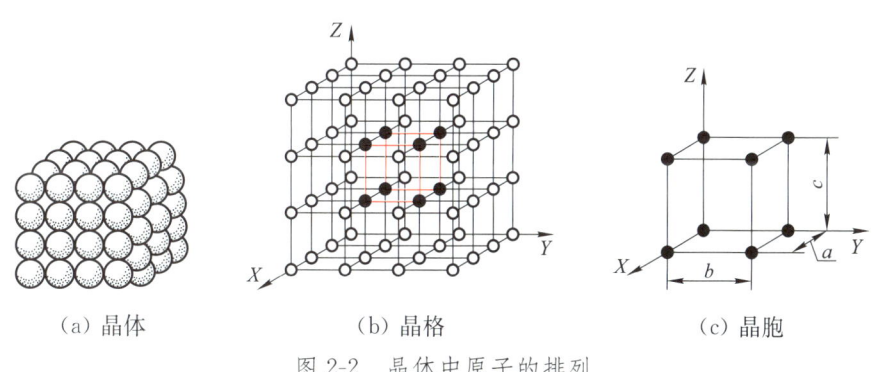

(a) 晶体　　　　(b) 晶格　　　　(c) 晶胞

图 2-2　晶体中原子的排列

晶格与晶胞

2.1.2 常见金属的晶格类型

各种金属晶体结构主要差别在于晶格类型和晶格常数。常用金属的晶体结构有各种不同的形式,约有 90% 以上的晶体结构都属于以下三种类型。

1. 体心立方晶格

体心立方晶格的晶胞是立方体,$a=b=c$,$\alpha=\beta=\gamma=90°$,在立方体的 8 个顶角和立方体中心各有 1 个原子,如图 2-3 所示。体心立方晶胞共有 2 个原子,其致密度为 0.68,表示体心立

体心立方晶格

方晶格中有68%的体积被原子所占有,其余为空隙。属于体心立方晶格的金属有Cr、V、Mo、W、α-Fe(温度低于912 ℃的铁)等。这类金属一般具有相当大的强度和较好的塑性。

图2-3　体心立方晶格

2. 面心立方晶格

面心立方晶格

面心立方晶格的晶胞也是立方体,在立方体的8个顶角和立方体6个面的中心各有1个原子,如图2-4所示。面心立方晶胞共有4个原子,其致密度为0.74。属于面心立方晶格的金属有Cu、Al、Ni、Au、Ag、γ-Fe(温度介于912~1 394 ℃的铁)等。这类金属的塑性都很好。

 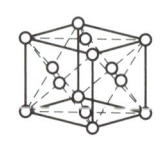 

图2-4　面心立方晶格

3. 密排六方晶格

密排六方晶格

密排六方晶格的晶胞是正六棱柱体,在正六棱柱体的12个顶角和上、下底面的中心各有1个原子,在晶胞内部还有3个呈品字形排列的原子,如图2-5所示。密排六方晶胞共有6个原子,其致密度为0.74,它与面心立方晶格原子排列密集程度相同,只是原子堆垛方式不同。属于密排六方晶格的金属有Mg、Zn、Be、Cd、α-Ti等。这类金属的脆性大、韧性差。

晶格中的原子并非静止不动,而是按一定的振幅在振动着。振幅随着温度的升高而增大,原子的活动能力也就增强。这对金属在高温时的结构和性能有很大的影响。

 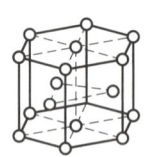 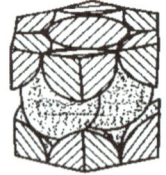

图2-5　密排六方晶格

2.2　纯金属的实际晶体结构

前面讲述的是理想状态下金属的单晶体结构,实际使用的金属几乎都是多晶体材料,实际金属晶体结构与理想晶体有较大的差异。

2.2.1 实际金属的多晶体结构

内部的晶格位向(原子排列的方向)完全一致的晶体称为单晶体,如图 2-6a 所示。单晶体具有各向异性。目前只有采用特殊的方法才能得到单晶体。

实际的金属材料大多是多晶体。多晶体是由许多位向不同、外形不规则的微小单晶体组成的晶体,如图 2-6b 所示。这种外形不规则的晶体小颗粒称为晶粒。晶粒与晶粒之间的界面称为晶界。

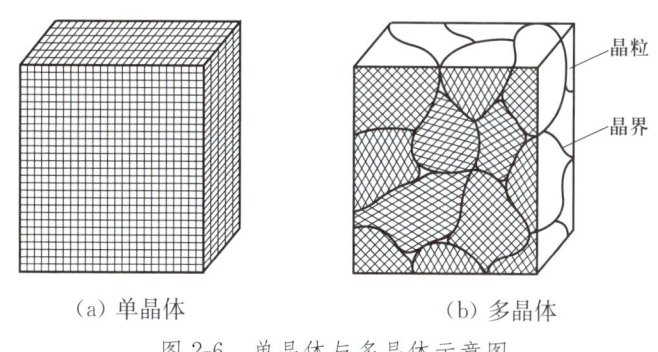

(a) 单晶体　　　　(b) 多晶体

图 2-6　单晶体与多晶体示意图

由于多晶体是由许多位向不同的晶粒组成的,其性能是位向不同的晶粒的平均性能,故实际金属多晶体具有各向同性。

2.2.2 金属的晶体缺陷

在实际金属晶体结构中,由于结晶条件或其他各种因素的影响,除具有多晶体结构外,在晶体内部及边界还存在原子排列的不完整性,这种不完整性称为晶体缺陷。晶体缺陷按照几何特征分为点缺陷、线缺陷、面缺陷三类。

1. 点缺陷

点缺陷是指在三维空间的各个方向上尺寸都很小,且尺寸范围不超过几个原子直径的缺陷,包括空位、间隙原子和置换原子,如图 2-7 所示。空位是指未被原子占有的晶格结点,间隙原子是指处在晶格间隙中的多余原子。点缺陷的出现使周围原子发生靠拢或撑开,造成晶格畸变,使材料的强度、硬度和电阻率增加,金属相对密度发生变化。因此,金属点缺陷越多,它的强度、硬度越高。

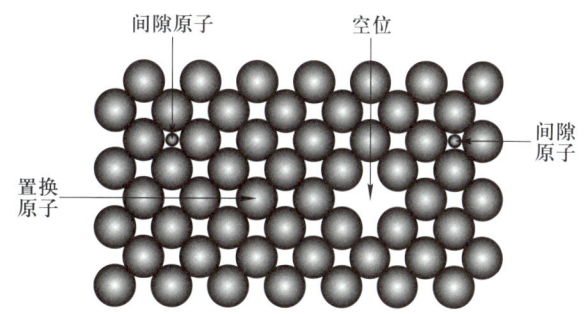

图 2-7　点缺陷(空位、间隙原子、置换原子)

在金属中,主要的点缺陷是空位而不是间隙原子。例如,铜在 1 000 ℃时空位浓度约为间隙原子浓度的 1 035 倍。

2. 线缺陷

线缺陷是指二维尺寸很小而另一维方向上的尺寸很大的缺陷。它一般由晶体中原子平面的错动引起。线缺陷包括各种类型的位错。位错是指晶体中某处有一列或若干列原子发生有规律的错排的现象。

最常见的位错形态是<u>刃型位错和螺型位错</u>,如图 2-8 所示。刃型位错的表现形式是在晶体的某一晶面上,多出一个沿垂直方向的半原子面,它如同刀刃一样插入晶体,故称为刃型位错。在位错线附近一定范围内,晶格发生了畸变,形成一个应力集中区,只需较小的切应力,位错就会从一个位置滑移到相邻的另一个位置。位错在晶体中易于移动。金属材料的塑性变形主要是通过位错运动来实现的。位错在滑移时还会相互缠结或合并。因此位错的存在对金属材料的力学性能有很大的影响。例如,金属材料处于退火状态时,位错密度为 $10^6 \sim 10^8/\mathrm{cm}^2$,强度最低;若经过冷塑性变形工后,金属材料的位错密度为 $10^{11} \sim 10^{12}/\mathrm{cm}^2$,由于位错密度的提高,增加了强度。因此,在金属加工中提高位错密度是强化金属的重要途径之一。

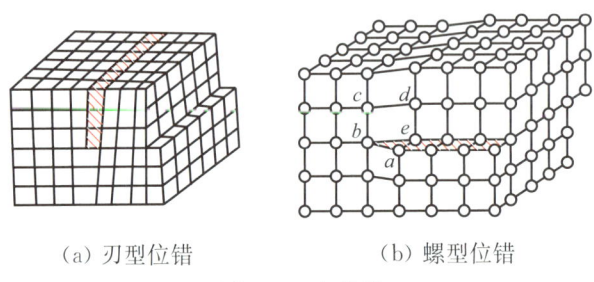

(a) 刃型位错　　(b) 螺型位错

图 2-8　线缺陷

3. 面缺陷

面缺陷是指二维尺寸很大而另一维方向上的尺寸很小的缺陷,也称为二维缺陷。金属晶体中的<u>面缺陷主要有晶界、亚晶界两种形式</u>,如图 2-9 所示。

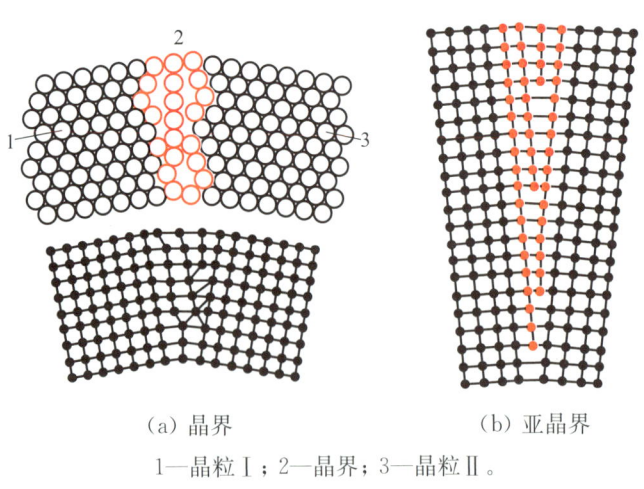

(a) 晶界　　(b) 亚晶界

1—晶粒Ⅰ;2—晶界;3—晶粒Ⅱ。

图 2-9　面缺陷

多晶体中两个相邻晶粒之间晶格位向是不同的,有较大的位向差。晶界处于两个不同位向的晶粒之间,因此晶体原子排列必须同时适应相邻两个晶粒的位向,即从一种晶格位向逐步过渡到另一种晶格位向,成为不同晶粒之间的过渡层,从而使晶格处于歪扭畸变状态,如图 2-9a 所示。晶界处原子不稳定,能量较高,因此晶界与晶粒内部有着一系列不同特性,如常温下晶界有较高的强度和硬度,晶界处原子扩散速度较快,晶界处容易被腐蚀、熔点低等。

晶粒也不是完全理想的晶体,而是由许多位向差很小的亚晶粒组成,亚晶粒之间的边界称为亚晶界。亚晶界可认为由位错按一定规律排列而成,如图 2-9b 所示。通常晶粒之间的位向差较大,亚晶粒之间位向差很小。一般位向差大于 10°的晶界称为大角度晶界,位向差小于 10°的晶界称为小角度晶界。由于亚晶界处原子排列同样要产生晶格畸变,因而亚晶界对金属性能有着与晶界相似的影响。亚晶界越多,屈服强度越高。金属的冷变形强化就是在冷变形过程中由于晶粒、亚晶粒碎化,位错密度增加而造成的。

2.3 合金的晶体结构

纯金属虽然具有较高的导电性、导热性与良好的塑性等,但是几乎各种纯金属的强度、硬度、耐磨性等都比较差,因而不适合制造力学性能要求高的各种零件。此外,纯金属种类有限且冶炼困难,价格高,根本无法满足人们对金属材料的多品种和高性能要求,故生产中大量使用的是合金。

2.3.1 合金的基本概念

1. 合金

合金是指由两种或两种以上金属元素或金属与非金属元素,通过熔炼形成的具有金属特性的物质。例如,非合金钢和铸铁是由铁和碳组成的合金,黄铜是由铜和锌组成的合金,硬铝是由铝、镁、铜组成的合金。

2. 组元

组成合金的基本、独立的单元称为组元。组元通常是指组成合金的元素,但也可以是稳定化合物。按照组成合金组元的数目,合金可以分为二元合金、三元合金以及多元合金。二元合金如黄铜;三元合金如硬铝;多元合金如超硬铝,由铝、镁、铜、锌组成。组元相同但组元比例不同的合金称为合金系。

3. 相

相是合金组织的基本组成部分。在金属或合金中成分、结构、性能均相同并且与其他部分有界面分开的均匀组成部分称为相。例如 α-Fe 和 γ-Fe 就是两种不同的相。在固态下,只有一种相的合金称为单相组织合金,由两个或两个以上的相组成的合金称为多相组织合金。

4. 组织

在金相显微镜下观察到的具有某种形态或形貌特征的组成部分称为组织。实质上它是一种或多种相按一定方式相互结合所构成的整体的总称。因此,相构成了组织,而组织直接决定着合金的性能。

2.3.2 合金的相结构

不同的相具有不同的晶体结构,按照晶体结构特点,合金相可以分为固溶体、金属化合物两大类。

1. 固溶体

合金组元通过互相溶解形成的一种成分均匀、性能稳定,且晶格类型与其中某种组元的晶格类型相同的固态相称为固溶体。这个某种组元称为溶剂,其他组元称为溶质。例如碳和其他许多元素的原子能够溶解到铁的晶格里面,这时铁就是溶剂,碳和其他元素是溶质。固溶体是单一均匀的物质,所含的组元即使在显微镜下观察,也不能区别开来。

根据溶质原子在固溶体中存在的位置,固溶体可分为置换固溶体和间隙固溶体,如图2-10所示。如果溶质原子占据了某些溶剂原子的位置而形成固溶体,这类固溶体称为置换固溶体;如果溶质原子没有占据溶剂原子的位置,而是处在溶剂原子的间隙中,这类固溶体称为间隙固溶体。

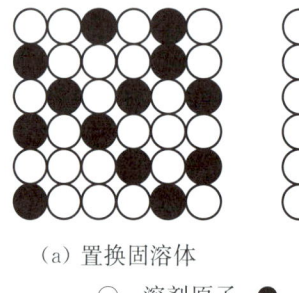

(a) 置换固溶体　　(b) 间隙固溶体

○—溶剂原子;● —溶质原子。

图 2-10　固溶体

不同的溶质原子在同一种溶剂里的溶解度是不同的,有的可以以任意比例相互溶解,这种状态称为无限互溶,例如,金和银、铜和镍等。如果溶质在溶剂中的溶解度有一定的限度,则称为有限互溶。因此,根据组元的溶解能力的不同,固溶体分为无限固溶体和有限固溶体两种。大多数组元的溶解能力是有限的,而且有限固溶体的饱和溶解度还随温度的变化而有所改变,通常情况下温度越高,饱和溶解度越高。

在固溶体中,由于各种元素的原子大小、化学性质不相同,溶质原子溶入溶剂中会造成溶剂晶格的畸变。这种畸变使金属晶体在塑性变形时晶面之间的相对滑移阻力增加,从而阻碍了位错的运动,使固溶体的强度和硬度得到增加。

2. 金属化合物

在合金相中,如果组成合金的几种原子有固定的比例,而且晶体结构与组成组元均不同,则这种合金相称为金属化合物。金属化合物一般可以用化合物的化学分子式表示。例如,钢中渗碳体是由铁原子和碳原子所组成的金属化合物,通常用 Fe_3C 表示,Fe_3C 的晶格和形状如图 2-11 所示。金属化合物种类繁多,根据形成规律和结构特点,可分为正常价化合物、电子化合物、间隙相以及间隙化合物。

金属化合物的晶体结构无论简单还是复杂,都与其组元的晶体结构不同,因此它与组元的性能差别很大。一般金属化合物具有很高的熔点、硬度和耐磨性,常温下脆性较大。在实际生产中,常常用金属化合物以细小的颗粒状均匀分布在固溶体基体上的方法来改善材料的力学性能。因此,金属化合物是很重要的强化相,如钢中的渗碳体。

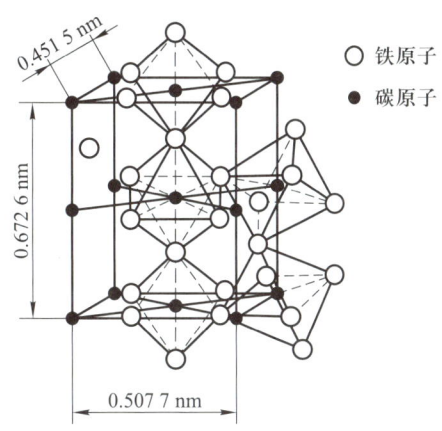

图 2-11 金属化合物 Fe_3C 晶格和形状

3. 机械混合物

当合金的各组元在固态下既互不溶解又不形成金属化合物,而是按照一定的质量比例以混合的方式存在时,则形成各组元晶体的机械混合物,各组元的原子仍按原来的晶格类型结成晶体,在显微镜下可以区别出各组元的晶粒。

机械混合物可以是金属、固溶体或金属化合物各自的混合物,也可以是它们之间的混合物。在工业上,常用的机械混合物类型的合金很多,如青铜、铝合金、钢、生铁等。机械混合物往往比单一的固溶体有更高的强度和硬度,但塑性和可锻性没有单一固溶体好,因此钢在锻造时总是先把钢加热转变为单一固溶体。

渗碳体晶格

4. 合金相结构的特征

合金的相结构对合金的性能有很大的影响,表 2-1 归纳了合金相结构的特征。

表 2-1 合金相结构的特征

类 别	分 类	在合金中位置及作用	力学性能特点
固溶体	间隙固溶体	基体相,提高塑性、韧性	塑性、韧性好,强度比纯组元高
	置换固溶体		
金属化合物	正常价化合物	强化相,提高强度、硬度与耐磨性	熔点高、硬度高,但脆性大
	电子化合物		
	间隙相		
	间隙化合物		

2.4 纯金属的结晶

液态金属冷却到凝固温度时,原子由无序状态转变为按一定几何形状做有序的排列,这种现象称为结晶。

金属的结晶

2.4.1 金属的结晶过程

1. 冷却曲线与过冷度

纯金属的结晶是在一定温度下进行的。其结晶过程可以用冷却曲线来表示。冷却曲线可以用热分析法绘制出来。所谓热分析法，是将纯金属放入加热炉内的坩埚中加热熔化，然后缓慢冷却，用记录仪将冷却过程中的温度与时间记录下来，所获得的曲线称为冷却曲线，纯金属的冷却曲线如图2-12所示。

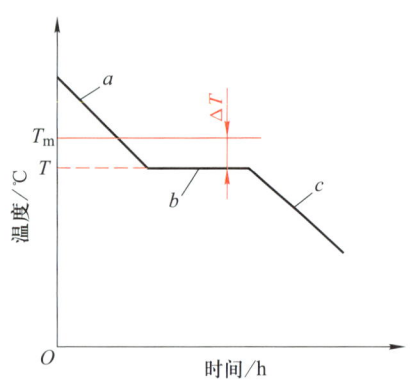

图 2-12 纯金属的冷却曲线

冷却曲线是温度随时间而变化的曲线。由图2-12可知，冷却曲线随时间的增加，液态金属的温度不断下降；当冷却到一定温度时，出现一条水平线段，它所对应的温度就是金属实际结晶温度 T，因为金属结晶时放出结晶潜热，抵消了液态金属向周围散失的热量，使温度不再下降，所以线段是水平的。在结晶过后，固态金属继续向周围散热，其温度也逐渐下降。

金属的实际结晶温度低于理论结晶温度（金属的熔点 T_m）。液态金属冷却到理论结晶温度以下才开始结晶的现象称为过冷。理论结晶温度与实际结晶温度的差值称为过冷度，用 ΔT 表示，$\Delta T = T_m - T$。因此，液态金属如果要结晶，就必须有过冷度的存在。过冷度不是恒定值，它与冷却速度有关，冷却速度越大，过冷度也越大。

2. 纯金属的结晶过程

纯金属的结晶过程就是凝固过程，它分为两个阶段：晶核（结晶的中心）的形成（形核）与晶核的长大，如图2-13所示。

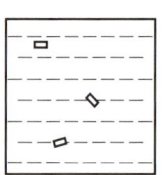
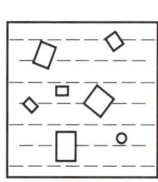

（a）液态金属　　（b）形成晶核　　（c）晶核长大　　（d）部分结晶　　（e）完全结晶

图 2-13 纯金属的结晶过程

（1）晶核的形成。根据结晶条件可分为自发形核和非自发形核两种。自发形核是指将纯净的液体金属快速冷却，在足够大的过冷条件下（纯铁的过冷度可达259 K），液态金属会不断产生许多类似晶体中原子排列的小集团，按金属晶体的固有规律排列起来而形成结晶核心。非自发形核中，实际金属液体中常常会存在一些杂质或异类质点，结晶时它们优先成为结晶核心。这两种方式形成的晶核都是结晶过程中晶核发展与长大的基础。金属结晶过程中晶核的形成主要以非自发形核方式为主。

（2）晶核的长大。 当晶核出现后，液态金属的原子就以它们为中心，按一定的几何形状不断地排列形成晶体。晶体沿着各个方向长大的速度是不同的，主要是沿着长大速度最大的方向发展，这样就形成了晶轴。晶轴继续长大，并在其上长出许多小的晶轴，发展成为树枝状，这是结晶初期常见的形状。

在晶核生长的同时有许多新的晶核形成，它们也同样形成晶体。这些晶体共同生长，直到与相邻的晶体互相接触，这个方向的生长就停止了。当全部长大的晶体都互相接触时，液态金属消耗殆尽，结晶过程也就相应地完成了。由每个晶核长成的晶体称为晶粒，晶粒之间的接触面称为界面。很明显，每个晶粒的外形，视与其他晶粒的相互接触条件而定，是不规则的。因此，金属是由许许多多大小、形状和晶格排列方向均不同的晶粒组成的多晶体。

2.4.2 金属晶粒细化

金属结晶后晶粒越细小，其强度、硬度越高，而且塑性、韧性越好，这种提高金属强度的方法称为细晶强化。在所有强化金属的方法中，细晶强化是最理想的强化方法之一。实际生产中细化晶粒的方法有三种：

1. 增加过冷度

根据过冷度对形核率和生长速率的影响规律，增大过冷度可以使铸件晶粒变小。在连续冷却情况下，冷却速度越大，过冷度越大。增大冷却速度可采取降低熔液的浇注温度、选用吸热能力和导热性较强的铸型材料等措施来达到。例如，金属型比砂型冷却速度大，故金属型铸件比砂型铸件的晶粒细小。

2. 变质处理

在结晶前，向金属液中加入某些物质（称为变质剂），形成大量分散的固态微粒作为非自发形核界面，或起阻碍晶体长大的作用，从而获得细小晶粒。

3. 附加振动

在金属液结晶时，可采用机械振动、超声波或电磁振动等措施，使铸型中液体金属运动，造成树枝状晶体破碎，碎晶块起晶核作用，从而使晶粒细化。

2.5 合金的结晶

合金的结晶过程是合金的组织结构随温度、成分的变化而变化的过程。合金的结晶与纯金属的结晶遵循着相同的规律，也是在过冷条件下通过形成晶核和晶核长大来完成的。但由于合金成分中包含两个以上的组元，其结晶过程和组织比纯金属要复杂得多。二者的区别是：①纯金属的结晶过程是在恒温下进行的，而合金的结晶大多是在一个温度范围内进行的；②纯金属在结晶过程中只有一个液相和一个固相，而合金在结晶过程中，在不同温度范围内会有不同数量的相，且各相的成分有时也会变化；③同一合金系因成分不同，其组织也不同，即便是同一成分的合金，其组织也会随温度的不同而发生变化。

知识拓展

一、晶体结构与点阵

19世纪末，晶体的230种空间群被确定，至此人们已经可以完全用数学的方法来描述晶体的几何特征。晶体中的晶体结构通常分为7个晶系，分别是立方、正交、四方、菱方、六方、单斜、三斜晶系，共有14种点阵类型，后来被称为布拉菲点阵，如图2-14所示。

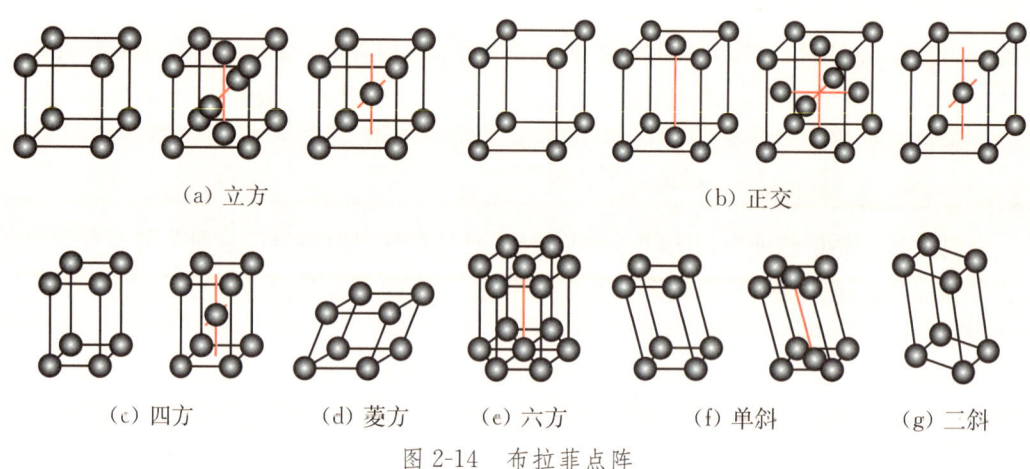

(a) 立方　　　　　　　　　　　　　　(b) 正交

(c) 四方　　(d) 菱方　　(e) 六方　　(f) 单斜　　(g) 三斜

图2-14　布拉菲点阵

晶体结构是晶体的直接表达，点阵是对晶体结构的数学抽象。晶体结构中的球代表实际的原子，点阵中的球（阵点）代表一个或几个原子，是数学上抽象的点。晶体结构有无数多种，点阵只有14种。

二、金刚石与石墨

金刚石是一种由碳元素组成的矿物，是自然界中天然存在的最坚硬的物质。人们常将加工过的金刚石称为钻石。金刚石晶体的晶胞为面心立方结构，每个晶胞含有2组8个碳原子，晶体形态多呈菱形十二面体，是一种具有超硬、耐磨、热敏、热传导、半导体等优异物理性能的晶体。金刚石有各种颜色，从无色到黑色都有。它们可以是透明的，也可以是半透明或不透明的。金刚石的折射率非常高，色散性能也很强，因此金刚石会反射出五彩缤纷的色彩。

金刚石与石墨同属于碳的单质，石墨为简单六方晶格，石墨可以在高温、高压下形成人造金刚石。20世纪50年代，通过高压实验技术人造金刚石成功获得并快速发展。人造金刚石广泛应用于工业、工艺行业，如各种工艺品、精细研磨材料、高硬切割工具、各类钻头、拉丝模以及精密仪器的部件等，而金刚石单晶多用于芯片、传感器等功能性产品。

我国是全球最大的人造金刚石生产国，人造金刚石产量稳居全球第一。金刚石单晶产量占全球总产量的90%以上，并且具有高温高压工业级金刚石的定价权。2020年，我国金刚石产量 200 亿克拉,其中金刚石单晶及微粉产量达 145 亿克拉,宝石级单晶 244 万克拉,人造金刚石产量为 207 亿克拉,金刚石复合片 587 万片。我国人造金刚石产业的快速发展与合成压机大型化、硬质合金顶锤优质化、粉末触媒和间接加热工艺的工业化等关键技术进步密不可分。目前,我国在高温高压法人造金刚石领域有领先的技术优势和规模成本优势。

小 结

1. 物质:非晶体,如塑料、橡胶、玻璃等。晶体:如天然金刚石、固态金属及合金。
2. 金属常见的三种晶格结构:体心立方晶格、面心立方晶格、密排六方晶格。
3. 晶体的缺陷:点缺陷(空位、间隙原子和置换原子)、线缺陷(刃型位错和螺型位错)、面缺陷(晶界和亚晶界)。
4. 合金的晶体结构即为合金的相结构,分为固溶体、金属化合物两大类。
5. 金属的结晶:金属的结晶是指在恒温下形核和核长大,形成树枝晶。合金的结晶是指在一定温度范围内形核和核长大。结晶必须有过冷度。
6. 实际生产中细化晶粒的措施:增加过冷度、变质处理、附加振动。

习 题 二

一、名词解释
晶体、单晶体、多晶体、合金、固溶体。

二、填空题
1. 常见金属晶格的类型有_____、_____和_____。α-Fe、Cr、W 等金属的晶格类型为_____,Cu、Al、γ-Fe 等金属的晶格类型为_____。
2. 晶体缺陷根据其几何特征,可分为_____、_____和_____三类。
3. 按照晶体结构特点,合金相可分为_____和_____两大类。其中_____常作为合金的基体相,而_____少量、弥散分布时可强化合金,常作为强化相。
4. 常用细化晶粒的方法有_____、_____和_____。
5. 实际金属的结晶温度总是低于_____结晶温度,这种现象称为过冷。一般情况下金属的冷却速度越快,过冷度越_____,结晶后的晶粒越_____,金属的强度越_____,塑性和韧性越_____。

三、判断题
1. 体心立方晶格的晶胞共有 2 个原子。 (　　)
2. 线缺陷常常指的是刃型位错和螺型位错。 (　　)
3. 实际生产中,具备一定过冷度是金属结晶的充分条件。 (　　)
4. 金属结晶冷却速度越大,过冷度越小。 (　　)
5. 实际生产中,具备一定过冷度是金属结晶的必要条件。 (　　)

6. 合金的结晶和纯金属的结晶一样,是在恒温下完成的。　　　　　　（　　）

四、简答题

1. 常见的晶体结构有哪几种？α-Fe、γ-Fe、Cu、Ni、Cr、V、Mg、Zn 各属何种晶体结构？

2. 什么是固溶体？什么是金属化合物？它们各自的性能特点是什么？

3. 实际金属中存在哪些晶体缺陷？它们对金属性能有何影响？

4. 什么是过冷现象和过冷度？过冷度与冷却速度有何关系？

5. 晶粒大小对金属的力学性能有何影响？实际生产中有哪些细化晶粒的方法？

单元三　铁碳合金

学习目标

1. 理解铁碳合金基本组织的概念及特点。
2. 熟练掌握铁碳合金相图及应用。
3. 掌握平衡状态下铁碳合金成分、组织、性能之间的关系。

重　点

铁碳合金相图特性点、特性线的意义及各相区组织。

难　点

典型铁碳合金的结晶过程。

案例引入

"南海一号"是南宋初期一艘在海上丝绸之路向外运送瓷器时失事沉没的木质古沉船，1987年在阳江海域被发现，是国内发现的第一个沉船遗址，2007年12月完成整体打捞。截至2019年8月，"南海一号"共发掘清理出水文物精品18万余件，堪称中国水下考古之最。除了陶瓷这类人们熟知的中国特产，还在船舱内发现大量的铁锅和铁钉。通过对"南海一号"出水铁器样品的金相组织观察分析可知，铁锅残片主要为共晶白口铸铁（图3-1），其

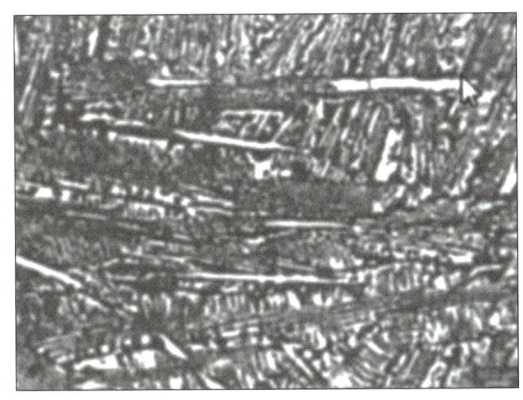 

图3-1　铁锅残片的组织（共晶白口铸铁）　　图3-2　铁钉的组织（铁素体，晶粒度2～4级）

金相组织主要为低温莱氏体;铁钉的组织主要为铁素体(图 3-2),局部为亚共析钢组织,铁钉的铁素体组织包含夹杂物呈带状分布,推断铁钉是锻打制成的。800 多年前的一次海难,历经 20 年的勘测打捞,完成了一次跨越时空的对话。2021 年 10 月,"南海一号"入选为"百年百大考古发现"。

3.1 铁碳合金的基本组织

3.1.1 纯铁的同素异晶转变

铁碳合金及其平衡组织

铁碳合金是现代工业中应用最为广泛的合金,是国民经济的重要物质基础,根据碳的质量分数,铁碳合金可以分为非合金钢和铸铁两类,它们都是以铁和碳为主要组元的合金。而合金钢和合金铸铁实际上也是加入合金元素的铁碳合金。铁碳合金的结晶与纯金属的结晶有很大区别。纯金属的结晶是在恒温下进行的,其结晶过程中只有液相和固相数量的变化;而铁碳合金的结晶通常是在一定的温度范围内进行的,结晶过程中不但有固相和液相数量变化,而且各相的成分也在变化。为了研究铁碳合金结晶过程的特点以及合金相与组织的变化规律,必需应用铁碳合金相图这一重要工具。

在结晶后,大多数金属晶格类型都保持不变,但有些金属(如铁、钛、钴等)在结晶成固态后继续冷却时,其晶格类型还会发生一定的变化。在固态下,随温度的改变,金属由一种晶格类型转变为另一种晶格类型的变化称为同素异晶转变。由同素异晶转变所得到的不同晶格类型的晶体称为同素异晶体。同素异晶转变与液态金属的结晶过程很相似,遵循结晶的一般规律:有一定的转变温度,转变时需要过冷,有潜热放出,包括形核和晶粒的长大两个阶段。为区别液态金属的结晶,一般称同素异晶转变为二次结晶或重结晶。二次结晶前后的晶格类型发生转变,造成原子排列的紧密程度发生变化,从而导致金属体积发生改变,引起内应力。

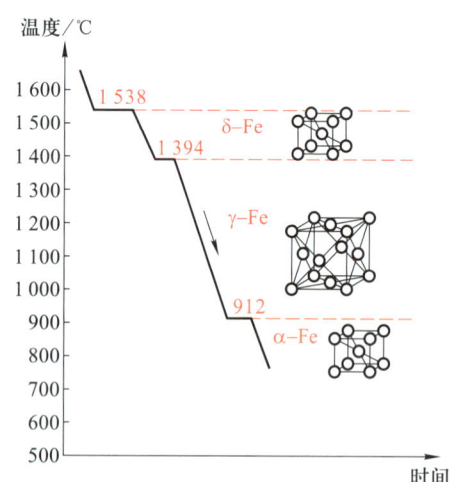

图 3-3 纯铁的同素异晶转变的冷却曲线

如图 3-3 所示为纯铁的同素异晶转变的冷却曲线。从图 3-3 中可以看到,结晶后,随温度的变化发生两次同素异晶转变,两次同素异晶转变的温度分别为 1 394 ℃和 912 ℃。在 1 538~1 394 ℃时,纯铁为体心立方晶格的 δ-Fe,在 1 394~912 ℃时,纯铁为面心立方晶格的 γ-Fe;在 912 ℃以下时,纯铁又为体心立方晶格的 α-Fe。其转变过程可表示为

$$\delta\text{-Fe} \xrightleftharpoons{1\ 394\ ℃} \gamma\text{-Fe} \xrightleftharpoons{912\ ℃} \alpha\text{-Fe}$$

纯铁的同素异晶转变的特性具有十分重要的意义,它是钢和铸铁进行各种热处理的主要理论依据。

3.1.2 铁碳合金的基本组织

对铁碳合金,在液态时铁与碳可以无限互溶,在固态时铁与碳的结合方式是:当碳含量较低时,碳溶入铁的晶格形成固溶体;当碳含量较高时,碳与铁形成 Fe_3C、Fe_2C、FeC 等一系列化合物。Fe_3C 中碳的质量分数 w_C 为 6.69%,碳的质量分数超过 6.69% 的 Fe_2C、FeC,因太脆而无实用价值,故铁碳合金只研究 $w_C \leqslant 6.69\%$ 的那部分合金,又称 $Fe-Fe_3C$ 合金。铁碳合金的基本相有铁素体、奥氏体和渗碳体三种,由基本相所形成的铁碳合金基本组织有铁素体、奥氏体、渗碳体、珠光体、莱氏体五种。其中,基本组织属于固溶体相的是铁素体、奥氏体,属于金属化合物相的是渗碳体,属于机械混合物的是珠光体和莱氏体。

1. 铁素体

碳溶入 α-Fe 中形成的间隙固溶体称为铁素体,用符号 F 表示,呈体心立方晶格。碳在 α-Fe 中溶解度极小,在 727 ℃ 时达到最大溶解度,w_C 为 0.021 8%。随着温度的降低,溶解度逐渐减小,在 600 ℃ 时 w_C 为 0.005 7%,室温时 w_C 为 0.000 8%。因此,α-Fe 室温时的性能几乎与纯铁相同。铁素体强度、硬度低(R_m=180~280 MPa,50~80HBW),但具有良好的塑性与韧性(A=30%~50%,Z=70%~80%,KU=128~160 J)。铁素体在 770 ℃ 以下具有铁磁性,在 770 ℃ 以上则失去铁磁性。铁素体的显微组织呈白亮色多边形晶粒,如图 3-4 所示。

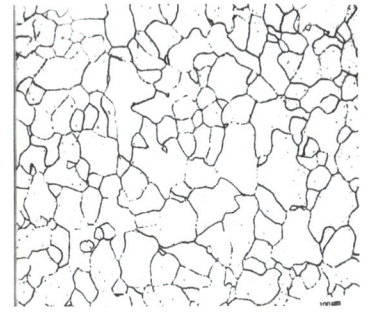
图 3-4 铁素体的显微组织

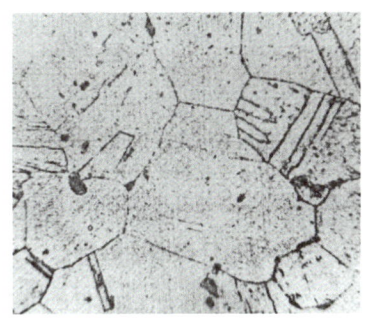
图 3-5 奥氏体的显微组织

2. 奥氏体

碳溶入 γ-Fe 中形成的间隙固溶体称为奥氏体,用符号 A 表示,呈面心立方晶格。碳在 γ-Fe 中的溶解度比在 α-Fe 中大,在 727 ℃ 时 w_C 为 0.77%,随着温度升高溶碳能力增加,在 1 148 ℃ 时溶解度最大,w_C 为 2.11%。

奥氏体具有很好的塑性和韧性和一定的强度和硬度(R_m=400 MPa,160~200HBW,A=40%~50%),温度越高,奥氏体的强度和硬度越低,而塑性和韧性越好。因此,生产中常将钢加热到奥氏体状态进行锻造。奥氏体无磁性,存在于 727 ℃ 以上。奥氏体的显微组织呈白亮色多边形晶粒,如图 3-5 所示。奥氏体与铁素体的显微组织相近似,但晶粒边界较铁素体的平直。奥氏体是一个独立的相,也是一种单相组织。

3. 渗碳体

渗碳体是铁和碳形成的一种具有复杂晶格的金属化合物,用化学分子式 Fe_3C 表示。渗碳体的 w_C 是固定值,为 6.69%,熔点为 1 227 ℃,在固态下不发生同素异晶转变,它在 230 ℃以下具有弱铁磁性,在此温度以上则失去铁磁性。渗碳体的硬度很高,约为 800 HV,塑性、韧性几乎为零,脆性极大。它在钢和铸铁中与其他相共存时,可以呈现片状、粒状、网状或板状。渗碳体是钢中的主要强化相,它的形态、大小、数量及分布对钢的性能有很大的影响。

4. 珠光体

珠光体是由铁素体和渗碳体组成的机械混合物,用符号 P 表示。珠光体是 w_C 为 0.77% 的奥氏体缓慢冷却时,在 727 ℃发生共析转变的产物,力学性能介于铁素体和渗碳体之间,强度较高,硬度适中,有一定塑性和韧性($R_m = 770$ MPa, 180HBW, $A = 20\% \sim 35\%$, $KU = 24 \sim 32$ J),综合力学性能良好。

珠光体 P 是由铁素体 F 和渗碳体 Fe_3C 两相组成的,一般为层片状分布,是一种双相组织。珠光体的显微组织如图 3-6 所示。

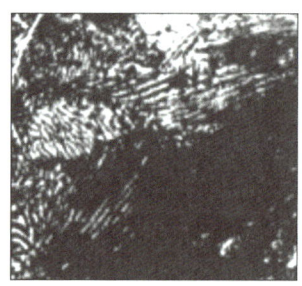
(a) 粗片状

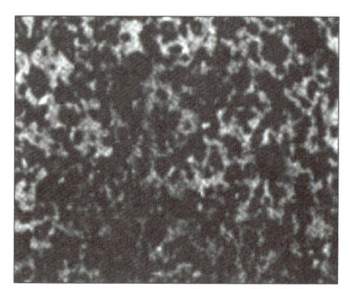
(b) 粒状

图 3-6 珠光体的显微组织

5. 莱氏体

莱氏体是 w_C 为 4.3% 的铁碳合金缓慢冷却到 1 148 ℃时发生共晶转变,从液相中同时结晶出奥氏体和渗碳体的共晶组织,用符号 L_d 表示,也称为高温莱氏体。高温莱氏体再缓慢冷却到 727 ℃时,奥氏体将转变为珠光体,所以室温下莱氏体由珠光体和渗碳体组成,称为变态莱氏体(或低温莱氏体),用符号 L_d' 表示。莱氏体中由于有大量渗碳体存在,其性能与渗碳体相似,即硬度高、塑性差。

莱氏体 L_d 是由奥氏体 A 和渗碳体 Fe_3C 两相组成的双相组织,而 L_d' 是由珠光体 P 和渗碳体 Fe_3C 两相组成的,因为珠光体 P 由铁素体 F 和 Fe_3C 两相组成,所以 L_d' 实际上是由铁素体 F 和渗碳体 Fe_3C 组成的双相组织。

3.2 铁碳合金相图

3.2.1 概述

铁碳合金相图表示在平衡状态下(极其缓慢加热和冷却的条件下),铁碳合金成分、温度、组织变化规律的简明图解,故称平衡图。它是选择材料和制定有关热加工工艺的重要理论依据。

在铁碳合金中,铁与碳可形成一系列稳定的化合物(Fe_3C、Fe_2C、FeC),由于 $w_C \geqslant 6.69\%$ 的铁碳合金脆性极大,没有实用价值。所以在铁碳合金相图中,只有 Fe-Fe_3C 这一部分相图有实际意义。因此,铁碳合金相图实际上是 Fe-Fe_3C 相图。

采用热分析法,对铁碳合金系中不同成分的铁碳合金进行加热熔化,观察它们在极其缓慢加热和冷却过程中内部组织的变化,测出其相变临界点,并标于"温度"和"成分"坐标中,绘制成相图,如图 3-7 所示。

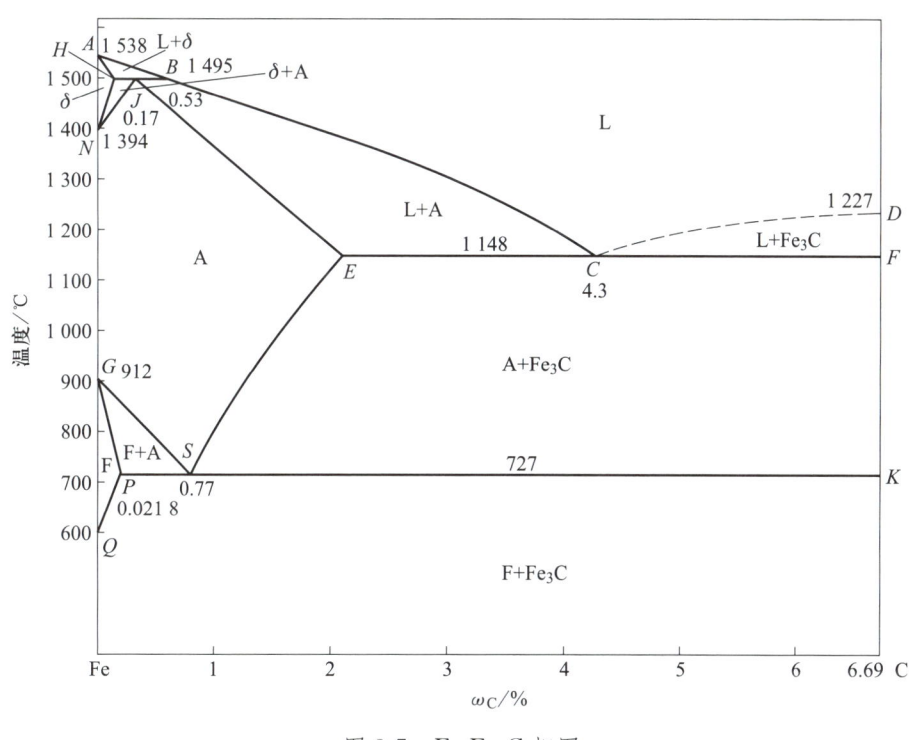

图 3-7 Fe-Fe_3C 相图

3.2.2 铁碳合金相图分析

为了便于研究和分析,将 Fe-Fe_3C 相图左上角部分简化,得到如图 3-8 所示简化的 Fe-Fe_3C 相图。简化的 Fe-Fe_3C 相图纵坐标为温度,横坐标左侧起点表示一组元纯铁,$w_C=0\%$;右侧终点表示另一组元 Fe_3C,$w_C=6.69\%$,横坐标上的任何一点表示某种成分的铁碳合金。

1. Fe-Fe_3C 相图特性点、线分析

整个相图实际上是由点、线、面组成的。相图中任一点都对应着两个基本坐标参数(温度和成分),其位置则反映了所处的组织状态。在相图中将一系列意义相同的点用平滑曲线连接起来,即组成了特性线。由特性线组成不同的相区(单相区和两相区)。将简化的

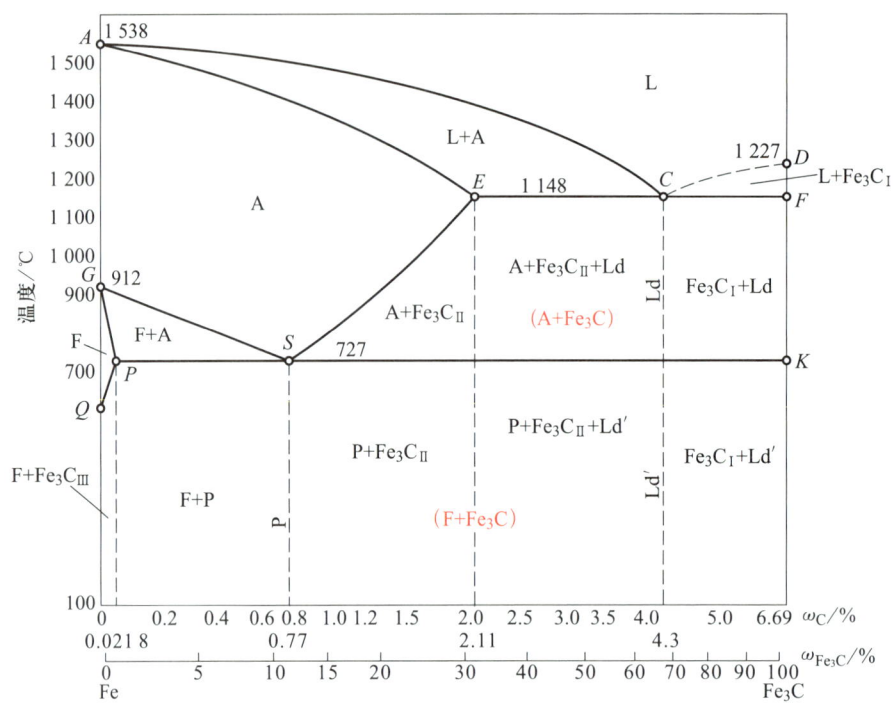

图 3-8 简化的 Fe-Fe$_3$C 相图

Fe-Fe$_3$C 相图中各特性点的含义列于表 3-1,特性线的符号、名称和含义列于表 3-2(共晶线 ECF 是 L、A、Fe$_3$C 三相共存线,共析线 PSK 是 F、A、Fe$_3$C 三相共存线)。

微视频

相图中的特性线

表 3-1 简化的 Fe-Fe$_3$C 相图中各特性点的含义

特性点	温度/℃	w_C/%	含 义
A	1 538	0	纯铁的熔点
C	1 148	4.3	共晶点,共晶转变反应式:$L_C \rightleftharpoons A_E + Fe_3C$
D	1 227	6.69	Fe$_3$C 的熔点
E	1 148	2.11	碳在 γ-Fe 中的最大溶解度,非合金钢与白口铸铁的分界点
F	1 148	6.69	共晶渗碳体的成分点
G	912	0	α-Fe $\rightleftharpoons$ γ-Fe 同素异晶转变点
K	727	6.69	共析渗碳体成分点
P	727	0.021 8	碳在 α-Fe 中的最大溶解度
S	727	0.77	共析点,共析转变反应式:$A_S \rightleftharpoons F_P + Fe_3C$
Q	600(室温)	0.005 7 (0.000 8)	碳在 α-Fe 中的溶解度

表 3-2 简化的 Fe-Fe$_3$C 相图中特性线的符号、名称和含义

特性线符号	名 称	含 义
ACD	液相线	任何成分的铁碳合金在此线以上都处于液态(L),缓慢冷却至 AC 线时,开始结晶出奥氏体,缓慢冷却至 CD 线时,开始结晶出渗碳体(Fe$_3$C$_I$)
AECF	固相线	任何成分的铁碳合金缓慢冷却至此线时全部结晶为固相,缓慢冷却至 AE 线时,合金全部结晶为奥氏体,缓慢冷却至 ECF 线时剩余液相发生共晶转变。加热到固相线时,合金开始融化
ECF	共晶线	w_C>2.11% 的铁碳合金,缓慢冷却至该线(1 148 ℃)时,均会发生共晶转变,生成高温莱氏体(L$_d$)。共晶反应式:L$_C$ ⇌ L$_d$(A$_E$+Fe$_3$C)
PSK	共析线(A$_1$ 线)	w_C>0.021 8% 的铁碳合金,缓慢冷却至该线(727 ℃)时,均会发生共析转变,生成珠光体(P)。共析反应式:A$_S$ ⇌ P(F$_P$+Fe$_3$C)
ES	A$_{cm}$ 线(固溶线)	碳在 γ-Fe 中的溶解度曲线,也是 w_C>0.77% 的铁碳合金,由高温缓慢冷却时从奥氏体中析出渗碳体的开始线,此渗碳体称为二次渗碳体(Fe$_3$C$_{II}$)
GS	A$_3$ 线	是 w_C<0.77% 的铁碳合金,缓慢冷却时由奥氏体中析出铁素体的开始线
PQ	固溶线	碳在 α-Fe 中的溶解度曲线。合金由 727 ℃ 缓冷至室温时,铁素体中的碳将以渗碳体形式析出,此渗碳体称为三渗次碳体(Fe$_3$C$_{III}$)

表 3-2 中出现的 Fe$_3$C$_I$、Fe$_3$C$_{II}$、Fe$_3$C$_{III}$ 的化学成分、晶体结构和性能均相同,主要区别是形成条件不同,分布形态各异,所以对铁碳合金性能的影响也不同。

2. Fe-Fe$_3$C 相图的相区分析

依据特性线和特性点的分析,简化的 Fe-Fe$_3$C 相图有 L、A、F、Fe$_3$C(Fe$_3$C 是一个成分不变的相)四个单相区以及 L+A、L+Fe$_3$C、A+F、A+Fe$_3$C、F+Fe$_3$C 五个两相区,每个两相区都与相应的两个单相区相邻。

3. 铁碳合金的分类

根据 Fe-Fe$_3$C 相图,按碳的质量分数和室温组织特点,铁碳合金可分为工业纯铁、钢和白口铸铁三类,见表 3-3。

表 3-3 铁碳合金的种类和室温平衡组织

铁碳合金种类	工业纯铁	钢			白口铸铁		
		亚共析钢	共析钢	过共析钢	亚共晶白口铸铁	共晶白口铸铁	过共晶白口铸铁
w_C/%	<0.021 8	0.021 8~2.11			2.11~6.69		
		<0.77	0.77	>0.77	<4.3	4.3	>4.3
室温平衡组织	F	F+P	P	P+Fe$_3$C$_{II}$	P+Fe$_3$C$_{II}$+L'$_d$	L'$_d$	L'$_d$+Fe$_3$C$_I$

3.2.3 典型的铁碳合金结晶过程分析

为了深入理解铁碳合金组织的形成规律,下面对典型的铁碳合金平衡结晶过程进行分析,以此得出温度-成分-组织之间的变化规律,以及它们在室温下的平衡组织。

共析钢结晶过程

1. 共析钢

共析钢的结晶过程以图3-9中合金Ⅰ为例说明。Ⅰ线对应的共析钢碳的质量分数 $w_C=0.77\%$。

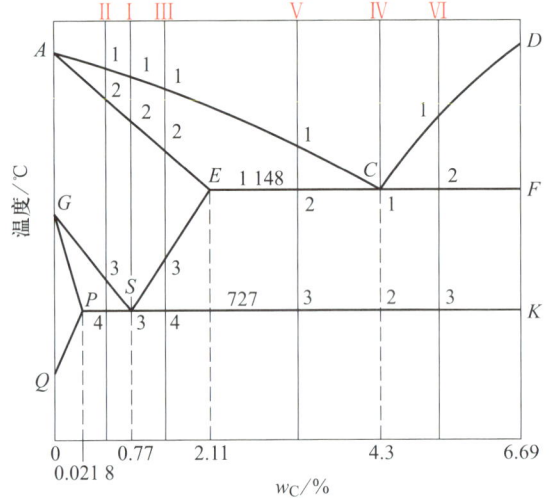

图3-9 典型铁碳合金的结晶过程分析

共析钢的结晶过程如图3-10所示。合金在1点温度以上全部为液相;缓慢冷却至1点温度时,开始从液相中结晶出奥氏体;随着温度的不断降低,结晶出的奥氏体不断增多;当冷却至2点温度时,液相全部结晶为单相奥氏体;继续缓慢冷却至3点温度(727 ℃)时,奥氏体发生共析转变,形成层片状的铁素体和渗碳体组成的机械混合物珠光体P。珠光体中的渗碳体称为共析渗碳体。发生共析转变的温度称为共析温度。共析钢的显微组织如图3-11所示。

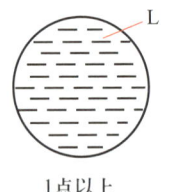
1点以上

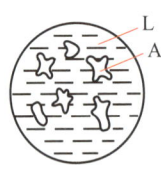
1点~2点

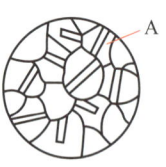
2点~3点

3点(S)以下

图3-10 共析钢的结晶过程　　　　图3-11 共析钢的显微组织

2. 亚共析钢

亚共析钢的结晶过程以图 3-9 中合金Ⅱ为例说明。Ⅱ线对应的亚共析钢碳的质量分数 $w_C=0.45\%$。

亚共析钢的结晶过程如图 3-12 所示。合金在 3 点以上的结晶过程与共析钢在 S 点以上的结晶过程相似。当缓慢冷却至 3 点时,开始从奥氏体中析出铁素体。随着温度的降低,铁素体量不断增多,成分沿 GP 线变化;奥氏体量逐渐减少,成分沿 GS 线变化。当温度降至 4 点(727 ℃)时,已经析出的先共析铁素体的成分达到 P 点成分,剩余奥氏体达到共析成分 $w_C=0.77\%$,发生共析转变,奥氏体转变为珠光体。因此,亚共析钢的室温平衡组织为铁素体和珠光体。需指出,在亚共析钢中,随 w_C 的增加,室温组织中铁素体量将不断减少,而珠光体量将不断增加。亚共析钢的显微组织如图 3-13 所示,图中白亮色部分为铁素体,呈黑色、高倍放大时为层片状的为珠光体。

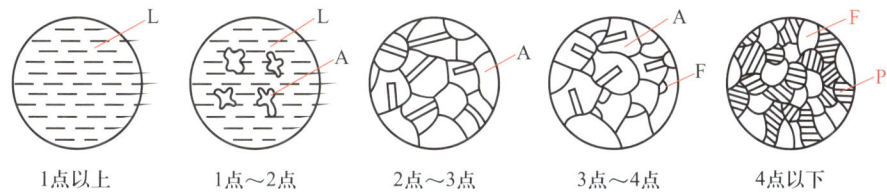

图 3-12 亚共析钢的结晶过程

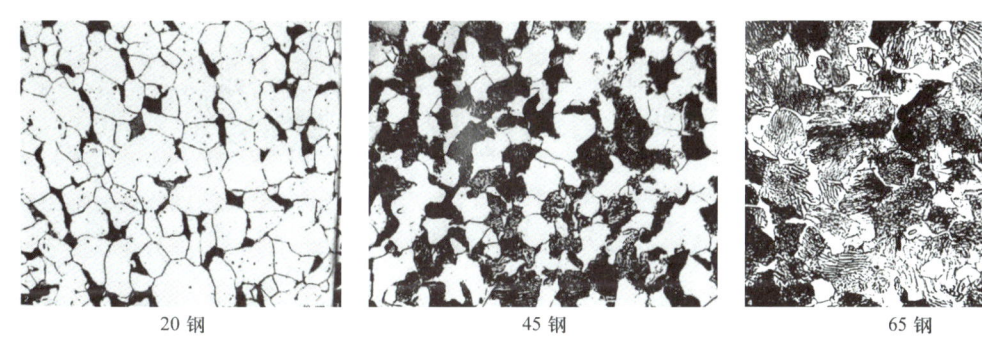

图 3-13 亚共析钢的显微组织

3. 过共析钢

过共析钢的结晶过程以图 3-9 中合金Ⅲ为例说明。Ⅲ线对应的过共析钢碳的质量分数约为 $w_C=1.2\%$。过共析钢的结晶过程如图 3-14 所示,该合金在 3 点以上的结晶过程

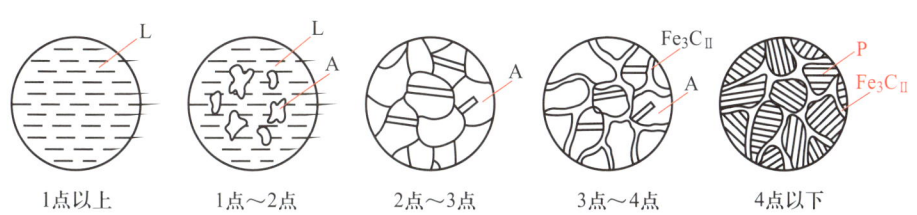

图 3-14 过共析钢的结晶过程

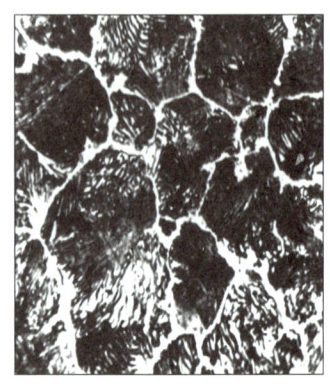

图3-15 过共析钢的显微组织

与共析钢的结晶过程相似。当缓慢冷却至3点时,开始从奥氏体中析出二次渗碳体。随着温度降低,二次渗碳体量逐渐增多,而剩余奥氏体碳的质量分数 w_C 沿 ES 线变化。当温度降至4点(727 ℃)时,奥氏体的碳质量分数达到共析成分 $w_C=0.77\%$,发生共析转变,生成珠光体。因此,过共析钢室温平衡组织为珠光体和二次渗碳体。随着合金中 w_C 的增加,二次渗碳体越来越多,当 $w_C=2.11\%$ 时达到最大值。过共析钢的显微组织如图3-15所示,图中片状或黑色组织为珠光体,白色网状组织为二次渗碳体。

4. 共晶白口铸铁

共晶白口铸铁的结晶过程以图3-9中的合金Ⅳ为例说明。合金Ⅳ碳的质量分数 $w_C=4.3\%$。共晶白口铸铁的结晶过程如图3-16所示。该合金在缓冷至1点温度(1 148 ℃)时,液态将发生共晶反应,在恒温下同时结晶出奥氏体和渗碳体两种固相的机械混合物(高温莱氏体 L_d)。这种在一定温度下,由一定成分的液相中同时结晶出两种固相的转变,称为共晶转变。铁碳合金的共晶转变反应式为 $L_C \rightarrow L_d(A_E+Fe_3C)$。共晶转变完成后,莱氏体在

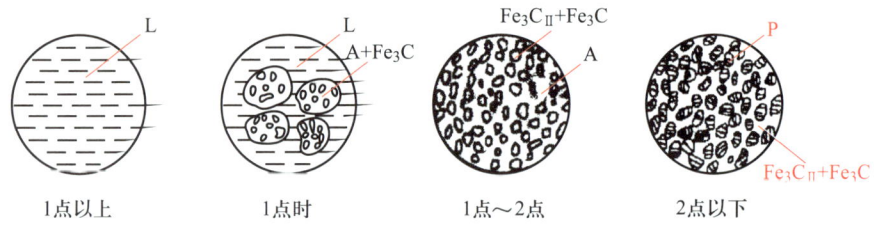

图3-16 共晶白口铸铁的结晶过程

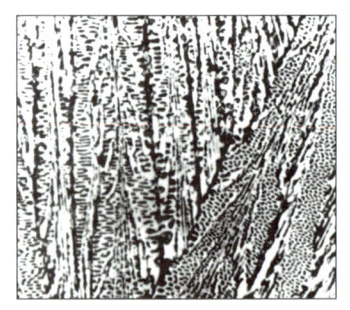

图3-17 共晶白口铸铁的显微组织

1 148～727 ℃之间的连续冷却过程中,其中的奥氏体将不断析出二次渗碳体,奥氏体的 w_C 沿 ES 线逐渐向共析成分接近。当温度降到2点(727 ℃)时,奥氏体发生共析转变,形成珠光体,而二次渗碳体不变。因此,共晶白口铸铁的室温平衡组织为珠光体+二次渗碳体+共晶渗碳体,即变态莱氏体或称为低温莱氏体。共晶白口铸铁的显微组织如图3-17所示,图中黑色部分为珠光体,白色部分为渗碳体。共晶白口铸铁的典型组织形态为斑点状。二次渗碳体与共晶渗碳体混在一起,在光学显微镜下难以分辨。

5. 亚共晶白口铸铁的结晶过程

亚共晶白口铸铁的冷却结晶过程以图3-9中的合金Ⅴ为例说明。亚共晶白口铸铁的结

晶过程如图 3-18 所示。亚共晶白口铸铁在 1 点以上时为液态合金。当液态合金冷却到与液相线 AC 相交于 1 点温度时,液相中开始结晶出初晶奥氏体。在 1 点与 2 点之间,随着温度下降,奥氏体量不断增加,其成分沿固相线 AE 变化,而剩余液相量逐渐减少,其成分沿液相线 AC 变化。当冷却到与共晶线 ECF 相交于 2 点温度(1 148 ℃)时,初晶奥氏体的 w_C 变为 2.11%,液相碳的质量分数正好是共晶成分(w_C=4.3%),因此剩余液相发生共晶转变而形成莱氏体,而初晶奥氏体不变;在 2~3 点间冷却时,初晶奥氏体与共晶奥氏体中,均不断析出二次渗碳体 Fe_3C_{II},并在 3 点的温度(727 ℃)时,这两种奥氏体的成分正好是共析成分(w_C=0.77%),因此发生共析转变而形成珠光体。从 3 点继续冷却到室温,亚共晶白口铸铁组织基本不变。因此,亚共晶白口铸铁室温平衡组织为珠光体 P、二次渗碳体 Fe_3C_{II} 和低温莱氏体 L'_d。

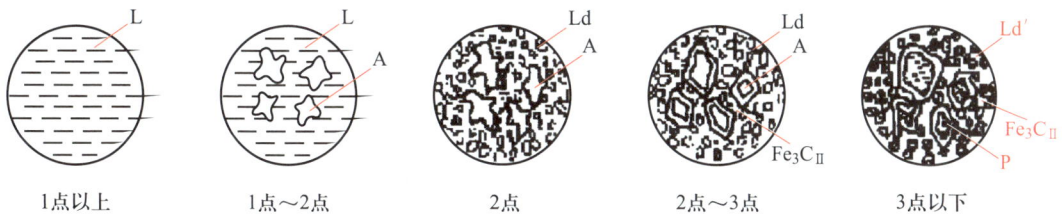

图 3-18 亚共晶白口铸铁的结晶过程

所有亚共晶白口铸铁的结晶过程均相似,只是合金成分越接近共晶成分,室温平衡组织中低温莱氏体量越多;合金成分越远离共晶成分,由初晶奥氏体转变成的珠光体越多。

亚共晶白口铸铁的显微组织如图 3-19 所示,图中呈黑色块状或树枝状分布的是由初晶奥氏体转变成的珠光体,基体是低温莱氏体,白亮色的二次渗碳体分布在块状或树枝状珠光体周围。

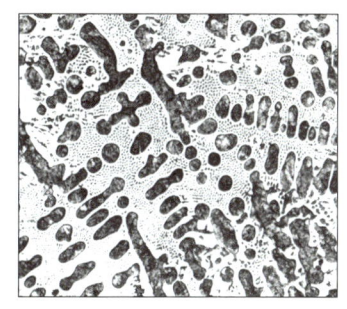

图 3-19 亚共晶白口铸铁的显微组织

6. 过共晶白口铸铁的结晶过程

过共晶白口铸铁的冷却结晶过程以图 3-9 中的合金Ⅵ为例说明。过共晶白口铸铁的结晶过程如图 3-20 所示。过共晶白口铸铁在 1 点以上时为液态合金;当液态合金冷却到

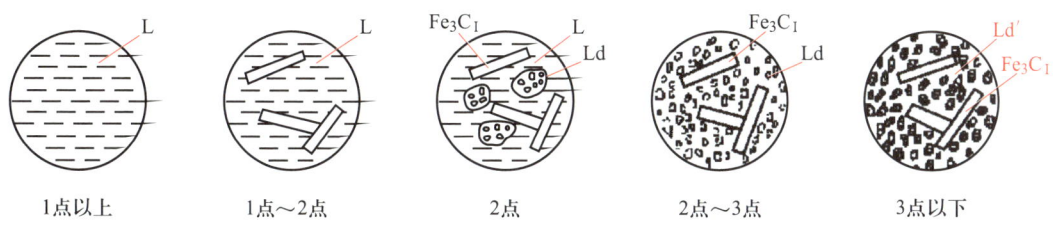

图 3-20 过共晶白口铸铁的结晶过程

与液相线 CD 相交于 1 点的温度时，液态合金中开始结晶出一次渗碳体 Fe_3C_I。在 1～2 点之间，随着温度的下降，一次渗碳体的含量不断增加，剩余液相的含量逐渐减少，其成分沿 CD 线改变。当温度冷却到与共晶线 ECF 相交于 2 点温度（1 148 ℃）时，液相的成分正好是共晶成分，因此剩余的液相发生共晶转变而形成莱氏体。在 2～3 点之间冷却，奥氏体中同样要析出二次渗碳体 Fe_3C_{II}，并在 3 点的温度（727 ℃）时，奥氏体发生共析转变而形成珠光体。因此，过共晶白口铸铁在室温平衡组织为一次渗碳体 Fe_3C_I 和低温莱氏体 L'_d。

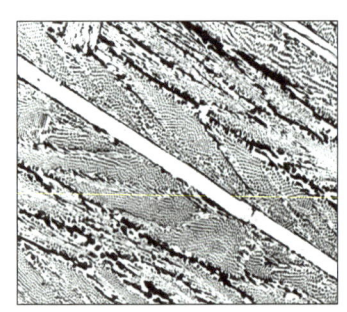

图 3-21　过共晶白口铸铁的显微组织

所有过共晶白口铸铁的结晶过程均相似，只是合金成分越接近共晶成分，室温组织中的低温莱氏体量越多；合金成分越远离共晶成分，室温平衡组织中一次渗碳体的含量越多。

过共晶白口铸铁的显微组织如图 3-21 所示，图中白色条块状为一次渗碳体，基体为低温莱氏体。

3.3　铁碳合金成分、组织性能之间的关系

在一定的温度下，合金的成分决定了组织，而组织决定了合金的性能。铁碳合金的室温平衡组织都是由铁素体和渗碳体两相组成的。但是，铁碳合金碳的质量分数不同，组织中两个相的相对数量、分布及形态也不同，因此具有不同的性能。

3.3.1　碳的质量分数对平衡组织的影响

1. 相的变化

对 $Fe-Fe_3C$ 相图分析可知，在共析温度以下为 F 与 Fe_3C 的两相区。室温时，碳的质量分数低于 0.021 8% 的合金全部为铁素体（忽略三次渗碳体）；随着碳的质量分数的增加，铁素体的含量呈直线关系减少；当碳的质量分数为 6.69% 时铁素体含量降为零。同时渗碳体的含量则由零直线增加至 100%。

碳的质量分数的变化不仅引起铁素体和渗碳体相对量的变化，而且由于引起不同性质的结晶过程，使其出现不同的组织形态，发生不同的相互结合，因此造成不同的组织变化。

2. 组织的变化

(1) 组成物的变化

随着碳的质量分数增加，组织变化的顺序依次为：F→F+P→P→P+Fe_3C_{II}→P+Fe_3C_{II}+L'_d→L'_d→L'_d+Fe_3C_I，组织中各种组织组成物的相对含量由图中相应垂直高度来表示。铁碳合金的成分、组织、相组成物及组织组成物的变化如图 3-22 所示。

(2) 组织形态的变化

① 铁素体。固溶体转变生成的单相铁素体为块状（等轴晶粒状）；共析体中的铁素体则

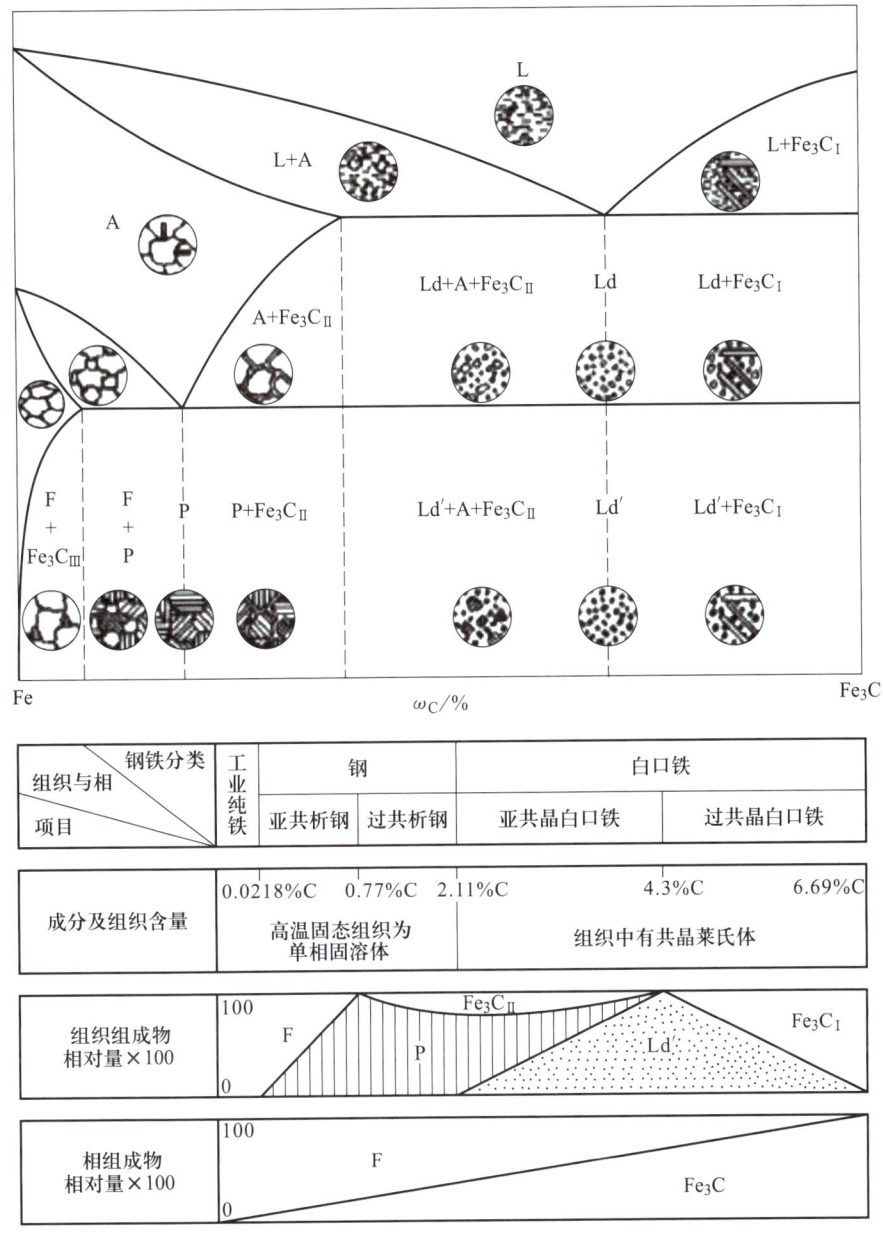

图 3-22 铁碳合金的成分、组织、相组成物及组织组成物的变化

由于同渗碳体相互制约,主要呈交替片状。

② 渗碳体。一次渗碳体从液体中直接析出,呈长条状;二次渗碳体从奥氏体中析出,沿晶界呈网状;三次渗碳体从铁素体中析出的,沿晶界呈小片状或粒状;共晶渗碳体是同奥氏体相关形成的,在莱氏体中为连续的基体;共析渗碳体是同铁素体交互形成的,呈交替片状。

从以上变化可以看出,铁碳合金室温平衡组织随碳的质量分数增加,铁素体的相对量减少,而渗碳体的相对量增加。具体来说,对钢而言,随着碳的质量分数的增加,亚共析钢中的铁素体量减少,过共析钢中的二次渗碳体量增加;对铸铁而言,随着碳的质量分数的增加,亚共晶白口铸铁中的珠光体和二次渗碳体的含量减少,过共晶白口铸铁中一次渗碳体和共晶渗碳体的含量增加。

应当指出,铁碳合金碳的质量分数增高时,不仅组织中渗碳体的相对含量增加,而且渗碳体的大小、形态和分布也随之发生变化。渗碳体由层状分布在铁素体基体内(如珠光体),进而改变呈网状分布在晶界上(如二次渗碳体),最后形成莱氏体时又作为基体出现。

3.3.2 碳的质量分数对铁碳合金力学性能的影响

1. 硬度

硬度主要决定于组成相的硬度和相对含量。随着碳的质量分数增加,渗碳体增多,铁素体减少,因此合金的硬度呈直线增高,由完全为铁素体组织的 80HBW 增大到完全为渗碳体的约 800 HV。

2. 强度

强度是一种对组织组成物的形态很敏感的性能。

在工业纯铁中,随着碳的质量分数增加,固溶强化或微量 Fe_3C_{III} 的强化作用使强度提高。

在亚共析钢中,组织为 F+P 的混合物,随着 P 含量的增加,强度提高。另外,强度与组织的细密度有关,组织越细密,则强度越高,因此在亚共析钢中,随着碳的质量分数增加,强度提高;组织越细,强度越高。

过共析钢中,铁素体消失,而硬脆的二次渗碳体出现,合金强度增加变缓。在碳的质量分数约为 0.90% 时,由于沿晶界形成的二次渗碳体网趋于完整,强度开始迅速下降。当碳的质量分数达 2.11% 且组织中出现莱氏体时,强度降到很低,如果继续增加碳的质量分数,由于基体变为连片的渗碳体,强度将变化不大且数值仍很低,接近渗碳体的强度(20~30 MPa)。

3. 塑性

铁碳合金中的渗碳体是极脆的组成相或组织组成物,没有塑性,不能为合金的塑性做出贡献,合金的塑性完全由铁素体来提供。因此,碳的质量分数增加,铁素体减少时,合金的塑性不断降低,当基体变为渗碳体后,塑性就降低到接近于零。

4. 韧性

铁碳合金的冲击韧性对组织及其形态最敏感。碳的质量分数增加时,脆性的渗碳体增多,不利的形态愈严重,韧性下降愈快,下降的趋势比塑性更急剧。

如图 3-23 所示为碳的质量分数对非合金钢力学性能的影响。由图 3-23 可见,当钢中碳的质量分数小于 0.9% 时,随着钢中碳的质量分数的增加,钢的强度、硬度呈直线上升而塑性、韧性不断下降;当钢中碳的质量分数大于 0.9% 时,因渗碳体以完整的网状存在,不仅使钢的塑性、韧性进一步降低,而且强度也明显下降。为了保证工业上使用的钢具有足够的强度,并具有一定的塑性和韧性,钢中碳的质量分数一般不超过 1.3%~1.4%。

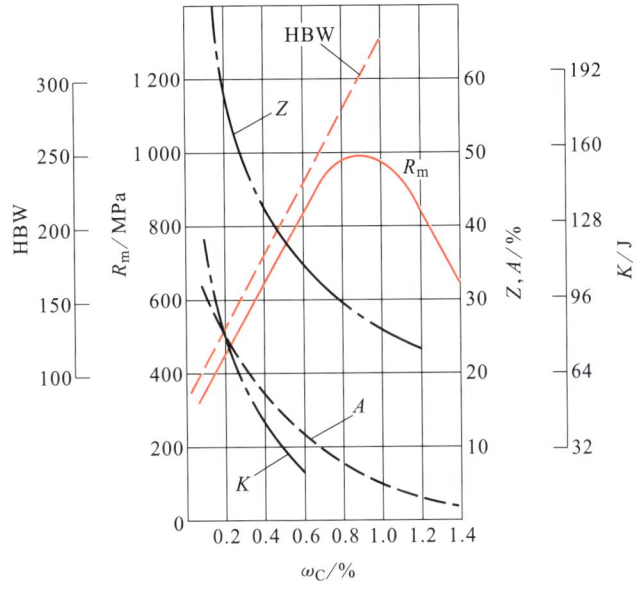

图 3-23　碳的质量分数对非合金钢力学性能的影响

由于组织中存在大量的渗碳体,碳的质量分数大于 2.11% 的白口铸铁特别硬且脆,难以切削加工,因此在一般机械制造工业中很少使用。

3.3.3　碳的质量分数对工艺性能的影响

1. 铸造性能

金属的铸造性能也与碳的质量分数有关。随着碳的质量分数的增加,钢的结晶温度间隔增大,对钢的流动性是不利的;但随着碳的质量分数增加,液相线温度降低,这对钢的流动性有利。总的来说,钢液的流动性是随碳的质量分数增加而提高的。铸铁因其液相线温度比钢低,其流动性总是比钢好。亚共晶白口铸铁随碳的质量分数增加而凝固范围变小,流动性也随之提高。共晶白口铸铁结晶温度最低,同时又在恒温下结晶,流动性最好。过共晶白口铸铁随碳的质量分数增加,流动性变差。

2. 锻造性能

碳的质量分数影响钢材的可锻性。低碳钢的可锻性良好,随着碳的质量分数的提高可锻性变差。如果要求有好的塑性、变形抗力小,在 Fe-Fe$_3$C 相图中,单相 A 区最合适,其次为 A+F 两相区,而有 Fe$_3$C 存在的两相区,钢的塑性、韧性都差。

3. 切削加工性能

碳的质量分数对切削加工性能有一定影响。低碳钢中,铁素体较多、塑性好,切削时产生的切削热较大,容易黏刀,而且切屑不易折断,影响表面质量,故切削性能差。在低碳钢中当共析渗碳体呈片状,特别是细片状时,可以降低钢的塑性,有利于切削,而以球状存在时,反而不利于切削。高碳钢中,渗碳体较多,严重磨损刀具,切削加工性能也差。高碳钢中共析渗碳体以片状存在、二次渗碳体以网状存在时对切削不利。而渗碳体呈球状时则可改善切削加工性。一般认为,钢的硬度大致为 250HBW 时切削加工性最好。

3.4 铁碳合金相图的应用

铁碳合金相图在生产中具有重要的实际意义,主要应用在钢铁材料的选用和热加工工艺的制订两个方面。

3.4.1 在钢铁选材方面的应用

铁碳合金相图揭示了铁碳合金组织及性能随成分变化的规律,由此可以判断钢铁材料的力学性能,便于根据零件的服役条件和性能要求合理选择材料。

若需要塑性、韧性高的材料,应选用低碳钢(碳的质量分数为 0.1%～0.25%);需要强度、塑性及韧性都较好的材料,应选用中碳的亚共析钢(碳的质量分数为 0.25%～0.6%);需要硬度高、耐磨性好的材料,应选用高碳钢(碳的质量分数为 0.6%～1.3%)。一般低碳钢和中碳钢主要用来制造机器零件或建筑结构,高碳钢多用来制造各种工具、模具。形状复杂的箱体、机器底座等可选用熔点低、流动性好的铸铁来制造。

3.4.2 在制订热加工工艺方面的应用

铁碳合金相图总结了不同成分的合金在缓慢加热和冷却时组织转变的规律,为制订热加工及热处理工艺提供了依据。

1. 在铸造工艺方面的应用

根据铁碳合金相图可找出不同成分的钢和铸铁的熔点,为铸造工艺提供基本数据,可确定合适的浇注温度,如图 3-24 所示。另外,铁碳合金相图还说明共晶成分的铁碳合金凝固温度区间最小(为零),铸造性能好,而且共晶成分的合金结晶温度较低,操作比较方便。因此,在铸造生产中接近共晶成分的铸铁得到广泛的应用。

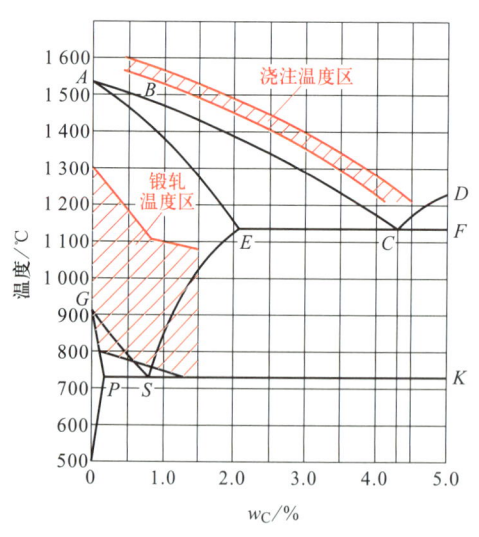

图 3-24 铁碳合金相图与铸、锻工艺的关系

2. 在锻造、热轧工艺方面的应用

钢处于奥氏体状态时,强度较低,塑性较好,便于塑性变形。因此,在进行锻造、热轧加工时要把坯料加热到奥氏体状态。一般始锻温度控制在固相线下 100～200 ℃ 范围内。对亚共析钢,终锻温度控制在稍高于 GS 线,对于过共析钢,终锻温度控制在稍高于 ES 线。通常,

各种非合金钢的始锻温度为 1 150～1 250 ℃，终锻温度为 750～850 ℃，如图 3-24 所示。

3. 在焊接工艺方面的应用

焊接时从焊缝到母材各区域的加热温度是不同的，由铁碳合金相图可知，受不同的加热温度的各区域在随后的冷却中可能出现不同的组织与性能。因此，需要在焊接后采用热处理方法加以改善。

4. 在热处理工艺方面的应用

铁碳合金相图对于制订热处理工艺有着特别重要的意义。常用的热处理工艺（如退火、正火、淬火）的加热温度都是根据铁碳合金相图确定的。

应指出，使用铁碳合金相图时还要考虑多种杂质或合金元素的影响。还应指出，铁碳合金相图反映的是平衡的组织状态，因此实际上钢铁在生产和加工过程中，当冷却或加热速度较快时不能完全用它来分析问题。

知识拓展

金属材料的微观世界

动画

金相试样的制备

从简单地利用天然材料，冶铜炼铁，使用热处理工艺，人类对材料的认识逐步深入。18 世纪欧洲工业革命后，人们对材料的质量要求越来越高，促进了材料科学的进一步发展。

1863 年，光学显微镜首次应用于金属研究，诞生了金相学，使人们步入了材料的微观世界，能够将材料的宏观性能与微观组织联系起来，标志着材料研究从经验走向科学。

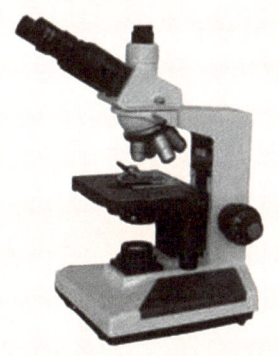 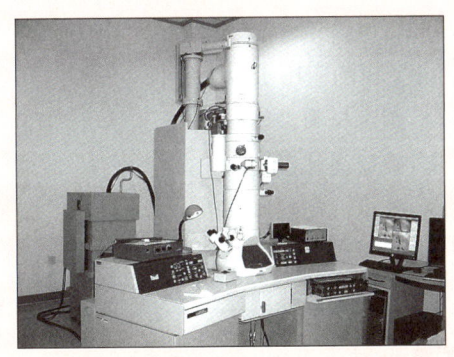

图 3-25　光学显微镜　　　　　图 3-26　电子显微镜

1912 年，X-射线对晶体的作用被发现并在随后用于晶体衍射分析，使人们对固体材料微观结构的认识从最初的假想到科学的现实；19 世纪末，晶体的 230 种空间群被确定，至此人们已经可以完全用数学的方法来描述晶体的几何特征。

1932 年，电子显微镜的发明把人们带到了微观世界的更深层次（10^{-7} m）。1932 年的电子显微镜以及后来的电子探针、离子探针等现代仪器，使得人们对材料及材料科学有了全新的认识,有力地促进了材料的研究和发展。

习惯上把人眼或用几十倍放大镜观察到的组织称为低倍组织或宏观组织,放大100～2 000倍的组织称为高倍组织或显微组织,在电子显微镜下放大几千到几十万倍的组织称为精细组织或电镜组织。

小 结

1. 纯铁的同素异晶转变:$\delta\text{-Fe} \xrightleftharpoons{1\,394\,℃} \gamma\text{-Fe} \xrightleftharpoons{912\,℃} \alpha\text{-Fe}$

2. 铁碳合金的基本组织:F、A、Fe_3C、P、L_d'。

3. 铁碳合金相图由4个单相区、5个两相区、10个特性点、7条特性线(其中2条三相共存线)构成。

4. 铁碳合金分类:根据碳的质量分数和室温组织特点不同,铁碳合金分为以下三类。

(1) 工业纯铁:$w_C<0.021\,8\%$,组织为F。

(2) 钢:$0.021\,8\% \leqslant w_C<2.11\%$,根据其室温组织特点不同,又可分为以下三种:

① 亚共析钢 $0.021\,8\% \leqslant w_C<0.77\%$,组织为F+P;

② 共析钢 $w_C=0.77\%$,组织为P;

③ 过共析钢 $0.77\%<w_C<2.11\%$,组织为$P+Fe_3C_Ⅱ$。

(3) 白口铸铁:$2.11\% \leqslant w_C<6.69\%$,根据其室温组织特点不同,又可分为以下三种:

① 亚共晶白口铸铁 $2.11\% \leqslant w_C<4.3\%$,组织为$P+Fe_3C_Ⅱ+L_d'$;

② 共晶白口铸铁 $w_C=4.3\%$,组织为L_d';

③ 过共晶白口铸铁 $4.3\%<w_C<6.69\%$,组织为$Fe_3C_Ⅰ+L_d'$。

5. 铁碳合金相图应用于以下方面。

(1) 选材:判定材料性能;

(2) 铸造:确定浇注温度;

(3) 锻造:确定锻造温度;

(4) 焊接:判定焊接温度;

(5) 热处理:确定加热温度。

习 题 三

一、名词解释

铁素体、奥氏体、渗碳体、珠光体、莱氏体、同素异晶转变。

二、填空题

1. 根据Fe-C相图,按碳的质量分数和室温下组织特点,铁碳合金可分为_____、_____和_____三类。

2. 珠光体是_____和_____组成的机械混合物,用符号_____表示。

3. 低温莱氏体是_____和_____组成的机械混合物,用符号_____表示。

4. 按碳的质量分数和室温下平衡组织的不同,钢可分为_____、_____和_____三类。

5. 铁碳合金中,共析钢碳的质量分数 $w_C=$_____％,室温平衡组织为_____;亚共析钢碳的质量分数范围是 w_C_____％,室温平衡组织为_____;过共析钢碳的质量分数范围是 w_C_____％,室温平衡组织为_____。

6. 铁碳合金的力学性能与碳的质量分数之间的变化规律是:当 $w_C<0.9$％时,随着碳的质量分数的增加,力学性能_____、_____增加,而_____、_____降低;当 $w_C>0.9$％时,力学性能_____、_____、_____降低,而_____增加。

三、判断题

1. 金属的同素异晶转变是一个重结晶的过程。( )
2. 奥氏体是碳在 α-Fe 中形成的间隙固溶体。( )
3. α-Fe 和 γ-Fe 是纯铁的两种不同的相。( )
4. 亚共析钢不会发生共析转变,不可能有珠光体组织。( )
5. 20 钢中的珠光体,其碳的质量分数较低;T12 钢中的珠光体,其碳的质量分数较高。( )

四、简答题

1. 试绘出简化的 Fe-Fe₃C 相图,填出特性点、特性线的符号、温度、碳的质量分数及各相区组织。

2. 根据 Fe-Fe₃C 相图分析 $w_C=0.45$％和 $w_C=1.0$％的铁碳合金从液态缓冷到室温的组织转变过程及室温的组织。

3. 说明一次渗碳体、二次渗碳体的区别。

4. 说明钢的力学性能随着碳的质量分数的增加有何变化。

5. 根据 Fe-Fe₃C 相图分析以下现象:

(1) $w_C=1.2$％的钢比 $w_C=0.45$％的钢硬度高。

(2) $w_C=1.2$％的钢比 $w_C=0.8$％的钢强度低。

(3) 低温莱氏体硬度高、脆性大。

(4) 非合金钢进行热锻、热轧时都要加热到奥氏体相区。

单元四　钢的热处理

学习目标

1. 熟悉钢在加热时的组织转变，掌握奥氏体在冷却时的转变规律及转变产物。
2. 掌握各种热处理方法的目的、工艺及应用。
3. 合理选用退火和正火，合理选择淬火和回火工艺方法。
4. 正确选用表面淬火、渗碳、渗氮等热处理工艺方法。

重　点

常用热处理（退火、正火、淬火和回火）方法的目的、工艺及应用。

难　点

钢的加热与冷却规律、转变产物。

案例引入

"怀文造宿铁刀，其法，烧生铁精以重柔铤，数宿则成刚。以柔铁为刀脊，浴以五牲之溺，淬以五牲之脂，斩甲过三十札。"是中国古代冶金术里面的记载。五牲之脂是指动物油，油的冷却能力比水差，用油淬火应力小，所以变形开裂倾向小；五牲之溺就是牲畜的尿液，含有大量的盐，而现在的热处理知识知道，盐水的冷却能力很强，这样淬硬层深。由此可知，我们的祖先早在南北朝时，随着冶金技术的发展，已经发现并掌握了油、水、盐水这些淬火介质对淬火质量的影响。

钢的热处理是将固态钢材采用适当的方式进行加热、保温和冷却以获得所需组织与性能的工艺。它不仅可以强化钢材、充分发挥其内部潜力、提高或改善工件的使用性能和加工工艺性，而且还是提高加工质量、延长工件和刀具使用寿命、节约材料、降低成本的重要手段。因此，机械制造、交通运输、能源以及航空航天等领域中的大多数零部件和一些工程构件都需要通过热处理来提高产品质量和性能。例如，机床60%～70%的零件，汽车、拖拉机70%～80%的零件，飞机的绝大部分零件都要经过热处理。

钢的热处理工艺方法很多，根据热处理的目的、要求以及加热和冷却条件的不同，可分为三类:整体热处理,包括退火、正火、淬火和回火等;表面热处理,包括表面淬火、物理气相沉积和化学气相沉积等;化学热处理,包括渗碳、渗氮、碳氮共渗等。

<u>热处理的工艺要素是温度和时间。</u>因此常用温度-时间曲线来表示,如图 4-1 所示。任何热处理过程都是由加热、保温和冷却三个阶段组成的,其中保温是加热的继续。掌握钢的热处理原理,主要就是要掌握钢在加热和冷却时的组织变化的规律。本单元主要介绍钢的热处理基本原理、常用热处理工艺方法及其应用。

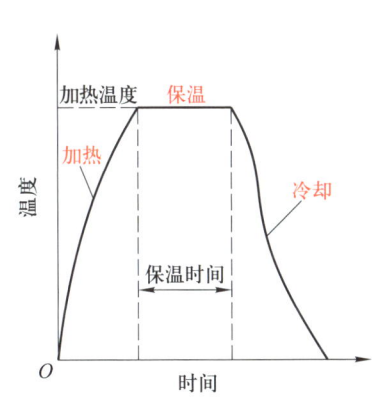
图 4-1 热处理的基本工艺曲线

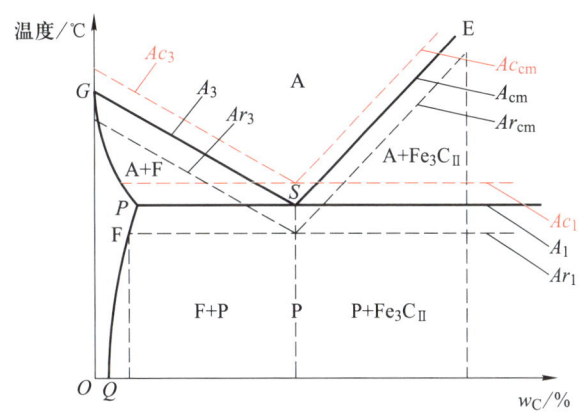
图 4-2 钢在加热和冷却时的相变点

4.1 钢在加热时的组织转变

加热是热处理的第一道工序,其目的是使钢奥氏体化。由 Fe-Fe₃C 相图可知,钢在平衡条件下的固态相变点分别为 A_1、A_3 和 A_{cm}。但在实际生产中加热速度和冷却速度不是极其缓慢的,故钢发生固态相变时都有不同程度的过热度或过冷度。为与平衡条件下的相变点相区别,通常将在加热和冷却时实际的相变点分别称为 Ac_1、Ac_3、Ac_{cm} 与 Ar_1、Ar_3、Ar_{cm},如图 4-2 所示。

动画
热处理相变点

下面以共析钢为例,介绍钢在加热时的组织转变规律。

4.1.1 奥氏体的形成

将共析钢加热至 Ac_1 温度时,将发生珠光体向奥氏体的转变,其转变过程是一个形核和核长大的过程,如图 4-3 所示。

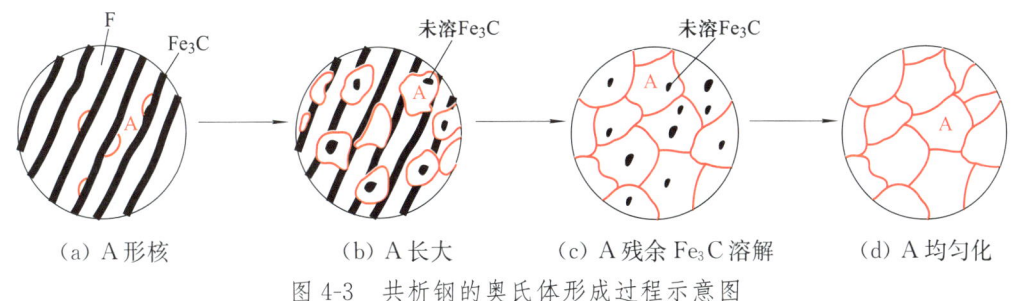

图 4-3 共析钢的奥氏体形成过程示意图

1. 奥氏体晶核的形成

共析钢的珠光体组织是铁素体和渗碳体组成的机械混合物，奥氏体晶核一般优先在铁素体和渗碳体的相界面上形成。这是由于相界面上在成分（介于铁素体和渗碳体之间）和结构（原子排列不规则，空位和位错密度高）两个方面都为奥氏体晶核的形成提供了有利条件。

2. 奥氏体晶核的长大

奥氏体晶核形成后，依靠铁素体的晶格重组和渗碳体的不断溶解，奥氏体晶核不断向铁素体和渗碳体两个方向长大，直至铁素体全部转变为奥氏体为止。

3. 残余渗碳体的溶解

铁素体全部转变为奥氏体后，仍有部分渗碳体尚未溶解。这部分未溶解的渗碳体称为残余渗碳体。这是由于渗碳体的晶格结构和化学成分与奥氏体差距较大，随着保温时间的延长，这部分渗碳体才能完全溶入奥氏体中。

4. 奥氏体成分均匀化

残余渗碳体溶解后，奥氏体中的碳浓度是不均匀的。只有经过一定时间的保温，通过碳原子的扩散，才能使奥氏体成分逐步均匀化。

亚共析钢和过共析钢的奥氏体形成过程与共析钢基本相似。不同的是，对于亚共析钢或过共析钢，若加热至 Ac_1 点温度，只能使珠光体转变为奥氏体，得到"奥氏体＋铁素体"或"奥氏体＋二次渗碳体"组织，称为不完全奥氏体化。只有继续加热至 Ac_3 或 Ac_{cm} 点温度以上，才能得到单相奥氏体组织，称为完全奥氏体化。

4.1.2 奥氏体晶粒的长大及控制

1. 奥氏体晶粒的长大

当珠光体向奥氏体转变刚完成时，奥氏体是在片状珠光体的两相（铁素体与渗碳体）界面上形核，晶核数量多，获得细小的奥氏体晶粒，称为奥氏体起始晶粒度。

随着加热温度升高或保温时间延长，奥氏体晶粒就长大。奥氏体晶粒长大是一个自发过程。加热温度越高，保温时间越长，奥氏体晶粒就长得越大。钢在某个具体加热条件下实际获得的奥氏体晶粒称为奥氏体实际晶粒度，其大小直接影响到钢热处理后的力学性能。

2. 奥氏体晶粒度（晶粒大小的尺度）

奥氏体晶粒大小通常采用晶粒度等级来表示。按照国家标准 GB/T 6394—2017《金属平均晶粒度测定方法》的规定，标准晶粒度分为 10 级，如图 4-4 所示。在生产中，将钢试样在金相显微镜下放大 100 倍，全面观察并选择具有代表性视场的晶粒与国家标准晶粒度等级图进行比较，以确定其级别。一般 1～4 级称为粗晶粒，5～8 级称为细晶粒，9 级以上称超细晶粒。

钢的奥氏体晶粒不同，加热时长大的倾向也不同。奥氏体晶粒随温度升高而迅速长大的钢称为本质粗晶粒钢；奥氏体晶粒随温度升高长大倾向小，只有加热到 930～950 ℃才显著增长的钢称本质细晶粒钢，如图 4-5 所示。

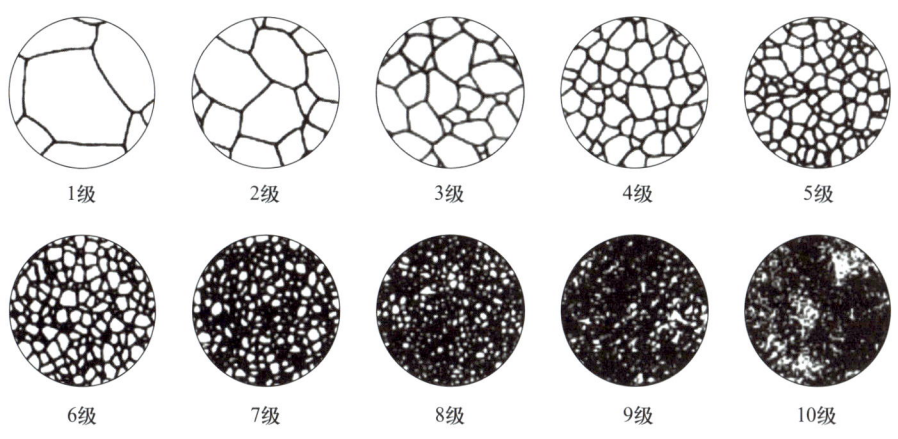

图 4-4　标准晶粒度等级示意图

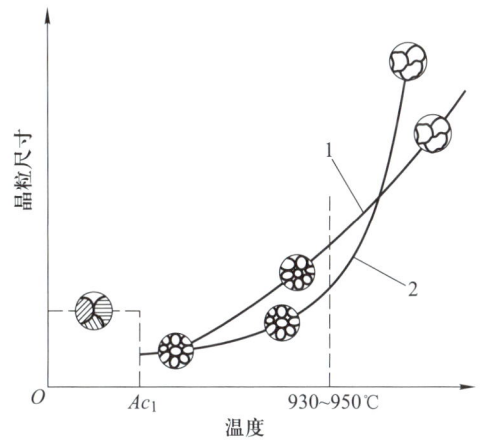

1—本质粗晶粒钢；2—本质细晶粒钢。

图 4-5　奥氏体晶粒随加热温度变化趋势示意图

3. 奥氏体晶粒度对钢在室温下组织和性能的影响

奥氏体晶粒细小时，冷却后转变产物的组织也细小，其强度、塑性及韧性都较高，冷脆转变温度也较低；反之，粗大的奥氏体晶粒冷却转变后仍获得粗晶粒组织，使钢的力学性能（特别是冲击韧性）降低，甚至在淬火时产生变形、开裂。因此，热处理加热时获得细小而均匀的奥氏体晶粒往往是保证热处理产品质量的关键之一。

4. 奥氏体晶粒度的控制

热处理加热时，为了使奥氏体晶粒不粗化，除在冶炼时采用 Al 脱氧或加入 Nb、V、Ti、Zr 等合金元素外，还须制订合理的加热工艺。

（1）加热温度和保温时间。加热温度越高，晶粒长大越快，奥氏体晶粒越粗大。因此，应严格控制加热温度。当加热温度一定时，随着保温时间延长，晶粒不断长大，但长大速度越来越慢，不会无限长大下去，因此延长保温时间的影响要比提高加热温度小得多。

(2) 加热速度。当加热温度一定时,加热速度越快,则过热度越大(奥氏体化的实际温度越高),形核率越高,因而奥氏体的起始晶粒越小。此外,加热速度越快,则加热时间越短,晶粒越来不及长大。因此,快速短时加热是细化晶粒的重要手段之一。

4.2 钢在冷却时的组织转变

钢经加热获得奥氏体组织后,在不同条件下进行冷却,最后可得到不同的组织与性能。例如,45 钢制造的轴经 840 ℃加热后,过冷奥氏体连续冷却的组织和性能见表 4-1。由表 4-1 可知,在加热条件相同的情况下,由于冷却条件不同,同样的钢在性能上会产生很大的差别。

表 4-1　45 钢过冷奥氏体连续冷却的组织和性能

热处理	冷却方法	转变后的组织	抗拉强度 R_m/MPa	屈服强度 R_{eL}/MPa	断后伸长率 A/%	断面收缩率 Z/%	硬　　度
退火	炉冷	P+F	530	355	32.5	49	150～180HBW
正火	空冷	S+F	720	720	15～18	45～50	180～240HBW
淬火	油冷	T+M	900	620	8～20	48	40～50HRC
淬火	水冷	M	1 100	340	7～8	12～14	52～60HRC
调质	淬火+600 ℃回火	$S_{回火}$	750～850	280	20～25	40	170～250HBW

奥氏体在临界点 A_1 温度以下是不稳定的,具有自发转变的倾向,但并不是冷却到临界点 A_1 温度以下时立即发生转变。在转变前需要停留一段时间,这段时间称为孕育期。在临界点 A_1 温度以下暂时存在的不稳定的奥氏体称为过冷奥氏体。过冷奥氏体冷却转变方式(图 4-6)有等温冷却转变和连续冷却转变两种。

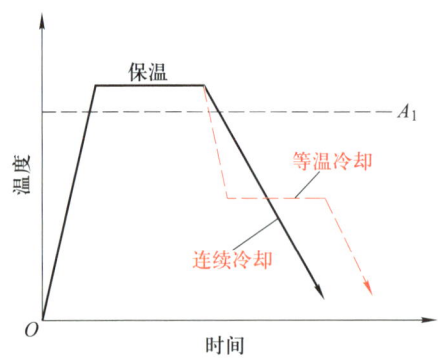

图 4-6　过冷奥氏体冷却转变方式

4.2.1　过冷奥氏体的等温转变

过冷奥氏体在不同温度等温时,等温温度与转变开始、转变结束时间以及转变产物的关系曲线称为等温转变图。

1. 共析钢的等温转变图

奥氏体等温转变图是用实验方法建立的。图 4-7 所示为共析钢的等温转变 C 曲线及转变产物。在共析钢的等温转变图中，临界点 A_1 以上是奥氏体稳定区域；转变开始线左方是过冷奥氏体区（这段时间称为孕育期），在转变开始线拐弯处（约 550 ℃，俗称"鼻尖"）孕育期最短，过冷奥氏体最不稳定，最容易发生转变；在临界点 A_1 温度以下，过冷奥氏体转变终了线右方和 M_s 点以上区域为转变产物区；在转变开始线与转变终了线之间是过冷奥氏体和转变产物共存区。转变开始线和转变终了线因形状近似字母"C"，又称为 C 曲线。如图 4-7 所示中 P 表示珠光体组织；S 表示索氏体组织；T 表示托氏体组织；B 表示贝氏体组织；M 表示马氏体组织。

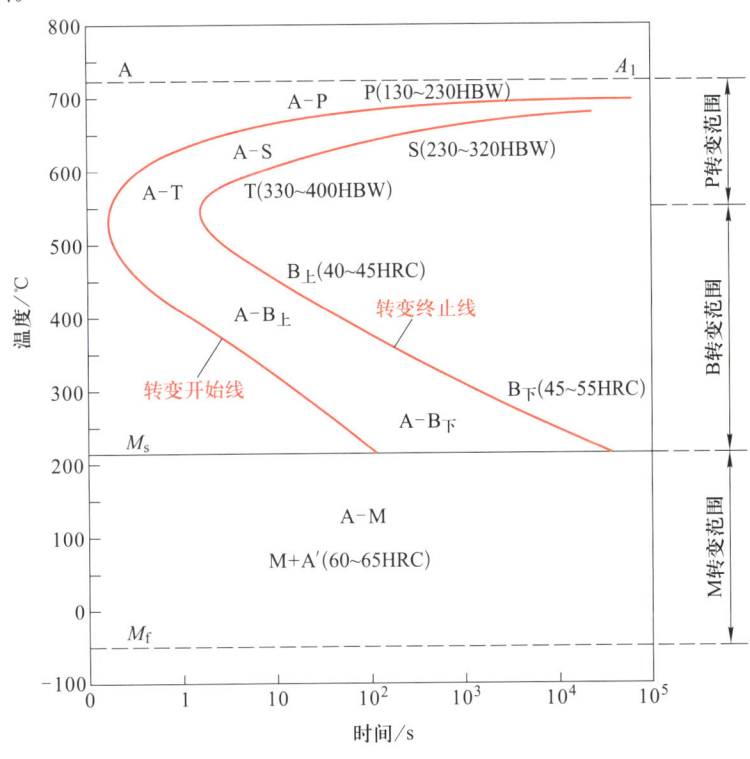

图 4-7 共析钢 C 曲线及转变产物

在等温转变图的下方有两条水平线。M_s 点称为上马氏体点，约 230 ℃。M_f 点称为下马氏体点，约 -50 ℃。

2. 等温转变产物及其性能

过冷奥氏体在 A_1 点温度以下进行等温转变时，等温温度不同，转变产物也不同。

（1）**珠光体型转变**。在 A_1 点温度至 550 ℃（鼻温）温度范围内，由于转变温度较高，铁原子和碳原子都能充分进行扩散，奥氏体等温转变为铁素体和渗碳体的片层状混合组织（珠光体）。在珠光体转变区内，转变温度越低，过冷度越大，则形成的珠光体片越薄。根据形成的珠光体片间距,其组织分为珠光体(A_1点温度至650 ℃)、索氏体(650～600 ℃)和托氏体(600～550 ℃),分别用P、S、T表示。共析钢过冷奥氏体等温转变的这三种组织与性能见表4-2。

表4-2 共析钢过冷奥氏体等温转变产物的组织与性能

转变类型	组织名称	符号	转变温度/℃	片间距/μm	分辨所需放大倍数	硬度/HRC
珠光体型转变	珠光体	P	A_1点温度～650	约0.3	<500	<25
	索氏体	S	650～600	0.3～0.1	1 000～1 500	25～35
	托氏体	T	600～550	约0.1	10 000～100 000	35～40
贝氏体型转变	上贝氏体	$B_上$	550～350	—	>400	40～45
	下贝氏体	$B_下$	350～M_s点温度	—	>400	45～55

珠光体的力学性能主要取决于片间距,片间距减小,其强度、硬度升高,而对塑性的影响较小(在珠光体型组织中一般认为索氏体的塑性较好)。

(2) 贝氏体型转变。在550 ℃～M_s点温度范围内,由于转变温度较低,原子的活动能力减弱,只有部分碳原子扩散,而铁原子已不能扩散。过冷奥氏体等温分解为含碳过饱和的铁素体和渗碳体的混合组织,称为贝氏体,用B表示。贝氏体有上贝氏体和下贝氏体之分,通常把550～350 ℃范围内形成的贝氏体称为上贝氏体,其显微组织呈羽毛状,由成束的铁素体板条和断续分布在板条间的短杆状渗碳体组成,如图4-8a所示。上贝氏体脆性大、韧性差,在生产中没有实用价值。在350 ℃～M_s点温度范围内形成的贝氏体称为下贝氏体,其显微组织呈黑色针状,由针叶状铁素体和分布在针叶内的细小渗碳体粒子组成,如图4-8b所示,下贝氏体的显微组织如图4-9所示。下贝氏体与上贝氏体比较,其强度、硬度较高,塑性和韧性较好,具有良好的综合力学性能。因此,在生产中常用等温淬火来获得下贝氏体组织。

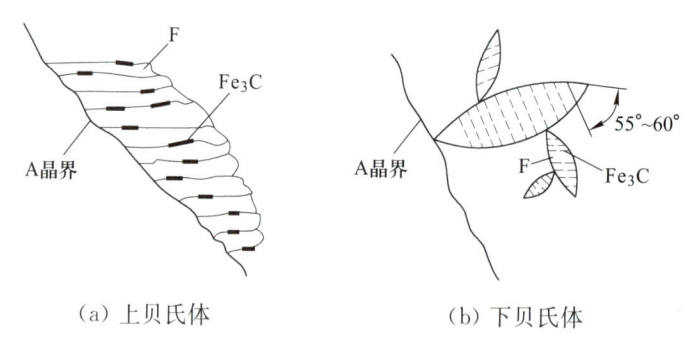

(a) 上贝氏体　　　　　(b) 下贝氏体

图4-8 贝氏体的组织特征

(3) 马氏体转变区。在M_s点温度～M_f点温度范围内,由于转变温度更低,铁、碳原子均不能扩散,碳全部固溶在α-Fe中。这种碳在α-Fe中的过饱和固溶体称为马氏体,用M表示。马氏体转变不属于等温转变,是在极快的连续冷却过程中发生的,当冷却至M_s点温度～M_f点温度范围内时完成的。其转变特点和性能将在"马氏体转变"中予以说明。

综上所述,珠光体型转变是扩散型的,马氏体转变是非扩散型的,它们有本质的不同。

图 4-9 下贝氏体的显微组织

而贝氏体型转变介于两者之间,属于半扩散型转变。

(4) 亚共析钢和过共析钢的等温转变。亚共析钢和过共析钢的等温转变与共析钢的等温转变稍有不同,在发生珠光体转变前,亚共析钢要先析出铁素体,过共析钢要先析出二次渗碳体。因此,它们的等温转变图与共析钢等温转变图相比,均多出了一条先共析相析出线,如图 4-10 所示。

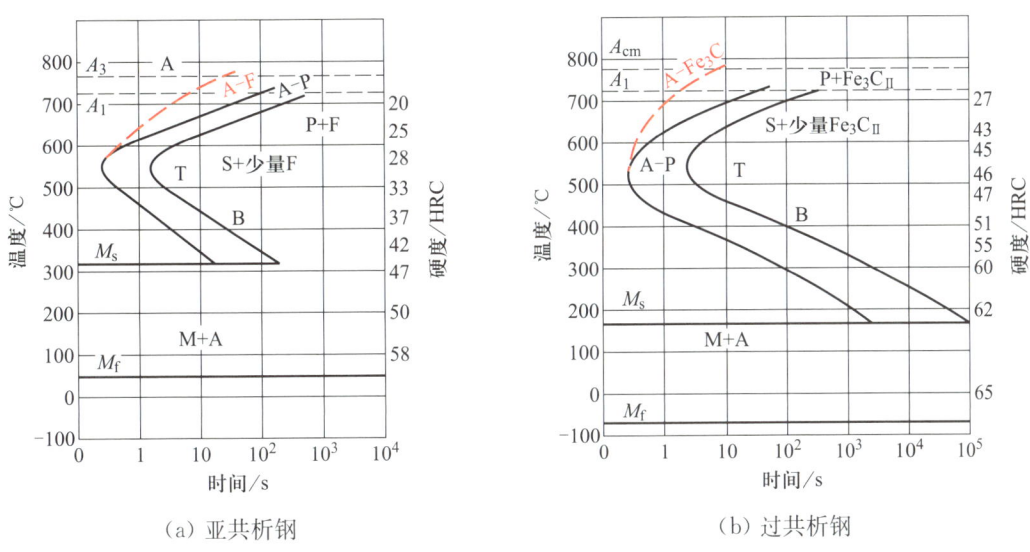

(a) 亚共析钢　　　　　　　　　(b) 过共析钢

图 4-10 亚共析钢和过共析钢的等温转变

3. 影响 C 曲线的因素

(1) 钢的化学成分的影响

① 碳的质量分数。在正常加热条件下,亚共析钢的 C 曲线随碳的质量分数的增加向右移。过共析钢的 C 曲线随碳的质量分数的增加向左移。故在非合金钢中以共析钢的过冷奥氏体最为稳定。在过冷奥氏体转变为珠光体前,亚共析钢的过冷奥氏体要先析出铁素体,而过共析钢的过冷奥氏体要先析出渗碳体。剩下的过冷奥氏体碳的质量分数达到共析成分,再发生珠光体类型转变。

② 合金元素。除 Co 外,大多数合金元素(如 Mn、Mo、Cr、Al、Si 和 Ni 等)溶入奥氏

体后,都增大过冷奥氏体的稳定性,使 C 曲线右移。

(2) 奥氏体化条件

奥氏体化温度越高,保温时间越长,奥氏体的成分越加均匀;奥氏体晶粒粗大,晶界面积减少,作为奥氏体冷却转变的晶核数量减少。这些都会提高过冷奥氏体的稳定性,使 C 曲线右移。

4.2.2 过冷奥氏体的连续冷却转变

1. 奥氏体连续冷却转变图

连续冷却转变图是表示钢经奥氏体化后,在不同冷却速度的连续冷却条件下,过冷奥氏体转变开始及终止时间与转变温度之间的关系曲线图。如图 4-11 所示为共析钢过冷奥氏体的连续冷却转变图。图 4-11a 中,P_s、P_f 线分别为珠光体转变开始线和珠光体转变结束线,两线之间为转变的过渡区。K 线为珠光体转变终止线。当冷却曲线碰到 K 线时,过冷奥氏体就终止向珠光体转变,待冷却到 M_s 点温度以下时直接转变为马氏体组织。

与等温转变图相比,共析钢连续冷却转变图中珠光体转变开始线和转变终了线的位置均向右下方移动,而且只有 C 曲线的上半部分而没有下半部分,即共析钢连续冷却时得不到贝氏体组织。过共析钢的连续冷却转变图与共析钢相比,除从"鼻尖"温度到 A_{cm} 点温度之间多一条先共析二次渗碳体析出线外,也是只有珠光体转变和马氏体转变。而亚共析钢的连续冷却转变图则比较复杂,既有先共析铁素体析出线,还有珠光体、贝氏体及马氏体混合组织的形成。

在图 4-11 中,与 C 曲线"鼻尖"相切的冷却速度 v_k 称为马氏体临界冷却速度。v_k 表示使奥氏体在连续冷却过程中不分解而全部过冷至 M_s 点温度以下转变为马氏体的最小冷却速度,即钢在淬火时为抑制非马氏体转变所需的最小冷却速度。v_k 在钢的淬火工艺中具有十分重要的意义,v_k 越小,钢的淬透性越好。

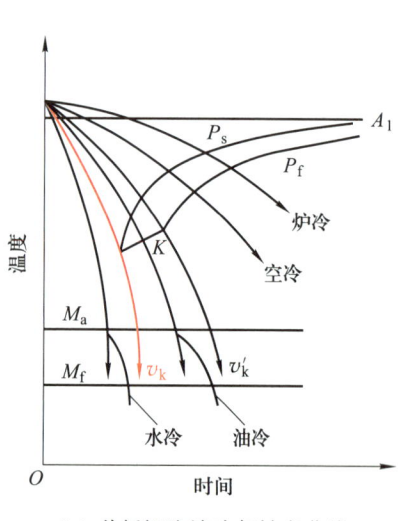

(a) 共析钢连续冷却转变曲线

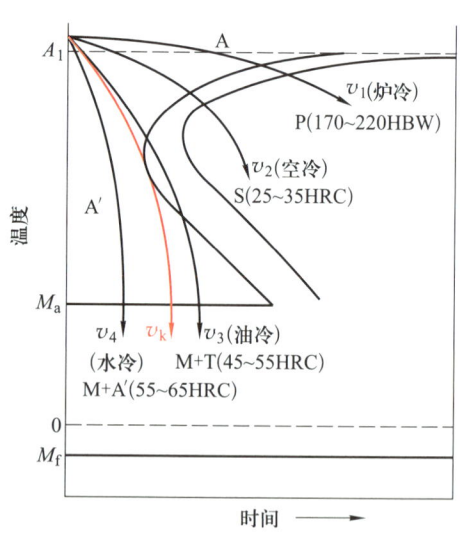

(b) 在等温转变图上分析过冷奥氏体连续冷却转变时的组织和硬度

图 4-11 共析钢过冷奥氏体的连续冷却转变图

2. 用等温转变图近似分析过冷奥氏体的连续冷却转变

热处理冷却的主要方式是连续冷却。而钢的连续冷却转变图的测定比较困难，目前在生产中常用过冷奥氏体等温转变图来近似地分析连续冷却转变的过程。下面以共析钢为例加以说明。

把代表连续冷却的曲线叠画在等温转变图上（图 4-11b），根据冷却曲线与等温转变 C 曲线相交的位置可大致估计其冷却转变情况。图 4-11a 中四条曲线代表热处理中四种常用的连续冷却方法（炉冷、空冷、油冷、水冷），由此得到的组织和硬度如图 4-11b 所示。

奥氏体连续冷却转变的组织和性能取决于冷却速度。在图 4-11b 中，采用炉冷时，奥氏体将在 A_1 点温度以下冷却，得到的组织为粗片状珠光体；空冷时得到细片状索氏体；油冷时，奥氏体在"鼻尖"附近分解得到一小部分托氏体后，其余的奥氏体则在连续冷却到 M_s 点温度以下时转变为马氏体，最后得到托氏体＋马氏体的混合组织；水冷时，由于冷却速度很快，冷却曲线不与珠光体转变开始线相交，不会形成珠光体类型组织，而过冷到 M_s 点温度以下时由过冷奥氏体直接转变为马氏体。共析钢过冷奥氏体连续冷却转变产物的组织和硬度见表 4-3。

表 4-3 共析钢过冷奥氏体连续冷却转变产物的组织和硬度

冷却方法	组 织	硬 度
炉 冷	P	170～220HBW
空 冷	S	25～35HRC
油 冷	M+T	45～55HRC
水 冷	M+A′	55～65HRC

4.2.3 马氏体转变

过冷奥氏体在连续冷却过程中，当冷却速度大于 v_k 时，奥氏体被迅速冷却至 M_s 点温度以下发生马氏体转变，即碳溶于 α-Fe 的过饱和固溶体，称为马氏体组织。

马氏体转变的特点是：过冷度极大，转变温度极低，铁、碳原子均不能进行扩散，碳全部固溶在 α-Fe 中，即由奥氏体直接转变为马氏体组织；马氏体转变是在 M_s 点温度～M_f 点温度之间进行的，马氏体的数量随温度的下降而不断增多，若在某温度进行等温，马氏体数量就不会增加；马氏体转变的速度极快，是瞬时爆发式形成的；马氏体还具有不彻底性，即使冷却到 M_f 点温度以下，也总会有少量的过冷奥氏体没有转变为马氏体组织。这种在环境温度下残存的奥氏体称为残余奥氏体，用 A′ 或 A_r 表示。当非合金钢中 w_C＞0.5％以后，由于其马氏体转变结束温度低于室温，因此在连续冷却时，若只能冷至室温，则必然会有一部分残余奥氏体被残留下来，其数量越多，对钢淬火后的性能影响越大。

马氏体的硬度主要取决于马氏体中碳的质量分数。$w_C<0.6\%$时，随碳的质量分数增加，马氏体硬度增加；当$w_C>0.6\%$以后，随碳的质量分数增加，硬度增加不明显。马氏体的强度变化趋势也与硬度相同。

马氏体的性能还与组织形态有关，马氏体组织有以下两种形态。

1. 针状马氏体

如图4-12所示，针状马氏体主要出现在高碳钢中，因此称为高碳马氏体。针状马氏体组织硬度高、脆性大。

图4-12　针状马氏体400×（$w_C=1.3\%$钢）

2. 板条马氏体

如图4-13所示，板条马氏体主要出现在低碳钢中，因此称为低碳马氏体。板条马氏体提高强度和硬度的同时，塑性和冲击韧度甚至断裂韧度均不降低。打破了马氏体"硬而脆"的传统概念。近年来，随着对板条马氏体研究的增多和不断深入，在生产中日益广泛地采用低碳钢和低碳合金钢进行马氏体淬火，获得良好力学性能的低碳马氏体组织，这样做在节约钢材、减轻机械自身质量和延长使用寿命等方面都具有很大意义。

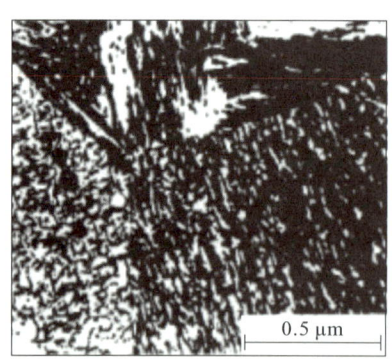 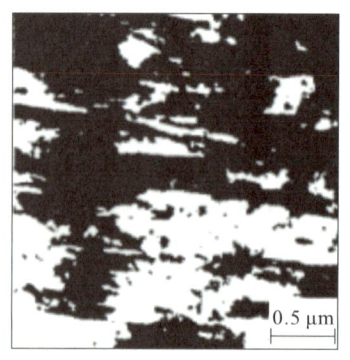

　　　（a）光学显微400×　　　　　　　（b）电子显微800×

图4-13　板条马氏体

表 4-4 为碳的质量分数 w_C＝0.10%～0.25% 和 w_C＝0.77% 的非合金钢淬火后获得马氏体组织的性能。

表 4-4 板条马氏体和针状马氏体性能比较

w_C/%	马氏体形态	R_m/MPa	R_{eL}/MPa	硬度/HRC	A/%	Z/%	KV/J
0.10～0.25	板条状	1 020～1 330	820～1 330	30～50	9～17	40～65	75～100
0.77	针状	2 350	2 040	65	1	30	12.5

4.3 钢的热处理工艺

4.3.1 退火与正火

在钢的整体热处理中,退火、正火、淬火和回火都是应用非常广泛的热处理工艺。在机械零件加工制造过程中,正火和退火经常作为预先热处理工序,安排在铸造和锻造之后、切削(粗)加工之前,用以消除前一工序带来的某些缺陷,为后续工序(冷加工和最终热处理)作准备,但对要求不高的工件,也可作为最终热处理。因此,一般将退火与正火称为预先或预备热处理,而将淬火与回火称为最终热处理。

微课
退火与正火

1. 退火和正火的主要目的

(1) 调整硬度以便进行切削加工。适当退火和正火后,可使工件硬度调整到 170～260HBW,在该硬度值范围内工件具有最佳的切削加工性能。

(2) 消除残余内应力,可减少工件在后续加工中的变形和开裂。

(3) 细化晶粒,改善组织,提高力学性能。正火可以消除过共析钢中的网状 Fe_3C。

(4) 为最终热处理(如淬火)作好组织准备。

2. 退火

退火是将金属材料加热到适当温度,保温一定时间,然后缓慢冷却获得接近平衡状态组织的热处理工艺。根据钢的成分和工艺目的不同,可分为完全退火、球化退火、去应力退火、均匀化退火(扩散退火)、等温退火和再结晶退火。下面仅介绍最常用的三种退火方法。

微视频
钢的退火

(1) 完全退火。完全退火是将亚共析钢件加热到 Ac_3 点以上 30～50 ℃,保温后缓慢冷却(一般随炉冷却)的热处理工艺,主要用于亚共析钢的铸件、锻轧件、焊接件等。

(2) 球化退火。球化退火是指将钢中碳化物球状化而进行的热处理工艺。一般球化退火工艺是把过共析钢加热到 Ac_1 以上 20～40 ℃,保温一定时间后缓慢冷却到 600 ℃ 以下出炉空冷。或者采用等温球化退火,其加热方式与一般球化退火相同,保温一定时间后,在 Ar_1 点以下 20 ℃(一般为 680 ℃ 左右)等温足够时间,然后随炉缓慢冷却至 600 ℃ 以下出炉空冷。球化退火得到的组织为球状珠光体,即在铁素体基体上分布着球状碳化物。与层状珠光体相比,球状珠光体硬度低、塑性好,可改善切削加工性能,并且为淬火作好组

动画
退火

织准备。

球化退火主要用于共析钢、过共析钢的锻、轧件及结构钢的冷挤压件。若钢的原始组织中有严重的网状二次渗碳体，则在球化退火前应进行正火予以消除，然后进行球化退火。

(3) 去应力退火。去应力退火是把零件缓慢加热到 Ac_1 以下 100～200 ℃，保温一定时间后缓慢冷却的热处理工艺。其目的是去除由形变加工、机械加工、铸造、锻造、热处理、焊接等产生的残余应力，以稳定尺寸、减少变形、防止开裂。

通常将钢件缓慢加热到 500～650 ℃，保温一定时间（一般按 3 min/mm 计算），然后随炉缓慢冷却（≤100 ℃/h）至 200 ℃ 出炉。去应力退火时组织不发生变化，残余应力的消除，主要是在 500～650 ℃ 保温后的缓冷过程中通过塑性变形或蠕变变形产生的应力松弛来实现的。

若采用更高温度退火（如完全退火），应力消除得更彻底，但不仅带来氧化、脱碳严重，还会产生高温变形，因此如果只是为了消除应力，一般采用低温退火。

对一般大型焊接结构件无法装炉退火时，可用火焰及感应加热方法对焊缝影响区进行局部去应力退火。

微视频
钢的正火

动画
正火

3. 正火

正火是将钢件加热到 Ac_3（或 Ac_{cm}）点以上 30～50 ℃，保温适当时间后在静止的空气中冷却的热处理工艺。正火的冷却速度比退火稍快，过冷度较大，故同一钢件正火后的组织比较细，比退火后的强度、硬度有所提高，而且生产周期短、操作简单。

正火主要用于提高低碳钢硬度，改善切削加工性能。过共析钢采用正火消除网状二次渗碳体，为球化退火作好组织准备。对较重要的中碳结构钢（如 45 钢、40Cr 钢等）进行正火，消除热加工造成的组织缺陷，且具有良好的切削加工性能，并能减少工件在淬火时的变形与开裂倾向。对大型复杂件，淬火时可能有开裂危险，可采用正火作为最终热处理。

4. 正火与退火的选用

(1) 从使用性能上考虑。力学性能要求不高、受力不大的工件，都可采用正火热处理。

(2) 从工艺性能上考虑。钢的硬度在 170～260HBW 范围内时，切削加工性良好。而 $w_C<0.25\%$ 的钢在退火后硬度低，切削加工时易"黏刀"，可采用正火提高硬度、改善切削加工性能；$w_C=0.25\%～0.5\%$ 的钢在正火或退火后硬度均在良好切削加工范围，但正火成本低，一般采用正火处理；$w_C=0.5\%～0.75\%$ 的钢一般采用完全退火降低硬度，改善切削加工性能；$w_C>0.75\%$ 的钢一般采用球化退火处理，既降低硬度，便于切削加工，又为淬火作好组织准备。

(3) 从经济性能上考虑。正火比退火生产周期短，成本低，操作简单，故在满足材料使用性能及工艺性能要求前提下，应尽量选用正火处理。

常用退火与正火的加热温度范围和工艺曲线如图 4-14 所示。

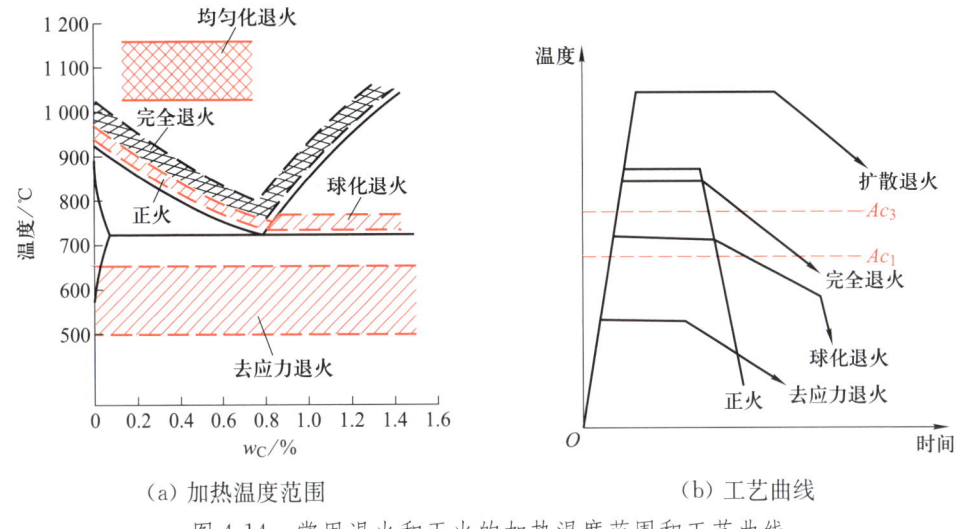

(a) 加热温度范围　　　　(b) 工艺曲线

图 4-14　常用退火和正火的加热温度范围和工艺曲线

4.3.2　淬火

淬火是强化工件，获得所需性能，提高产品质量与寿命的最经济有效的常用方法之一，通常作为最终热处理。

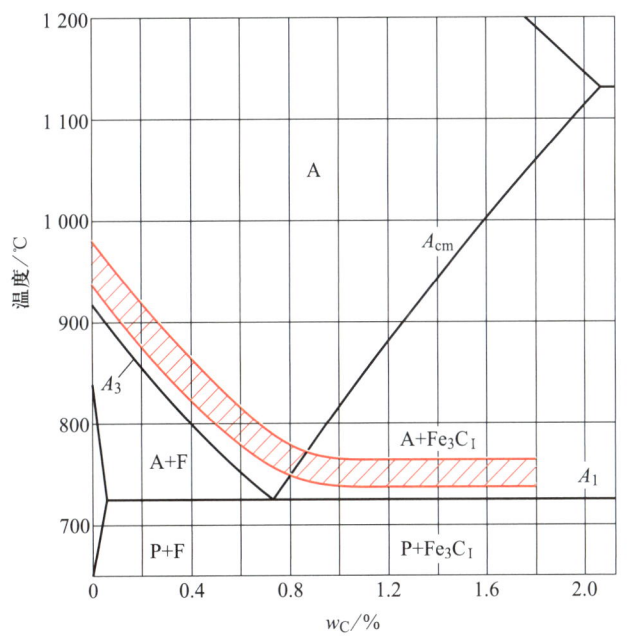

图 4-15　非合金钢淬火加热温度范围

钢的淬火是将钢件加热到 Ac_3 或 Ac_1 点以上某个温度，保温后以大于临界冷却速度冷却，获得马氏体或下贝氏体组织的热处理工艺。淬火的目的多半是获得马氏体，经过适当的温度回火后，可以获得不同的组织和性能，以满足各类零件或工具对使用性能的不同要求。

例如,淬火可以提高工具、滚动轴承的硬度和耐磨性,提高弹簧的规定非比例伸长应力(提高弹性极限),提高轴类零件的综合力学性能等。

1. 淬火加热温度的选择

根据钢的相变临界点选择淬火加热温度,一般原则是:亚共析钢加热到 Ac_3 以上 30～50 ℃,共析、过共析钢加热到 Ac_1 以上 30～50 ℃。选择温度时,还应考虑淬火零件的钢种、性能要求、原始组织状态、形状及尺寸等因素,必要时要进行小批试淬。

非合金钢的淬火加热温度是根据 $Fe-Fe_3C$ 相图来确定的,如图 4-15 所示。合金钢还要考虑合金元素对淬火加热温度的影响。绝大多数合金钢的淬火加热温度都高于同等碳的质量分数的非合金钢。

2. 保温时间

保温时间是指工件装炉后,从仪表指示淬火温度到工件出炉的时间。保温的目的是使钢件热透,使奥氏体转变彻底并均匀化。保温时间主要由钢的成分、加热介质和工件尺寸决定,可根据热处理手册或其他资料来确定。

3. 淬火冷却介质

钢在加热获得奥氏体后需要用一定冷却速度的介质冷却,保证奥氏体过冷到 M_s 点以下转变为马氏体。如果介质的冷却能力太大,虽易于淬硬,但容易变形和开裂;而冷却能力太小,钢件淬不硬。常用冷却介质有油、水、盐水、碱水等,其冷却能力依次增加。目前,国外广泛使用聚合物水溶液作为淬火介质,如聚乙烯醇、聚二醇、五硫酸盐纸浆等。在聚二醇溶液中冷却时,工件表面形成聚二醇薄膜,使冷却均匀,减少变形和开裂。

为了保证淬火质量,减少淬火应力和变形开裂的倾向,淬火冷却介质的选择主要考虑零件的尺寸、形状和钢的淬透性等因素。淬火冷却介质选择的一般原则是:非合金钢件采用水,合金钢件采用油;分级淬火、等温淬火采用硝盐浴或碱浴等。

根据等温转变曲线可知,要获得马氏体组织,并不需要在整个冷却过程中都要快速冷却,只要求在 650～550 ℃(鼻尖附近)快速冷却。为了减少淬火时因快速冷却产生应力而引起的工件变形和开裂,最好在鼻尖部分以外温度(650 ℃以上及 400 ℃以下)采用缓慢冷却,因此理想的淬火冷却速度曲线如图 4-16 所示。实际上,符合这样要求的淬火介质是没有的。因此在生产中常采用不同的淬火方法来尽量接近理想淬火冷却曲线的效果。

4. 常用淬火方法

为了保证钢件淬火后得到马氏体,同时又防止产生变形和开裂,在生产中应根据钢件的成分、形状、尺寸、技术要求以及被选用淬火冷却介质的特性等,选择合适的淬火方法。常用淬火方法主要有以下 7 种,如图 4-17 所示。

(1) 单介质淬火。工件放入一种淬火冷却介质的淬火,如图 4-17 中的曲线 a 所示。如非合金钢件在水中淬火,合金钢件或尺寸很小(直径小于 6 mm)的非合金钢工件在油中淬火,即为单介质淬火。这种方法操作简单,易于实现机械化、自动化,应用广泛。但其缺点

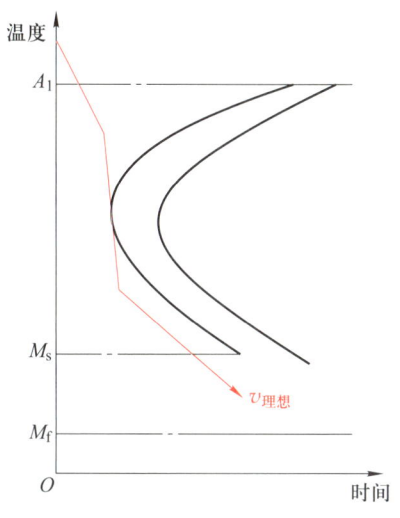 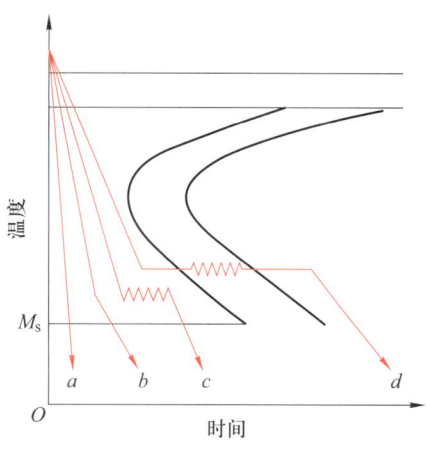

图 4-16 钢的理想淬火冷却速度曲线　　图 4-17 常用淬火方法

是:在水中淬火,工件变形与开裂倾向大;在油中淬火,冷却速度小,淬透直径小,对大尺寸工件无法淬透。因此,单介质淬火一般仅适用于形状较简单的非合金钢及合金钢工件。

（2）**双介质淬火**。将钢件奥氏体化后,先淬入一种冷却能力较强的介质中,待钢件冷至C曲线鼻部以下、M_s点以上的温度区间(300～400 ℃)时,将钢件从第一种介质中取出,马上淬入另一种冷却能力较弱的介质中冷却。如对非合金钢件先水淬后油冷,对合金钢件先油淬后空冷。这种淬火方法称为双介质淬火,如图 4-17 中的曲线 b 所示。

双介质淬火法可使过冷奥氏体在缓慢冷却条件下转变成马氏体,减少淬火应力,从而减少变形、防止开裂,但操作较难掌握。这种方法主要用于中等形状复杂的非合金钢工件和合金钢工件。

（3）**分级淬火**。将钢件奥氏体化后,先放入温度在 M_s 点附近(150～260 ℃)的硝盐浴或碱浴中短时间(2～5 min)停留,待钢件整体温度趋于均匀时再取出空冷,以获得马氏体组织。这种方法称为马氏体分级淬火,如图 4-17 中的曲线 c 所示。

分级淬火使过冷奥氏体在空冷过程中转变为马氏体,由于冷却速度较慢,减少了淬火内应力,可有效地避免钢件产生变形和开裂。此方法比双介质淬火容易控制,但由于介质冷却速度比较慢,因此主要用于形状复杂、尺寸较小的钢件。

（4）**等温淬火**。将钢件奥氏体化后,迅速放入温度稍高于 M_s～300 ℃ 的硝盐浴或碱浴中进行等温冷却,保持足够时间(一般 30 min 以上),待过冷奥氏体在等温过程中完全转变成下贝氏体组织后,再取出空冷。这种方法称为下贝氏体等温淬火,如图 4-17 曲线 d 所示。

等温淬火产生的内应力很小,工件不易产生变形与开裂,得到的下贝氏体组织具有较高的强度、硬度和良好的综合力学性能,但生产周期较长。因此,等温淬火常用于小型复杂零件、尺寸要求精确并且强度、硬度和韧性都要求较高的零件,如弹簧、各种模具、成形刃具、丝锥、螺栓、小齿轮、轴等。

(5) **喷射淬火**。将模具等材料放入喷射装置中,在细小密集的高压水流或高压雾流强力喷射下冷却,以获得马氏体组织。喷射淬火的优点是欲淬硬部位冷却迅速且均匀,并且可以在一定范围内调整冷却速度。喷射淬火主要用于模具等要求高硬度、高韧性钢的局部淬火,如滚子或钢球冷镦凹模。

(6) **深冷处理**。将工件淬火冷却至室温后,继续在0 ℃以下的介质中冷却,使残余奥氏体转变为马氏体的工艺称为深冷处理。在生产中用冷冻机冷却,或用干冰(固态CO_2)与酒精混合介质(可冷却至-80~-70 ℃)或液态氮(可冷却至-192 ℃)冷却。深冷处理主要用于高合金钢、高碳钢、渗碳钢制造的精密零件和精密量具。钢经深冷处理后再进行低温回火,可提高硬度、耐磨性和稳定工件尺寸,且韧性好。

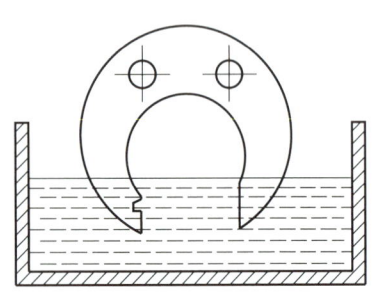

图 4-18 卡规的局部淬火

(7) **局部淬火**:对于某些零件,如果只在某些部位要求高硬度,可进行局部加热和淬火,以避免其他部位产生变形和裂纹。图 4-18 所示为卡规在盐浴中的局部淬火。

5. 淬透性

(1) **淬透性和淬硬性**。所谓**淬透性**,是指在标准条件下,钢在淬火冷却时获得马氏体组织深度的能力,深度越大,钢的淬透性就越大。淬火时工件截面上各处的冷却速度是不同的,表面的冷却速度最大,越到中心冷却速度越小,如图 4-19a 所示。冷却速度大于马氏体临界冷却速度 v_k 的表面部分,淬火后得到马氏体组织,如图 4-19b 所示,此零件未被淬透,图中的网线区域表示淬成马氏体组织的深度。

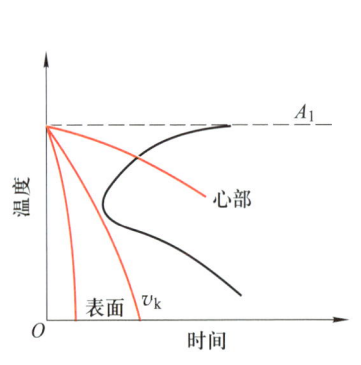

(a) 工件表面比心部冷却速度大

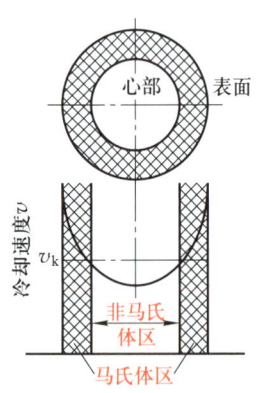

(b) 工件表面冷却速度大于 v_k

图 4-19 零件淬硬层与冷却速度的关系

由于马氏体组织混入少量(5%~10%)非马氏体组织时,在显微镜下难以分辨,而且硬度的差别也难被测出。因此,实际上采用由工件表面向里得到半马氏体组织(50%马氏体+50%非马氏体)时的深度作为有效淬硬深度。

淬硬性是指淬火成马氏体后得到的最高硬度,主要取决于碳的质量分数,与合金元素的质量分数没有直接的关系。淬透性是指淬硬层的深度，除碳的质量分数外，还受合金元素和其他因素（如晶粒度）的影响。淬透性好的钢，其淬硬性不一定高。低碳合金钢的淬透性相当好，其淬硬性却不高；高碳钢的淬硬性高，其淬透性却差。

(2) 淬透性对钢力学性能的影响。如果工件淬透了，不论是淬火后还是淬火＋回火后，截面上各处性能是均匀一致的，如图 4-20a 所示。但是，如果未淬透，截面上各处的组织和性能不均匀，未淬透部分的力学性能，尤其是下屈服强度 R_{eL} 和 K 值明显下降，如图 4-20b 所示。钢的淬透性越小，工件的淬硬层越浅，未淬透部分的比例越大，如图 4-20c 所示，这使工件承受载荷的能力大大下降。

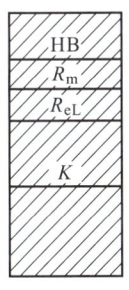
(a) 淬透性好

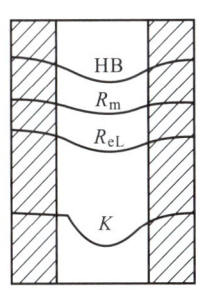
(b) 未淬透

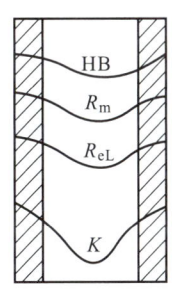
(c) 淬透性差

图 4-20 淬透性对工件淬火＋回火后力学性能的影响

(3) 影响淬透性的因素。凡增加过冷奥氏体稳定性的因素均能增加钢的淬透性，主要表现在以下方面。

① 钢的化学成分。化学成分对钢的淬透性影响最大。碳的质量分数对非合金钢临界冷却速度的影响如图 4-21 所示。由图 4-21 可知，在亚共析成分范围内，随着碳的质量分数的增加，钢的临界冷却速度降低；在过共析范围内，随着碳的质量分数增加，临界冷却速度反而增大。因此，一般来说，在亚共析钢中，淬透性随着碳的质量分数增加而增大；而在过共析钢中，当碳的质量分数 $w_C>1.2\%$ 时，淬透性随碳的质量分数增加而明显下降。

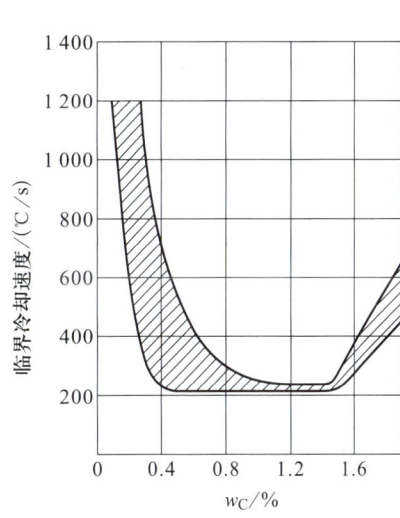

图 4-21 碳的质量分数对非合金钢临界冷却速度的影响

除 Co 外，大多数合金元素（如 Mn、Mo、Cr、Al、Si 和 Ni 等）都能降低钢的临界冷却速度，提高钢的淬透性。

② 奥氏体化条件。奥氏体化温度越高，保温时间越长，由于奥氏体晶粒粗大，成分均匀，各种碳化物溶解彻底，过冷奥氏体越稳定，淬火临界冷却速度越小，故钢的淬透性增大。但是，粗晶粒并不适宜，因为它引起强度和塑性下降，开裂倾向增大。

6. 淬火缺陷

在机械制造中,淬火工序通常安排在零件工艺路线的后期。淬火时最易产生的缺陷是变形和淬裂。如只产生变形,虽然有些零件可设法校正,或靠预先留出加工余量,通过随后的机械加工(如磨削)使其达到技术要求,但这样使生产工艺复杂化,降低了劳动生产率,提高了成本。对于有些零件,如带型腔的模具、成形刀具或高强度钢制零件(如飞机大梁等),淬火后往往不便于或不可能进行校正或机械加工,一旦变形超差就导致报废。至于零件淬裂,自然更无法挽救,从而给生产带来损失。另外,在淬火中还会产生氧化和脱碳、过热和过烧、硬度不足和软点等缺陷。

(1) 变形与开裂。变形是指零件在热处理时引起的形状和尺寸的偏差。淬火时,在零件中引起的内应力是造成变形和开裂的根本原因。当内应力超过材料的屈服强度时,便引起零件变形;当内应力超过材料的抗拉强度时,便造成零件开裂。内应力分为热应力和组织应力。为了防止零件变形与开裂,可采取合适的淬火介质和淬火方法、降低加热速度、防止表面脱碳、冷却时先厚后薄、控制冷却时间等措施。

(2) 氧化和脱碳。钢在氧化介质中加热时,氧原子与表面或晶界的铁原子形成 FeO 的现象称为氧化。在介质中加热使钢中溶解的碳形成 CO 或 CH_4 而降低碳的质量分数的现象称为脱碳。氧化和脱碳不仅降低零件的表面硬度和疲劳强度,而且还会影响零件尺寸,增加淬火开裂危险性。对于重要受力零件和精密零件,为了防止氧化和脱碳,通常在盐浴炉内加热,但这种方法只能减轻氧化和脱碳,不能完全避免。当淬火要求更高时,可用有效涂料保护或在保护气体及真空炉中加热。

(3) 过热和过烧。零件在热处理时,如果加热温度过高或在高温下保温的时间过长,就会引起奥氏体晶粒显著长大,这种现象称为过热。过热会影响零件在后续热处理后的力学性能,一般可用正火的办法矫正。如果加热温度过高,使钢的晶界严重氧化或熔化,这种现象称为过烧。过烧会严重降低钢的力学性能,而且不能用其他办法挽救,使零件报废,因此必须严格控制加热温度。

(4) 硬度不足和软点。硬度不足是指工件上较大区域内的硬度达不到技术要求。软点是指工件内许多小区域的硬度不足。两者产生的原因很多,主要是淬火冷却速度不够、淬火加热温度过低或保温时间过短、表面脱碳、工件原始组织不均匀、操作不当等。

4.3.2 回火

回火是将经过淬火的零件重新加热到 Ac_1 点以下某个温度,保温一定时间后冷却到室温的热处理工艺。

1. 回火的目的

钢淬火获得马氏体组织后一般都要进行回火,其主要目的如下:

(1) 降低脆性,消除或降低内应力。淬火获得的马氏体组织脆且内应力大,如果在室温下放置,由于内应力的重新分布常导致零件变形、开裂。因此,零件淬火后一般都要进行回火,以消除应力、提高韧性。

(2) 获得所要求的力学性能。通过调整回火温度,可获得不同硬度、强度和韧性,以满足所要求的力学性能。

(3) 稳定尺寸。淬火马氏体和残余奥氏体都是不稳定组织,会自发地向稳定的铁素体和渗碳体转变,从而引起尺寸变化。回火可使组织稳定,使零件在使用过程中不再发生尺寸变化。

(4) 改善加工性。对退火难以软化的某些合金钢,在淬火或正火后采用高温回火,使钢中碳化物聚集,降低硬度,以提高切削加工性能。

2. 回火的种类及应用

根据钢件性能要求不同,回火按温度范围,可分为以下三类。

(1) 低温回火(150～250 ℃)。回火后得到回火马氏体组织(还有残余奥氏体和下贝氏体),其目的是保持高硬度和高耐磨性、降低淬火内应力和脆性。主要用于各种高碳钢的切削工具、冷冲模具、滚动轴承、渗碳零件等,回火后硬度可达 58～64HRC。

(2) 中温回火(350～500 ℃)。回火后得到回火托氏体组织,其目的是获得高屈服强度、弹性极限和较高的韧性,主要用于各种弹簧和模具的处理,回火后硬度一般为 35～50HRC。

(3) 高温回火(500～650 ℃)。回火后得到回火索氏体组织,通常将淬火+高温回火称为调质处理,其目的是获得强度、硬度、塑性和韧性都较好的综合力学性能,回火后硬度一般为 200～330HBW。高温回火广泛用于飞机、汽车、拖拉机、机床等重要的结构零件,如连杆、螺栓、齿轮和各种轴等。钢经调质处理后不仅强度较高,而且塑性与韧性更显著超过正火状态。因此,重要的结构零件均进行调质而不用正火。45 钢正火和调质后力学性能比较见表 4-5。

表 4-5 45 钢正火和调质后力学性能比较

热处理状态	R_m/MPa	A/%	KV/J	HBW	组织
正火	700～800	15～20	62～100	162～220	细珠光体、铁素体
调质	750～850	20～25	100～150	210～250	回火索氏体

3. 回火脆性

淬火后的钢在 250～350 ℃ 回火和在 500～650 ℃ 回火,会出现冲击韧性显著下降的现象,称为回火脆性。其中,在 250～350 ℃ 出现的回火脆性称为低温回火脆性(第一回火脆性);在 500～650 ℃ 出现的回火脆性称为高温回火脆性(第二类回火脆性)。低温回火脆性无法消除,钢件回火时只能避开这个温度范围。高温回火脆性是可以消除的,当出现高温回火脆性时,可采用重新回火并快速冷却的方法来消除。

4.4 钢的表面热处理与化学热处理

4.4.1 钢的表面热处理

钢的表面热处理是指仅对工件表层进行热处理,以改变其组织和性能的工艺。表面热

微视频

钢的表面淬火

处理只改变工件表层的组织与性能,只对一定深度的表层进行强化,而心部仍保持着在表面热处理前的调质或正火状态具有的塑性与韧性良好的组织和性能。

钢的表面淬火是指利用快速加热的方法,把工件表层迅速加热到淬火温度,不等热量传到心部,就进行淬火的工艺。经过表面淬火,工件表层获得细小的马氏体组织,具有比较高的硬度和耐磨性,而心部仍为预备热处理后的原始组织,具有足够的强度和韧性,可以满足机床齿轮类零件及轴类零件等对表面和心部的不同性能要求。常用的表面热处理方法有感应加热表面淬火和火焰加热表面淬火两种。

1. 感应加热表面淬火

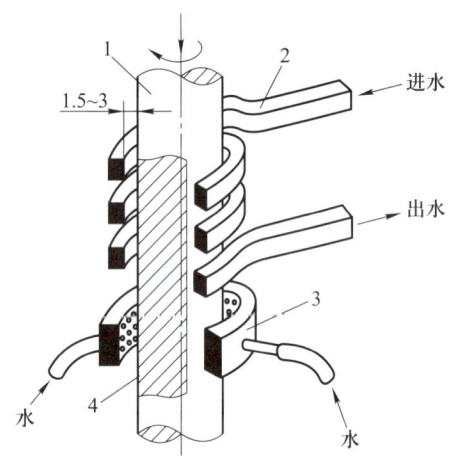

1—工件;2—感应加热器;
3—淬火喷水套;4—加热淬硬层。
图 4-22 感应加热表面淬火

(1) 感应加热表面淬火的基本原理。如图 4-22 所示,将工件置于用紫铜管(内部用水冷)绕成的感应加热器内,给感应加热器通入一定频率的交流电,以产生交变磁场,于是在工件内部就会产生频率相同、方向相反的感应电流。感应电流在工件内自成回路(称为涡流),由于感应电流的集肤效应(电流集中分布在工件表层)和热效应,使工件表层的温度迅速升高至淬火温度。此时,如立即喷水冷却,即达到表面淬火的目的。因涡流在工件截面上的分布是不均匀的,表面电流密度大,心部几乎为零,而且通入线圈电流的频率越高,涡流越集中于表面,淬火后淬硬层越薄。因此,感应加热淬火淬透工件表面的深度主要取决于通入交流电流的频率。

(2) 感应加热表面淬火设备选用。在生产中,根据对零件表面有效淬硬层深度的要求,选择合适频率的感应加热设备。

① 高频感应加热。电流频率为 100 kHz～500 kHz。我国目前采用电子管式高频发生装置,电流频率为 200 kHz～300 kHz,有效淬硬深度为 0.5～2 mm,主要用于要求淬硬层较薄的中小型零件,如小模数齿轮、中小型轴等。

② 中频感应加热。电流频率在 500 kHz～10 000 Hz。常采用机械式或晶闸管式中频发生器,常用的电流频率为 2 500 Hz 和 8 000 Hz,有效淬硬深度为 2～10 mm。主要用于淬硬层要求较深的零件,如直径较大的轴、中等模数的齿轮、大模数齿轮等。

③ 工频感应加热。电源频率为 50 Hz。常采用机械式工频加热装置,有效淬硬深度为 10～20 mm,主要用于大直径零件(轧辊、火车车轮等)的表面淬火,也可用于较大直径零件的透热。

④ 超声频感应加热。电流频率一般为 20 kHz～40 kHz,高于声频,故称超声频,超声频感应加热器是 20 世纪 60 年代发展起来的表面淬火设备。兼有高、中频加热的优点,淬硬

层略高于高频感应加热,而且沿零件轮廓均匀分布。因此,它对用高、中频感应加热难以实现表面淬火的零件有着重要作用,适用于中小模数齿轮、花键轴、链轮等。

(3) 感应加热表面淬火的特点。

① 加热迅速,一般只需几秒到几十秒的时间就把零件加热到淬火温度。这样在相变过程中铁和碳原子来不及扩散,因而珠光体转变为奥氏体的相变温度升高且相变温度范围扩大,通常比普通加热淬火高几十摄氏度。

② 加热时间短。奥氏体晶粒细小均匀,淬火后可获得极细马氏体,零件硬度比普通淬火的高 2~3HRC,且脆性较低。

③ 淬火后零件表面层存在残余压应力,可提高疲劳极限,并且变形小,不易氧化和脱碳。

④ 生产率高,易实现机械化和自动化,适于大批量生产。

⑤ 感应加热设备价格较高,维修调整比较困难,形状复杂的感应器不易制造,也不适合小批生产。

(4) 感应加热表面淬火用钢。最适宜的是中碳非合金钢和中碳合金钢,如 40 钢、45 钢、40Cr、40MnB 等。碳的质量分数过高会增加淬硬层脆性,降低心部塑性和韧性,并增加淬火开裂倾向;碳的质量分数过低会降低表面层的硬度和耐磨性。不过在某些条件下,感应加热表面淬火也可用于高碳工具钢、低合金工具钢及铸铁等零件。

(5) 感应加热表面淬火技术要求主要包括表面硬度、淬硬层深度、淬硬区分布、预先热处理等。

① 表面硬度。由不同材料制作、在不同条件下工作的零件要求具有不同的表面硬度,但对于中碳非合金钢或中碳低合金钢在感应加热表面淬火时应使淬火后的表面硬度达到 50~55HRC,最终硬度由回火工艺确定。

② 淬硬层深度。增加淬硬层深度可增加零件耐磨性,但也增加了零件表面脆性,为了使综合力学性能合理配合,一般选淬硬层深度为半径的 1/10 左右,对于较小直径(10~20 mm)的零件,可取半径的 1/5。

③ 淬硬区分布。合理分布淬硬区可减少零件应力集中的现象。例如:对一般轴类零件,在轴端应保留 2~8 mm 的不淬硬区,以免轴端产生淬火裂纹;对于花键轴,淬火区应比花键全长大 10~15 mm;对带倒角孔、带凸缘的轴,淬硬区应从凸缘根部圆角处开始,根部不需淬硬,淬硬区到圆角根部距离不应小于 5~8 mm。

④ 预先热处理。预先热处理是为保证心部力学性能而采取的热处理方法,对于结构钢,通常采用调质或正火。

2. 火焰加热表面淬火

火焰加热表面淬火是用氧-乙炔或其他可燃气体燃烧的高温火焰,将工件表面迅速加热到淬火温度,随后喷水冷却的热处理工艺,如图 4-23 所示。

动画

火焰加热表面淬火

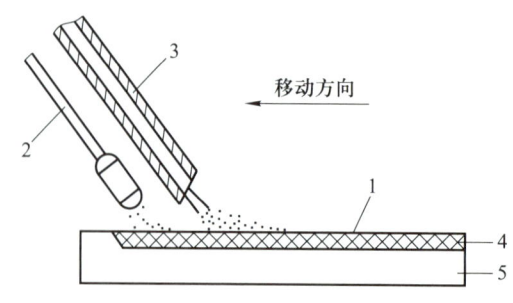

图 4-23　火焰加热表面淬火

火焰加热表面淬火的淬硬层深度一般为 2~6 mm。它具有设备简单、工艺灵活、淬火成本较低的特点，但因加热温度和淬硬层深度不易控制，质量不稳定，故使用受到一定的限制。火焰加热表面淬火适用于中碳非合金钢、中碳合金钢及铸铁制成的工件，在单件、小批生产的情况下对于大型工件（如大模数齿轮、大型轴类、机床导轨、轧辊等）和只需要局部表面淬火的工件应用都比较方便。

4.4.2　钢的化学热处理

钢的表面化学热处理是指将钢件置于特定的介质中加热、保温，使介质分解的一种或多种活性元素渗入钢件表层，以改变表层化学成分，再经后续热处理，使钢件表层获得所需组织和性能的热处理工艺。其目的主要是强化钢件表面和改善钢件表面的物理化学性能，即提高钢件表面的硬度、耐磨性、接触疲劳强度、热硬性和耐蚀性。钢的表面化学热处理常以钢表面渗入的元素命名。

1. 钢的渗碳

钢的渗碳是将钢件置于碳含量丰富的介质中，加热到高温（900~930 ℃），使活性碳原子渗入钢件的表面，形成高碳渗层的过程。钢件渗碳后要进行淬火和低温回火处理，以保证表面和心部各自具有的力学性能。渗碳的目的是在钢件表面形成高碳层，经淬火后为高碳马氏体组织而心部为低碳马氏体组织或其他组织，以保证其高强度、硬度和高耐磨性，而在钢件心部具有良好的塑性和韧性。

渗碳主要适用于低碳非合金钢和低碳合金钢的工件。钢件渗碳层有效厚度应控制在 2.0 mm 范围内，渗碳层碳的质量分数应保持在 0.8%~1.1% 范围内。钢的渗碳按渗碳剂的不同分为固体渗碳、液体渗碳和气体渗碳（图 4-24）。钢件渗碳后可以直接淬火，也可以空冷后再淬火。

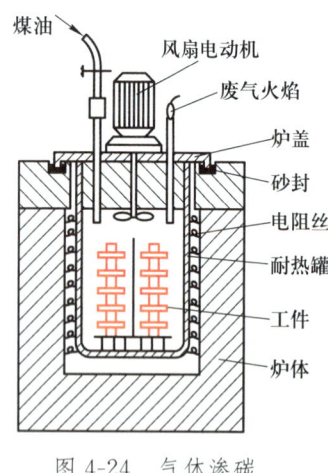

图 4-24　气体渗碳

2. 钢的渗氮

钢的渗氮是把钢件置于富氮的介质中，加热至 500~600 ℃，使介质分解出的活性氮原子渗入钢件表面,经扩散形成氮化层的过程,俗称氮化。渗氮的目的是提高钢件表面硬度、热硬性、耐磨性、疲劳强度、耐蚀性以及抗咬合性。

渗氮前钢件需要经调质处理,渗氮后钢件表面形成一薄层高硬度的氮化物,切削加工特别困难,故渗氮常作为最后一道工序。渗氮层厚度一般不超过 0.7 mm。渗氮适用于任何钢种的表面化学热处理。专用的渗氮钢为 38CrMoAl。

3. 钢的碳氮共渗

钢的碳氮共渗是将碳、氮原子同时渗入钢件表面的一种化学热处理工艺。碳氮共渗是渗碳和渗氮工艺的综合,兼有两者的长处。按渗剂不同,碳氮共渗可分为气体、液体和固体三种,常用的是中温气体碳氮共渗。

中温气体碳氮共渗以渗碳为主,使用介质是煤油和氨气,也可用三乙醇胺、甲酰胺和甲醇+尿素等。共渗温度为 820~860 ℃,渗层厚度控制在 0.3~0.8 mm。共渗所用的钢种为低碳非合金钢或低碳合金钢。共渗后,需要进行淬火和低温回火处理。与渗碳层相比,共渗层具有更高的接触疲劳强度、硬度、耐磨性、耐蚀性和抗压强度。中温气体碳氮共渗主要用于处理重要钢件,如汽车、拖拉机和坦克变速器中使用的齿轮、齿轮轴等。

4. 钢的渗硼

钢的渗硼是将钢件置于富硼的介质中,加热到一定温度,使介质分解出活性硼原子,渗入钢件表面形成渗层的过程。渗硼后,钢件表面形成一薄层硼与铁的金属化合物,硬度可达 1 400~2 000 HV,耐盐酸、硫酸、碱等介质的腐蚀,可在 800 ℃ 时保持高硬度,能抵抗 600 ℃ 以下温度的氧化。渗硼适用于任何钢种,尤其适用于冷作模具钢。根据渗剂的不同,渗硼可分为固体渗硼、液体渗硼和气体渗硼。

5. 钢的渗金属

钢的渗金属是利用介质通过高温,使金属元素在钢件的表面扩散渗入的过程。钢的渗金属工艺常用的有渗铬、渗铝、渗钒、渗锌等。渗金属主要是满足钢件工作表面特殊的性能要求,如渗铬能使钢件表面具有较高的抗氧化、耐腐蚀和抗磨损性能,渗铝能使钢件表面具有较高的抗高温氧化性能,渗钒能使钢件表面具有高硬度和高耐磨性,渗锌能使钢件表面耐大气腐蚀。钢的渗金属有固体法、液体法和气体法。

4.5 热处理工艺的应用实例

下面以 C6132 车床主轴的热处理工艺为应用实例。C6132 车床主轴视图如图 4-25 所示。

(1) 材料:45 钢。

(2) 加工工艺流程。下料—锻造—正火—机械粗加工—调质处理—机械半精加工—锥孔及外锥体局部淬火、回火—粗磨(外圆、锥孔和外锥体)—铣花键—花键高频淬火、回火—精磨(外圆、锥孔和外锥体)。

(3) 技术要求。①基体硬度 220~250HBW;②内锥孔和外锥体硬度 45~50HRC;③花键部分硬度 48~53HRC。

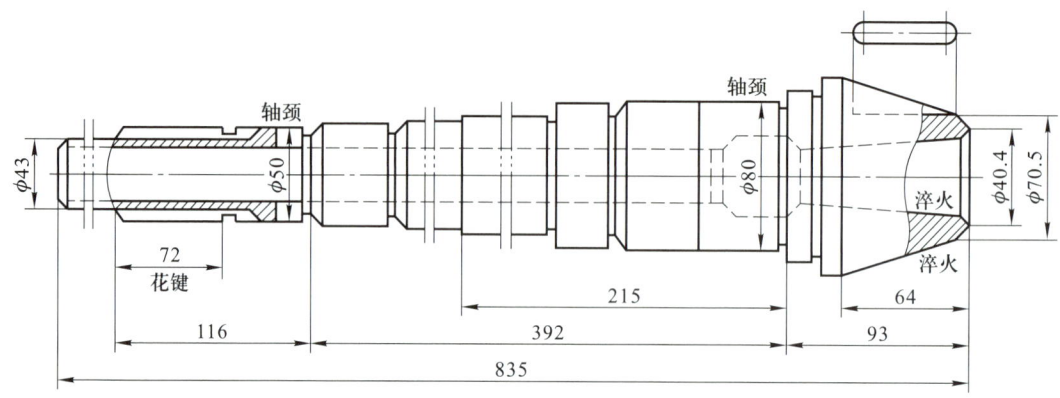

图 4-25　C6132 车床主轴视图

（4）热处理工艺。该工艺路线中的正火和调质处理为预备热处理，主轴中三个部位需要硬化处理，采用高频淬火。

① 正火。降低锻坯硬度，消除毛坯的锻造应力，细化晶粒，改善切削加工性能，加热温度 840～860 ℃，保温 1.5～2 h（箱式或井式电阻炉）后出炉空冷，硬度≤229HBW。

② 调质处理。目的是获得均匀组织，C6132 车床主轴受力较复杂，承受交变弯曲应力、扭转应力和较大力矩的作用，因此需要进行调质处理，保证主轴具有良好的综合力学性能。加热温度 840～850 ℃，保温 35～45 min（箱式或井式电阻炉），水冷；500～550 ℃回火 1.5 h，水冷；调质处理后硬度为 220～250HBW。

③ 锥孔和外锥体的局部热处理。该部位的硬度直接影响到主轴的耐磨性和使用寿命，可选用以下两种方法：

一种方法为将主轴的大端吊起在盐浴炉中快速加热，炉温为 870～880 ℃，水冷。

另一种方法为在 GP-2 型高频淬火机上加热，先淬外锥体后淬内锥孔，喷射冷却。淬火后的主轴在硝盐炉或井式炉中回火，温度为 200～280 ℃，保温 1.0～2 h，硬度为 45～50HRC。

④ 花键的热处理。对花键采用高频感应加热淬火，既控制变形又避免氧化脱碳的发生，低温回火后硬度符合 48～53HRC 的要求。

4.6　热处理新技术简介

随着热处理新工艺、新技术、新设备的不断创新和计算机的应用，热处理生产的机械化、自动化水平不断提高，产品的质量和性能不断改进，生产环境和工人劳动强度得到极大的改善。在传统的热处理工艺基础上衍生出多种热处理新工艺新技术，如真空热处理、形变热处理、激光热处理以及有限元法在淬火、回火中的应用等。

4.6.1　真空热处理

在真空中进行的热处理称为真空热处理，包括真空退火、真空淬火、真空回火和真空化学热处理。真空热处理是指在 0.0133～1.33 Pa 真空度的真空介质中加热工件。真空热处理可有效减少钢件变形,使钢脱氧、脱氢和净化表面,使钢件表面无氧化、无脱碳,表面光洁,可显著提高耐磨性和疲劳强度。真空热处理操作环境好、污染少、能耗少。先进的真空热处理技术是计算机技术、自动化技术与传统的真空热处理技术相结合,目前主要用于工模具、精密零件和特殊零件的热处理。

4.6.2 形变热处理

形变热处理是将钢的塑性变形同热处理有机结合在一起,获得形变强化和相变强化综合效果的热处理工艺。形变热处理不仅可提高钢的强韧性,还能简化工艺,节约能源、设备,减少工件氧化和脱碳,提高经济效益和产品质量。形变热处理方式很多,有低温形变热处理、高温形变热处理、等温形变热处理、形变时效和形变化学热处理等。以低温形变热处理为例,将工件加热至奥氏体状态,保温一定时间后,迅速冷至 A_{r1} 至 M_s 点之间的某一温度进行形变,然后立即淬火、回火。与普通热处理相比,可以显著提高钢的强度和疲劳强度,提高钢的抗磨损和抗回火的能力。目前,形变热处理主要用于强度要求极高的工件,如高速钢刀具、模具、轴承、飞机起落架及重要弹簧等。

4.6.3 激光热处理

激光热处理是利用专门的激光器发生能量密度极高的激光,以极快速度加热工件表面,自冷淬火后使工件强化的热处理。目前生产中大都使用 CO_2 气体激光器,它的功率可达 10 kW～15 kW,效率高,并能长时间连续工作。通过控制激光入射功率密度、照射时间及照射方式,可达到不同的淬硬层深度、硬度、组织及其他性能要求。激光热处理的优点是:加热速度快,加热到相变温度以上仅需要百分之几秒;淬火不用冷却介质,而是靠工件自身的热传导自冷淬火;光斑小,能量集中,可控性好,可对复杂的零件进行选择加热淬火;能细化晶粒,显著提高表面硬度和耐磨性;淬火后,几乎无变形,且表面质量好。主要用于精密零件的局部表面淬火,也可对微孔、沟槽、不通孔等部位进行淬火。

4.6.4 计算机在热处理中的应用

计算机首先用于热处理工艺基本参数(如炉温、时间和真空度等)及设备动作的程序控制;而后扩展到整条生产线(包括渗碳、淬火、清洗及回火)的控制;进而发展到计算机辅助热处理工艺最优化设计和在线控制,以及建立热处理数据库,为热处理计算机辅助设计及性能预测提供了重要支持。

4.6.5 有限元法在淬火、回火中的应用

目前热处理数值模拟主要集中在淬火和回火方面,广泛采用有限元软件 Deform 在对斜齿轮淬火、回火过程的模拟中获得温度、组织及应力的分布情况,观测淬火过程中奥氏体到马氏体及铁素体的转变过程,并直接获得淬火、回火后组织的组成含量。应用 FEM(finite element method,有限元法)探究热处理过程的最佳工艺及工件淬透性问题,据淬火和回火过程的刀圈组织分布情况,提出在 1 030 ℃淬火+550 ℃回火的工艺下,滚刀的组织

性能较好。根据模拟得到工件淬火过程中心部与外部的应力分布情况,预测淬火开裂问题。针对50CrV4钢制轮胎保护链在淬火过程中易产生高局部应力可能导致淬火裂纹问题,采用FEM进行参数化模拟研究,优化了链环的几何形状,以减小拉伸应力。采用Comsol软件的"固体传热"模块模拟AISI420不锈钢的热循环和原位组织演化过程。

知识拓展

热处理节能与能源管理

在热处理主要的碳排放源中,加热用能源包括电和燃料折算后的碳排放约占总排放的75%以上。因此,节能是热处理行业绿色低碳发展的重点。《中国热处理与表层改性技术路线图》中也提出了减少能源消耗80%的目标。

在热处理节能与能源管理方面,国家标准化管理委员会负责组织制定并发布了GB/T 10201—2008《热处理合理用电导则》、GB/T 15318—2010《热处理电炉节能监测》、GB/T 17358—2009《热处理生产电耗计算和测定方法》、GB/T 19944—2015《热处理生产燃料消耗计算和测定方法》、GB/Z 18718—2002《热处理节能技术导则》等国家标准,对加热能源的合理使用、能源的统计和计算、可比能耗等进行了规定。

行业标准《热处理能耗限值及评价方法》规定了热处理能耗限定值,即在标准规定测试条件下,各种热处理工艺在额定工况下所允许的能耗最高值。并按可比用能单耗,根据不同的热处理产品,按相关规定将生产的合格产品折算成可比标准产品(折合质量),计算得出实际生产耗能量与产品折合质量的比值。对各种典型的热处理工艺能耗进行了分等,见表4-6。

表4-6 热处理工艺能耗分等

热处理工艺	热处理能耗分等/(kW·h/t)		
	一等	二等	三等
淬火	≤220	≤250	≤280
正火	≤240	≤275	≤310
退火	≤240	≤275	≤310
不锈钢固溶热处理	≤395	≤450	≤505
铝合金固溶热处理	≤130	≤150	≤170
高温回火(>500℃)	≤130	≤150	≤170
中温回火(250~500℃)	≤110	≤125	≤140
气体渗碳淬火(渗碳层深度0.8 mm)	≤350	≤400	≤450
气体渗碳淬火(渗碳层深度1.2 mm)	≤440	≤500	≤560
真空渗碳(渗碳层深度1.5 mm)	≤440	≤500	≤560

续 表

热处理工艺	热处理能耗分等/(kW·h/t)		
	一等	二等	三等
气体碳氮共渗(渗碳层深度 0.6 mm)	≤310	≤350	≤390
气体氮碳共渗	≤130	≤150	≤170
气体渗氮(渗碳层深度 0.3 mm)	≤395	≤450	≤505
离子渗氮	≤330	≤375	≤420
感应加热淬火	≤110	≤125	≤140

表 4-6 中的三等是对应工艺的能耗限定值,二等能耗代表了国内先进水平,一等能耗代表了国际先进水平。到 2025 年,力争将热处理能耗限定值提高到二等水平,基本可以达到《2030 年前碳达峰行动方案》中提出的同期能源消耗下降目标,同时为 2030 年达到国际先进水平,实现热处理行业碳达峰目标奠定坚实基础。

实现热处理节能需要从工艺、设备、管理等方面采取措施,当前的重点工作是:加强热处理生产的能源管理,提高能源利用率;优化热处理加热炉及炉内工装构件的结构设计,采用先进的耐热及保温材料,提高加热能源效率;创新热处理工艺,优化工艺参数,注重余热利用。进一步完善节能热处理标准体系,加快制定相关标准,如热处理能源管理体系、余热利用热处理等。

小 结

1. 热处理加热获得奥氏体需四个阶段,冷却得到所需组织与性能需等温和连续冷却。
2. 热处理分整体热处理(退火、正火、淬火、回火)、表面热处理(感应加热和火焰加热等)和化学热处理(渗碳、渗氮等),它们的工艺参数、组织、性能及用途见表 4-7。

表 4-7 热处理工艺参数、组织、性能及用途

类别	名称	工艺参数	组织	性能	用 途
整体热处理	退火	加热:$Ac_3+30\sim50$ ℃(完全退火); 冷却:炉冷	$P_{片状}$	170~220HBW	消除铸、锻、焊件缺陷,降低硬度,便于切削加工
		加热:$Ac_1+20\sim40$ ℃(球化退火); 冷却:炉冷	$P_{球状}$		调整硬度,消除过共析钢缺陷,为后续工序做准备
	正火	加热:Ac_3(或 Ac_{cm})$+30\sim50$ ℃; 冷却:空冷	$P_{细}$ 或 S	25~35HRC	适用于低碳钢、低合金结构钢或消除过共析钢碳化物网

续 表

类别	名称	工艺参数	组织	性能	用　途
整体热处理	淬火	加热:Ac_3(或 Ac_1)+30～50 ℃; 冷却:非合金钢水冷,合金钢油冷	$M_{板条}$	30～50HRC	获得高硬度、高耐磨性,为回火做好组织准备
整体热处理	淬火		$M_{片状}$	60～65HRC	
整体热处理	回火	低温回火:150～250 ℃空冷	$M_{回火}$	58～64HRC	适宜于工、模、量具等
整体热处理	回火	中温回火:350～500 ℃空冷	$T_{回火}$	35～50HRC	适宜于弹簧、热作模具等
整体热处理	回火	高温回火:500～650 ℃空冷	$S_{回火}$	220～330HBW	适宜于重要结构件,如轴、齿轮等
表面热处理	感应加热表面淬火	加热:高频、中频、工频、超声频; 冷却:水冷	表面 $M_{回}$ 心部 $S_{回}$		中碳非合金钢或中碳合金钢制作的轴、齿轮等
表面热处理	火焰加热表面淬火	加热:火焰加热 冷却:水冷			大型轴、齿轮、钢轨面等
化学热处理	渗碳	加热:900～950 ℃保温后淬火+低温回火	表面 $M_{高碳}$ 心部 $S_{低碳}$ +F	60～64HRC 30～40HRC	低碳非合金钢、低碳合金钢制造受冲击和强烈摩擦件
化学热处理	其他	根据渗层特性,选择适用范围			

习题 四

一、名词解释

钢的热处理、退火、正火、淬火、回火、马氏体、淬透性、淬硬性、表面热处理、化学热处理。

二、填空题

1. 钢的整体热处理主要包括_____、_____、_____和_____。

2. 共析钢珠光体向奥氏体的转变,其转变过程是一个_____和_____的过程。

3. 马氏体的硬度主要取决于_____。

4. 常用的退火工艺方法有_____、_____和_____等。

5. 常用的淬火方法有_____、_____、_____、_____。

6. 常用的淬火冷却介质有_____、_____、_____等。

三、选择题

1. 热成形弹簧类零件淬火后必须施以_____。

    A. 高温回火　　　　B. 中温回火　　　　C. 低温回火　　　　D. 正火

2. 为了改善 T12 钢的切削加工性能,一般应采用_____预备热处理。

    A. 完全退火　　　　B. 球化退火　　　　C. 正火

3. 奥氏体形成以后,随着加热温度的升高,其晶粒_____。

A. 自发长大　　　　B. 越来越细小　　　C. 基本保持不变

4. 在下列组织中,片层间距最大的是_____,硬度最高的是_____。

A. 珠光体　　　　　B. 索氏体　　　　　C. 托氏体

5. 淬火钢的回火温度越高,则其硬度_____。

A. 越高　　　　　　B. 越低　　　　　　C. 保持不变

6. 在实际加热时,45钢完全奥氏体化的温度在_____以上。

A. Ac_1　　　　　　B. Ac_3　　　　　　C. Ac_{cm}

7. 亚共析钢的正火加热温度一般为_____以上30～50 ℃,过共析钢的正火加热温度一般为_____以上30～50 ℃。

A. Ac_1　　　　　　B. Ac_3　　　　　　C. Ac_{cm}

8. 为了改善20钢的切削加工性能,一般应采用_____热处理。

A. 退火　　　　　　B. 正火　　　　　　C. 淬火

9. 调质处理就是_____的热处理。

A. 淬火+低温回火　B. 淬火+中温回火　C. 淬火+高温回火

10. 感应淬火时,电流频率越高,则获得的淬硬层深度_____。

A. 越浅　　　　　　B. 越深　　　　　　C. 基本相同

四、判断题(正确打√,错误打×,并把错的改正过来)

1. 共析钢加热获得奥氏体后,冷却时所形成的组织主要取决于钢的加热温度。（　　）
2. 钢中合金元素越多,则淬火后硬度越高。（　　）
3. 为提高切削加工性能,T10钢应采用完全退火。（　　）
4. T8钢与20MnVB钢相比,淬硬性和淬透性都较低。（　　）
5. 在退火状态,45钢比20钢的强度和硬度都高。（　　）
6. 表面淬火既能改变钢的表面化学成分,也能改善心部的组织与性能。（　　）

五、简答题

1. 钢热处理的目的是什么?
2. 钢的热处理可分几个过程?每一个过程的作用是什么?
3. 何谓退火?退火的目的是什么?常用退火工艺方法有哪些?
4. 退火和正火的主要区别是什么?生产中应如何选用?
5. 以45钢为例,说明在相同加热条件下,冷却方式不同,钢的性能有何不同?
6. 何谓淬火?淬火的主要目的是什么?
7. 钢在淬火后,为什么要回火?简述三种常见回火工艺的组织、性能及应用。
8. 采用45钢制作一根轴,要求硬度为35～42HRC,请选择其热处理工艺。
9. 何谓钢的淬透性、淬硬性?影响淬透性的主要因素是什么?
10. 现有低碳钢和中碳钢齿轮各一个,要求齿面具有高的硬度和耐磨性,应分别采用什么热处理方法?并比较热处理后,它们在组织与性能上的差别。

单元五　钢及其应用

学习目标

1. 了解合金元素、杂质元素对钢性能的影响。
2. 熟悉钢的分类和牌号。
3. 掌握非合金钢、合金钢的种类、牌号、性能及应用。

重　　点

常用钢种的典型牌号、类别、成分、组织、热处理工艺、性能及应用。

难　　点

根据零件性能要求,正确选用钢种类和牌号。

案例引入

1851年,在伦敦举行了第一届世界博览会,名为万国工业博览会。其最具特色的建筑是由瑟夫伯克斯顿设计的伦敦水晶宫展览大厅,它的最大价值在于对新材料(钢、玻璃)的大胆运用。1889年,在巴黎世界博览会上,法国工程师埃菲尔设计建造了世界著名的埃菲尔铁塔,标志着钢结构从此进入一个辉煌的时代。

图5-1　伦敦水晶宫

图5-2　埃菲尔铁塔

现在,无论是机械行业还是建筑行业,都广泛使用钢铁材料。所谓钢铁材料,一般是指

碳的质量分数 $w_C<6.69\%$ 的铁碳合金。它具有较好的力学性能、工艺性能，且价格低廉，在机器、军工、制造和工程构件上得到广泛的应用。

5.1 钢铁材料的生产

5.1.1 炼铁

钢铁材料基础知识

铁是钢铁材料的基本组成元素。在自然界，铁以各种化合物的形式存在，并同其他元素的化合物混在一起而成为铁矿石。炼铁本质上就是在熔炼铁的设备中通过一系列物理、化学反应，把铁从其他化合物中还原、分离出来，加入还原剂进行冶炼后，得到一种高碳的、含有较高硅的铁碳合金，这种合金称为生铁。生铁硬而脆，一般不直接用作工程材料，主要用于炼钢。硅的质量分数大于 1.25% 的生铁可用于铸造。

5.1.2 炼钢

钢铁之路——鞍钢

生铁含有过多的碳和较多的硅、锰、硫、磷等杂质，使其性能无法满足加工和使用的要求，因此应降低生铁中过量的碳及其他杂质的含量。为此，需要向生铁中加入氧化剂，将杂质和碳氧化后生成各种氧化物，最终以炉渣和气体的形式除去，这就是炼钢。

炼钢

由于氧化，钢中必然残留大量的氧铁化合物，使其力学性能下降，故在炼钢过程的后期必须加入脱氧剂（铝、硅铁、锰铁等）脱氧。如加入充足的强脱氧剂（铝、硅铁），就可以得到组织致密、质量较好的镇静钢；如加入锰铁等弱脱氧剂，只能得到质量较低的沸腾钢。常见的炼钢方法有氧气顶吹转炉炼钢法和电弧炉炼钢法等。氧气顶吹转炉炼钢法生产率高，不需要外加热源，成本低，钢的质量较好，故应用十分广泛；电弧炉炼钢法由于耗电量大，成本高，主要用于冶炼高级优质钢和含有高熔点金属元素的优质合金钢、高级优质合金钢。

5.1.3 钢材生产

棒材和方坯的生产

炼好的钢液大部分都浇注成钢锭，然后采用轧制、挤压、拉拔、锻造等压力加工方法，将钢锭加工成各种形状、规格和尺寸的钢材，再投入使用。钢材的种类繁多，一般按外形分为型材、板材、管材和线材四大类。

5.2 杂质元素对钢性能的影响

在炼好的钢中除铁和碳两个主要元素外，炼钢原料和冶炼过程中总会带入一些杂质，如硅、锰、硫、磷、非金属夹杂物和气体等。

5.2.1 硅

钢管的生产

硅来自生铁和在冶炼过程中作为脱氧剂进入钢中的硅铁。硅的脱氧能力强，可有效清除钢中的 FeO（形成硅酸盐以炉渣的形式被除去，降低钢的脆性）。残留的少量硅能溶入铁素体中，提高钢的强度、硬度和弹性，但会使钢的塑性和韧性降低。因此，硅在钢中是一种有益元素。作为杂质元素存在时，硅的质量分数一般小于 0.4%。

5.2.2 锰

锰来自生铁以及在炼钢时作为脱氧剂而残留在钢中的锰铁。锰具有一定的脱氧能力，能把钢中的 FeO 还原成铁，形成 MnO 进入炉渣，提高钢的质量。锰还可以与硫化合，形成 MnS，以减轻硫对钢的有害影响，降低钢的脆性，改善钢的热加工性能。在室温条件下，锰大部分溶入铁素体中形成固溶体，起到一定的强化作用。此外，锰还能形成合金渗碳体。因此，锰在钢中也是一种有益元素。作为杂质元素存在时，锰的质量分数一般小于 0.8%。

5.2.3 硫

硫是在炼钢时由生铁和燃料带入钢中的杂质，在钢中常以 FeS 的形式存在。FeS 与 Fe 能形成低熔点（985 ℃）的共晶体，分布在奥氏体晶界上。当钢在 1 000～1 200 ℃ 范围内进行压力加工时，低熔点共晶体熔化，显著减弱了晶粒间联系，容易产生脆化开裂，降低韧性，这种现象称为热脆。因此，硫在钢中是有害元素，必须严格控制硫的质量分数。在炼钢时，常加入锰来降低硫的有害作用。其原因是 Mn 与 S 能形成高熔点（1 620 ℃）的 MnS，并呈粒状分布在晶粒内，而 MnS 在高温时有一定塑性，从而避免了钢的热脆。

5.2.4 磷

磷是在炼钢时由生铁和燃料带入钢中的杂质。磷能溶于 α-Fe，使铁素体的强度、硬度显著提高，但在室温下使钢的塑性、韧性急剧下降，脆性增加，这种现象称为冷脆。因此，磷在钢中也是有害元素，磷的质量分数也必须严格加以控制。

除常见杂质元素外，在炼钢过程中，少量炉渣、耐火材料及冶炼中反应产物可能进入钢液，形成非金属夹杂物。例如氧化物、硫化物、硅酸盐、氮化物等，都会降低钢的力学性能，特别是降低塑性、韧性及疲劳强度，严重时还会使钢在热加工与热处理时产生裂纹，或在使用时突然脆断。非金属夹杂物还促使钢形成热加工纤维组织（流线）与带状组织，使材料具有各向异性。因此，在冶炼过程中应对非金属夹杂物加以控制。在冶炼时，钢液中还会吸收和溶解一部分气体（如氧气、氢气、氮气等），给钢的性能带来不利影响。尤其是氢，它使钢变脆（氢脆），也可使钢产生微裂纹（白点），严重降低钢的力学性能，使钢易于脆断。

5.3 合金元素在钢中的作用

为了改善钢的力学性能或获得某些特殊性能，有目的地在冶炼过程中加入一些元素，这些元素称为合金元素。常加入的合金元素有 Mn、Si、Cr、Ni、Mo、W、V、Ti、Zr、Co、Al、B 等。合金钢具有许多非合金钢不具备的优良的力学性能或特殊的物理、化学性能，如较高的强度和韧性、良好的耐蚀性，在高温下具有较高的硬度和强度等。此外，许多合金钢还同时具有较好的工艺性能，如冷变形性、淬透性、回火稳定性等。合金钢之所以具有这些优异性能，主要是因为合金元素与钢中铁、碳两个基本组元之间产生相互作用，使钢内部组织结构改变。

5.3.1 合金元素在钢中的存在形式

1. 形成合金铁素体

多数合金元素都能或多或少地溶入铁素体中,形成合金铁素体。由于合金元素的溶入引起铁素体晶格畸变,产生固溶强化作用,铁素体的强度、硬度提高,但塑性、韧性降低,如图5-3 所示。

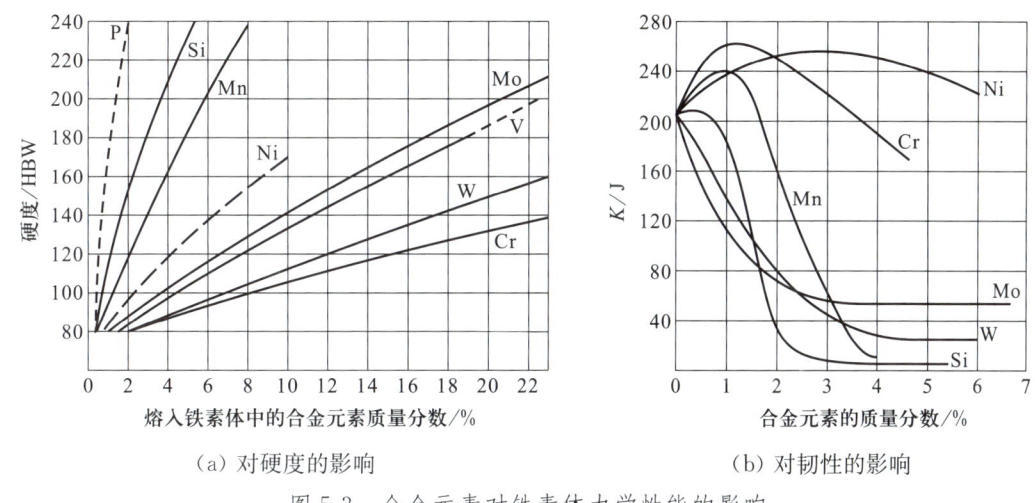

（a）对硬度的影响　　　　　　　　（b）对韧性的影响

图 5-3　合金元素对铁素体力学性能的影响

由图 5-3 可知,硅、锰能显著提高铁素体强度、硬度,但当 $w_{Si}>0.6\%$、$w_{Mn}>1.5\%$ 时,将降低铁素体韧性;而铬、镍在适量($w_{Cr}\leq2\%$、$w_{Ni}\leq5\%$)范围内,不但可以提高铁素体的强度、硬度,而且能提高其韧性。因此,在合金结构钢中,为获得良好强化效果,对 Cr、Ni、Si、Mn 等合金元素的含量要控制在一定范围内。

2. 形成合金碳化物

在钢中能形成碳化物的合金元素,按与碳的亲和力由弱到强顺序排列为 Fe、Mn、Cr、Mo、W、V、Nb、Zr、Ti 等。与碳的亲和力越强,形成碳化物的能力越大,形成的碳化物越稳定。

Mn 是弱碳化物合金元素,一般溶入钢中形成合金渗碳体。合金渗碳体较渗碳体稍微稳定,硬度较高,是一般低合金钢中碳化物的主要存在形式。

Cr、Mo、W 是中强碳化物形成元素,当其在钢中的质量分数不大(0.5%～3%)时,一般倾向于形成合金渗碳体,如 $(Fe,Cr)_3C$、$(Fe,W)_3C$ 等,当其在钢中的质量分数较高(>5%)时,倾向于形成具有复杂晶格结构的特殊碳化物(如 Cr_7C_3、Fe_3W_3C 等)。

V、Nb、Zr、Ti 是强碳化物形成元素,在钢中即使含量很少,但只要有足够的碳,就倾向于形成具有简单晶格结构的特殊碳化物,如 VC、NbC、TiC 等。特殊碳化物,特别是具有简单晶格结构的间隙相碳化物,有更高的熔点、硬度与耐磨性,并且更为稳定,不易分解。特殊碳化物是合金工具钢尤其是高合金工具钢和硬质合金中的重要强化相,对钢的性能有重要影响。此外,所有合金元素在加热到高温时都能溶入奥氏体,使奥氏体的稳定性和淬透性提高。

5.3.2　合金元素对铁碳合金相图的影响

不同合金元素与铁相互作用的结果会对 Fe-Fe$_3$C 相图产生不同的影响。主要体现在对奥氏体相区与 S、E 点的影响。

1. 缩小奥氏体相区

随着钢中 Cr、Mo、W、V、Ti、Si、Al、B 等合金元素质量分数的增大，可使相图中 A_3 线上升，奥氏体相区缩小，使钢在室温下的平衡组织是单相的铁素体，这种钢称为铁素体钢。

2. 扩大奥氏体相区

随着钢中 Ni、Mn、Co、Cu、Zn、N 等合金元素质量分数的增加，可使相图中 A_3 线下降，奥氏体相区扩大，有时一直延伸到室温以下，使钢在室温下的平衡组织是稳定的单相奥氏体，这种钢称为奥氏体钢。

3. Fe-Fe$_3$C 相图中的 S、E 点左移

加入合金元素后，大部分合金元素能使 Fe-Fe$_3$C 相图中的 S、E 点左移，即降低了共析点的碳的质量分数，从而使碳的质量分数相同的非合金钢和合金钢具有不同的组织。例如，$w_C=0.4\%$ 的非合金钢属于亚共析钢，当加入 Cr 并使 $w_{Cr}=12\%$ 后，就成了共析钢；由于大量合金元素的加入，$w_C=0.7\%\sim0.8\%$ 的高速钢，在铸态组织中出现了合金莱氏体，这种钢称为莱氏体钢。

5.3.3　合金元素对钢热处理工艺的影响

1. 对钢在加热时奥氏体化的影响

大多数合金元素（除 Co、Ni 外）由于与碳有较强的亲和力，显著减小了碳向奥氏体中的溶入与扩散速度，故大大减慢奥氏体的形成。因此，对于合金钢，应采取较高的加热温度和较长的保温时间，以保证合金元素溶入奥氏体并使其均匀化，从而充分发挥合金元素的作用。另外，合金元素（除 Mn 外）是钢中的碳化物形成元素，特别是强碳化物形成元素更容易形成稳定的碳化物，不易溶于奥氏体，并以细小质点的形式弥散分布在奥氏体晶界上，可机械地阻碍奥氏体晶粒长大。因此，除锰钢外，合金钢在加热时不易过热，使钢在高温下较长时间加热仍能保持细晶粒组织，这对钢在热处理后提高性能有重要作用。

2. 对钢的淬透性的影响

除 Co、Al 外，能溶入奥氏体中的大多数合金元素均可降低原子扩散速度，使奥氏体稳定性增加，从而使 C 曲线右移。当较多的中强或强碳化物形成元素溶入奥氏体后，它们对推迟珠光体转变与贝氏体转变的作用不同，使 C 曲线出现两个鼻尖，曲线分解成珠光体转变区和贝氏体转变区，在这两个转变区之间过冷奥氏体有很大的稳定性。合金元素使 C 曲线右移，降低了马氏体临界冷却速度，增大了钢的淬透性。因此，合金钢淬透性好，用弱的淬火冷却介质也能获得马氏体组织，并同时减少淬火内应力，防止工件的变形与开裂。

此外，大多数合金元素（除 Co、Al 外）溶入奥氏体后，使马氏体转变温度 M_s 和 M_f 降低（图 5-4），而 M_s 点越低，淬火后钢中残余奥氏体的数量就越多。由此可见，凡使 M_s 点降低

的合金元素均能使残余奥氏体数量增加。因此,淬火冷却到室温时,一般合金钢的残余奥氏体数量比非合金钢多,对钢的性能也会带来一定影响。

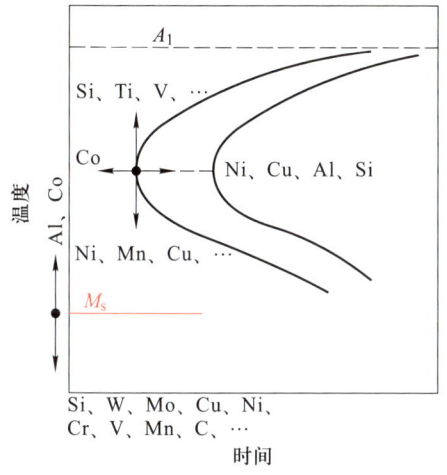 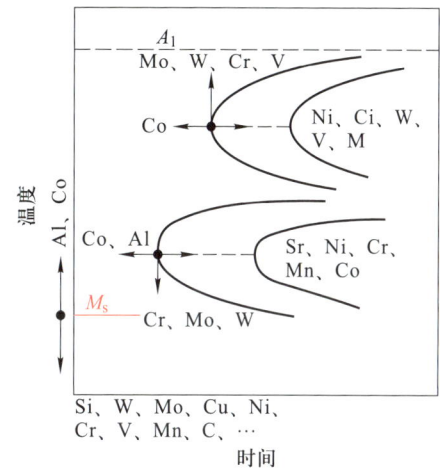

(a) 含非碳化物形成元素和少量碳化物形成元素的钢　　(b) 含较多碳化物形成元素的钢

图 5-4　合金元素对过冷奥氏体等温转变和 M_s 点的影响

3. 对淬火钢回火转变的影响

合金元素阻碍马氏体分解和碳化物聚集长大,使合金钢淬火后在回火时的硬度降低过程变慢,从而提高钢的回火稳定性(耐回火性)。因此,与非合金钢相比,在同一温度回火时合金钢的硬度和强度高,若要得到相同的回火硬度,则合金钢的回火温度要比碳的质量分数相同的非合金钢高,回火时间也长。合金钢耐回火有利于提高结构钢的强度、韧性和工具钢的热硬性,如图 5-5 所示。

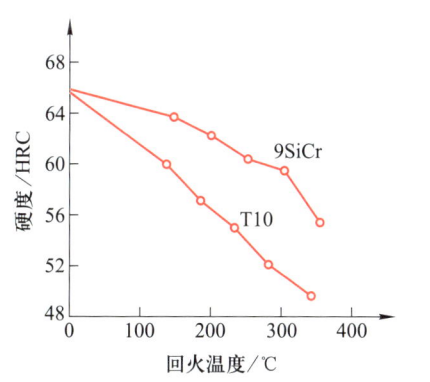 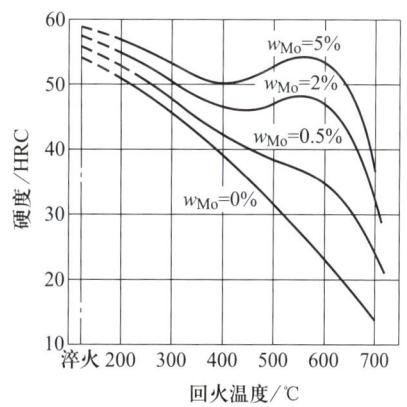

图 5-5　合金钢与非合金钢回火后硬度的比较　　图 5-6　含钼合金($w_C=0.35\%$)淬火回火后的硬度与回火温度的关系

经高温奥氏体充分均匀化并淬火后,含有 W、Mo、V 的合金钢在 500～600 ℃回火时的硬度并不降低,反而有所升高,这种现象称为二次硬化。如图 5-6 所示。产生二次硬化的原因有二：一是在该温度范围内回火时，含有 W、Mo、V 合金元素较多的合金钢会从马氏体中析出特殊碳化物，(如 Mo_2C、W_2C、VC 等)，它们的熔点高、硬度高，高度弥散分布在马氏体基体上，并与马氏体保持共格关系，阻碍位错运动，使钢的硬度反而有所提高；二是在回火时也会从残余奥氏体中析出特殊碳化物，使残余奥氏体中碳及合金元素浓度降低，提高了 M_s 点的温度，故在回火后冷却时会有部分残余奥氏体转变为马氏体。二次硬化现象对需要较高热硬性的工具钢(如高速工具钢)具有重要意义。

在某个温度下对淬火钢进行回火时，会发生韧性降低、脆性增大的现象，称为回火脆性。在 300 ℃ 左右回火时发生的脆性，称为第一类回火脆性。无论非合金钢还是合金钢，都会发生这种脆性。产生第一类回火脆性的原因一般认为是：在此温度范围内回火时，从马氏体中分解出断续的、薄片状的过渡相碳化物，导致脆性增加；在 200～300 ℃ 范围内，残余奥氏体(塑性相)转变为下贝氏体，也会使淬火钢的脆性增加。由于这种脆性产生后无法消除，所以一般应避免在 250～350 ℃ 温度区间内回火。

含有 Cr、Mn、Ni 等元素的合金钢淬火后，在 500～650 ℃ 范围回火时，将产生第二类回火脆性。合金钢的第二类回火脆性一般是在该温度范围回火后缓慢冷却的过程中产生的，如图 5-7 所示。产生第二类回火脆性一般认为是由 Sn、P、Sb、As 等有害元素沿奥氏体晶界偏聚，减弱了晶界上原子间的结合力导致的。上述有害元素偏聚程度越大，第二类回火脆性越严重。减轻或避免第二类回火脆性的方法有两种：一是对小截面零件在 500～650 ℃ 回火后采用快速冷却(油冷或水冷)；二是对大截面零件采用含有

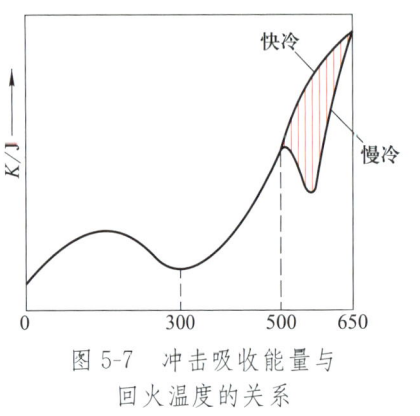

图 5-7　冲击吸收能量与回火温度的关系

钨($w_W \approx 1\%$)或钼($w_{Mo} \approx 0.5\%$)的合金钢，即使回火后缓慢冷却也不会产生第二类回火脆性。

5.4　钢的分类及牌号表示方法

钢材品种繁多，常用的一般按外形分为板材、管材、型材和线材四大类。为了便于钢产品的生产、使用和研究，需要对钢进行分类和编号。

5.4.1　钢的分类

1. 按用途分类

(1) 结构钢。用于制造各种工程结构(船舶、桥梁、车辆、压力容器等)和各种机器零件(轴、齿轮、各种连接件等)的钢称为结构钢。其中，用于制造工程结构的钢又称为工程用钢或构件用钢，主要包括非合金钢及低合金高强度结构钢等；机器零件用钢则包括渗碳钢、调质钢、弹簧钢、滚动轴承钢等。

(2) 工具钢。工具钢是用于制造各种加工工具的钢。根据工具的不同用途，工具钢又

可分为刃具钢、模具钢、量具钢。

(3) **特殊性能钢**。特殊性能钢是指具有某种特殊的物理或化学性能的钢种,用于制造特殊要求的零件或结构件,主要包括不锈钢、耐热钢、耐磨钢等。

2. 按化学成分分类

钢按化学成分可分为非合金钢、低合金钢和合金钢三大类。根据钢中所含主要合金元素种类可分为锰钢、铬钢、铬镍钢、硼钢等。

(1) **非合金钢**。非合金钢是指 $w_C<2.11\%$ 并含有少量 Si、Mn、S、P 等杂质元素的铁碳合金。非合金钢按碳的质量分数又分为低碳钢($w_C<0.25\%$)、中碳钢($0.25\%\leqslant w_C\leqslant 0.60\%$)、高碳钢($0.06\%<w_C<2.11\%$)。

(2) **低合金钢和合金钢**。低合金钢与合金钢是指在非合金钢基础上有目的地加入了某些合金元素所形成的钢种。低合金钢和合金钢对某种合金元素的质量分数界限值在国家标准中都有明确规定。在生产中,人们习惯把合金钢分为:低合金钢,合金元素总质量分数 $w_{Me}<5\%$;中合金钢,$w_{Me}=5\%\sim 10\%$;高合金钢,$w_{Me}>10\%$。

3. 按显微组织分类

根据室温时的显微组织或平衡状态下的显微组织,钢可以分为亚共析钢、共析钢、过共析钢、莱氏体钢、珠光体钢、贝氏体钢、马氏体钢、奥氏体钢、铁素体钢、复相钢等。

4. 按钢的质量分类

由于 S、P 对钢的性能有较大的不良影响,根据钢中有害杂质 S、P 质量分数的不同,非合金钢分为普通质量非合金钢、优质非合金钢、特殊质量非合金钢;低合金钢分为普通质量低合金钢、优质低合金钢、特殊质量低合金钢,合金钢分为优质合金钢和特殊质量合金钢。

5. 按冶炼方法及设备分类

根据冶炼设备不同,钢主要分为转炉钢、电炉钢两大类。根据炼钢时所用的脱氧方法不同,钢可分为沸腾钢、镇静钢和特殊镇静钢。

5.4.2 钢的牌号表示方法

我国钢的牌号由三大部分组成:化学元素符号、汉语拼音字母和阿拉伯数字。化学元素符号表示钢中所含的合金元素种类,汉语拼音字母用来对钢的种类、性质、特点、要求等内容加以说明,阿拉伯数字用来表示合金元素的含量或性能的指标。

1. 非合金钢的牌号

(1) **碳素结构钢**。碳素结构钢的牌号由代表屈服强度"屈"字的汉语拼音字母 Q、屈服强度数值(钢材厚度或直径≤16 mm 时测得的数据)、质量等级符号(分 A、B、C、D 四级,质量依次提高)和脱氧方法符号(F、Z、TZ)四部分按顺序组成。例如,Q235AF 表示非合金钢,其屈服强度≥235 MPa,质量等级为 A 级的沸腾钢。F、Z、TZ 依次表示沸腾钢、镇静钢、特殊镇静钢。

(2) **优质碳素结构钢**。优质碳素结构钢牌号用两位数字表示,这两位数字表示钢中平均碳的质量分数的万分数,如 45 钢表示平均 w_C 为 0.45% 的优质碳素结构钢。如果是沸腾钢,则在两位数字后面加 F,如 08F 表示平均 $w_C=0.08\%$ 的优质碳素结构钢为沸腾钢。含锰量较高时($w_{Mn}=0.70\%\sim1.20\%$),则在牌号后面加锰元素符号 Mn,表示较高锰质量分数的优质碳素结构钢。如 65Mn 表示平均 $w_C=0.65\%$ 的较高锰质量分数的优质碳素结构钢。

(3) **非合金工具钢**。非合金工具钢的牌号是在"碳"字的汉语拼音字首 T 附加一位或两位数字来表示,数字代表钢中平均碳的质量分数的千分数。非合金工具钢分为优质和高级优质两类。若为高级优质非合金工具钢,则在数字后面加字母 A。例如,T12 表示平均碳的质量分数 $w_C=1.2\%$ 的优质非合金工具钢,而 T12A 表示平均碳的质量分数 $w_C=1.2\%$ 的高级优质非合金工具钢。对含较高锰的非合金工具钢,则在数字后面加 Mn,如 T8Mn、T8MnA。

(4) **铸造碳钢**。铸造碳钢的牌号由"铸钢"二字汉语拼音首位字母"ZG"加两组数字表示,前组数字表示最低屈服强度 R_{eL},后组数字表示最低抗拉强度 R_m。例如,ZG200-400 表示最低屈服强度为 200 MPa,最低抗拉强度为 400 MPa 的铸造碳钢。

2. 低合金高强度结构钢的牌号

低合金高强度结构钢的牌号表示方法与碳素结构钢牌号表示方法基本相同,也是在"Q"的后面加屈服强度数值,数值后面再加质量等级符号(分 A、B、C、D、E 五级,质量依次提高)。例如,Q355C 表示其屈服强度 $R_{eH}\geqslant355$ MPa,质量等级为 C 级的低合金高强度结构钢。

3. 合金钢的牌号

(1) **合金结构钢**。合金结构钢的牌号用"两位数字+元素符号+数字"表示。前面两位数字表示钢中平均碳的质量分数的万分数,元素符号表示钢中所含的合金元素,后面数字表示钢中该元素平均质量分数的百分数。当合金元素的平均质量分数<1.5%时,牌号中一般只标明元素符号,不标明数值;如果合金元素的平均质量分数≥1.5%、≥2.5%、≥3.5%等,则相应地在元素符号后面标注 2、3、4 等。例如,40Cr 表示平均碳的质量分数 $w_C=0.40\%$、平均铬的质量分数 $w_{Cr}<1.5\%$ 的合金结构钢(或合金调质钢)。如果是高级优质钢,则在牌号后标注"A"。如牌号 38CrMoAlA 表示平均 $w_C=0.38\%$,平均 w_{Cr}、w_{Mo}、w_{Al} 均小于 1.5% 的高级优质合金结构钢(高级渗氮用钢)。合金弹簧钢的牌号表示方法同一般的合金结构钢,如牌号 60Si2Mn 表示平均 $w_C=0.60\%$、$w_{Si}=2\%$、$w_{Mn}<1.5\%$ 的合金弹簧钢。

(2) **合金工具钢**。合金工具钢的牌号表示方法与合金结构钢的牌号表示方法的区别仅在于:当 $w_C<1\%$ 时,用一位数字表示平均碳的质量分数的千分数;当 $w_C\geqslant1\%$ 时,碳的质量分数则不予标出,而合金元素的表示方法与合金结构钢完全相同。例如,牌号 9SiCr 表示

平均 $w_C=0.9\%$，w_{Si}、w_{Cr} 均小于 1.5% 的合金工具钢；Cr12MoV 表示平均 $w_C\geqslant1\%$（不表示出来，实际 $w_C=1.45\%\sim1.70\%$），平均 $w_{Cr}=12\%$，w_{Mo}、w_V 均小于 1.5% 的合金工具钢。

(3) **高速工具钢**。高速工具钢的牌号表示方法与合金工具钢的牌号表示方法的不同之处是，不论碳的质量分数是多少，在牌号中均不表示出来。如 W18Cr4V 是常用高速工具钢，其平均 $w_C=0.70\%\sim0.80\%$，但不表示出来，平均 $w_W=18\%$、$w_{Cr}=4\%$、$w_V<1.5\%$；牌号 W6Mo5Cr4V2Al 是含铝超硬高速工具钢，其 $w_C=1.05\%\sim1.20\%$，也不表示出来。

(4) **滚动轴承钢**。在其牌号前面加"G"（"滚"字汉语拼音的首位字母），因大多数用的都是含铬滚动轴承钢，合金元素 Cr 后面的数字表示铬的质量分数的千分数，但碳的质量分数不表示出来，如 GCr15 表示平均 $w_{Cr}=1.5\%$ 的滚动轴承钢（$w_C=0.95\%\sim1.05\%$，不表示出来）。铬轴承钢中若含有铬以外的其他合金元素，这些元素的表示方法同一般的合金结构钢，如 GCr15SiMn，其中硅和锰的质量分数均小于 1.5%。

合金工具钢、高速工具钢、滚动轴承钢都是高级优质钢，因此牌号后不再加字母 A。

(5) **不锈钢与耐热钢**。这类钢牌号按照国家标准规定执行。马氏体型不锈钢牌号前面的数字表示平均碳的质量分数的万分数，合金元素的表示方法同一般的合金结构钢，如 30Cr13 表示平均 $w_C=0.3\%$、平均 $w_{Cr}=13\%$ 的马氏体不锈钢。奥氏体型不锈钢当碳的质量分数 $w_C\leqslant0.08\%$ 及 $w_C\leqslant0.03\%$ 时，在牌号前面分别加"06"及"022"表示，例如 06Cr19Ni10、022Cr19Ni13Mo3 等。

5.5 非合金钢

5.5.1 碳素结构钢

非合金钢和低合金钢

碳素结构钢一般碳的质量分数较低，而 S、P 的质量分数相对较高，因此，这类钢易于冶炼、价格低廉、工艺性好，在力学性能上也能满足一般工程结构件和普通机械零件的要求，所以用量很大，约占钢材总量的 70%。

碳素结构钢通常热轧成扁平成品或型材（圆钢、方钢、工字钢、钢筋等），以热轧空冷状态供应，一般不经热处理强化，必要时进行锻造、焊接等热加工，亦可经热处理调整其力学性能。表 5-1 为参照 GB/T 700—2006《碳素结构钢》给出的普通碳素结构钢的牌号、化学成分、力学性能及用途。

Q195、Q215、Q235 碳的质量分数低，具有优良的塑性和焊接性能，但强度较低，主要用于一般桥梁、建筑等工程结构，在机械制造中主要用于制造受力不大的普通机械零件，如螺钉、法兰以及一些不重要的轴和拉杆等，其中以 Q235 应用最广。Q235C、Q235D 中 S、P 含量较低，主要用于制造重要的焊接结构件。Q275 中碳的质量分数稍高，强度较高，可代替 30 钢、40 钢用于制造受力较大、较重要的某些机械零件，以降低成本。

表 5-1　普通碳素结构钢的牌号、化学成分、力学性能和用途

牌号	等级	化学成分(质量分数)/%，≤					脱氧方法	力学性能			用途
		C	Si	Mn	P	S		屈服强度 R_{eH}/MPa，≥	抗拉强度 R_m/MPa	断后伸长率 A/%，≥	
Q195	—	0.12	0.30	0.50	0.035	0.040	F、Z	195	315～430	33	用于制造承受载荷不大的金属结构件、铆钉、垫圈、地脚螺栓、冲压件及焊接件
Q215	A	0.15	0.35	1.20	0.045	0.050	F、Z	215	335～450	31	
	B					0.045					
Q235	A	0.22	0.35	1.40	0.045	0.050	F、Z	235	370～500	26	用于制造金属结构件、钢板、钢筋、型钢、螺栓、螺母、短轴、心轴，Q235C、Q235D还可用于制作重要焊接结构件
	B	0.20				0.045					
	C	0.17			0.040	0.040	Z				
	D				0.035	0.035	TZ				
Q275	A	0.24	0.35	1.50	0.045	0.050	F、Z	275	410～540	22	用于制造键、销、转轴、拉杆、链轮、链环片等
	B	0.21			0.045	0.045	Z				
	C	0.22			0.040	0.040	Z				
	D	0.20			0.035	0.035	TZ				

注：1. 表中"—"表示该牌号钢不分等级，其意义与国家标准 GB/T 700—2006《碳素结构钢》相同。
　　2. 表中试样厚度δ或直径≤16 mm。

5.5.2　优质碳素结构钢

优质碳素结构钢产量仅次于碳素结构钢，广泛用于制造较重要的机械零件。优质碳素结构钢在供应时，既要保证力学性能，又要保证化学成分，钢中的硫、磷质量分数较低(w_S、w_P 均≤0.035%)。优质碳素结构钢制造的零件一般都是在热处理以后使用。这类钢中的碳的质量分数很低，塑性好，焊接性能好，主要用于制造冲压件和焊接件。含锰质量分数较高的优质碳素结构钢(15Mn～70Mn)的淬透性和强度比相应普通锰质量分数量的钢稍高，可用来制作尺寸稍大或强度要求稍高的零件。表 5-2 为参照 GB/T 699—2015《优质碳素结构钢》给出的部分优质碳素结构钢的牌号、力学性能、特点及用途。

5.5.3　非合金工具钢

非合金工具钢中一般为 w_C=0.65%～1.35%，分为优质非合金工具钢和高级优质非合金工具钢两类，随着碳的质量分数的增加，淬火后的硬度无明显变化(均≥62HRC)，但耐磨性增加、韧性下降。非合金工具钢的预备热处理一般为球化退火，其目的是降低硬度，便于切削加工，并为淬火作好组织准备。若锻造组织不良，出现网状二次碳化物缺陷，则应在球化退火前进行正火处理，以消除网状碳化物。其最终热处理为淬火+低温回火(回火温度一般为 180～200 ℃)，正常回火组织为回火马氏体+粒状渗碳体+少量残余奥氏体。其硬度可达 60～65HRC。

表 5-2　优质碳素结构钢的牌号、力学性能、特点及用途

牌号	试样毛坯尺寸/mm	推荐热处理温度/℃			力学性能 ≥				特点及用途
		正火	淬火	回火	R_m/MPa	R_{eL}/MPa	A/%	Z/%	
08	25	930	—	—	325	195	33	60	强度低，塑性好，易于冲压与焊接，一般用于制造受力不大的零件，如螺栓、螺母、垫圈、小轴、销、链等。经渗碳处理或氰化可用作表面要求耐磨、耐腐蚀的零件，如枪械上的弹匣、消焰器、弹壳，以及炮上的护圈、护盖、套筒等
10	25	930	—	—	335	205	31	55	
15	25	930	—	—	375	225	27	55	
20	25	910	—	—	410	245	25	55	
25	25	900	870	600	450	275	23	50	
30	25	880	860	600	490	295	21	50	综合力学性能和切削加工性均较好，可用于制造受力较大的零件，如主轴、曲轴、齿轮、连杆等。30钢～40钢可制作枪械和火炮上的小轴、柱栓、受力螺栓、杠杆、扳机、扳手等；45钢、50钢可制造枪管、机匣、枪刺、标尺，炮上的冲铁、杠杆、齿轮、蜗杆、轴，以及坦克上的连接螺栓、轴承座等
35	25	870	850	600	530	315	20	45	
40	25	860	840	600	570	335	19	45	
45	25	850	840	600	600	355	16	40	
50	25	830	830	600	630	375	14	40	
55	25	820	—	—	645	380	13	35	
60	25	810	—	—	675	400	12	35	较高的强度、弹性和耐磨性，可制作枪械上的击针簧、复进簧、标尺簧；火炮上的弹性垫圈、扣簧、卡锁簧等。也可用于制作凸轮、机车轮缘、低速车轮及轧辊、弹簧、钢丝绳等
65	25	810	—	—	695	410	10	30	
70	25	790	—	—	715	420	9	30	
75	试样[a]	—	820	480	1 080	880	7	30	
80	试样[a]	—	820	480	1 080	930	6	30	
85	试样[a]	—	820	480	1 130	980	6	30	
15Mn	25	920	—	—	410	245	26	55	
20Mn	25	910	—	—	450	275	24	50	
25Mn	25	900	870	600	490	295	22	50	
30Mn	25	880	860	600	540	315	20	45	
35Mn	25	870	850	600	560	335	18	45	应用范围与普通含锰的优质非合金钢相同，只是其淬透性稍大一些，可制作尺寸稍大的零件
40Mn	25	860	840	600	590	355	17	45	
45Mn	25	850	840	600	620	375	15	40	
50Mn	25	830	830	600	645	390	13	40	
60Mn	25	810	—	—	690	410	11	35	
65Mn	25	830	—	—	735	430	9	30	
70Mn	25	790	—	—	785	450	8	30	

a 留有加工余量的试样，其性能为淬火＋回火状态下的性能。

非合金工具钢的优点是成本低,耐磨性和冷热加工工艺性较好,在生产上有较广泛的应用。与合金工具钢相比,非合金工具钢的淬透性低、热硬性差,当刃部温度高于 250 ℃时,硬度和耐磨性会显著降低且容易产生淬火变形与开裂。因此,非合金工具钢一般只用于制作尺寸不大、结构简单、对刃部受热程度要求不高的手用工具、小进给量的低速切削工具和性能要求不高的耐磨件。参照 GB/T 1299—2014《工模具钢》,常用非合金工具钢的牌号、化学成分、主要性能及用途见表 5-3。

表 5-3 常用非合金工具钢的牌号、主要性能和用途

牌号	化学成分(质量分数)/%			退火状态 硬度/HBW,≤	试样淬火		用 途
	C	Mn	Si		淬火温度/℃,冷却剂	硬度/HRC,≥	
T7	0.65~0.74	≤0.04	≤0.35	187	800~820,水	62	用于制作能承受振动、冲击,并在硬度适中情况下有较好韧性的工具,如凿子、冲头、木工工具、大锤等
T8	0.75~0.84	≤0.04			780~800,水		用于制作要求有较高硬度和耐磨性的工具,如冲头、木工工具、錾子、剪刀等
T8Mn	0.80~0.90	0.04~0.60					性能和用途与 T8 钢相似,加入 Mn 后可制作截面较大的工具
T9	0.85~0.94	≤0.04		192			用于制作一定硬度和韧性的工具,如冲模、冲头、凿岩石用的凿子等
T10	0.95~1.04	≤0.04		197	760~780,水		用于制作耐磨性要求较高并不受剧烈振动,有一定韧性、有锋利刃口的各种工具,如刨刀、车刀、钻头、丝锥、手锯锯条、拉丝模、冷冲模等
T11	1.05~1.14	≤0.04					用途与 T10 钢相似,一般选用 T10 钢
T12	1.15~1.24	≤0.04		207			用于制作不受冲击并要求高硬度的各种工具,如丝锥、锉刀、刮刀、铰刀、板牙、量具等
T13	1.25~1.35	≤0.04		217			用于制作不受振动并要求极高硬度的各种工具,如剃刀、刮刀、刻字工具等

注:高级优质钢在牌号后加 A。

5.5.4 铸造碳钢

铸造碳钢是经铸造成形的非合金钢。铸造碳钢适用于难以用压力加工成形或对力学性能要求较高的零件,如用于制造重型机械、矿山机械、冶金机械以及机车车辆上的零件或形状复杂的大型结构件等。

铸造碳钢一般 $w_C=0.15\%\sim0.60\%$,过高则塑性变差,易产生裂纹。铸造碳钢的特点是铸态晶粒较粗大,成分偏析较严重,内应力较大,使钢的塑性和韧性下降,一般要通过退火或正火来消除内应力、细化晶粒,从而改善材料性能。

铸造碳钢的牌号有 ZG200-400、ZG230-450、ZG270-500、ZG310-570、ZG340-640。铸钢 ZG200-400 有良好的塑性、韧性和焊接性能,用于制作受力不大、要求韧性好的各种机械零件,如机座、变速器壳等。铸钢 ZG230-450 有一定强度和较好的塑性、韧性和焊接性,切削加工性尚可,用于制造受力不大,要求韧性较好的各种机械零件,如坦克不重要的支架、附座、盖和一般机器的底板、阀体等。铸钢 ZG270-500 有较高强度和较好的塑性,铸造性能良好,焊接性能尚好,切削性好,用于制作坦克上的轮类(如诱导轮、负重轮等),轧钢机机架、轴承座、连杆、箱体、曲轴、缸体等。铸钢 ZG310-570 的强度和切削加工性良好,塑性、韧性较低,用于制作承受载荷较高的各种机械零件,如大齿轮、缸体、制动轮、辊子等。铸钢 ZG340-640 有高的强度、硬度和耐磨性,切削加工性中等,焊接性较差,流动性好,裂纹敏感性较大。用于制作齿轮、棘轮等。

5.6 低合金钢

低合金钢的种类很多,以下主要介绍焊接性能优良或较好的低合金高强度结构钢。

鸟巢用钢

5.6.1 低合金钢的化学成分

低合金钢的 $w_C \leqslant 0.16\% \sim 0.20\%$,主加合金元素为锰,辅加合金元素有 V、Ti、Nb、Al、Cr、Ni、Si 等。Mn、Si、Cr、Ni 的加入可以强化铁素体,V、Nb、Ti、Al 的加入可以细化晶粒。合金元素的加入还可以增加珠光体数量,使低合金钢的强度、韧性得以提高。

5.6.2 低合金钢的应用

低合金高强度结构钢是适合焊接的低碳低合金工程结构用钢。主要用于制造建筑、桥梁、船舶、车辆、铁道、高压容器等方面的结构件。

5.6.3 低合金钢的性能特点

低合金高强度结构钢具有良好的焊接性能,良好的塑性和韧性,良好的加工工艺性,较好的耐蚀性,较高的强度和较低的冷脆临界转变温度。参照 GB/T 1591—2018《低合金高强度结构钢》,表 5-4 列出了低合金高强度结构钢的牌号、部分化学成分和力学性能。国家标准将这类钢分为热轧钢、正火及正火轧制钢、热机械轧制钢。

表 5-4 低合金高强度结构钢的牌号、部分化学成分、力学性能

牌号		部分化学成分(质量分数)/%						力学性能		
		C		Si	Mn	P	S	R_{eH}/MPa ≥	R_m/MPa	A/%
钢级	质量等级	公称厚度或直径/mm		≤						
		≤40	>40							
		不大于								
Q355	B	0.24		0.55	1.6	0.035	0.035	355~265	470~600	22~17
	C	0.20	0.22			0.030	0.030			
	D	0.20	0.22			0.025	0.025			
Q390	B	0.20		0.55	1.7	0.035	0.035	390~320	490~620	21~18
	C					0.030	0.030			
	D					0.025	0.025			
Q355N	B	0.20		0.50	0.90~1.65	0.035	0.035	355~275	470~600	22~21
	C					0.030	0.030			
	D					0.030	0.025			
	E	0.18				0.025	0.020			
	F	0.16				0.020	0.010			
Q390N	B	0.20		0.50	0.90~1.70	0.035	0.035	390~300	490~620	20~19
	C					0.030	0.030			
	D					0.030	0.025			
	E					0.025	0.020			
Q355M	B	0.14		0.50	1.60	0.035	0.035	355~320	470~590	22
	C					0.030	0.030			
	D					0.030	0.025			
	E					0.025	0.020			
	F					0.020	0.010			
Q390M	B	0.15		0.50	1.70	0.035	0.035	390~335	490~610	20
	C					0.030	0.030			
	D					0.030	0.025			
	E					0.025	0.020			

5.6.4 低合金钢的热处理

低合金高强度结构钢大多是在热轧、正火或正火加回火状态下使用,其组织为铁素体+少量珠光体。对 Q420、Q460 的 C、D、E 级钢也可先淬火成低碳马氏体,然后进行高温回火以获得低碳回火索氏体组织,从而获得良好的力学性能。

5.7 合金结构钢

合金结构钢主要是指用于制造各种重要结构件的钢,通常是在优质碳素结构钢的基础上加入一些合金元素而形成的钢种。

合金结构钢按照其用途和特点可分为合金渗碳钢、合金调质钢、合金弹簧钢、滚动轴承钢等。

合金钢

5.7.1 合金渗碳钢

合金结构钢

合金渗碳钢通常是指经渗碳、淬火及低温回火热处理后的合金钢。合金渗碳钢主要用于制造对性能要求较高或截面尺寸较大,在工作时承受较强烈的冲击和磨损的重要零件,如坦克传动部件和发动机中的传动齿轮,汽车变速器齿轮、后桥减速齿轮、内燃机凸轮轴、活塞销等要求表面具有高硬度、高耐磨性,而心部要求有较高的强度和足够韧性并承受动载荷的零件。

合金渗碳钢中一般 $w_C<0.25\%$,主要是为了保证渗碳零件心部具有良好的韧性。合金渗碳钢的主加合金元素为 Mn、Cr、Ni、B 等,主要为了提高钢的淬透性,强化铁素体,改善心部性能;辅加 Mo、W、V、Ti 等中强和强碳化物形成元素,可以阻止渗碳加热时奥氏体晶粒长大,达到细化晶粒的目的,使工件渗碳后可以直接淬火。

在渗碳前一般采用正火作为预备热处理。对高淬透性的渗碳钢则采用空冷淬火+高温回火,以获得回火索氏体组织,改善切削加工性。一般渗碳热处理温度为 900~950 ℃。合金渗碳钢经渗碳、淬火、中温回火后,组织由回火托氏体、合金碳化物颗粒组成,硬度可达 44~48HRC。

在常用渗碳钢中,非合金渗碳钢(10 钢、15 钢、20 钢)淬透性差,心部的强度和韧性不能满足重要耐磨零件的要求,因此只适合制造一些承载较低、形状简单的小型耐磨零件,如小型轴、齿轮等。

合金渗碳钢按淬透性分为低淬透性合金渗碳钢、中淬透性合金渗碳钢和高淬透性合金渗碳钢三类。参照 GB/T 3077—2015《合金结构钢》,表 5-5 给出了常用合金渗碳钢的牌号、热处理工艺、力学性能及用途。

1. 低淬透性合金渗碳钢

15Cr、20Cr、20Mn2 等钢的淬透性不高,油淬临界直径为 20~35 mm,只适合制造承受载荷不大的小型耐磨零件,如活塞销、凸轮轴、滑块等。

表 5-5 常用合金渗碳钢的牌号、热处理工艺、力学性能及用途

种类	牌号	试样毛坯/mm	热处理工艺					力学性能				用途
			淬火			回火		抗拉强度 R_m/MPa	屈服强度 R_{eL}/MPa	断后伸长率 A/%	断面收缩率 Z/%	冲击吸收能量 K/J
			加热温度/℃		冷却剂	加热温度/℃	冷却剂					
			第一次淬火	第二次淬火				≥				
低淬透性合金渗碳钢	20Cr	15	880	780~820	水、油	200	水、空气	835	540	10	40	47	用来制造心部强度要求较高、工作表面承受磨损、直径≤30 mm、形状复杂而负荷不大的渗碳件，如机床主轴箱齿轮、齿轮轴、凸轮、蜗杆、活塞销、爪形离合器等。也可在调质状态下使用，制造工作速度较大并承受中等冲击载荷的零件
	20Mn2		850	—	水、油	200	水、空气	785	590	10	40	47	代替20Cr钢，制作渗碳的小齿轮、小轴、活塞销、十字销纵操杆、气门顶杆、变速器操纵杆等。也可以制作调质件、冷镦件和铆焊件
中淬透性合金渗碳钢	20CrMnTi	15	880	870	油	200	水、空气	1080	850	10	45	55	广泛用于制作直径以及承受冲击≤30 mm、摩擦的重要渗碳件，如变速器齿轮、后桥减速器齿轮、滑动轴承主轴、爪形离合器圈、齿轮轴、蜗杆等
	20MnVB		860	—	油	200	水、空气	1080	885	10	45	55	作为20CrMnTi，20Cr、20CrNi钢的代用钢，用于制造模数较大、载荷较重的中小渗碳零件，如重型机床上的齿轮和轴、汽车后桥的主、从动齿轮等

续表

种类	牌号	试样毛坯/mm	热处理工艺					力学性能				用途
			淬火			回火		抗拉强度 R_m/MPa	屈服强度 R_{eL}/MPa	断后伸长率 A/%	断面收缩率 Z/%	冲击吸收能量 K/J
			第一次淬火 加热温度/℃	第二次淬火 加热温度/℃	冷却剂	加热温度/℃	冷却剂			≥		
高淬透性合金渗碳钢	12Cr2Ni4	15	860	780	油	200	水、空气	1 080	835	10	50	71	用于制作截面较大且承受较高载荷、交变应力下工作的重要碳件,如承受高载荷的各种齿轮、蜗杆、蜗轮,方向接头叉等。也可不经渗碳而在淬火及低温回火状态下使用,用于制造高强度、高韧性重要构件
	20Cr2Ni4	15	880	780	油	200	水、空气	1 080	1 080	10	45	63	用于制造比12Cr2Ni4钢性能要求更高的大截面渗碳零件,如担负传动部分的重要渗碳齿轮、大型齿轮、轴及飞机发动机齿轮,也用于制作高强度、韧性高的调质件
	18Cr2Ni4WA	15	950	850	空气	200	水、空气	1 180	835	10	45	78	用于制作大截面、高强度的重要碳件,如飞机、坦克、船舶上的大型齿轮、传动轴、油轴、花键轴、活塞销、精密机床上控制进刀的蜗轮等。也可用于制造高强度零件,如重型和重载机车用的高强度齿轮、曲轴、减速器轴以及重载荷的高速大功率发动机的螺栓等。此钢调质处理后经渗氮,可制作高速大功率发动机的曲轴等

2. 中淬透性合金渗碳钢

20CrMnTi、20MnVB 等钢的淬透性较高，油淬临界直径为 25～60 mm，主要用于制造承受中等载荷的耐磨零件，如汽车变速器齿轮和后车桥减速齿轮，花键轴套、凸轮轴等。

3. 高淬透性合金渗碳钢

汽车齿轮热处理工艺曲线

20Cr2Ni4、18Cr2Ni4WA 等钢的淬透性高，油淬临界直径大于 100 mm，甚至空冷也能淬成马氏体组织，并且渗碳层和心部的性能都非常好，主要用于制造承受重载荷及强烈磨损的重要大型零件，如飞机、坦克的发动机齿轮等。

5.7.2 合金调质钢

合金调质钢通常用来制造对综合力学性能要求高的重要零件，如机床的主轴、齿轮，坦克中重要的连接螺栓、轴、齿轮齿套等。

合金调质钢的碳的质量分数过低（$w_C=0.25\%～0.50\%$），淬火时不易淬硬，回火后强度、硬度达不到要求，碳的质量分数过高则韧性不足。合金调质钢的主加合金元素有 Cr、Ni、Mn、Si、B 等，主要作用是提高钢的淬透性，并能强化铁素体，起固溶强化作用。其辅加合金元素有 Mo、W、V、Al、Ti 等。其中 Mo、W 的主要作用是防止或减轻第二类回火脆性，并增加回火稳定性；V、Ti 的作用是细化晶粒；Al 能加速渗氮过程。

合金调质钢的基本性能特点是经过调质处理后具有良好的综合力学性能。但在生产中，由于零件承受载荷的情况不同，对具体的性能要求也有差异。对要求截面承受载荷均匀的零件，如发动机连杆、强力螺栓等，在淬火时整个截面必须淬透，因此必须考虑钢的淬透性是否能满足要求。而对截面承受载荷不均匀的零件，如一般承受弯曲或扭转载荷的轴，只要求承受载荷较大的零件表面层有较高的强度和韧性，其余地方则要求不高，因此在淬火时并不要求整个截面都淬透，一般只需淬透轴半径的 1/3～1/2 即可，在此情况下就不必选用淬透性很高的钢，以降低成本。如一般车床主轴，常选用 45 钢或 40Cr 就可满足要求。

调质零件锻造毛坯应进行预备热处理，以降低硬度，便于切削加工。预备热处理一般采用正火或退火。对于淬透性低的调质钢（如 45、40Cr 钢）可采用正火，能节约热处理时间；对于淬透性高的钢，如 45CrNiMoVA、40CrNiMoA、40CrMnMo 等，应采用正火+高温回火，获得回火索氏体组织后进行最终热处理［(850±10)℃淬火（油淬）、(430±20)℃回火］。对于需要淬透性较大或强度较高的零件，可适当提高加热温度，如 40Cr 钢(850±10)℃淬火、(570±10)℃回火，可以制作火炮上的螺栓、炮身后颈筒。

调质钢分为非合金调质钢和合金调质钢。非合金调质钢一般是中碳钢，如 35、40、45 钢或 40Mn、45Mn、50Mn 等，其中以 45 钢应用最广，适宜制作载荷较低、小而简单，具有一定强度、韧性要求的零件，如火炮上直径较小的轴、键、螺栓、螺帽、螺塞。参照 GB/T 3077—2015《合金结构钢》，常用合金调质钢牌号、化学成分、热处理工艺、力学性能及用途见表 5-6。

表 5-6 常用合金调质钢的牌号、化学成分、热处理工艺、力学性能及用途

种类	牌号	化学成分/%			热处理工艺					力学性能				用途
		C	Si	Mn	淬火			回火		抗拉强度 R_m/MPa	屈服强度 R_{eL}/MPa	断后伸长率 A/%	断面收缩率 Z/%	冲击吸收能量 K/J
					加热温度/℃		冷却剂	加热温度/℃	冷却剂					
					第一次淬火	第二次淬火						⩾		
低淬透性合金调质钢	40Cr	0.37~0.44	0.17~0.37	0.50~0.80	850	—	油	520	水、油	980	785	9	45	47	用于制作重要调质零件,是火炮活动零件的主要材料。也可制造齿轮、转向节、后半轴、机床上的主轴、顶尖套、花键轴、顶尖套、曲轴、连杆、螺栓、套筒、进气阀等
	35SiMn	0.32~0.40	1.10~1.40	1.10~1.40	900	—	水	570	水、油	885	735	15	45	47	用于在调质状态下制作中速、中等载荷零件,在淬火十回火后制作高载荷而冲击不大的零件,以及截面较大、需表面淬火的零件。在一般机械中,用于制作传动齿轮、主轴、心轴、转轴、连杆、蜗杆、电车轴、发电机轴、飞轮和大小锻件。在汽轮机中,用于制作工作温度 400 ℃以下、直径 250 mm以下、厚度 170 mm以下叶轮的主轴和轮毂,及紧固件等
	42SiMn	0.39~0.45	1.10~1.40	1.10~1.40	880	—	水	590	水	885	735	15	40	47	主要用于表面淬火钢,制作主轴、齿轮等。也可在淬火后用于中温回火状态下用于制造中速、高载荷零件,中温回火状态下如齿轮、主轴、液压泵转子、滑块等。此钢可代替 40CrNi 钢

续 表

种类	牌号	化学成分/%			热处理工艺					力学性能				用途
		C	Si	Mn	淬火加热温度/℃ 第一次淬火	第二次淬火	冷却剂	回火加热温度/℃	冷却剂	抗拉强度 R_m/MPa	屈服强度 R_{eL}/MPa	断后伸长率 A/% ≥	断面收缩率 Z/%	冲击吸收能量 K/J
低淬透性合金调质钢	40MnB	0.37~0.44	0.17~0.37	1.10~1.40	850	—	油	500	水、油	980	785	10	45	47	主要代替40Cr钢制作中、小截面的重要调质零件，如汽车的半轴、转向轴、蜗杆、花键轴，以及机床主轴、齿轮等。也可代替40Cr钢制作ϕ250~320 mm卷扬机中间轴等大型零件
	40CrV	0.37~0.44	0.17~0.37	0.50~0.80	880	—	油	650	水、油	885	795	10	50	71	用于制作受高应力及动载荷的重要零件，如曲轴、不渗碳齿轮、推杆、受强烈炸浆、轴套支架、横梁连杆、螺钉和销等。如头螺柱、螺钉、横梁支架、轴套等。还可制造直径＜30 mm的高压钢炉水泵轴、高温高压钢板、钢管和高压气缸等
中淬透性合金调质钢	40CrMn	0.37~0.45	0.17~0.37	0.90~1.20	840	—	油	550	水、油	980	835	9	45	47	用于制作在高速、弯曲载荷下工作的轴、连杆，以及在高速、高载荷下冲击工作的齿轮、齿轴、水泵转子、离合器、小轴、心轴等。也可制作直径＞100 mm、强度＞785 MPa的高压容器盖板的螺栓等

续表

种类	牌号	化学成分/%			热处理工艺					力学性能				用途
		C	Si	Mn	淬火			回火		抗拉强度 R_m/MPa	屈服强度 R_{eL}/MPa	断后伸长率 A/%	断面收缩率 Z/%	冲击吸收能量 K/J
					加热温度/°C		冷却剂	加热温度/°C	冷却剂					
					第一次淬火	第二次淬火						≥		
中淬透性合金调质钢	40CrNi	0.37~0.44	0.17~0.37	0.50~0.80	820	—	油	500	水、油	980	785	10	45	55	在调质状态下用于制造截面尺寸较大、在热状态下锻造和冲压的重要零件，如大轴、齿轮、连杆、曲轴、螺钉、圆盘等
	42CrMo	0.38~0.45	0.17~0.37	0.50~0.80	850	—	油	560	水、油	1 080	930	12	45	63	用于制作较35CrMo钢强度更高或调质断面更大的锻件，如机车牵引用的大齿轮、增压器传动齿轮、发动机气缸、受载荷较大的连杆及弹簧夹等
	30CrMnSi	0.28~0.34	0.90~1.20	0.80~1.10	880	—	油	540	水、油	1 080	885	10	45	39	用于制作飞机重要锻件、机械加工件和焊接件，如发动架、对接接头、缘条、天窗盖、冷气瓶等，也可制造涡轮喷气发动机压气机转子的叶片和中框匣导向叶片。用于制作枪、击针和火炮上的惯性保险、方向机零件，开闭枪杆，方向螺杆，开闭杠杆等

续表

种类	牌号	化学成分/%			热处理工艺				力学性能				用途
		C	Si	Mn	淬火			回火		抗拉强度 R_m/MPa	屈服强度 R_{eL}/MPa	断后伸长率 A/%	断面收缩率 Z/%	冲击吸收能量 K/J
					加热温度/℃		冷却剂	加热温度/℃	冷却剂			≥		
					第一次淬火	第二次淬火								
中淬透性合金调质钢	35CrMo	0.32~0.40	0.17~0.37	0.40~0.70	850	—	油	550	水、油	980	835	12	45	63	在高、中频表面淬火、低温回火后用于制造承高载荷的重要结构件，特别是受冲击载荷、弯曲、扭转载荷的机件。如车轴、汽轮发动机主轴、大电机轴、曲轴、汽轮发电机主轴、人字齿轮、锥齿轮、连杆、轧钢机人及石油工业用的穿孔器、紧固件，以用的螺栓、螺母、锅炉设备用厚壁无缝高压导管。也可代替40CrNi钢制作大截面齿轮和高载荷传动轴、汽轮发电机轮子，直径<500 mm支承轴承
	38CrMoAl	0.35~0.42	0.20~0.45	0.30~0.60	940	—	水、油	640	水、油	980	835	14	50	71	用于制造高耐磨性、高疲劳强度和高强度、热处理后尺寸精确的渗氮件，或受冲击载荷不大而耐磨性高的渗氮件，如车床主轴、蜗杆、精密丝杆、自动车床主轴、镗杆、精密丝杆、磨床主轴、精密齿轮、高压阀门、阀杆、以及量规、样板、气缸套、压缩机活塞杆、汽轮机调速器、转动套等

续表

种类	牌号	化学成分/%			热处理工艺					力学性能				用途
		C	Si	Mn	淬火			回火		抗拉强度 R_m/MPa	屈服强度 R_{eL}/MPa	断后伸长率 A/%	断面收缩率 Z/%	冲击吸收能量 K/J
					加热温度/℃		冷却剂	加热温度/℃	冷却剂					
					第一次淬火	第二次淬火						≥		
高淬透性合金调质钢	37CrNi3	0.34~0.41	0.17~0.37	0.30~0.60	820	—	油	500	水,油	1 130	980	10	50	47	用于制作大截面、高载荷,受冲击载荷的重要调质零件,及低温工作并受冲击载荷的紧固件等。在枪械制造上用于制作壳体、击针、闭锁卡铁、枪机等
	40CrNiMo	0.37~0.44	0.17~0.37	0.50~0.80	850	—	油	600	水,油	980	835	12	55	78	用于制作韧性好、强度高、大尺寸的重要调质零件,如重型机械中高载荷的轴、直径>250 mm的汽轮发动机轴、直升机旋翼轴、涡轮轴、高载荷的传动件、紧固件、曲轴、叶片、齿轮等。也可用于制造工作温度>400 ℃的转子轴和叶片等,还可在渗氮后用于制造特殊性能要求的重要零件
	25Cr2Ni4W	0.21~0.28	0.17~0.37	0.30~0.60	850	—	油	550	水,油	1 080	930	11	45	71	用于制作大载荷、高强度、高韧性的重要调质零件,如汽轮机主轴、叶轮等
	40CrMnMo	0.37~0.45	0.17~0.37	0.90~1.20	850	—	油	600	水,油	980	785	10	45	63	用于制作载荷较大的调质零件,如卡车后桥半轴、偏心轴、齿轮轴、齿轮、连杆及汽轮机轮机零件等。可代替40CrNiMoA钢

注：1. 表中"—"为没有第二次淬火,与国家标准的规定相同。
2. 表中数据为试样低淬透钢毛坯尺寸为15 mm,中、高淬透钢毛坯尺寸为25 mm的热处理及力学性能数据。

合金调质钢按淬透性分为以下三类。

1. 低淬透性合金调质钢

这类钢油淬临界直径为 20～40 mm，最典型的钢种是 40Cr，用于制造尺寸不大的重要零件，在机床制造中应用最广。40MnB 和 40MnVB 是为节约铬而发展的 40Cr 的代用钢。

2. 中淬透性合金调质钢

这类钢油淬临界直径为 40～60 mm，典型牌号有 35CrMo、40CrNi 等，用于制造截面较大、承受较高载荷的零件，如曲轴、连杆等。

3. 高淬透性合金调质钢

这类钢油淬临界直径为 60～100 mm，主要用于制造大截面、重载荷的重要零件，如航空发动机曲轴、汽轮机主轴、叶轮等。常用的高淬透性合金调质钢牌号有 40CrNiMoA、40CrMnMo、25Cr2Ni4WA 等。

5.7.3 合金弹簧钢

合金弹簧钢是指用于制造各种弹簧和弹性元件的合金钢。常用弹簧材料是非合金钢或合金钢。非合金弹簧钢中碳的质量分数 $w_C=0.60\%～0.90\%$，合金弹簧钢中碳的质量分数 $w_C=0.50\%～0.70\%$。合金弹簧钢中常加入 Si、Mn、Cr、W、Mo、V、B 等合金元素。其中 Si、Mn、B 的主要作用是提高淬透性，并使铁素体得到强化，使屈强比和弹性极限提高。Si 使弹性极限提高的作用很突出，但易产生表面脱碳。Mn 能增加淬透性，但使钢的过热和回火脆性倾向增大。Cr、W、Mo、V 等可减少硅锰弹簧钢脱碳和过热的倾向，同时可进一步提高弹性极限、屈强比、耐热性和耐回火性。V 能细化晶粒，提高韧性。

弹簧钢的最终热处理一般采用淬火加中温回火，以获得回火托氏体组织。对弹簧丝直径或弹簧钢板厚度超过 10～15 mm 的螺旋弹簧或板弹簧，通常在热态下成形，即把钢加热到比淬火温度高 50～80 ℃ 热卷成形，利用成形后的余热立即淬火并中温回火，这样使钢有高的弹性极限和疲劳强度，硬度一般为 42～48HRC。热成形弹簧经淬火和中温回火后，一般还要进行喷丸处理，使表面强化，并在表面产生残余压应力，以提高其疲劳强度。对于钢丝直径<8～10 mm 的弹簧，常采用冷拔弹簧钢丝冷卷成形，不再进行淬火，只需在 200～250 ℃ 的油槽中进行一次去应力退火，即可以使弹簧定形。所谓冷拔弹簧钢丝，是指弹簧钢丝经索氏体化处理，即钢丝在冷拔过程中，首先将盘条坯料加热至奥氏体状态后（Ac_3 以上 80～100 ℃），再在 500～550 ℃ 的铅浴或盐浴中等温转变获得索氏体组织，然后经多次冷拔，得到均匀的所需直径和具有冷变形强化效果的钢丝。

参照 GB/T 1222—2016《弹簧钢》，常用合金弹簧钢的牌号、化学成分、热处理工艺、力学性能及用途见表 5-7。

常用的非合金弹簧钢有 65、65Mn、70、75 和 85 钢等。非合金弹簧钢经热处理后可以得到较高的强度和一定的塑性及韧性，但其淬透性较低，厚度或截面直径超过 12～15 mm 时在油中便不能淬透，而在水中淬火则容易开裂和变形，变形后又难以校正。因此，非合金

表 5-7 常用合金弹簧钢的牌号、化学成分、热处理工艺、力学性能及用途

牌号	化学成分(质量分数)/%				热处理工艺			力学性能，≥			用途
	C	Si	Mn	Cr	淬火温度/℃	淬火介质	回火温度/℃	抗拉强度 R_m/MPa	屈服强度 R_{eL}/MPa	断面收缩率 Z/%	
55SiMnVB	0.52~0.60	0.70~1.00	1.00~1.30	≤0.35	860	油	460	1 375	1 225	30	用于制作工作温度≤230 ℃、ϕ25~30 mm 的减振弹簧和螺旋弹簧
60Si2Mn	0.56~0.64	1.50~2.00	0.70~1.00	≤0.35	870	油	440	1 570	1 385	20	用于制作坦克上的避雷器弹簧、击针弹簧、关闭机弹簧、发射杠杆弹簧、开门装置冲杆弹簧、方向机磨橡片弹簧、主离合器回位踏板弹簧、操纵装置的拉力弹簧，以及汽车、拖拉机、机车上的减振板簧和螺旋弹簧等
60CrMnB	0.56~0.64	0.17~0.37	0.70~1.00	0.70~1.00	840	油	490	1 225	1 080	20	
50CrV	0.46~0.54	0.17~0.37	0.50~0.80	0.80~1.10	850	油	500	1 275	1 300	40	用于制作较大截面、受较高应力的螺旋弹簧和扭杆弹簧，如发动机的气门弹簧、喷油嘴弹簧、行星转向器弹簧等，以及温度<300 ℃ 的阀门弹簧、活塞弹簧、安全阀弹簧等
60Si2CrV	0.56~0.64	1.40~1.80	0.40~0.70	0.90~1.20	860	油	400	1 700	1 650	30	用于制作承受高载荷或耐热(≤350 ℃)、耐冲击的重要弹簧，如矿山机械的缓冲复位弹簧和某些汽车的气门弹簧等
30W4Cr2V	0.26~0.34	0.17~0.37	≤0.40	2.00~2.50	1 075	油	600	1 470	1 325	40	属耐热弹簧钢，最高使用温度 500 ℃，用于制作锅炉主安全阀弹簧、汽轮机汽封弹簧等

弹簧钢一般用于制造截面较小、形状简单、受力不大的板弹簧或螺旋弹簧以及弹簧式零件。65Mn 钢淬透性稍高，可用于制造尺寸稍大的普通弹簧，如 5~10 mm 的板簧片和直径 7~15 mm 的螺旋弹簧。坦克、汽车、机车上用的板弹簧、大型螺旋弹簧，一般采用合金弹簧钢制造。如 60Si2Mn、50CrV、55SiMnVB 等。

5.7.4 滚动轴承钢

滚动轴承钢是用于制造滚动轴承的滚动体（滚珠、滚柱、滚针）、内外套圈等的专用钢，也可用于制造形状复杂的工具（如机用丝锥）、冷冲模具、精密量具，以及要求硬度高、耐磨性高的结构零件（如发动机的喷油柱塞、机床丝杠等耐磨件）。滚动轴承钢在工作时承受很高的交变接触压应力，滚动体与内外套筒之间还产生强烈的摩擦，并受到冲击载荷的作用以及大气和润滑介质的腐蚀作用。这就要求滚动轴承钢必须具有高而均匀的硬度和耐磨性，高的抗压强度和接触疲劳强度，足够的韧性和对大气、润滑油的耐蚀能力。

目前应用最广泛的是铬轴承钢。为满足性能要求，一般 $w_C=0.95\%\sim1.15\%$，高碳是为了保证轴具有高的强度、硬度和足够的颗粒状碳化物，以提高耐磨性。铬轴承钢的主加合金元素为铬，$w_{Cr}=0.4\%\sim1.65\%$，其主要作用是提高淬透性，形成细小均匀分布的合金渗碳体 $(Fe,Cr)_3C$，阻止奥氏体晶粒长大，使铬轴承钢在淬火后获得细针状马氏体或隐晶马氏体，从而增加韧性和回火稳定性。但铬的含量也不能太高，否则会使淬火后残余奥氏体量增加，使零件的硬度和尺寸稳定性降低，并增加碳化物的不均匀性，降低钢的韧性和疲劳强度。为进一步提高淬透性，还需要加入 Si、Mn 等元素，以适合制造大型轴承。滚动轴承钢属于高级优质钢，其 S、P 质量分数限制极其严格（w_S、w_P 都小于 0.025%）。

表 5-8 常用滚动轴承钢的牌号、化学成分、热处理工艺及用途

牌号	化学成分(质量分数)/%					热处理工艺			回火后硬度/HRC	用途
	C	Si	Mn	Cr	Mo	淬火温度/℃	冷却剂	回火温度/℃		
G8Cr15	0.75~0.850	0.15~0.35	0.20~0.40	1.30~1.65	≤0.10	810~830	水、油	150~170	62~66	用于制造直径<20 mm 的滚珠、滚柱及滚针。也可制造耐磨性零件，如坦克发动机上喷油嘴芯杆、油滤衬套等
GCr15	0.95~1.05	0.15~0.35	0.25~0.45	1.40~1.65	≤0.10	810~830	水、油	150~170	62~66	用于制造一般要求的微型、小型、中型、部分大型滚动轴承。还可作为合金工具钢，用来制造冷冲模、量具、丝锥等。也常用于制造柴油机的精密零件
GCr15SiMn	0.95~1.05	0.45~0.75	0.95~1.25	1.40~1.65	≤0.10	810~830	水、油	150~170	≥62	用于制造部分大型、特大型滚动轴承，如壁厚>30 mm 的套圈，直径为 50~100 mm 的滚珠
GCr18Mo	0.95~1.05	0.20~0.40	0.25~0.40	1.65~1.95	0.15~0.25	810~830	水、油	150~170	≥62	

滚动轴承钢的热处理包括预备热处理(球化退火)和最终热处理(淬火与低温回火)。球化退火的目的是获得球状珠光体组织,以降低锻造后钢的硬度,有利于切削加工,并为淬火作好组织准备。淬火与低温回火可获得极细的回火马氏体和均匀、细小的粒状合金碳化物及少量残余奥氏体,硬度为61~65HRC。对于精密轴承,为了稳定组织,可在淬火后进行深冷处理(-80~-60 ℃),以减少残余奥氏体量,然后进行低温回火和磨削加工,最后进行一次稳定尺寸的时效处理(在120~130 ℃保温10~20 h),以进一步消除内应力。

参照GB/T 18254—2016《高碳铬轴承钢》,常用滚动轴承钢的牌号、化学成分、热处理工艺及用途见表5-8。最有代表性的是GCr15钢,主要用于制造中、小型轴承。对于精度要求较高的精密轴承,为了减少淬火后钢中的残余奥氏体量,在淬火后应立即进行一次深冷处理(-60 ℃左右,一般保温1 h左右),待冷处理后零件恢复到室温后立即进行低温回火,经磨削后再低温时效处理(用低于原回火温度20~30 ℃的温度附加回火一次,保温时间3 h以内)。GCr15SiMn用于制造大型轴承。对于承受很大冲击载荷的轴承,常用渗碳轴承钢制造,如G13Cr4Mo4Ni4V、G20W10Cr3NiV等。对于要求耐腐蚀的不锈轴承,常采用高温不锈轴承钢(如G105Cr14Mo4、G115Cr14Mo4V钢)制造。

5.8 合金工具钢

在《工模具钢》(GB/T 1299—2014)中,将合金工具钢按用途分为刃具模具用非合金钢、量具刃具用钢、耐冲击工具用钢、轧辊用钢、冷作模具钢、热作模具钢、塑料模具用钢、特殊用途模具用钢八组。

5.8.1 量具刃具用钢

量具刃具用钢是指用于制造量具和刃具的合金工具钢。量具刃具用钢主要用于制造形状较复杂、截面尺寸较大的低速切削刃具(如车刀、铣刀、铰刀、钻头、小型拉刀等),也可用于制造在机械制造过程中用以控制加工精度的量具(如卡尺、千分尺、量块、样板等)。因此,刃具用钢对性能的要求是有高的硬度、耐磨性和热硬性,并且有一定的塑性和韧性,以承受弯曲、扭转、冲击、振动等复杂应力的作用,避免脆断和崩刃;量具用钢,除了要有高的硬度和耐磨性外,还要有良好的尺寸稳定性。

量具刃具用钢的碳的质量分数一般为$w_C=0.75\%\sim1.45\%$,以保证钢淬火后具有高硬度(>62HRC),并可与合金元素形成适当数量的合金碳化物,以增加耐磨性。加入量具刃具用钢的合金元素主要有Cr、Mn、Si、W等。其中,Cr、Mn、Si可提高钢的淬透性;Si、Cr还可以提高钢的回火稳定性,使钢件刃部在300 ℃以下受热硬度仍保持在60HRC以上,从而保证一定的热硬性。加入W主要是为了提高钢的耐磨性和热硬性。

量具刃具用钢的热处理与非合金工具钢基本相同。毛坯锻造成形后的预备热处理采用球化退火,机械加工后的最终热处理采用淬火(油淬或马氏体分级淬火)和低温回火,所得组织为回火马氏体+粒状合金碳化物+少量的残余奥氏体,硬度为60~65HRC。典型钢种是9SiCr,广泛用于制造各种低速切削的刃具,如板牙、丝锥、钻头、铰刀、小型拉刀等,也常用于制作冷冲模。

为改善刃具的切削效率和提高耐用度,生产上经常采用表面强化处理。表面强化处理主要有化学热处理和表面涂层处理两大类。前者包括蒸汽处理、气体软氮化、离子氮化、氧氮化、多元共渗等;后者包括的处理方法很多,发展也很快,如物理气相沉积、化学气相沉积、激光重熔等,主要是在金属表面形成耐磨的碳化钛、氮化钛等覆层。参照国家标准 GB/T 1299—2014《工模具钢》,常用量具刃具钢的牌号、化学成分、热处理工艺及用途见表5-9。

表5-9 常用量具刃具用钢的牌号、化学成分及用途

牌号	化学成分(质量分数)/%					用途
	C	Si	Mn	Cr	W	
9SiCr	0.85~0.95	1.20~1.60	0.30~0.60	0.95~1.25	—	用于制作耐磨性高、切削不剧烈的刀具,如丝锥、板牙、钻头、铰刀、齿轮铣刀、小型拉刀等,也可用于制作冷冲模、打印模、搓丝板、冷轧辊等
8MnSi	0.75~0.85	0.30~0.60	0.80~1.10	—	—	多用于制作木工凿子、锯条等
Cr06	1.30~1.45	≤0.40	≤0.40	0.50~0.70	—	经冷轧成薄钢带后用于制作剃刀、刀片、刮刀、刻刀以及医疗手术刀具
Cr2	0.95~1.10	≤0.40	≤0.40	1.30~1.65	—	用于制作低速、走刀量小、加工材料不很硬的切削刀具,如车刀、插刀、铰刀等,也可用于制作样板、量规、冷轧辊等
9Cr2	0.80~0.95	≤0.40	≤0.40	1.30~1.70	—	用于制作冷轧辊、钢印冲孔凿、冷冲模、冲头、木工工具等
W	1.05~1.25	≤0.40	≤0.40	0.10~0.30	0.80~1.20	用于制作低速切削硬金属的刃具,如麻花钻、丝锥、铰刀和特殊切削工具等

5.8.2 冷作模具钢

模具钢是主要用来制造各种模具的钢。用于使金属在冷状态下变形的模具钢称为冷作模具钢,如用于制造冲裁用的模具、冷挤压用模、压弯模、拉深模、冷镦锻模、螺纹滚模、拉丝模等,这类模具的工作温度一般不超过200~300 ℃。

冷作模具工作时,由于加工材料的变形抗力比较大,模具的工作部分特别是刃口受到强烈的摩擦和挤压,并且模具在工作过程中受到冲击力、弯曲力的作用。冷作模具的基本失效

形式有断裂失效、变形失效、磨损失效、咬合失效和啃伤失效。因此,对冷作模具钢的使用性能要求是:要有高的硬度、耐磨性、强度和韧性,并且还要有与其相适应的足够的热硬性。为了缩短模具制造周期和降低成本,冷作模具钢还应具有良好的工艺性能。

1. 冷作模具钢成分特点

冷作模具钢中碳的质量分数多在 1.0% 以上,有时达 2.0% 以上;加入 Cr、Mo、W、V 等合金元素,能强化基体,形成合金碳化物,以提高钢的强度、硬度、耐磨性、耐回火性和淬透性等。

2. 冷作模具的选材

对于形状简单、尺寸较小、受轻载荷的模具,如小冲头、剪刀、冷冲模及小型冷镦模等,仍广泛采用非合金工具钢制造,常用牌号是 T7A、T10A、T11A,其中以 T10A 应用最为普遍。非合金工具钢的最大缺点是淬透性差,模具热处理时变形大,耐磨性差,寿命低,不适合制作大、中型和复杂的模具。但非合金工具钢生产成本较低,易于冷、热加工,且热处理后仍有相当高的硬度,故在小型冷作模具的制造上仍得到广泛应用。

对于尺寸比较大、负荷较重的冷作模具,应采用淬透性比较高的低合金工具钢制造。对于尺寸不很大但形状复杂的冷冲模,为了减少变形,也应采用低合金工具钢制造。这些钢一般在油中淬火。常用牌号是 9SiCr、Cr2、9Cr2、CrWMn、9CrWMn、9Mn2V 等。对于制造承受载荷大、冲压件生产批量大、耐磨性要求高、热处理变形量要求小、形状复杂的冷作模具,一般采用淬火变形小、淬透性好、耐磨性高的 Cr12 型高碳高铬冷作模具钢制造,其牌号为 Cr12、Cr12MoV、Cr12Mo1V1,还可以采用高碳中铬冷作模具钢(如 Cr4W2MoV 钢、Cr5Mo1V 钢)制造。

对于制造重载荷冷作模具,如冷挤压冲头、重载荷冷镦冲头、中厚(10~25 mm)钢板冲孔冲头、直径小于 5~6 mm 的小冲头,各种用于冲裁奥氏体钢、弹簧钢、高强度钢板的中小型冲头,粉末冶金压模和各种小型高寿命冷冲剪工具等,一般都要采用高速工具钢制造,常用的牌号是 W18Cr4V、W6Mo5Cr4V2 以及我国研制的一种低碳高速工具钢 6W6Mo5Cr4V(属冷作模具钢)。

我国还研制了 6Cr4W3Mo2VNb、7CrTMo2V2Si、6Cr4Mo3Ni2WV、65W8Cr4VTi 等,这些钢称为高强韧性冷作模具钢,适合制作形状复杂、受冲击载荷较大或尺寸较大的冷作模具。例如,6W6Mo5Cr4V 钢可以取代高速工具钢和高碳高铬钢,制作黑色金属冷挤压冲头或冷镦冲头,寿命可提高 2~10 倍;6Cr4Mo3Ni2WV 钢适于制作形状复杂的非铁金属冷挤压、冷冲、冷剪模,单位挤压力为 2 500 MPa 左右的黑色金属冷挤压、温热挤压模具,以及轴承、标准件,汽车行业的镦锻、冲、剪等模具,使用寿命比现有的模具钢、高速工具钢成倍提高,特别对于难变形的材料、大型和复杂的模具,更能显示其优越性。

3. 冷作模具的制造工艺路线

通常冷作模具的制造工艺路线有以下几种:

(1) 一般成形冷作模具:锻造→球化退火→机加成形→淬火与回火→钳修装配。

(2) 成形磨削及电加工冷作模具:锻造→球化退火→机械粗加工→淬火与回火→精加

工成形(凸模成形磨削,凹模电加工)→钳修装配。

(3) **复杂冷作模具**:锻造→球化退火→机械粗加工→高温淬火、回火或调质→机械加工成形→钳修装配。

4. 热处理工序安排上应注意的问题

(1) 对于几何公差和尺寸公差要求严格的模具,为减少热处理变形,常在机械加工后安排高温回火或调质。

(2) 对于线切割加工模具,线切割加工破坏了淬硬层,增加了淬硬层脆性和变形开裂的危险性。因此,线切割加工前的淬火、回火,常采用分级淬火或多次回火和高温回火,以使淬火应力处于最低状态,避免模具线切割时变形、开裂。

(3) 为使线切割模具尺寸相对稳定,并使表层组织有所改善,工件经线切割后应及时进行再回火,回火温度不高于淬火后的回火温度。

5. 冷作模具钢的强韧化处理工艺

冷作模具钢的常规热处理远远满足不了实际生产的需要,科技人员研究发展了冷作模具钢的强韧化处理工艺,主要包括低淬低回、高淬高回、微细化处理、等温和分级淬火等。

(1) **冷作模具钢的低温淬火工艺**。低温淬火是指低于该钢的传统淬火温度进行的淬火操作。实践证明,适当地降低淬火温度、降低硬度、提高韧性,无论是非合金工具钢、合金工具钢,还是高速工具钢,都可以不同程度地提高韧性和冲击疲劳强度,降低冷作模具脆断、脆裂的倾向性。如 CrWMn 钢常规淬火工艺采用 820~850 ℃,现采用 800~810 ℃,150 ℃热油中冷却 10 min,210 ℃回火 1.5 h,硬度为 58~60HRC,模具的使用寿命可提高 1 倍以上。

(2) **冷作模具钢的高温淬火工艺**。对于一些低淬透性的冷作模具钢,为了提高淬硬层厚度,常常采用提高淬火温度的方法。如 T7A~T10A 钢制作 $\phi25~50$ mm 的模具,淬火温度可提高到 830~860 ℃;GCr15 或 Cr12 钢的淬火温度可由原来的 860 ℃提高到 900~920 ℃,模具的使用寿命可提高一倍以上。

(3) **冷作模具钢的微细化处理**。微细化处理包括钢中基体组织的细化和碳化物的细化两个方面。基体组织的细化可提高钢的强韧性,碳化物的细化不仅有利于增加钢的强韧性,而且增加钢的耐磨性。微细化处理的方法通常有以下两种:

① **四步热处理法**。第 1 步,采用高温奥氏体化,然后淬火或等温淬火;第 2 步,高温软化回火,回火温度以不超过 Ac_1 为界,从而得到回火托氏体或回火索氏体;第 3 步,低温淬火,已细化的碳化物不会溶入奥氏体而得以保存;第 4 步,低温回火。在有些情况下,可取消模具毛坯的球化退火工序,而将上述工艺中第 1 步加第 2 步作为模具的预备热处理,并可在第 1 步结合模具的锻造余热淬火,以减少能耗,提高生产率。

典型的四步热处理工艺规范如下:①9Mn2V 钢,820 ℃油冷+650 ℃回火+750 ℃油冷+200 ℃回火;②GCr15 钢,1 050 ℃奥氏体化后 180 ℃分级淬火+400 ℃回火+830 ℃加热保温后油冷+200 ℃回火;③CrWMn 钢,970 ℃奥氏体化后油冷+560 ℃回火+820 ℃加热保温后 280 ℃等温 1 h+200 ℃回火。

② **循环超细化处理**。将冷作模具钢以较快速度加热到 Ac_1 或 Ac_{cm} 以上的温度,经短

时停留后立即淬火冷却,如此循环多次。由于每加热一次,晶粒都得到一次细化,同时在快速奥氏体化过程中又保留了相当数量的未溶细小碳化物,循环次数一般控制在2～4次。经处理后的冷作模具钢可获得12～14级超细化晶粒,模具使用寿命可提高1～4倍。

典型钢种的超细化处理工艺规范如下:①9CrSi钢,600 ℃预热升温至800 ℃保温后油冷至600 ℃等温30 min＋860 ℃加热保温＋160～180 ℃分级淬火＋180～200 ℃回火;②Cr12MoV钢,1 150 ℃加热油淬＋650 ℃回火＋1 000 ℃加热油淬＋650 ℃回火＋1 030 ℃加热油淬＋170 ℃等温30 min空冷＋170 ℃回火。

(4) 冷作模具钢的等温淬火和分级淬火。分级淬火和等温淬火不仅可以减少模具的变形和防止开裂,而且可以提高冷作模具钢的强韧性。如9CrSi钢,850 ℃加热保温后240～250 ℃等温淬火25 min空冷,硬度56～60HRC,可以制作搓丝模等;CrWMn钢,820～840 ℃加热后240 ℃等温1 h空冷或250 ℃回火1 h,硬度57～58HRC,可以制作冷挤凸模、钟表元件等;Cr12MoV钢,1 000 ℃加热后280 ℃分级淬火＋550 ℃回火(或280 ℃等温4 h,400 ℃回火),硬度54～56HRC,可以制作滚丝板、下料冲模等。

参照国家标准GB/T 1299—2014《工模具钢》,常用冷作模具钢的牌号、化学成分、热处理工艺及用途见表5-10。

表5-10 常用模具钢的牌号、化学成分、热处理工艺及用途

钢组	牌号	化学成分(质量分数)/%						试样淬火			用途
		C	Si	Mn	Cr	Mo	V	淬火温度/℃	冷却剂	洛氏硬度/HRC,≥	
冷作模具钢	Cr12	2.00～2.30	≤0.40	≤0.40	11.50～13.00	—	—	950～1 000	油	60	用于制作耐磨性要求高而不受冲击或冲击较小的模具
	Cr12MoV	1.45～1.70	≤0.40	≤0.40	11.00～12.50	0.40～0.60	0.15～0.30	950～1 000	油	58	用于制作截面较大、形状复杂、工作条件繁重的各种冷作模具和工具
	9Mn2V	0.85～0.95	≤0.40	1.70～2.00	—	—	0.10～0.25	780～810	油	62	用于制作小型冷作模具、胶木模具及要求变形小、耐磨性高的量具
	CrWMn	0.90～1.05	≤0.40	0.80～1.10	0.90～1.20	—	—	800～830	油	62	用于制作要求淬火时变形很小、长而形状复杂的切削刃具,如拉刀、长丝锥、量规,以及形状复杂的高精度冷冲模、精密丝杠等

续 表

钢组	牌号	化学成分(质量分数)/%						试样淬火		洛氏硬度/HRC, ≥	用 途
		C	Si	Mn	Cr	Mo	V	淬火温度/℃	冷却剂		
冷作模具钢	9CrWMn	0.85~0.95	≤0.40	0.90~1.20	0.50~0.80	—	—	800~830	油	62	常用于制作允许变形小、形状复杂的冷冲模和冷剪金属的长刀片等
	6Cr4W3Mo2VNb	0.60~0.70	≤0.40	≤0.40	3.80~4.40	1.80~2.50	0.80~1.20	1 100~1 160	油	60	可取代高速工具钢或高碳高铬钢，用于制作黑色金属冷挤压冲头或冷镦冲头
	6W6Mo5Cr4V	0.55~0.65	≤0.40	≤0.60	3.70~4.30	4.50~5.50	0.70~1.10	1 180~1 200	油	60	用于制作形状复杂、冲击载荷较大或尺寸较大的冷作模具
	7CrSiMnMoV	0.65~0.75	0.85~1.15	0.65~1.05	0.90~1.20	0.20~0.50	0.15~0.30	870~900	油、空	60	广泛用于制作冷挤、冷镦、冲压和弯曲等冷作模具
热作模具钢	5CrMnMo	0.50~0.60	0.25~0.60	1.20~1.60	0.60~0.90	0.15~0.30	—	820~850	油		适合用于制作中型锤锻模(边长≤300 mm)
	5CrNiMo	0.50~0.60	≤0.40	0.50~0.80	0.50~0.80	0.15~0.30	—	830~860	油		适合用于制作形状复杂、冲击载荷大的各种大型、特大型锤锻模(边长≥400 mm)
	3Cr2W8V	0.30~0.40	≤0.40	≤0.40	2.20~2.70	—	0.20~0.50	1 075~1 125	油		可用于制作高温、高压但不受冲击载荷的凸、凹模
	5Cr4Mo3SiMnVAl	0.47~0.57	0.80~1.10	0.80~1.10	3.80~4.30	2.80~3.40	0.80~1.20	1 090~1 120	油		可代替3Cr2W8V钢，适合用于制作热挤压模、压力机热压冲头及凹模
	4CrMnSiMoV	0.35~0.45	0.80~1.10	0.80~1.10	1.30~1.50	0.40~0.60	0.20~0.40	870~930	油		可取代5CrNiMo钢，用于制作大型锤锻模和水压机锻造用模

续 表

钢组	牌号	化学成分(质量分数)/%						试样淬火			用 途
		C	Si	Mn	Cr	Mo	V	淬火温度/℃	冷却剂	洛氏硬度/HRC,≥	
热作模具钢	4Cr5MoSiV (H11)	0.33~0.43	0.80~1.20	0.20~0.50	4.75~5.50	1.00~1.60	0.30~0.60	790 ℃±15 ℃预热,1 000 ℃（盐浴）或1 010 ℃（炉控气氛）±6 ℃加热,保温5~15 min空冷,550 ℃±6 ℃回火			用于制作模锻锤锻模、铝合金压铸模、热挤压模具、高速精锻模具、塑料模具及锻造压力机模具等
	4Cr5MoSiV1 (H13)	0.32~0.45	0.80~1.20	0.20~0.50	4.75~5.50	1.10~1.75	0.80~1.20				

注：H11、H13是美国标准的牌号。

5.8.3 热作模具钢

用于使加热的金属或金属液获得所需要形状的模具钢称为**热作模具钢**，如用于制造锤锻模、热镦锻及精锻模和压铸模等，这类模具在工作时型腔表面温度达600 ℃以上。

这种模具是在反复受热和冷却的条件下进行工作的，变形加工完成得越慢，模具的受热时间就越长，受热变形程度就越严重。热作模具的种类繁多，工作条件也有较大的差别，故在选用模具钢时，应根据模具的具体工作条件和失效形式，对模具钢提出性能要求。

1. 热作模具常用设备

热作模具常安装在锻锤或压力机上进行工作。锻锤包括各种吨位的空气锤、蒸汽锤、高能高速锤等。它们产生巨大的冲击能量使毛坯成形。因此锤锻模具承受巨大的冲击载荷。压力机包括曲柄压力机、摩擦压力机、水压机、油压机等。压力机的加载速度较锻锤慢得多，因此机锻模具承受的载荷近于静载荷。

2. 热作模具失效形式

热作模具失效形式主要有工作部位堆塌、热磨损、热疲劳、断裂等。

3. 锤锻模的性能及材料

对锤锻模来说，由于在高温下通过冲击加压迫使金属成形，它在工作过程中受到比较高的单位压力和冲击载荷，以及炽热金属对锻模型腔的摩擦作用，锤锻模的型腔表面经常和1 200 ℃左右的金属接触而被加热至400~450 ℃。锤锻模的截面一般比较大而型腔形状复杂，因此锤锻模用钢对性能的要求是：在高温下保持高的强度和良好的韧性；高的耐磨性及一定的硬度；良好的耐热疲劳性；高的淬透性，以保证整个锻模截面得到均匀的力学性能；良好的导热性，以便把锻模型腔表面热量尽快传导出去，避免型腔表面温度过高而降低力学性能；有良好的工艺性和抗氧化性。

这类钢要求有一定的硬度，又要求有高的韧性，因此其碳的质量分数不宜过高，一般在 0.45%～0.60%，加入的合金元素主要是 Cr、Ni、Mn、Si、Mo、V 等，目的是强化基体，提高韧性，增加钢的淬透性、回火稳定性和耐热疲劳性，以及细化晶粒、削弱回火脆性倾向等。目前，我国使用最广泛的锤锻模用钢是 5CrMnMo、5CrNiMo、4CrMnSiMoV 钢等。其中，5CrNiMo 钢是世界通用的大型锤锻模用钢，适合制造形状复杂、冲击载荷大、大型及特大型的锻模（最小边长≥400 mm）。5CrMnMo 钢中不含镍，比较符合我国资源，但只适合制造中型锻模（最小边长≤300～400 mm）。4CrMnSiMoV 钢的耐热疲劳性及在较高温度下的强度和韧性接近 5CrNiMo 钢，因此在大型锤锻模和水压机锻模制造上可以取代 5CrNiMo 钢。

4. 其他模具材料

热挤压模、热镦锻模、精锻模以及锻压机、高速锤上的模具，是在繁重的条件下工作的。这些模具在工作时需较长时间与被变形加工的金属接触，受热的温度往往比锤锻模要高，尤其是用于加工黑色金属及难熔金属时还承受高的应力。这类模具的尺寸一般不很大，比锤锻模要小。对这类模具用钢的性能要求主要是：高的热稳定性、比较高的高温强度、高的耐热疲劳性以及耐磨性。国内常用的这类钢有铬系热作模具钢 4Cr5MoSiV、4Cr5MoSiV1、4Cr5W2VSi，钨系热作模具钢 3Cr2W8V，钼系热作模具钢 5Cr4Mo3SiMnVAl、3Cr3Mo3W2V、5Cr4W5Mo2V 以及 4Cr3Mo3SiV 等。

压力铸造是在高压力下使熔融金属高速充满型腔，压铸成形的。在工作过程中，压铸模具反复与炽热的金属接触，因此对压铸模用钢要求有较高的耐热疲劳性、较高的导热性、良好的耐磨性、必要的高温力学性能等，对淬透性按模具尺寸亦有一定要求。根据压铸材料的性质，压铸模可分为锌合金压铸模、铝合金压铸模、镁合金压铸模、铜合金压铸模及黑色金属压铸模五大类。压铸模用钢的选择首先要根据浇注金属的种类。这是因为压铸的金属种类不同，其熔点、压铸温度、模具的表面工作温度都不同，对模具的硬度要求也有差异。例如，生产铝镁合金压铸模具的常用材料有 3Cr2W8V、4Cr5MoSiV、4Cr5MoSiV1 等。其中用 4Cr5MoSiV1 制造铝合金压铸模具，其寿命远高于传统使用的 3Cr2W8V 钢。

热作模具钢的最终热处理一般为淬火后高温（或中温）回火，以获得均匀的回火托氏体组织，硬度一般在 40～50HRC 范围内，并具有较高的韧性。

参照国家标准 GB/T 1299—2014《工模具钢》，常用热作模具钢的牌号、化学成分、热处理工艺及用途见表 5-10。

5. 热作模具钢的强韧化处理

为了使热作模具获得合理的性能和满意的使用寿命，一方面要重视热作模具材料的选择，另一方面还应重视模具热处理工艺的合理性和热处理新工艺的开发。下面简要介绍热作模具的热处理工艺。

（1）热作模具钢的高温淬火

5CrNiMo、5CrMnMo 钢按常规工艺加热淬火后，获得片状马氏体和板条马氏体的混合组织,将其淬火温度分别提高到950 ℃和900 ℃,可获得板条马氏体为主的淬火组织,并提高钢的淬透性,使模具具有高的强度、塑性和断裂韧性,通过调整回火温度(>450 ℃高温回火),可使钢的冲击韧性满足要求。这对防止热锻模过早脆断,减缓磨损和热疲劳是有益的。

含有较多W、Mo、Cr、V等元素的热作模具钢,按常规工艺在1 000~1 100 ℃加热淬火时,实际上尚有许多合金元素未固溶于基体。过去一般认为,提高淬火温度将导致晶粒长大而降低钢的冲击韧性,但实践证明,热冲压、热挤压和压力机锻造时,模具受到的冲击载荷并不很大,远小于锤锻。因此,钢的冲击韧性略有下降并不会引起早期折断。相反地,采用高温淬火后,钢的强度、热硬性、热稳定性、断裂韧性、热疲劳强度均有明显提高。在很多场合,3Cr2W8V钢的淬火温度由1 050 ℃提高到1 150 ℃(甚至1 200 ℃),4Cr5MoSiV1钢的淬火温度由1 030 ℃改为1 130 ℃~1 160 ℃,都使热作模具的使用寿命得到有效提高。

(2) 热作模具钢的复合处理

① 复合强韧化处理(双重淬火法)。复合强韧化处理是将模具的锻热淬火与最终热处理淬火、回火相结合的热处理工艺,是在毛坯停锻后用高温淬火及高温回火取代原来的球化退火(预备热处理),因此又称为双重淬火法。经此复合处理后,钢中碳化物细小而均匀,基本上消除了常规工艺难以消除的带状碳化物。如3Cr2W8V钢经1 200 ℃的锻热固溶淬火(可将终锻后的锻件立即返回锻件炉中加热,到适当温度后油淬)后,可以使带状、网状、链状分布的各种合金碳化物充分溶入基体,一次碳化物的大小可达50~90 μm,碳化物级别不大于2级。经720~730 ℃高温回火后,该钢可获得高度弥散析出的合金碳化物及强韧性高的索氏体组织。最终热处理时可根据模具使用要求而采取常规淬火工艺或高温淬火。3Cr3Mo3W2V、5Cr4W5Mo2V钢等都可以采用这种复合处理,对克服模具早期断裂失效,改善耐热疲劳性等有明显的帮助,同时缩短了生产周期、节约了能源。

② 复合等温淬火。5CrNiMo、5CrMnMo钢按常规淬火时,为了防止变形开裂,出油温度通常为150~200 ℃,仅略低于钢的M_s点,此时工件心部仍处于过冷奥氏体状态。在随后及时进行回火的过程中,这样的心部组织有可能转变为上贝氏体组织,使热锻模的韧性变差,使用寿命不高。针对这一问题,采用图5-8所示的复合等温处理工艺可取得明显效果。其方法是:先将工件油淬至150 ℃左右或160~180 ℃硝盐中分级淬火;再转入280~300 ℃硝盐中等温2~3 h后空冷。模具的表层组织为马氏体与下贝氏体,心部组织为下贝氏体;最后按所需硬度在规定的温度下回火。

5.8.4 量具钢

量具钢用于制造各种测量工具,如卡尺、千分尺、螺旋测微仪、块规和塞规等。量具在使用过程中经常与被加工工件接触,主要受到磨损与碰撞,因此要求工作部分应有高硬度(58~64HRC)、高耐磨性、高的尺寸稳定性及足够的韧性。

常用量具钢牌号在前面的"量具刃具钢"中已经介绍,但在生产中量具的选用钢种也是多样的。对于一般的平样板与卡板等,可以选用低碳钢(如15钢、20钢),经渗碳、淬火和低温回火制成,也可选用中碳钢(如50钢、55钢),经调质后表面淬火和低温回火制成。对于

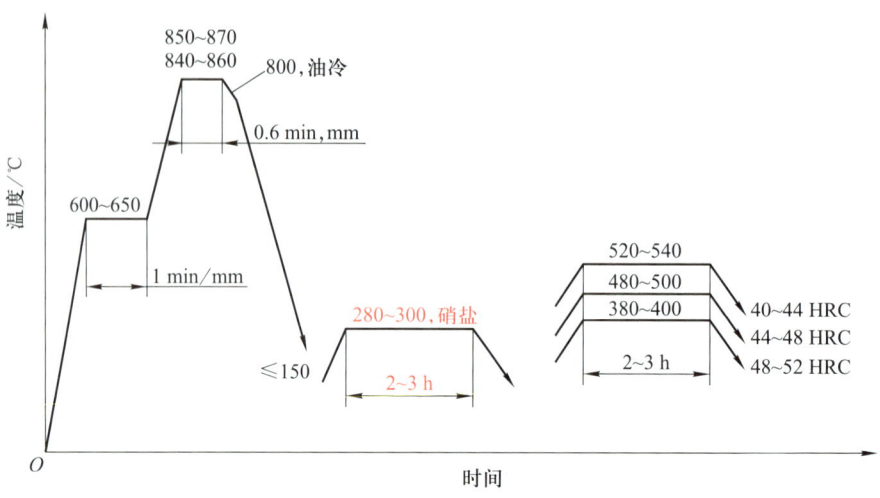

图 5-8　5CrNiMo 和 5CrMnMo 钢复合等温处理工艺

一般量规、量块等,常选用非合金工具钢(如 T10A 钢、T12A 钢),经淬火和低温回火制成,能获得高硬度和耐磨性,但经长时间使用和存放会引起尺寸改变,故不能用于制造精密量具。对于高精度量规、块规,常选用合金工具钢(如 9Mn2V 钢、CrWMn 钢)以及滚动轴承钢(如 GCr15 钢)等制作。由于合金工具钢及滚动轴承钢的淬透性好,用油淬火及低温回火后工具残存的内应力较小,同时合金元素使回火时马氏体分解温度提高,因而使组织稳定性提高,故在使用过程中尺寸变化倾向较小。因此,要求高精度和形状复杂的量具常用合金工具钢制造。

量具的最终热处理主要是淬火和低温回火,以获得高硬度和高耐磨性。对于高精度的量具,为保证尺寸稳定,在淬火与回火之间要进行一次深冷处理(-80～-70 ℃),以消除淬火后组织中的大部分残余奥氏体。对精度要求特别高的量具,在淬火、低温回火后,还需进行时效处理,时效处理温度一般为 120～130 ℃,时效时间 24～36 h,以进一步稳定组织,彻底消除内应力。量具在精磨后还要进行 8 h 左右的时效处理,以消除精磨产生的内应力。

对于在腐蚀介质中工作的量具,可采用马氏体不锈钢 30Cr13、40Cr13、70Cr17、80Cr17 等制作。

5.8.5　高速工具钢

1. 高速工具钢的化学成分及作用

高速工具钢 w_C=0.70%～1.60%,加入的合金元素主要有 Cr、W、Mo、V、Co、Al 等,合金元素总量大于 10%。高速工具钢有高的强度、硬度、耐磨性及淬透性,热硬性高达 600 ℃,为重要的切削刃具材料。

在高速工具钢的化学成分中,碳的质量分数高,可以形成足够数量的合金碳化物,并保证获得高的硬度和耐磨性以及良好的热硬性。在高速钢中 w_{Cr}≈4%,主要提高钢的淬透性。铬的质量分数也不能过高,过高会使 M_s 点下降,淬火冷到室温后残余奥氏体量增加,降低钢的硬度并增加回火次数。加入 W、Mo 在 560 ℃ 左右回火时可以造成二次硬化，保证高速工具钢刃具在 500～600 ℃ 温度下工作有高的热硬性和耐磨性。加入强碳化物形成元素 V 可以产生二次硬化，提高钢的热硬性和耐磨性，未溶的 VC 还能显著阻止奥氏体晶粒长大，淬火后得到非常细小的隐晶马氏体组织，使钢有比较好的韧性。在有些高速工具钢中加入 Co，这是因为钴是非碳化物形成元素，绝大部分溶于基体中，使回火时合金碳化物以更细小弥散的状态析出，加强二次硬化，提高热硬性；含钴高速工具钢在淬火时还允许加热至更高温度而不致过热，可使更多的碳化物溶于基体中，充分发挥合金元素的有益作用。因此，含钴高速工具钢比一般高速工具钢具有更好的切削性能。由于铝是非碳化物形成元素，大部分存在于高速工具钢基体中，少量存在于碳化物相中或形成氮化铝等化合物，故高速工具钢中加入少量铝(1%左右)，能改善钢的切削性能，而对二次硬化和回火稳定性的影响不明显。

2. 高速工具钢的锻造、热处理工艺要点

(1) 高速工具钢的锻造工艺要点

高速工具钢为高合金钢，其铸态组织中出现大量粗大的莱氏体共晶碳化物组织，并呈鱼骨状分布，大大降低钢的强度和韧性。这些碳化物不能用热处理来消除，只有通过高温轧制或反复锻造将其打碎，才能使其均匀分布在基体上。因此高速工具钢的锻造不仅在于成形，更重要的是为了打碎莱氏体中粗大的共晶碳化物，以改善碳化物的形态和分布。

鱼骨状
莱氏体组织

(2) 高速工具钢的热处理工艺要点

① 球化退火。锻造后进行球化退火(一般采用等温球化退火，即将高速工具钢加热到 830～880 ℃ 范围内保温后，较快地冷却到 720～760 ℃ 范围内等温)，退火后的组织为索氏体和粒状碳化物(见图 5-9a)，硬度为 207～255 HBW，切削加工性能良好，并且可为淬火作好组织准备。

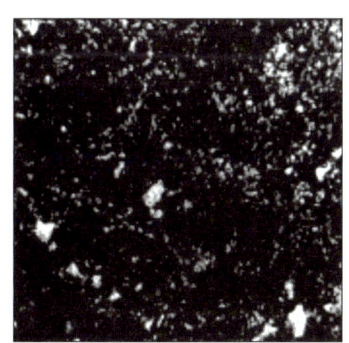 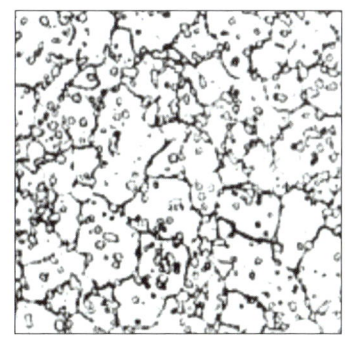 

(a) 锻造后球化退火组织　　　　(b) 淬火组织　　　　(c) 回火组织

图 5-9　高速钢各热处理阶段的组织

② 淬火。高速工具钢在性能上的优越性只有在正确的淬火和回火后才能发挥出来。高速工具钢的导热性差，淬火加热温度高(1 200～1 300 ℃)，因此淬火加热时必须进行预热。一次预热为 800～840 ℃，待工件内外温度一致后进行高温加热。对截面大、形状复杂

的刃具,可采用500～600 ℃与800～850 ℃的两次预热。高速工具钢的热硬性主要取决于马氏体中合金元素的质量分数,即在淬火加热时溶入奥氏体中的合金元素量。如W18Cr4V钢,其合适淬火加热温度为1 280 ℃。高速工具钢的淬火方法常采用油淬空冷(在工件温度约300 ℃时由介质油中转入空气中冷却)的双介质淬火法或马氏体分级淬火(在580～620 ℃盐浴槽中分级)法。高速工具钢淬火后的组织为隐晶马氏体＋粒状合金碳化物＋20％～30％的残余奥氏体(见图5-9b),硬度为62～64HRC。

③ 回火。为了减少淬火内应力,减少残余奥氏体量,稳定组织,达到要求的性能,高速工具钢在淬火后应及时回火。高速工具钢耐回火,在550～570 ℃回火后硬度最高,这是因为在回火时产生二次硬化。高速工具钢淬火后在560 ℃左右回火时,由马氏体中析出高度弥散的钨、钼、钒特殊碳化物,使钢的硬度提高。同时,残余奥氏体中也析出特殊碳化物,使其中碳和合金元素质量分数降低,M_s点上升,从而在回火冷却至室温的过程中,残余奥氏体会部分转变成马氏体,故也导致硬度升高。高速工具钢一般要在550～570 ℃回火三次,目的是使尽量多的残余奥氏体转变为马氏体。如W18Cr4V钢,在淬火后约有30％残余奥氏体,经第一次回火后剩10％左右,第二次回火后降到3％～5％,第三次回火后仅剩1％～2％。高速工具钢回火后的组织为极细小的回火马氏体＋较多的粒状合金碳化物＋少量残余奥氏体(见图5-9c),正常回火后硬度一般为63～66HRC。W18Cr4V钢的淬火＋回火工艺曲线如图5-10所示。

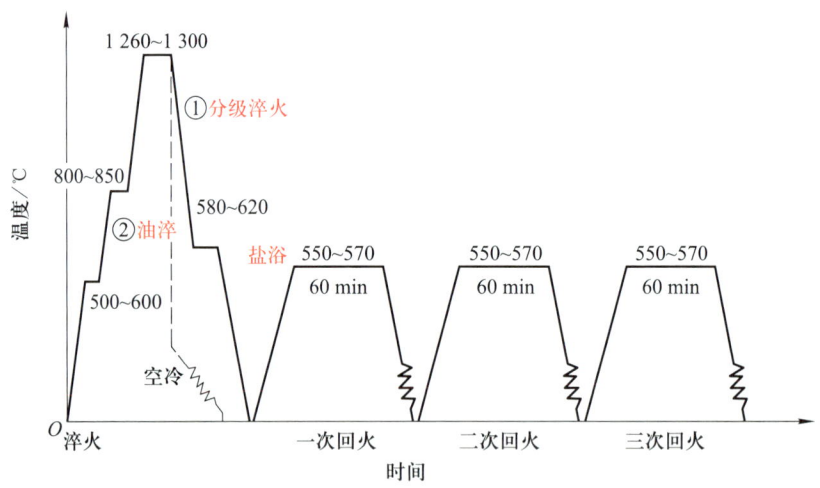

图 5-10　W18Cr4V 钢淬火＋回火工艺曲线

3. 常用的高速工具钢及其应用

参照GB/T 9943—2008《高速工具钢》,表5-11列出了我国常用高速工具钢的牌号、化学成分、热处理工艺及热硬性。钨系W18Cr4V钢是发展最早、应用最广泛的高速工具钢,具有较高的热硬性、过热敏感性小、磨削性好,但碳化物较粗大,热塑性差,热加工废品率较高,适合制造中速切削用的车刀、刨刀、拉刀、麻花钻头、各种铣刀等,但不适合制作薄刃的刃具。

表 5-11 常用高速钢的牌号、化学成分、热处理工艺及热硬性

种类	牌号	化学成分(质量分数)/%					试样热处理工艺及热硬性				
		C	Cr	V	W	Mo	预热温度/℃	淬火温度/℃(箱式炉)	淬火介质	回火温度/℃	硬度/HRC，≥
钨系	W18Cr4V	0.73~0.83	3.80~4.50	1.00~1.20	17.20~18.70	—	800~900	1260~1280	油或盐浴	550~570	63
钨钼系	W6Mo5Cr4V2	0.80~0.90	3.80~4.40	1.75~2.20	5.50~6.75	4.50~5.50		1210~1230		540~560	64
钨钼系	W6Mo5Cr4V3	1.15~1.25	3.80~4.50	2.70~3.20	5.90~6.70	4.70~5.20		1200~1220		540~560	64
超硬系	W6Mo5Cr4V2Al	1.05~1.15	3.80~4.40	1.75~2.20	5.50~6.75	4.50~5.50		1230~1250		550~570	65
超硬系	W12Cr4V5Co5	1.50~1.60	3.75~5.00	4.50~5.25	11.75~13.00	—		1230~1250		540~560	65

钨钼系 W6Mo5Cr4V2 钢用钼代替了部分钨，它的碳化物更均匀细小，使钢在 950~1100 ℃仍有良好的热塑性，便于压力加工。这种钢的碳、钒质量分数较高，耐磨性较好，但热硬性稍差，过热与脱碳倾向较大。适宜制作要求耐磨性和韧性较好配合的中速切削刀具，如丝锥、钻头、齿轮铣刀、插齿刀、锥齿轮刨刀等。这种钢还特别适合在轧制或扭制麻花钻头等热成形的薄刃刀具工艺中使用。钨钼系的 W9Mo3Cr4V 钢是我国 20 世纪 80 年代发展起来的通用型高速工具钢，由于具有 W18Cr4V、W6Mo5Cr4V2 钢的共同优点，但比 W18Cr4V 钢有较好的热塑性，又比 W6Mo5Cr4V2 少一半的钼含量，符合国内资源条件，并且克服了 W6Mo5Cr4V2 钢脱碳倾向大的缺点，因此得到越来越广的应用。

我国研制的超硬系含钴高速工具钢 W18Cr4V2Co8，淬火回火后硬度达 68~70HRC，热硬性高(达 670 ℃)，但脆性大、价格高，一般用于制作非标准刀具，用于加工导热性差、难以机械加工的奥氏体钢、耐热合金、高强度钢、钛合金等。我国发展的含铝超硬高速工具钢 W6Mo5Cr4V2Al 具有与含钴高速工具钢相似的性能，但价格低廉，适合我国资源条件，热处理后硬度可达 68~69HRC，主要用于制造高强度、高硬度的合金钢刀具。

此外高速钢刀具在淬火、回火后，经渗氮、硫氮共渗、气相沉积 TiC、TiN 等工艺，可进一步提高其使用寿命。

5.9 特殊性能钢

具有特殊的物理、化学性能的钢，称为特殊性能钢。特殊性能钢的种类很多，本节主要介绍机械工程中比较重要的不锈钢、耐热钢和耐磨钢。

微视频

特殊性能钢

5.9.1 不锈钢

不锈钢指在腐蚀性介质中具有耐蚀性的钢。通常,能够抵抗空气、蒸汽和水等弱腐蚀性介质腐蚀的钢称为不锈钢。能抵抗酸、碱、盐等强腐蚀性介质腐蚀的钢称为耐酸钢。

1. 金属的腐蚀

金属表面受到外部介质作用而逐渐引起破坏的现象称为腐蚀或锈蚀。腐蚀分两类:一类是化学腐蚀,指金属与介质发生纯化学反应而被破坏,如钢件锻造加热或热处理加热后表面形成的一层疏松的氧化皮等;另一类是电化学腐蚀,指金属在电解质溶液(如酸、碱、盐溶液)中的腐蚀。

对于金属材料,电化学腐蚀是出现最多、破坏性最大的腐蚀形式。钢在电解质溶液中,由于本身的相或组织不同,就存在各部分电极电位的差异,就会形成微电池,造成电化学腐蚀。合金中不同相或组织之间的电位差越大,金属的腐蚀速度就越快。例如,钢中的珠光体是由铁素体和渗碳体两相组成的,在电解质溶液中就会形成微电池,由于铁素体的电极电位低,为阳极(失去电子)而被腐蚀,而渗碳体的电极电位高,为阴极(得到电子)而不被腐蚀。

2. 金属的防蚀方法

(1) 提高电极电位。在钢中加入 Cr、Ni、Si 等元素,提高金属的电极电位,可有效地提高钢的耐蚀性。例如,当钢中 $w_{Cr}>11.7\%$ 时,可以使绝大多数铬都溶于固溶体中,使铁素体的电极电位由 -0.56 V 跃升为 $+0.20$ V,大大提高了抵抗电化学腐蚀的能力。

(2) 形成氧化膜(钝化膜)。在钢中加入大量合金元素(如铬),在钢的表面形成一层致密的氧化膜(Cr_2O_3),使钢与周围介质隔绝,提高耐蚀性。

(3) 使钢在室温下获得单相组织。在钢中加入大量合金元素铬或铬、镍联合加入,使钢获得单相铁素体或单相奥氏体组织,以阻止形成微电池,从而显著提高钢的耐蚀性。

(4) 工业上广泛采用金属镀层保护金属。如常用的白铁皮镀层(即热镀锌层钢板)、马口铁皮镀层(热镀锡层钢板),可防稀酸侵蚀,且不会生成有毒的盐,常用于制作食品包装盒。常用的镀层还有镀铬层、镀镉层等。此外,还可以进行磷化、发蓝或发黑、涂漆层、涂防腐油膏和蒸汽处理等。

3. 不锈钢化学成分的特点

不锈钢的耐蚀性要求越高,碳的质量分数应越低。大多数不锈钢 $w_C=0.10\%\sim0.20\%$,但用于制造刃具等的不锈钢的碳的质量分数则较高(w_C 可达 $0.85\%\sim0.95\%$)。为了提高耐蚀性,往往在不锈钢中加入 Cr、Ni、Si、Mn、N 等元素。

4. 常用不锈钢的种类及应用

按组织不同,不锈钢可分为马氏体型不锈钢、铁素体型不锈钢、奥氏体型不锈钢和奥氏体-铁素体型双相不锈钢和沉淀硬化型不锈钢等。参照国家标准 GB/T 1220—2007《不锈钢棒》,常用不锈钢的牌号、化学成分、热处理工艺、力学性能及用途见表 5-12。

表 5-12 常用不锈钢的牌号、成分、热处理工艺、性能及用途

类别	新牌号(旧牌号)	化学成分(质量分数)/%			热处理工艺		力学性能				用途
		C	Cr	Si	淬火/℃	回火/℃	抗拉强度 R_m/MPa	断后伸长率 A/%	断面收缩率 Z/%	硬度 HBW, ≤	
							≥				
马氏体型	12Cr13 (1Cr13)	0.08~0.15	11.50~13.50	1.00	950~1000 油冷	700~750 快冷	540	22	55	200	用于制作耐腐蚀、受冲击载荷的零件
	20Cr13 (2Cr13)	0.16~0.25	12.00~14.00	1.00	950~1000 油冷	600~750 快冷	640	20	50	223	
	30Cr13 (3Cr13)	0.26~0.35	12.00~14.00	1.00	920~980 油冷	600~750 快冷	735	12	40	235	用于制作较高硬度和耐磨的零件
	40Cr13 (4Cr13)	0.36~0.45	12.00~14.00	1.00	920~980 油冷	200~300 空冷				235	
	85Cr17 (8Cr17)	0.75~0.95	16.00~18.00	1.00	1050~1100 油冷	100~180 快冷				255	用于制作不锈钢切片、机械刃具、剪切刃具、量具、手术刀、高耐磨耐蚀件、轴承等
铁素体型	10Cr17 (1Cr17)	0.12	16.00~18.00	1.00	780~850 空冷或缓冷		450	22	60	183	用于制作硝酸工厂设备以及食品工厂设备等
奥氏体型	12Cr18Ni9 (1Cr18Ni9)	0.15	17.00~19.00	1.00		1010~1150, 快冷	520	40	60	187	用于制作耐硝酸、冷磷酸、有机酸,盐、碱溶液腐蚀的设备及建筑装饰件

续 表

类别	新牌号（旧牌号）	化学成分(质量分数)/%			热处理工艺		力学性能				用 途
		C	Cr	Si	淬火/℃	回火/℃	抗拉强度R_m/MPa	断后伸长率A/%	断面收缩率Z/%	硬度HBW，≤	
							≥				
奥氏体型	06Cr19Ni10（0Cr18Ni9）	0.08	18.00～20.00	1.00		1 010～1 150，快冷	520	40	60	187	用于制造化学工业和食品工业用的良好耐腐蚀材料、原子能工业用材料
	06Cr18Ni11Ti（0Cr18Ni10Ti）	0.08	17.00～19.00	1.00		920～1 150，快冷	520	40	50	187	用于制作耐酸容器及设备衬里、输送管道、抗磁仪表、医疗器械等
奥氏体铁素体型	14Cr18Ni11Si4AlTi（1Cr18Ni11Si4AlTi）	0.10～0.18	17.50～19.50	3.40～4.00		930～1 050，快冷	715	25	40		用于制造尿素及尼龙生产用设备及零件,其他化工、化肥等领域设备及零件
	022CrNi5Mo3N	0.030	21.00～23.00	1.00		950～1 200，快冷	620	25		290	用于制造硝酸及硝铵工业设备及管道、尿素液蒸发用设备及管道

（1）马氏体型不锈钢。在这类钢中，$w_{Cr}=11.50\%\sim14.00\%$，$w_C=0.08\%\sim0.45\%$，属铬不锈钢，通常指 Cr13 型不锈钢。典型钢号有 12Cr13、20Cr13、30Cr13、40Cr13 等，碳的质量分数比较高的马氏体不锈工具钢有 68Cr17、85Cr17、108Cr17 及 Y108Cr17 等。马氏体不锈钢一般要经过淬火并回火处理。

碳的质量分数比较低的 12Cr13、20Cr13 钢，具有良好的抗大气、海水、蒸汽等介质腐蚀的能力，塑性、韧性很好，适用于制造在腐蚀条件下工作、受冲击载荷的结构零件，如汽轮机叶片、阀、泵等。这两种钢常用热处理方法为淬火后高温回火，得到回火索氏体组织。

碳的质量分数较高的 30Cr13、40Cr13 及 68Cr17、85Cr17、108Cr17 等钢经淬火后低温回火，得到回火马氏体和一定数量的合金碳化物，硬度可达 50HRC 左右（68Cr17、85Cr17

及108Cr17可达60HRC以上),适用于制造医疗手术工具、不锈量具、刃具、弹簧和不锈轴承等耐磨耐腐蚀零件。马氏体型不锈钢的强度和硬度较高,但耐蚀性和塑性不如奥氏体型和铁素体型不锈钢,故多用于制造对耐蚀性要求不很高而对强度或硬度要求较高的零件或工具。

(2) **铁素体型不锈钢**。这类钢中碳的质量分数很低($w_C \leqslant 0.12\%$),而铬的质量分数较高,$w_{Cr}=11.5\%\sim32\%$,也属于铬不锈钢。由于铬为缩小奥氏体相区的元素,故从室温加热到高温(960~1 100 ℃)过程中,其组织始终是单相铁素体。其耐蚀性、塑性、焊接性均优于马氏体型不锈钢。铁素体型不锈钢抗氧化性介质的腐蚀能力较强,随铬的质量分数增加,耐蚀性进一步提高,但强度比马氏体不锈钢低,因此主要用于制造对耐蚀性要求很高而对强度要求不高的零件或构件,广泛用于硝酸和氮肥工业中,典型牌号为10Cr17、10Cr17Mo等。

(3) **奥氏体型不锈钢**。奥氏体型不锈钢是工业上应用最广泛的不锈钢。因其$w_{Cr}=17\%\sim19\%$,$w_{Ni}=8\%\sim11\%$,故称为18-8型不锈钢,典型牌号有06Cr19Ni10N、12Cr18Ni9、06Cr18Ni11Ti、06Cr17Ni12Mo2N等。这类不锈钢中碳的质量分数约为0.10%,有时甚至控制在$w_C \leqslant 0.03\%$,以防止或减少晶间腐蚀而削弱钢的耐蚀性。由于钢中镍的质量分数高,而镍是典型的扩大奥氏体相区的元素,在铬、镍联合加入的情况下,经热处理后呈单一的奥氏体组织,因此称为奥氏体型不锈钢。

这类钢在退火状态呈现奥氏体和少量碳化物混合组织,钢的耐蚀性并不高,必须采用固溶处理方法来解决。固溶处理是把钢加热到1 100 ℃左右,使碳化物溶解到奥氏体中,然后水淬快冷至室温,即获得单相奥氏体组织。经固溶处理的奥氏体型不锈钢具有很好的耐蚀性及耐热性,不仅能抵抗大气、海水、燃气的腐蚀,而且能抵抗酸的腐蚀,抗氧化温度可达850 ℃。

奥氏体型不锈钢在强氧化性、中性及弱氧化性介质中的耐蚀性远比铬不锈钢好,室温及低温韧性、塑性及焊接性也是铁素体型不锈钢不能比拟的。铬镍奥氏体型不锈钢没有磁性,故用来制造电器、仪表零件。奥氏体型不锈钢的晶格类型为面心立方,经固溶处理后为单相奥氏体组织,故塑性很好,可以顺利进行冷塑性变形加工,产生冷变形强化,但切削加工性能较差。如在生产中用途很广的12Cr18Ni9钢,常用于制造对耐蚀性要求较高,在低温腐蚀性介质中工作的容器、阀、管道等以及要求耐蚀性的非磁性部件,经冷变形强化后可以作为某些结构材料,而且焊接性能较好。

(4) **奥氏体-铁素体双相不锈钢**。这类钢是在18-8型不锈钢的基础上,降低碳的质量分数,并提高铬的质量分数,或加入其他铁素体形成元素而形成的,具有奥氏体和铁素体双相组织。双相钢兼有奥氏体型和铁素体型不锈钢的优点,不仅耐蚀性优异,而且具有很好的力学性能。

5.9.2 耐热钢

耐热钢是指在高温条件下工作,具有抗氧化性或不起氧化皮,并具有足够强度的合金钢。耐热钢包括抗氧化钢和热强钢两类。抗氧化钢是指在高温下抗氧化或抗高温介质腐蚀而不破坏的钢。热强钢是指在高温下具有足够强度而不易产生蠕变与开裂的钢。

1. 耐热钢的化学成分

为了提高钢的抗氧化性,在钢中加入 Cr、Si 和 Al 等合金元素,在钢的表面形成完整稳定的高熔点的氧化物(Cr_2O_3、Fe_2SiO_4、Al_2O_3)保护膜。但 Si 和 Al 质量分数较高时钢会变脆,因此一般都以加 Cr 为主。为了提高钢的热强性,加入 Ti、Nb、V、W、Mo 以及 Al、B、N 等合金元素,形成稳定而又弥散分布的碳化物(如 TiC、NbC、VC、WC 等)、氮化物、硼化物等难熔化合物和一些金属间化合物等,起到提高高温强度的作用;也可以在钢中加入 Cr、Mo、Mn、Nb 等元素,提高作为钢基体的固溶体的原子间结合力,使原子扩散困难,以提高再结晶温度,延缓再结晶过程的进行,能进一步提高热强性。

2. 耐热钢的应用

耐热钢主要用于制造石油化工中的高温反应设备和加热炉,火力发电设备的汽轮机、燃气轮机、锅炉、汽车和船舶的内燃机,飞机的喷气发动机以及热交换器等高温条件下工作的零件或构件。

3. 耐热钢的分类

耐热钢通常按正火状态下组织的不同,可分为珠光体型耐热钢、马氏体型耐热钢和奥氏体型耐热钢。

(1) 珠光体型耐热钢。珠光体型耐热钢的工作温度为 450~600 ℃,按碳的质量分数及应用特点可分为低碳耐热钢和中碳耐热钢,其合金元素的总质量分数不超过 3%~5%。低碳耐热钢主要用于制造承受载荷不大的耐热零件,如高、中压蒸汽锅炉的受热钢管、过热器等。常用的牌号有 12CrMo、15CrMo、12CrMoV 等。中碳耐热钢(如 30CrMo、35CrMoV、25Cr2MoVA 等)用于制造耐热紧固件、汽轮机转子、叶轮等承受载荷较大的耐热零件。珠光体型耐热钢属于合金结构钢,为提高蠕变抗力和稳定组织,多采用正火+高温回火处理,以获得回火索氏体组织。

(2) 马氏体型耐热钢。马氏体型耐热钢的工作温度为 550~750 ℃。常用的马氏体型耐热钢有两类:一类是 $w_{Cr}=13\%$ 的 Cr13 型马氏体耐热钢,另一类是铬的质量分数偏低而另外添加 Si、Mo 等元素的马氏体耐热钢。向 Cr13 型不锈钢中加入 Mo、W、V 等合金元素形成 Cr13 型马氏体耐热钢,常用牌号有 12Cr13、13Cr13Mo、12Cr11MoV、12Cr12WMoV 等,多用于制件工作温度为 450~620 ℃、承受载荷较大的零件,如汽轮机叶片、耐热紧固件等。40Cr9Si2、40Cr10Si2Mo 等铬硅钢是另一类马氏体型耐热钢,加入 Cr、Si 是为了提高抗氧化性,加入 Mo 是为了提高高温强度和避免第二类回火脆性,$w_C \approx 0.4\%$ 主要是为了获得足够的硬度和耐磨性。该类马氏体型耐热钢常用于制作汽车发动机、柴油机的排气阀,故称为气阀用钢,工作温度可达 700~750 ℃。

(3) 奥氏体型耐热钢。奥氏体型耐热钢含有较高的 Ni、Mn、N 等奥氏体形成元素,高温下有较好的高温强度和组织稳定性,一般工作温度为 600～700 ℃,常用牌号有 06Cr19N9、06Cr17Ni12Mo2Ti、12Cr18Ni9、4Cr14Ni14W2Mo 等。奥氏体型耐热钢切削加工性较差,但耐热性、抗氧化性、塑性、韧性、焊接性以及冷作成形性好。奥氏体耐热钢常用于制造比较重要的零件,如燃气轮机轮盘和叶片以及喷气发动机的某些零件、结构部件等。这类钢使用前一般需要进行固溶处理和时效处理。

5.9.3 耐磨钢

耐磨钢是指主要用于制造承受严重磨损和强烈冲击的零件或构件,如坦克和拖拉机的履带板、挖掘机的斗齿、破碎机的颚板和铁轨分道叉、防弹钢板、保险箱钢板等。对耐磨钢的主要性能要求是要有很高的耐磨性、塑性和韧性。

高锰钢能很好地满足这些要求,是重要的耐磨钢。高锰钢一般含有较高质量分数的碳和锰,以及一定量的硅:w_C=0.9%～1.5%,可以提高耐磨性;w_{Mn}=11%～14%,可以保证热处理后得到单相奥氏体;硅可以改善钢的流动性。高锰钢极易冷变形强化,使切削加工困难,故在铸造成形后使用,常用牌号有 ZGMn13-1、ZGMn13-2、ZGMn13-3、ZGMn13-4。在这些牌号中,顺序号越小,碳的质量分数越高,耐磨性越好,但韧性相对较差。

高锰钢的铸态组织是奥氏体＋碳化物,而碳化物往往沿奥氏体晶界析出,降低了韧性与耐磨性,因此必须进行水韧处理。所谓"水韧处理",是将高锰钢加热到 1 000～1 100 ℃,保温一段时间,使碳化物全部溶解到奥氏体中,然后迅速水淬快速冷却,防止碳化物析出,在室温下获得均匀、单一的过饱和单相奥氏体组织。水韧处理的高锰钢的强度、硬度并不高,但塑性、韧性却很好。当受到强烈冲击或强大压力时,高锰钢零件表面层因塑性变形会产生强烈的冷变形强化,并且还会发生马氏体转变,使表面层硬度显著提高到 500～550HBW,从而获得高的耐磨性;而心部仍保持着原来奥氏体具有的高的塑性与韧性,能承受强烈冲击。当高锰钢零件表面磨损后,新露出的表面又可在冲击和磨损条件下获得新的硬化层。因此,这种钢具有很高的耐磨性和抗冲击能力。另外,高锰钢是非磁性的,可用于制造既耐磨又抗磁化的零件,如吸料器的电磁铁罩等。

高锰耐磨钢中 ZGMn13-1、ZGMn13-2 由于碳的质量分数较高,主要用于制造结构简单、以耐磨为主的低冲击铸件,如球磨机衬板、齿板、辊套、铲齿等。ZGMn13-3、ZGMn13-4 钢由于碳的质量分数相对低一些,主要用于制造结构复杂、以韧性为主的高冲击铸件,如坦克、拖拉机的履带板、推土机及起重机履带(157～229HBW)、球磨机衬板、破碎机颚板等。

5.10 新型钢材

5.10.1 非调质结构钢

非调质结构钢不仅节约了热处理能耗,而且避免了零件的变形和开裂,减少了校直工序,提高了疲劳强度。非调质结构钢的力学性能见表 5-13。

表 5-13 直径或边长不大于 40 mm 易切削非调质钢的力学性能

牌号	力学性能					
	抗拉强度 R_m/MPa	规定塑性延伸强度 $R_{p0.2}$/MPa	断后伸长率 A/%	断面收缩率 Z/%	冲击吸收能量 K/J	硬度 HBW,≥
YF35V	590	390	18	40	47	229
YF40V	640	420	16	35	37	255
YF45V	685	440	15	30	35	257
YF35MnV	735	460	17	35	37	257
YF40MnV	785	490	15	33	32	275
YF45MnV	835	510	13	28	28	285

5.10.2 低淬透性含钛优质碳素结构钢

这种钢淬透性低,淬火时在心部易得到珠光体组织。高频或低频表面淬火时,淬硬层沿零件轮廓均匀分布,在保证表面获得高硬度的同时,心部仍有高的强度和韧性。低淬透性含钛优质碳素结构钢的化学成分和力学性能见表 5-14。

表 5-14 低淬透性含钛优质碳素结构钢的化学成分和力学性能

牌号	化学成分(质量分数)/%						正火温度/℃	试样直径/mm	力学性能			
	C	Si	Mn	Ti	P	S			R_m/MPa	$R_{p0.2}$/MPa	A/%	Z/%
55Ti	0.51~0.59	≤0.25	≤0.23	0.03~0.10	≤0.035	≤0.035	820~840	25	540	295	16	35
60Ti	0.57~0.65	≤0.30	≤0.23	0.03~0.10	≤0.035	≤0.035	815~835	25	590	345	14	30
70Ti	0.64~0.73	≤0.35	≤0.28	0.04~0.12	≤0.035	≤0.035	805~825	25	685	390	12	25

5.10.3 保证淬透性结构钢

保证淬透性结构钢能采用比较缓和的淬火剂来淬火,淬火时可以完全淬透,减少热处理时的变形和开裂,回火时整个截面组织相同,淬火时整个截面尺寸变形稳定。保证淬透性结构钢的牌号有 45H、20CrH、40CrH、45CrH、40MnBH、45MnBH、20CrMnTiH、20CrNi3H 等。保证淬透性结构钢退火和回火后的硬度见表 5-15。

5.10.4 节约贵重元素的合金结构钢

用廉价的 Mn-B 钢、Cr-Mn-Si 钢、Cr-Mo 钢、Cr-Mn 钢代替 Ni-Cr 钢以降低成本和节约贵重的合金元素是合金结构钢的一个发展趋势,我国开发的节约贵重元素的合金结构钢有 20MnB、20MnMoB、30MnWMo 钢。

表 5-15 保证淬透性结构钢退火和回火后的硬度

牌号	退火和回火后的硬度/HBW，≤	牌号	退火和回火后的硬度/HBW，≤	牌号	退火和回火后的硬度/HBW，≤
45H	197	45MnBH	217	20CrMnMoH	217
20CrH	179	20MnMoBH	207	20CrMnTiH	217
40CrH	207	20MnVBH	207	20CrNi3H	241
45CrH	217	22MnVBH	207	12Cr2Ni4H	269
40MnBH	207	20MnTiBH	187	20CrNiMoH	197

5.10.5 中低碳弹簧钢

中低碳弹簧钢具有淬透性好、抗淬火开裂性强、强韧性匹配能力好、冲击韧性和断裂韧性高、松弛抗力适中等优点。典型中低碳弹簧钢有 30SiMnB、35SiMnB 钢。

5.10.6 无间隙原子钢

在超低碳钢中加入 Ti 或 Nb 或 Ti 和 Nb 同时加入，使间隙固溶于钢基体中的 C、N 原子以碳化物、氮化物形式析出，钢中几乎不存在间隙固溶原子。这种钢可用来进行深冲压，典型的有 St16 钢、SSPDx-F 钢和 KTUX 钢。

5.10.7 沉淀强化钢

美国和日本都开发了含 V、Nb 或 Ti 的低合金含量的沉淀强化钢。我国也开发了类似的钢种，如 16Mn、16MnRE、10Ti、9SiV 等，已在生产中得到广泛应用。

5.10.8 增磷钢和增氮钢

增磷钢和增氮钢既有较高强度，又有良好的成形性能。

5.10.9 双相钢

双相钢兼有高强度和优良的冲压性能，在国内，鞍山钢铁集团有限公司研制的双相钢的类别有 Mn-V、Mn-Mo-V（热轧状态）双相钢，Mn-Mo、Mn-V-N（热处理热轧）双相钢；武钢（集团）有限公司研制的 Si-Mn（连续退火热处理）双相钢；北京科技大学研制的 Si-Mn（热轧）、Mn 系（冷轧热处理）等双相钢。

5.10.10 无磁模具钢

7Mn15Cr2Al3V2WMo 为无磁模具钢，硬度不小于 45HRC，导磁率小于 1.01 $\mu H/m$。该模具钢需要采用硼处理。

5.10.11 新型不锈钢

1. 无磁不锈钢

随着电子器械和超导技术的发展，不锈钢也可作为常温或超低温无磁材料。通过调整不锈钢中 Cr、Ni、Mn 等元素质量分数，可以获得需要性能的无磁不锈钢，如高强度无磁不锈钢经 40% 变形后,抗拉强度达到 1 250 MPa,导磁率在 1.01 μH/m 以下。

2. 含铜抗菌不锈钢

不锈钢中加入 Cu,在钢中均匀分散地析出 ε-Cu 相,对大肠杆菌和金黄色葡萄球菌具有稳定的抑制作用,可用于制造食品机械和医疗器械,如日本开发的 NSSAM1(铁素体)、NSSAM2(马氏体)和 NSSAM3((奥氏体)系列抗菌不锈钢产品。

5.10.12　新型耐磨钢

新型耐磨钢有低合金耐磨钢、中、低锰钢,还有人研究出了超高锰钢。例如,低合金高强度耐磨钢、低合金高强韧性耐磨钢(Cr-Mn-Si 系)、中锰奥氏体耐磨钢(如 ZGMn8Cr2TiRE 钢)、超高锰耐磨钢(Mn14、Mn17、Mn20 钢)、无碳化物贝氏体耐磨钢等。

5.10.13　新型耐热钢

为了实现高蒸汽参数下发电机组的可靠运行,研制了新型耐热钢,如节镍型耐热钢、含氮稀土耐热钢 H1、低硫耐热钢 H2(3Cr25Ni10)等高强度钢。

知识拓展

航空母舰用钢

新兴钢材应用不断扩展,海军舰艇的制造不仅要看设计的技术,更要掌握先进的原材料制作方法,才能够保证舰体的强度。

随着军事科技的进步,对航空母舰(简称航母)的坚固性也提出了新的要求。航母要成为一艘真正的"海上堡垒",甲板是最重要的部分。甲板钢需要承受重达数十吨战舰的起降,还要耐高温和腐蚀,在如此苛刻的条件下,鞍山钢铁集团有限公司成功克服了航空母舰甲板用钢技术上的瓶颈,打破了"美、俄、法"三国的垄断,制造出了可以用于航母甲板的高性能钢材。法国生产的航母甲板钢屈服强度是 550 MPa 左右,仅用于制造小型垂直起降或者直升机航母;俄罗斯的 AK 系列镍铬加钛合金钢是世界上屈服强度最高的航母甲板钢材料,可达 1 000 MPa;中国航母甲板钢整体技术指标与美国福特级使用的 HSLA-115 型特种钢不相上下,达到了 690 MPa。

鞍山钢铁集团有限公司为我国的航母事业做出的贡献不只是航母甲板钢,还有我国的第一艘航母"辽宁舰"舰体进行修复用钢材。中国航母事业能够发展到今天,离不开"鞍钢人"的贡献。鞍钢的表现就是全体中国人民的典范,我国的航母建造历程就像中国人民曾经克服的一个个难关那样充满了艰辛,但是从来没有想过放弃,而是用汗水和智慧去解决问题,这就是中国飞速发展的内因。航空母舰主甲板及龙骨用钢有了我国自主生产的品牌。同样,深水潜水器和核潜艇用的高强度钢材、耐高温钢材及合金材料为航空航天飞行器的制造奠定了基础。

小 结

1. 炼铁：还原反应，冶炼出铸造生铁和炼钢生铁。
2. 炼钢：氧化反应，冶炼出 4 类（板材、型材、管材和线材）15 个品种。
3. 钢按用途分为结构钢、工具钢、特殊性能钢三类；按成分分为非合金钢、低合金钢和合金钢（合金结构钢、合金工具钢、滚动轴承钢、特殊性能钢）。
4. 钢的应用

(1) 非合金钢：主要有碳素结构钢、优质碳素结构钢、非合金工具钢、铸钢四类。

① 碳素结构钢：常用牌号 Q235，强度较低，应用于一般工程结构或普通机械零件。

② 优质碳素结构钢：常用牌号 45 钢，应用于尺寸小、受力小的各类结构件。

③ 非合金工具钢：常用牌号 T10，硬度高，热硬性差，主要用在低速、手动工具。

④ 铸钢：常用牌号 ZG200-400，力学性能较高，用于形状复杂、力学性能要求较高的零件。

(2) 低合金钢：低合金高强度结构钢常用的牌号 Q355，良好的塑性、焊接性和高强度，主要用于各种重要工程结构件。

(3) 合金钢

① 渗碳钢：常用牌号 20CrMnTi，表层硬、心部韧，主要用于强烈冲击摩擦件。

② 调质钢：常用牌号 40Cr，良好的综合性能，主要用于重载受冲击件。

③ 弹簧钢：常用牌号 60Si2Mn，高弹性、高屈强比，主要用于大尺寸重要弹簧。

④ 滚动轴承钢：常用牌号 GCr15，高硬度、高耐磨性，主要用于滚动元件、工具及模具。

⑤ 量具刃具钢：常用牌号 9SiCr，高硬度、高耐磨性，主要用于低速刃具及简单量具。

⑥ 模具钢：分热作模具钢和冷作模具钢。冷作模具钢常用牌号 Cr12，高硬度、高耐磨性，主要用于冷作模具件；热作模具钢常用牌号 5CrNiMo，高温性能良好，耐热疲劳性好，主要用于热作模具件。

⑦ 高速工具钢：常用牌号 W6Mo5Cr4V2，高硬度、高热硬性，主要用于高速刃具及模具件。

⑧ 特殊性能钢：不锈钢、耐热钢、耐磨钢。

习 题 五

一、名词解释

结构钢、工具钢、合金钢、非合金钢、冷作模具钢、量具钢、高速工具钢、不锈钢、耐热钢、耐磨钢。

二、填空题

1. 钢按用途分为_____、_____、_____。
2. 钢按化学成分分为_____、_____和_____。
3. 钢按显微组织分为_____、_____、_____和_____等。

4. 根据冶炼设备不同,钢主要分为_____、_____两大类。
5. 根据炼钢时所用的脱氧方法不同,钢可分为_____、_____和_____。
6. 我国钢的编号由三大部分组成:_____、_____、_____。
7. 合金渗碳钢按淬透性分为_____、_____、_____三类。
8. 合金调制钢按淬透性分为_____、_____、_____三类。
9. 常用的不锈钢按组织分为_____、_____、_____。
10. 耐热钢通常按正火状态下组织的不同,可为_____、_____、_____。

三、判断题

1. 硅、锰在钢中是有益元素,硫、磷在钢中是有害元素。（　　）
2. 合金元素 Cr、Mo、W、V、Ti 的质量分数的增大,可使铁碳合金相图中 A_3 线上升,奥氏体相区缩小。（　　）
3. 合金元素 Ni、Mn、Co、Cu、Zn 及非合金元素 N 的质量分数增加,可使铁碳合金相图中 A_3 线下降,奥氏体相区扩大。（　　）
4. 随着合金元素在钢中形成碳化物数量的增加,合金钢的硬度、强度提高,塑性、韧性下降。（　　）
5. 合金钢的 C 曲线向右移,临界冷却速度降低,从而使钢的淬透性下降。（　　）
6. Q235 作为低合金高强度结构钢常常用来生产压力容器。（　　）
7. GCr15 钢作为滚动轴承钢,只能用来制造滚动轴承。（　　）
8. 20CrMnTi 是应用最广泛的合金弹簧钢。（　　）

四、简答题

1. 合金钢常加入的合金元素有哪些？钢中主要合金元素有什么作用？
2. 非合金钢主要应用于哪些方面？
3. 常用机械零件用钢有哪些？
4. 高速工具钢淬火后为什么需要进行三次以上回火,在 560℃ 回火是否是调质？
5. 简述渗碳钢、轴承钢、调质钢、弹簧钢的性能要求,每种钢各写出一个牌号。
6. 简述模具钢的分类及其应用。
7. 简述高速钢中各合金元素的作用及高速钢的热处理工艺特点。
8. 说明下列牌号的类型、碳及合金元素的含量、用途。

Q345、40Cr、20CrMnTi、60Si2Mn、GCr15、ZGMn13-1、9SiCr、CrWMn、W6Mo5Cr4V2、12Cr13、12Cr18Ni9、5CrMnMo。

9. 试为以下零件选择合适的材料,若需要热处理,请确定热处理方法：
(1)压力容器；(2)较大冲击和磨损的齿轮；(3)减速器轴；(4)汽车板簧；(5)坦克履带板；(6)滚动轴承外圈；(7)钳工用丝锥；(8)小钻头；(9)热锻模；(10)冷冲模；(11)汽轮机叶片；(12)加热炉底板。

单元六　铸　铁

学习目标

1. 了解铸铁的石墨化过程与影响因素。
2. 熟悉铸铁的分类。
3. 掌握灰铸铁的种类、牌号、性能及应用。

重　点

常用灰铸铁的牌号、组织、性能及应用。

难　点

典型铸铁件的选材及热处理工艺的确定。

案例引入

我国是世界上最早进行生铁冶炼的国家,在春秋战国时期(公元前 770—前 221 年),我国人民便开始大量使用铁器。由铁制作的农具、手工工具及各种兵器的广泛应用,极大促进了当时社会的发展。目前,在机械工业中用量最大的仍然是金属材料中的钢铁材料,而铸铁则在机床和汽车的生产中,主要用来制造机床床身、内燃机气缸体、缸套、活塞环以及曲轴(图 6-1)等零件。

图 6-1　球墨铸铁曲轴

6.1　概述

6.1.1　铸铁的成分

铸铁是指主要由 Fe、C、Si 组成的一系列合金的总称。在成分上,铸铁与钢的主要不同是碳、硅的质量分数较高,杂质元素 S、P 较多。铸铁常用的化学成分范围为 $w_C =$

$2.5\% \sim 4.0\%$、$w_{Si}=1.0\% \sim 3.5\%$、$w_{Mn}=0.5\% \sim 1.5\%$、$w_P<0.2\%$、$w_S<0.15\%$。有时为了提高铸铁的力学性能或物理、化学性能，在铸铁中加入 Cr、Mo、V、Cu、Al 等合金元素或提高 Si、Mn、P 等元素的含量，形成合金铸铁。

6.1.2 铸铁的性能

铸铁的强度、塑性和韧性较差，不能进行锻压。它的碳的质量分数接近于共晶合金成分，使它的熔点低、流动性好，具有优良的铸造性。此外，它的碳、硅的质量分数较高，碳大部分不再以化合状态（Fe_3C）而以游离的石墨状态存在，石墨本身具有润滑作用，使铸铁具有良好的减摩性和切削加工性。铸铁生产方法简便，成本低廉。目前，铸铁是最重要的结构材料之一，用于制作机床床身、主轴箱、尾架、减速机箱盖、箱座、内燃机气缸体、缸套、活塞环、凸轮轴、曲轴等零件。在各类机械中，铸铁件占机器总质量的 $45\% \sim 90\%$。

6.1.3 铸铁的分类

根据碳在铸铁中存在的形式和形态的不同，铸铁可分为以下三种。

1. 白口铸铁

碳除少量溶于铁素体外，其余的都以渗碳体的形式存在。其断口呈银白色，故称白口铸铁。白口铸铁硬而脆，很难进行切削加工，故在工业上很少应用，主要用作炼钢原料。

2. 灰口铸铁

碳主要以石墨形式存在。其断口呈暗灰色，故称灰口铸铁。根据石墨的形态不同，灰口铸铁可分为灰铸铁、球墨铸铁、可锻铸铁和蠕墨铸铁。工业上所用的铸铁几乎全部都属于这类铸铁。

3. 麻口铸铁

碳以石墨和渗碳体的混合形式存在。其断口呈灰白交错的麻点，故称麻口铸铁。这类铸铁具有较大的硬脆性，工业上很少应用。

6.2 铸铁的石墨化

铸铁中碳以石墨形式析出的过程称为铸铁的石墨化过程。

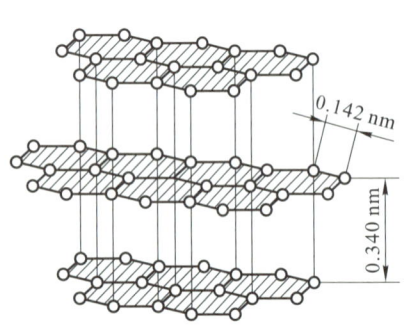

图 6-2 石墨的晶体结构

在铸铁中，碳除极少量固溶于铁素体外，存在形式有两种：一种是渗碳体（Fe_3C），为复杂晶格结构的间隙化合物，其碳的质量分数为 6.69%；另一种是游离状态的石墨（常用 G 来表示），其晶体结构为简单六方晶格，如图 6-2 所示，其碳的质量分数为 100%。石墨的原子呈层状排列，同层原子间距较小（0.142 nm），结合力较强；而层与层之间的面间距较大（0.340 nm），结合力较弱，易滑移，使晶体形态容易成片状，强度、硬度、塑性和韧性极低，硬度仅为 $3 \sim 5 HBW$，因此在铸铁中凡有石墨存在的地方,相当于裂纹和空洞,对铸铁的性能有极大影响。

6.2.1　Fe-G 相图

在铁碳合金中,碳以渗碳体形式存在,在高温下长时间加热便会分解为铁和石墨($Fe_3C \rightarrow 3Fe+G$)。可见,渗碳体并不是一种稳定的相,而是一种亚稳定的相,石墨才是一种稳定的相,在铁碳合金的结晶过程中,从液体或奥氏体中析出的是渗碳体而不是石墨,这主要是因为渗碳体中碳的质量分数(6.69%)较石墨中碳的质量分数(≈100%)更接近合金成分碳的质量分数(2.5%～4.0%),析出渗碳体时所需的原子扩散量较小,渗碳体的晶核形成较容易。但在极其缓慢冷却,即提供足够的扩散时间的条件下,或在合金中含有可促进石墨形成的元素(如 Si 等)时,在铁碳合金的结晶过程中,便会直接自液体或奥氏体中析出稳定的石墨相。因此,铁碳合金的结晶过程实际上存在两种相图,如图 6-3 所示,实线部分为亚稳定的 Fe-Fe_3C 相图,虚线部分是稳定的 Fe-G 相图。根据具体合金的结晶条件不同,铁碳合金可以全部或部分地按照其中的一种或另一种相图进行结晶。

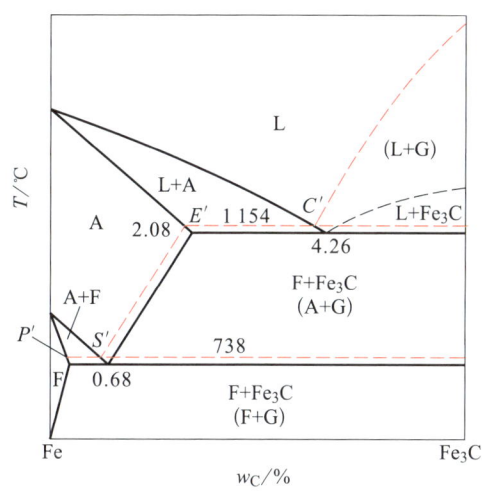

图 6-3　铁碳合金两种相图

6.2.2　铸铁的石墨化过程

如果按照 Fe-G 相图进行结晶,铸铁的石墨化过程可分为如下三个阶段:第一阶段,在 1 154 ℃时通过共晶反应形成石墨,$L_{C'} \rightarrow A_{E'}+G$;第二阶段,在 1 154～738 ℃范围内冷却过程中,自奥氏体中不断析出二次石墨 G;第三阶段,在 738 ℃时通过共析反应而形成石墨,$A_{S'} \rightarrow F_{P'}+G$。

由于在高温区冷却时原子扩散能力较强,第一和第二阶段的石墨化是较易进行的,即可按照 Fe-G 相图进行结晶,凝固后得到 A+G 的组织。随后在较低温度下的第三阶段,常因铸铁的成分及冷却速度等条件的不同,石墨化被全部或部分地抑制,从而得到三种不同的组织,即 F+G、F+P+G 及 P+G。

6.2.3 影响石墨化的因素

研究表明,影响铸铁石墨化的因素很多,其中主要是化学成分和结晶时的冷却速度。图 6-4 为一般砂型铸造条件下,铸铁化学成分(碳、硅总的质量分数)、冷却速度(用铸件壁厚表示,壁厚越大,冷却速度越小)对铸铁组织的影响示意图。

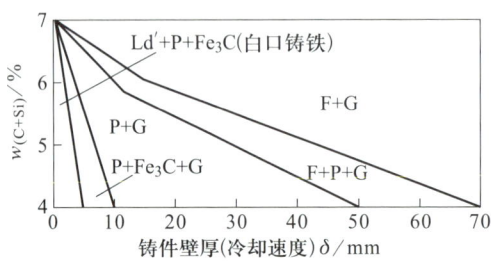

图 6-4 铸铁化学成分和铸件壁厚对铸铁组织的影响

常用铸铁材料

6.3 常用铸铁

6.3.1 灰铸铁

1. 灰铸铁的成分

灰铸铁的化学成分范围一般为:$w_C = 2.6\% \sim 3.6\%$、$w_{Si} = 1.2\% \sim 3.0\%$、$w_{Mn} = 0.4\% \sim 1.2\%$、$w_S \leqslant 0.15\%$、$w_P \leqslant 0.2\%$。

2. 灰铸铁的组织

灰铸铁的显微组织由金属基体(F、F+P、P)与片状石墨(G)组成,如图 6-5 所示。

3. 灰铸铁的性能

(1) 性能特征。石墨片的强度、塑性和韧性极低,接近于零,因此灰铸铁的组织相当于钢的基体上存在很多裂纹。这就决定了灰铸铁的力学性能较差,抗拉强度很低($R_m = 100 \sim 400$ MPa),塑性几乎为零($A = 0.5\%$),但抗压强度与钢相近,并且具有良好的铸造性能(流动性好、断面收缩率小)、减振性、耐磨性和低的缺口敏感性。

(a) 铁素体基体灰铸铁

(b) 铁素体加珠光体基体灰铸铁

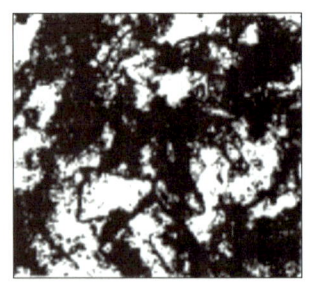
(c) 珠光体基体灰铸铁

图 6-5 灰铸铁的显微组织

灰铸铁的性能特征如下：

① 灰铸铁的抗拉强度和弹性模量均比钢低得多，通常 R_m 为 120～250 MPa，抗压强度与钢接近，一般可达 600～800 MPa，塑性和韧性接近于零，属于脆性材料，不能锻造和冲压。

② 焊接时产生裂纹的倾向大，焊接区常出现白口组织，焊后难以切削加工，焊接性差。

③ 灰铸铁的铸造性能优良，铸件产生缺陷的倾向小；由于石墨的存在，切削加工性能好，切削加工时呈崩碎切屑，通常不需要加切削液。

④ 灰铸铁的减振能力为钢的 5～10 倍，是制造机床床身、机座的主要材料。

⑤ 灰铸铁的耐磨性好，适合制造润滑状态下工作的导轨、衬套和活塞环等。

(2) 影响性能的因素。主要是基体组织和石墨的分布。珠光体越多，石墨分布越细小均匀，灰铸铁强度、硬度也越高，耐磨性越好。

4. 灰铸铁的牌号和应用

灰铸铁的牌号为"灰铁"的汉语拼音字首字母"HT"与后面的三位数字表示，数字代表该铸铁的最小抗拉强度值，单位为 MPa。例如，灰铁 HT200 表示最低抗拉强度为 200 MPa 的灰铸铁。灰铸铁牌号共八种，其中 HT100、HT150、HT200 为普通灰铸铁，HT250、HT300、HT350 为孕育铸铁。参照 GB/T 9439—2010《灰铸铁件》，常用灰铸铁牌号、力学性能及用途见表 6-1。

表 6-1 常用灰铸铁的牌号、力学性能及用途

牌号	显微组织	铸件壁厚/mm	铸件最小抗拉强度 R_m/MPa	用 途
HT100	F+G$_片$	5～40	100	用于制造低载荷和不重要零件，如盖、外罩、手轮、支架、重锤、油盘、底座等
HT150	F+P+G$_片$	5～10	150	用于制造承受中等应力（抗弯应力小于 100 MPa）的零件，如支柱、底座、齿轮箱、工作台、刀架、端盖、阀体、管路附件及一般无工作条件要求的零件
HT150	F+P+G$_片$	10～20	150	
HT150	F+P+G$_片$	20～40	120	
HT150	F+P+G$_片$	40～80	110	
HT200	P+G$_片$	5～10	200	用于制造承受较大应力（抗弯应力小于 300 MPa）和较重要零件，如气缸体、齿轮、机座、飞轮、床身、缸套、活塞、刹车轮、联轴器、齿轮箱、轴承座、液压缸等
HT200	P+G$_片$	10～20	200	
HT200	P+G$_片$	20～40	170	
HT200	P+G$_片$	40～80	150	
HT250	P+G$_片$	5～10	250	
HT250	P+G$_片$	10～20	250	
HT250	P+G$_片$	20～40	210	
HT250	P+G$_片$	40～80	190	

续 表

牌号	显微组织	铸件壁厚/mm	铸件最小抗拉强度 R_m/MPa	用途
HT300	S(或 T)+$G_片$（孕育铸铁）	10～20	350	用于制造承受弯曲应力（小于500 MPa）及抗拉应力的重要零件，如齿轮、凸轮、车床卡盘、剪床和压力机的机身以及重型机床的床身、机座、高压油压缸、气缸套、气缸盖、泵体、滑阀壳体等
HT300		20～40	290	
HT300		40～80	260	
HT350		10～20	350	
HT350		20～40	290	
HT350		40～80	260	

铸铁的性能与铸件壁厚尺寸有关，在根据零件的性能要求选择铸铁牌号时，应同时考虑零件的壁厚尺寸。例如，一壁厚 20～40 mm 的零件，要求抗拉强度为 190 MPa，选择的牌号应为 HT250 而不用 HT200。若零件的壁厚过大或较小而表 6-1 中所列数据不满足应用，则应根据具体情况适当提高或降低铸铁的牌号。

5. 灰铸铁的孕育处理

为了改善铸铁的组织，提高灰铸铁的强度和其他性能，生产中常进行孕育处理。孕育处理就是在浇注前往铸铁液体中加入孕育剂，使石墨细化，基体组织细密（珠光体基体）。生产中常用的孕育剂是硅的质量分数 $w_{Si}=75\%$ 的硅铁，加入量为铁水质量的 $0.25\%\sim0.6\%$。

孕育铸铁的强度、硬度比普通灰铸铁显著提高，如 $R_m=250\sim400$ MPa、硬度 180～290HBW。孕育铸铁适用于静载荷下要求较高强度、高耐磨性或高气密性的铸件，特别是厚大铸件。

6. 灰铸铁的热处理

铸铁热处理的目的有两个方面：一是改变基体组织，改善铸铁性能；二是消除铸件应力。但铸件的热处理只能改变铸铁的基体组织，不能改变石墨形态及分布。因此，通过热处理来提高灰铸铁力学性能的效果不大，通常有以下 3 种热处理方法。

(1) 消除白口退火。普通灰口铸铁件或薄壁处在铸造过程中因冷却速度过快出现白口，使切削加工困难。为了消除白口、降低硬度，常将这类铸铁件重新加热到共析温度以上（通常 850～950 ℃），并保温 1～3 h（若铸铁 Si 的质量分数高，时间可短一些）进行退火，渗碳体分解为石墨，再将铸铁件缓慢冷却至 400～500 ℃ 出炉空冷。在温度 700～780 ℃ 即共析温度附近不宜冷速太慢，否则渗碳体过多地转变为石墨，降低了铸铁件强度。

(2) 去应力退火（时效处理）。铸造过程中铸铁件由表及里冷却速度不一样，形成铸造内应力，若不消除，在切削加工及使用过程中它会使零件变形甚至开裂。为保证铸件形状和尺寸的稳定，对一些形状复杂的零件，如机床床身、发动机气缸体、气缸盖、变速器壳体等，常采用人工时效及自然时效两种热处理方法。将铸件加热到 500～560 ℃ 时保温一定时间，接着随炉冷却到 200 ℃ 以下出炉空冷，这种时效处理方法为人工时效。自然时效是将铸铁件存放在室外 6～18 个月,让应力自然释放。这种时效可将应力部分释放,但因用的时间长,效率低,已不太采用。

(3) 表面淬火。为了提高灰铸铁件表面的硬度和耐磨性,可进行表面淬火。其方法有感应加热表面淬火、火焰加热表面淬火及接触电阻加热表面淬火,如对机床导轨表面、气缸套内壁等常进行高频感应加热表面淬火或接触电阻加热表面淬火。

6.3.2 球墨铸铁

球墨铸铁是指在浇注前在一定成分的铁液中加入球化剂(金属镁或稀土镁合金)和孕育剂(硅铁或硅钙合金)获得具有球状石墨的铸铁。

1. 球墨铸铁的成分

球墨铸铁的化学成分范围一般为 $w_C=3.6\%\sim4.0\%$、$w_{Si}=2.0\%\sim3.2\%$、$w_{Mn}=0.6\%\sim0.8\%$、$w_S<0.07\%$、$w_P<0.1\%$,并含有一定量的稀土和镁。

2. 球墨铸铁的组织

球墨铸铁的组织特征是球状石墨分布在几种不同的基体上。铸态球墨铸铁常是铁素体-珠光体基体,经各种热处理后,可分别获得铁素体基体、珠光体基体、回火索氏体基体和下贝氏体基体。三种常见基体的球墨铸铁的显微组织如图 6-6 所示。

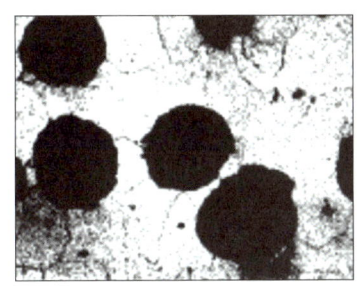
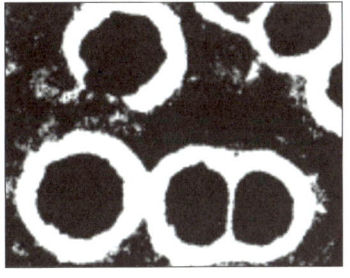

(a)铁素体基体球墨铸铁　(b)铁素体加珠光体基体球墨铸铁　(c)珠光体基体球墨铸铁

图 6-6　三种常见的球墨铸铁的显微组织

3. 球墨铸铁的性能

球墨铸铁的石墨呈球状,使其对基体的割裂作用和应力集中的作用减至最小,因此基体强度的利用率可达 70%～90%,而灰铸铁基体强度的利用率仅为 30%～50%。在铸铁中,球墨铸铁具有最高的力学性能,抗拉强度(通常 $R_m=400\sim900$ MPa)可以和钢媲美,塑性($A=2\%\sim18\%$)和韧度大大提高,但仍然低于钢。同时,它仍保持灰铸铁某些优良性能,如良好的耐磨性和减振性、缺口敏感性小、切削加工性能好等。球墨铸铁的焊接性能和热处理性能都优于灰铸铁。但球墨铸铁的白口倾向大,铸件容易产生缩松,其熔炼工艺和铸造工艺都比灰铸铁要求高。

4. 球墨铸铁的牌号及应用

(1) 球墨铸铁的牌号。球墨铸铁的牌号由"球铁"二字的汉语拼音首字母组合"QT"和两位数字组成,前一组数字表示最小抗拉强度,后一组数字表示最小断后伸长率。例如,QT700-2 表示最小抗拉强度为 700 MPa、最小断后伸长率为 2%的球墨铸铁。参照 GB/T 1348—2019《球墨铸铁件》,常用球墨铸铁牌号、力学性能及用途见表 6-2。

表 6-2 常用球墨铸铁的牌号及力学性能及用途

牌号	显微组织	R_m/MPa	$R_{p0.2}$/MPa	A/%	硬度/HBW	用　　途
		≥				
QT350-22L	F+G$_球$	350	220	22	≤160	用于制造高速电力机车及磁悬浮列车铸件,寒冷地区工作的起重机部件、汽车部件、农机部件等
QT350-22R	F+G$_球$	350	220	22	≤160	用于制造核燃料储存运输容器、风电轮毂、排泥阀阀体、阀盖环等
QT350-22	F+G$_球$	350	220	22	≤160	
QT400-18L	F+G$_球$	400	240	18	120~175	用于制造机车曲轴箱体、发电设备用桨片毂等
QT400-18R	F+G$_球$	400	250	18	120~175	用于制造承受冲击振动件,如农机具犁铧、犁柱、汽车拖拉机轮毂、离合器壳、拨叉、差速器壳、阀体、阀盖、气缸、铁路垫板、飞轮壳、电机壳、齿轮箱、上下水及输气管道等
QT400-18	F+G$_球$	400	250	18	120~175	
QT400-15	F+G$_球$	400	250	15	120~180	
QT450-10	F+G$_球$	450	310	10	160~210	
QT500-7	F+P+G$_球$	500	320	7	170~230	用于制造液压泵齿轮、阀门体、轴瓦、机器底座、传动轴飞轮、传动轴滑动叉、链轮、铁路机车车轴瓦、电动机机架等
QT550-5	F+P+G$_球$	550	350	5	180~250	
QT600-3	P+F+G$_球$	600	370	3	190~270	
QT700-2	P+G$_球$	700	420	2	225~305	用于制造载荷大、受力复杂件,如柴油机、汽油机曲轴、凸轮轴曲轴、连杆,部分磨床、铣床、车床主轴,农机具脱粒机齿条、负荷齿轮、起重机滚轮、小型水轮机主轴等
QT800-2	P+G$_球$ 或 S+G$_球$	800	480	2	245~335	
QT900-2	B$_下$+G$_球$ 或 M$_回$+G$_球$	900	600	2	280~360	用于制造高强度齿轮,如曲线轴和弧齿锥齿轮、减速器齿轮、传动轴、转向节、犁铧、耙片、内燃机曲轴、凸轮轴等

(2) 球墨铸铁的用途。球墨铸铁的力学性能近于非合金钢,大大超过灰铸铁,铸造工艺性能比钢好得多。因此,球墨铸铁广泛地代替铸钢、锻钢、非铁金属和可锻铸铁,用于制造各种受力复杂,强度、韧性和耐磨性能要求较高的零件,如柴油机的曲轴、凸轮轴、连杆,拖拉机

的减速齿轮、大型中压阀门、轧钢机的轧辊等。球墨铸铁的生产为"以铁代钢""以铸代锻"开辟了广阔的前途。

5. 球墨铸铁的热处理

球墨铸铁的热处理与钢类似,通过改变基体组织可获得需要的性能,从而满足不同的使用要求。目前,常用的球墨铸铁的热处理方法有以下4种。

(1) 退火

① 去应力退火:目的是消除铸件内应力,用于只需保持铸态组织的铸件。将铸件缓慢加热到500~620 ℃,保温2~8 h,然后随炉冷却,渗碳体分解为石墨,再将铸铁件缓慢冷却至400~500 ℃时出炉空冷。在700~780 ℃即共析温度附近冷却速度不宜太慢,否则,渗碳体过多地转变为石墨,降低了铸铁件强度。

② 高温退火与低温退火:它们的目的是获得高韧性的铁素体球墨铸铁,改善切削加工性能和消除内应力。高温退火是在铸态组织中有珠光体、自由渗碳体时,为提高韧性,常将铸铁件加热到900~950 ℃,保温2~4 h,使自由渗碳体石墨化,然后随炉冷却至600 ℃出炉空冷。在此过程中基体中的渗碳体分解出石墨,自奥氏体中析出石墨,这些石墨集聚于原球状石墨周围,基体全部转换为铁素体。低温退火是铸态组织为铁素体+珠光体基体而无渗碳体存在时,为提高韧性,只需将珠光体中渗碳体分解转换为铁素体及球状石墨,为此将铸铁件重新加热到720~760 ℃的共析温度附近,保温2~8 h,使珠光体中的渗碳体分解,然后随炉冷却至600 ℃出炉空冷。

(2) 正火

正火的目的是增加基体组织中珠光体的数量和分散度,提高铸件的强度和耐磨性。根据加热温度的不同,正火分为高温正火和低温正火。高温正火工艺是将铸件加热到880~920 ℃,保温1~3 h,使基体全部奥氏体化,然后出炉空冷,从而获得珠光体基体组织。低温正火是将铸件加热到820~860 ℃,保温1~4 h,使基体部分奥氏体化,然后出炉空冷,从而获得珠光体+分散铁素体的基体组织。采用低温正火的铸铁件的强度比高温正火的略低,但塑性和韧性较高。

由于正火的冷却速度较快,常会在复杂铸件中引起较大的内应力,故正火后应进行一次去应力退火,重新加热到500~600 ℃,保温3~4 h后出炉空冷。

(3) 淬火与回火

球墨铸铁通过不同的淬火与回火工艺可获得不同的基体组织,以满足使用要求。球墨铸铁制作为轴承时需要更高的硬度,为此常将铸铁件淬火并低温回火处理。具体工艺是:将铸铁件加热到860~900 ℃,保温让原基体全部奥氏体化后在油或熔盐(熔盐是金属阳离子和非金属阴离子所组成的熔融体)中淬火后经加热到250~350 ℃保温回火,原基体转换为回火马氏体及残留奥氏体组织,原球状石墨形态不变。处理后的铸件具有高的硬度及一定韧性,保留了石墨的润滑性能,耐磨性能得到改善。

球墨铸铁制作轴类零件(如柴油机的曲轴、连杆)时,要求强度高、韧性较好的综合力学性能,这就要对铸铁件进行调质处理,具体工艺是:将铸铁件加热到860~900 ℃,保温使基体奥氏体化,在油或熔盐中淬火后经500~600 ℃回火,获得回火索氏体组织(一般尚有少量碎块状的铁素体),原球状石墨形态不变。处理后,铸铁件强度、韧性匹配良好,适应于轴类零件的工作条件。

(4) 等温淬火

等温淬火的目的是获得下贝氏体基体组织。铸铁件的基体强度极限可超过1 100 MPa,冲击吸收能量$KU \geqslant 32$ J。等温淬火的具体工艺是:将球墨铸铁件加热到860~900 ℃温度,保温使基体奥氏体化后,放入280~320 ℃的盐浴中等温0.5~1.5 h,获得下贝氏体的基体组织,原球状石墨不变。等温淬火一般用于要求具有高的综合力学性能、良好耐磨性且外形复杂、热处理易变形开裂的零件,如齿轮、凸轮轴、滚动轴承套圈等。

6.3.3 蠕墨铸铁

蠕墨铸铁是指一定成分的铁液在浇注前经蠕化处理和孕育处理,获得具有蠕虫状石墨的铸铁。蠕墨铸铁兼有灰铸铁和球墨铸铁的某些优点,具有良好的综合性能。

1. 蠕墨铸铁的生产

蠕化处理是在一定成分的铁液中加入适量的蠕化剂,使石墨呈蠕虫状结晶的工艺。孕育处理可减少蠕墨铸铁的白口倾向,延缓蠕化衰退和提供足够的石墨结晶核心,使石墨细小并分布均匀。常用的孕育剂是硅铁。

2. 蠕墨铸铁的成分

蠕墨铸铁的化学成分与球墨铸铁相似,即高碳、高硅、低硫、低磷,并含有一定量的稀土与镁。一般成分含量为$w_C = 3.5\% \sim 3.9\%$,$w_{Si} = 2.1\% \sim 2.8\%$,$w_{Mn} = 0.4\% \sim 0.8\%$,$w_S \leqslant 0.1\%$,$w_P \leqslant 0.1\%$。

3. 蠕墨铸铁的组织

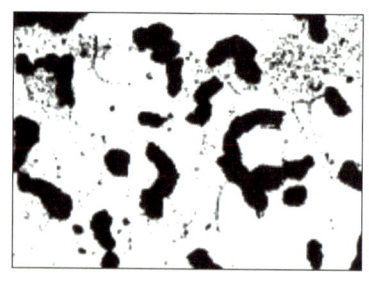

图 6-7 铁素体蠕墨铸铁的显微组织

蠕墨铸铁组织中,石墨的形态介于片状与球状之间,呈蠕虫状。与灰铸铁的片状石墨不同,蠕虫状石墨片短而厚,端部圆钝。在蠕墨铸铁的铸态基体组织中,铁素体量约为50%或更高;通过加入铜、镍、锡等珠光体元素,可使珠光体量提高至70%左右;若再进行正火处理,珠光体量可达90%~95%。铁素体蠕墨铸铁的显微组织如图6-7所示。

4. 蠕墨铸铁的性能

蠕墨铸铁的力学性能介于相同基体组织的灰铸铁和球墨铸铁之间。其强度、韧性、疲劳强度、耐磨性及抗热疲劳性比灰铸铁高,而且对断面的敏感性也较小。其塑性、韧性和强度比球墨铸铁低。蠕墨铸铁的铸造性能、减震性和导热性都优于球墨铸铁,并接近于灰铸铁。

5. 蠕墨铸铁的牌号和应用

蠕墨铸铁的牌号以"RuT"加一组数字表示,"RuT"是"蠕铁"二字的部分汉语拼音字母,数字表示最小抗拉强度值。参照 GB/T 26655—2022《蠕墨铸铁件》常用蠕墨铸铁的牌号、力学性能及用途见表 6-3。

表 6-3 常用蠕墨铸铁的牌号、力学性能及用途

牌号	主要基体组织	R_m/MPa ≥	$R_{p0.2}$/MPa ≥	A/% ≥	布氏硬度/HBW	用 途
RuT300	铁素体	300	210	2.0	140～210	用于制造排气管、内燃机气缸盖、增压器壳体、液压件、纺织机零件,某些小型烧结机箅条等
RuT350	铁素体+珠光体	350	245	1.5	160～220	用于制造变速器箱体、机床底座、内燃机气缸盖、托架和联轴器、钢锭模、铝锭模、液压件等
RuT400	珠光体+铁素体	400	280	1.0	180～240	用于制造内燃机气缸体和气缸盖、载重卡车制动鼓、机车车辆制动盘、钢珠研磨盘、泵壳和液压件、玻璃模具等
RuT450	珠光体	450	315	1.0	200～250	用于制造汽车内燃机气缸体和气缸盖、气缸套、载重卡车制动盘、泵壳和液压件、玻璃模具、活塞环等
RuT500	珠光体	500	350	0.5	220～260	用于制造高负荷内燃机气缸缸体、气缸套等

6.3.4 可锻铸铁

可锻铸铁是白口铸铁通过可锻化退火得到的一种具有团絮状石墨的铸铁。由于石墨呈团絮状分布,对基体的割裂及应力集中作用减小,故可锻铸铁与灰铸铁相比有较高的强度、塑性和冲击韧性,可以部分代替非合金钢。但实际上可锻铸铁是不能锻造的。

1. 可锻铸铁的生产

可锻铸铁的生产分两个步骤:①通过铸造获得完全的白口铸铁毛坯件,随后退火使 Fe_3C 分解得到团絮状石墨;②进行长时间的石墨化退火处理。900～980 ℃温度下长时间保温,其工艺如图 6-8 所示。

在图 6-8 中,第一阶段石墨化充分进行得到 A+团絮状石墨;接下来①表示若在共析温度附近长时间保温,第二阶段石墨化也充分进行,得到 F+团絮状石墨;②若通过共析转变区冷却较快,第二阶段石墨化未能进行,使奥氏体转变为珠光体,得到 P+团絮状石墨。

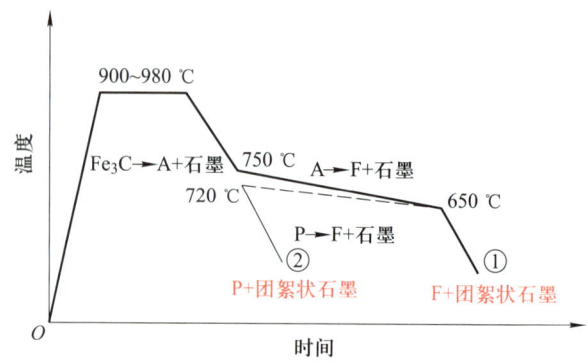

图 6-8　可锻铸铁的可锻化退火工艺

2. 可锻铸铁的成分

可锻铸铁的化学成分应保证浇注后获得完全白口铸件,其碳和硅的质量分数应取较小值,$w_C=2.2\%\sim2.8\%$,$w_{Si}=1.0\%\sim1.8\%$,$w_{Mn}=0.3\%\sim1.2\%$,$w_S\leq0.2\%$,$w_P\leq0.1\%$。

3. 可锻铸铁的组织

根据退火工艺的不同可锻铸铁分为黑心可锻铸铁(铁素体可锻铸铁)、珠光体可锻铸铁和白心可锻铸铁三类。目前我国主要生产黑心可锻铸铁和珠光体可锻铸铁。铁素体可锻铸铁的显微组织如图 6-9 所示。

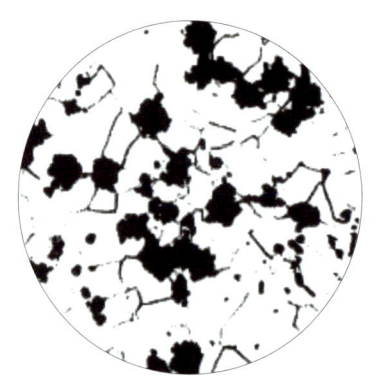

图 6-9　铁素体可锻铸铁的显微组织

4. 可锻铸铁的性能

可锻铸铁的力学性能优于灰铸铁,并接近于同类基体的球墨铸铁,具有较高的冲击韧性和强度,适合制造形状复杂、承受冲击载荷的薄壁小件,铸件壁厚一般不超过 25 mm。

5. 可锻铸铁的牌号与应用

黑心可锻铸铁因其断口为黑绒状而得名,以 KTH 表示,其基体为铁素体;珠光体可锻铸铁以 KTZ 表示,基体为珠光体。其中"KT"为"可铁"二字的汉语拼音首字母,"H"和"Z"分别为"黑"和"珠"的汉语拼音首字母,可锻铸铁代号后的第一组数字表示最小抗拉强度值,

第二组数字表示最小断后伸长率。 参照 GB/T 9440—2010《可锻铸铁件》,常用可锻铸铁牌号、力学性能及用途见表 6-4。

表 6-4　常用可锻铸铁的牌号、力学性能及用途

类别	牌号	试样直径 d/mm	R_m/MPa	$R_{p0.2}$/MPa	A/%	布氏硬度 HBW	用途
			≥				
铁素体可锻铸铁	KTH300-06	12 或 15	300	—	6	≤150	弯头、三通管件、中低压阀门等
	KTH330-08		330	—	8		扳手、犁刀、犁柱、车轮壳等
	KTH350-10		350	200	10		汽车、拖拉机前后轮壳,减速器壳、转向节壳、制动器、铁道零件等
	KTH370-12		370	—	12		
珠光体可锻铸铁	KTZ450-06	12 或 15	450	270	6	150～200	载荷较高的耐磨零件,如曲轴、凸轮轴、连杆、齿轮、摇臂、活塞环、轴套、万向接头、棘轮、扳手、传动链条、矿车轮等
	KTZ550-04		550	340	4	180～230	
	KTZ650-02		650	430	2	210～260	
	KTZ700-02		700	530	2	240～290	

知识拓展

特殊性能铸铁

随着铸铁的广泛应用,对铸铁的性能也提出了越来越高的要求,不但要有更高的力学性能,有时还要有某些特殊性能,如耐磨、耐热及耐腐蚀等。可通过向铸铁中加入合金元素来改善铸铁的性能,提高其适应性和扩大其使用范围。常用的特殊性能铸铁有耐磨铸铁、耐热铸铁和耐蚀铸铁。

一、耐磨铸铁

耐磨铸铁分为减摩铸铁和抗磨铸铁两类。

减摩铸铁是在铸铁中加入 Cr、Mo、Cu 等少量合金元素,提高灰铸铁耐磨性,用于润滑条件下工作的零件。例如,机床导轨、汽车发动机缸套、活塞环等耐磨零件。

抗磨铸铁是在灰铸铁表层通过激冷处理形成一层白口,使表层获得高硬度和高耐磨性,用于无润滑、干摩擦的零件。例如,轧辊、犁铧、抛丸机叶片、球磨机衬板和磨球等。耐磨铸铁应用如图 6-10 所示。

(a) 涡轮增压机壳（中硅钼耐热铸铁）　　(b) 球磨机磨球（高铬耐磨铸铁）

图 6-10　耐磨铸铁应用

二、耐热铸铁

耐热铸铁是指在高温下，具有一定的抗氧化和抗生长能力，并能承受一定载荷的铸铁。目前主要采用加入 Si、Al、Cr 等合金元素来提高铸铁的耐热性。它们在铸铁表面形成一层致密的稳定性好的氧化膜（SiO_2、Al_2O_3、Cr_2O_3），保护内部金属不被继续氧化。常用的耐热铸铁有中硅铸铁、高铬铸铁、镍铬硅铸铁和铬球墨铸铁等。耐热铸铁具有良好的耐热性，广泛用来代替耐热钢制造耐热零件，如加热炉底板、热交换器和坩埚等。

三、耐蚀铸铁

耐蚀铸铁具有较高的耐蚀性，广泛用于化工部门，用来制造管道、阀门、泵体、反应釜及盛贮器等。

耐蚀铸铁中一般含有 Si、Al、Cr、Ni、Cu 等合金元素，这些元素可在铸件表面形成牢固的、致密而又完整的保护膜，阻止腐蚀继续进行，并提高铸铁基体的电极电位，从而提高铸铁的耐蚀性。耐蚀铸铁的种类很多，其中应用最广泛的是高硅耐蚀铸铁。这种铸铁在含氧酸类和盐类介质中有良好的耐蚀性，但在碱性介质和盐酸、氢氟酸中，因表面 SiO_2 保护膜被破坏，耐蚀性有所下降。

小　结

类　别	常用的牌号	组织	布氏硬度/HBW	用　途
灰铸铁	HT200	$P+G_{片}$	195	形状复杂的中低载荷，如机座、飞轮、床身、缸套、活塞、刹车轮等
球墨铸铁	QT600-3	$P+F+G_{球}$	190～270	形状复杂、性能要求高的零件，如液压泵齿轮、传动轴、电动机支架等
可锻铸铁	KTZ450-06	$P+G_{团}$	150～200	载荷较高的耐磨零件，如曲轴、凸轮轴、连杆、齿轮、万向接头等
蠕墨铸铁	RuT300	$P+F+G_{蠕}$	140～217	复杂中等载荷的零件，如排气管、变速器箱体、气缸盖、液压件等
特殊性能铸铁	耐磨铸铁、耐热铸铁、耐蚀铸铁			

习 题 六

一、名词解释

铸铁、HT200、QT700-2、RuT400、KTZ450-06。

二、填空题

1. 碳在铸铁中的存在形式有_____和_____两种。
2. 根据碳在铸铁中的存在形式不同,铸铁分为_____、_____、_____铸铁。
3. 根据铸铁中石墨形态的不同,灰口铸铁可分为_____、_____、_____和蠕墨铸铁。
4. 铸铁的石墨化过程是指_____。
5. 影响石墨化的主要因素是_____和_____。

三、判断题

1. 为消除铸铁表面或薄壁处的白口组织,应采用时效处理。（　）
2. 灰铸铁通过球化退火可以转变成球墨铸铁。（　）
3. 球墨铸铁组织中的石墨呈球状,其强度高于灰铸铁。（　）
4. 球墨铸铁的力学性能最好,它可代替钢制作形状复杂、性能要求较高的零件。（　）
5. 可锻铸铁具有较高的塑性和韧性,可以进行锻造。（　）
6. 可锻铸铁件主要用于制作形状复杂,要求较高塑性和韧性的薄壁小型零件。（　）

四、简答题

1. 什么是铸铁？与钢相比,铸铁的成分、性能有什么特点？
2. 灰铸铁、球墨铸铁、蠕墨铸铁、可锻铸铁中的石墨分别是什么形态？不同形态的石墨对铸铁性能有何影响？
3. 为什么一般机器的支架、机床的床身常用灰铸铁制造？
4. 说明 HT150、QT700-2、KTZ550-04、RuT350 铸铁的类型、数字的含义、用途。
5. 为机床床身、汽车发动机曲轴、气缸盖、三通管件、机床导轨、轧辊、加热炉底板零件选材。
6. 球墨铸铁常用的热处理方法有哪些？其主要目的是什么？

单元七　非铁金属及粉末冶金材料

学习目标

1. 理解非铁金属的强化途径与方法。
2. 熟悉非铁金属的分类、牌号、性能及应用。

重　点

常用铝合金、铜合金的牌号、性能特点及应用。

难　点

常用机械零件的正确选材。

案例引入

非铁金属因具有特殊的性能(如电、磁、热性能,耐蚀性,高强度)而在现代工业中起着重要作用。铜是人类最早使用的金属材料,早在 4 000 年前的夏朝,我们的祖先已经能够炼铜,到殷、商时期,我国的青铜冶炼和铸造技术已经达到很高的水平。湖北随州出土的战国曾侯乙编钟(图 7-1),是由六十五件青铜编钟组成的庞大乐器,其音域跨五个半八度,十二个半音齐全。它高超的铸造技术和良好的音乐性能,改写了世界音乐史,被中外专家、学者称为"稀世珍宝"。铝作为"年轻"的非铁金属材料,随着汽车轻量化(图 7-2)和航空工业的发展,迅速成为除钢铁材料外第二种最重要的金属材料。钛及钛合金具有质量轻、比强度高、耐高温、耐腐蚀以及良好低温韧性等优点,用于制造航空发动机和火箭、导弹等,应用前景广泛。

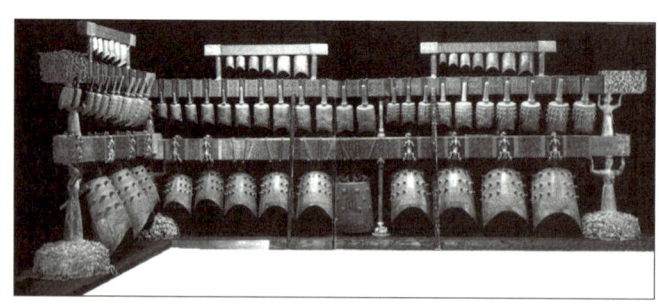

图 7-1　曾侯乙编钟

图 7-2　铝合金汽车发动机箱体

在工业上常用的金属材料中,铁及其合金通常称为钢铁材料,除钢铁材料以外的金属及其合金称为非铁金属。Al、Mg、Cu、Zn、Sn、Pb、Ni、Ti 等金属及其合金就属于非铁金属。非铁金属的产量及用量虽然不如钢铁材料多,但非铁金属的某些特殊的物理和化学性能是钢铁材料所不具备的。因此,非铁金属成为现代工业中不可缺少的重要金属材料,广泛应用于机械制造、航空、航海、石化、电力等领域。

7.1 铝及其合金

7.1.1 工业纯铝

1. 纯铝的性能

纯铝是银白色的轻金属,密度小($2.7×10^3$ kg/m^3),熔点低(660 ℃),具有面心立方晶格,无同素异晶转变现象,导电和导热性能仅次于银和铜。铝和氧的亲和力强,容易在其表面形成一层致密的 Al_2O_3 薄膜,能有效地防止金属的继续氧化,故纯铝在大气中有良好的耐蚀性。纯铝的塑性好($A=50\%$,$Z=80\%$),强度、硬度低($R_m=50$ MPa,硬度 25~30HBW),可以进行冷、热压力加工。经冷变形强化后,可使其强度提高到 $R_m=150$~250 MPa,而塑性则下降为原来的 50%~60%。

2. 纯铝的牌号及应用

工业纯铝中主要杂质是铁和硅。工业纯铝分为冶炼产品(铝锭)和压力加工产品(铝材)两种。铝锭按纯度不同,其牌号有 Al99.7、Al99.6、Al99.5、Al99.0、Al98.0 五种。数字越小,杂质越多。铝材牌号有 1070、1060、1050、1035、1200 等,编号越大,杂质含量越高,对纯铝铝材来说,其铝的质量分数不低于 99.0%。

工业纯铝主要用于配制铝合金、制造电线、电缆、电气元件、换热器件,以及要求质轻、导热、导电、耐大气腐蚀但强度不高的机电构件等。

7.1.2 铝合金

纯铝强度低,不宜用于制作承受重载荷的结构件。纯铝中加入适量的 Si、Cu、Mn、Mg、Zn 等合金元素,可形成强度较高的铝合金。铝合金具有密度小、导热性好、比强度高等特性,若再经冷变形和热处理,其强度还可进一步提高,因此在航空航天工业中广泛应用。

1. 铝合金的分类及热处理

(1) 铝合金的分类

根据成分及生产工艺特点,铝合金分为变形铝合金和铸造铝合金两大类。

铝合金相图的一般类型如图 7-3 所示。成分位于 D 点以左的合金当加热到固溶线 DF 线以上时可得到均匀单相 α 固溶体,其塑性好,适合压力加工,故称为变形铝合金。

变形铝合金可分为两类。成分在 F 点以左的合金的固溶体溶解度不随温度变化而变化,不能进行热处理强化,称为不可热处理强化铝合金,主要指防锈铝合金。而成分在 F 点以右的铝合金的固溶体成分随温度变化而沿 DF 线变化,可以用热处理方法使铝合金强化,称为可热处理强化铝合金,主要指硬铝、超硬铝和锻铝合金。

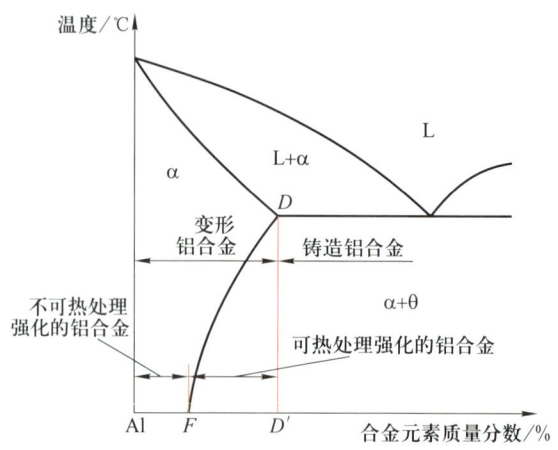

图 7-3 铝合金相图的一般类型

(2) 铝合金的热处理

铝合金的热处理原理与钢的热处理原理不同,它是通过固溶-时效处理来改变合金力学性能的。将能热处理强化的变形铝合金加热到某一温度,保温获得均匀一致的 α 固溶体后,在水中快速冷却,使 α 固溶体来不及发生脱溶反应。这样的热处理工艺称为铝合金的固溶处理。

经过固溶处理的铝合金,在常温下其 α 固溶体处于不稳定的过饱和状态,具有析出第二相,过渡到稳定的非过饱和状态的趋向。由于不稳定固溶体在析出第二相过程中会导致晶格畸变,合金的强度和硬度得到显著提高,而塑性则明显下降。这种力学性能在固溶处理后随时间的延长而发生显著变化的现象称为"时效强化"或"时效"。固溶-时效处理是强化铝合金的主要途径之一。

在室温下进行的时效称"自然时效",在加热(温度为 100～200 ℃)条件下进行的时效称"人工时效"。时效温度越高,则时效的过程越短,但强化的效果越差。如图 7-4 所示为 w_{Cu} =4% 的铝合金淬火后的自然时效曲线。由图 7-4 可见,淬火后的几小时内,铝合金强度无明显增加,但有较好的塑性,这段时间称为孕育期。生产上常利用孕育期进行各种冷变形成形,如铆接、弯曲、矫直、卷边等。

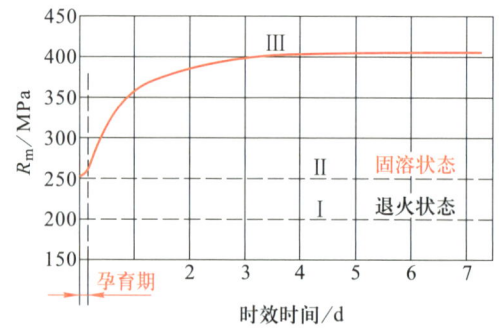

图 7-4 w_{Cu}=4% 的铝合金淬火后的自然时效曲线

2. 变形铝合金

变形铝合金一般由冶金厂加工成各种规格的型材(板、带、管、线等)产品。常用的类型有防锈铝合金、硬铝合金、超硬铝合金、锻铝合金四种。

(1) 变形铝合金牌号。按照 GB/T 16474—2011《变形铝及铝合金牌号表示方法》的规定,变形铝及铝合金采用国际四位数字体系牌号和四位字符体系牌号的命名方法。化学成分已在国际牌号注册组织中注册命名的铝及铝合金采用四位数字体系,未命名为国际四位数字体系牌号的变形铝及铝合金用四位字符体系牌号,两种牌号命名方法的区别仅在第二位。

① 牌号的第一位数字表示铝及铝合金的组别,1 表示纯铝,2~9 依次表示变形铝合金中的主要合金元素分别是 Cu、Mn、Si、Mg、Mg 和 Si、Zn、其他合金、备用合金组。

② 牌号的第二位数字或字母表示原始纯铝或铝合金的改型情况。数字 0 或字母 A 表示原始纯铝或原始合金,数字 1~9 或字母 B~Y 则表示原始合金的改型合金。

③ 牌号的最后两位数字仅用来识别同一组中不同铝合金,而纯铝牌号最后两位数字则表示铝质量分数小数点后的两位数字。例如,1070 表示铝的质量分数为 99.70% 的纯铝,5056 表示主要合金元素为镁的 56 号原始铝合金,2A11 表示主要合金元素为铜的 11 号原始铝合金。

参照 GB/T 16474—2011《变形铝及铝合金牌号表示方法》、GB/T 16475—2008《变形铝及铝合金状态代号》、GB/T 3880.2—2012《一般工业用铝及铝合金板、带材 第 2 部分:力学性能》、GB/T 3191—2019《铝及铝合金挤压棒材》、GB/T 3195—2016《铝及铝合金拉制圆线材》、GB/T 6892—2015《一般工业用铝及铝合金挤压型材》,常用变形铝合金的牌号、力学性能及用途见表 7-1。

(2) 防锈铝合金。防锈铝合金主要是指 Al-Mn 和 Al-Mg 系合金,具有适中的强度、优良的塑性及良好的焊接性能,具有比纯铝更好的耐蚀性和强度,但切削加工性较差。防锈铝合金属于热处理不能强化的变形铝合金,一般只能通过冷塑性变形提高其强度。防锈铝合金的典型牌号有 5A05、3A21,用于制造轻负荷焊接件或高耐蚀性薄板容器(如油箱、防锈蒙皮、各种容器)以及受力小、质轻、耐蚀的制品与构件(如管道、窗框、铆钉等)。

(3) 硬铝合金。属于 Al-Cu-Mg 系和 Al-Cu-Mn 系合金。这类铝合金经固溶-时效处理后能获得相当高的强度,抗拉强度 R_m 可达 450 MPa,故称为硬铝。硬铝强度、硬度高,耐蚀性比纯铝差,尤其是耐海水、大气腐蚀的性能较差。

硬铝合金应用广泛,可轧成板材、管材和型材,以制造中等强度的构件和零件,如铆钉、螺栓等。硬铝合金的典型牌号有 2A01、2A11、2A12 等。2A01 号硬铝合金有很好的塑性,常用于中等强度、工作温度不超过 100 ℃ 的结构用铆钉,如制作坦克冷却系统中的铆钉;2A11 号硬铝合金退火状态下可进行冷弯、卷边、冲压,固溶-时效处理后强度大大提高,并且具有较高的硬度和塑性,常用于制造飞机的梁、加强框、螺旋桨叶片、铆钉等;2A12 号硬铝合金则广泛用于制造飞机翼肋、翼梁、机身蒙皮、火箭箭体等受力构件,还可用来制造 200 ℃ 以下工作的机械零件。

表 7-1 常用变形铝合金的代号、牌号、力学性能及用途

类别	牌号	半成品种类	状态	力学性能(不小于) R_m/MPa	力学性能(不小于) A/%	用途
防锈铝合金	5A02	冷轧板材 热轧板材 挤压板材	O H112 O	165～225 155～175 ≤245	17～19 6～7 12	用于制造中等强度的焊接件、冷冲压件、容器、骨架等
防锈铝合金	3A21	冷轧板材 热轧板材 挤制厚壁管材	O H112 H112	100～1507 110～120 ≤185	19～23 16 16	用于制造高可塑性、良好的焊接性、在液体或气体介质中工作的低载荷零件,如油箱、油管、液体容器、饮料罐等
硬铝合金	2A11	冷轧板材(包铝) 挤压棒料 拉挤制管材	O T4 O	≤225～235 370 ≤245	12 12 12	用于制造中等强度的零件和构件,冲压成形的连接部件、局部镦粗的零件(如螺栓、铆钉)等
硬铝合金	2A12	冷轧板材(包铝) 挤压棒料 拉挤制管材	T4 T4 O	405～425 390～420 ≤245	12～13 10～12 12	用于制造高载荷零件和构件(不包括冲压件和锻件),如飞机上的骨架零件、蒙皮、翼梁、铆钉,坦克上的风扇叶片、空气分配器体、发动机气缸垫等
硬铝合金	2B11	铆钉线材	T4	J235	—	主要用于制造铆钉
超硬铝	7A03	铆钉线材	T6	J285	—	主要用于制造受力结构件的铆钉
超硬铝	7A04 7A09	挤压板材 冷轧板材 热轧板材	T6 O T6	500～560 ≤245 480～490	4～6 11 7	用于制造受力构件和高载荷零件,如飞机上的大梁、桁条、加强框、蒙皮、翼肋、起落架等,多用于取代2A12铝合金
锻铝合金	2A50 2A70 2A80	挤压棒材 挤压棒材 挤压棒材	T6 T6 T6	355 355 355	12 8 8	用于制造形状复杂和中等强度的锻件和冲压件,如内燃机活塞、压气机叶片、叶轮、圆盘、坦克发动机活塞、空气分配器体以及其他在高温下工作的复杂锻件
锻铝合金	2A14	热轧板材	T6	430	5	用于制造高载荷和形状简单的锻件和模锻件

注:表中"—"表示对应铝合金的断后伸长率无定义;J235、J285中"J"表示抗剪强度。

(4) 超硬铝合金。属于 Al-Cu-Mg-Zn 系合金。这类铝合金是在硬铝中添加锌元素而形成的,强度高于硬铝合金,但耐蚀性和焊接性较差。超硬铝合金经固溶和人工时效后,可获得更高的强度和硬度,切削性能良好,是目前强度最高的铝合金。超硬铝合金主要用于制造要求重量轻、受力较大的重要构件及外形复杂的锻件和模锻件。超硬铝合金典型牌号是7A04,主要用于制造飞机上的受力构件,如飞机的大梁、起落架、桁架、翼肋、加强框、活塞、螺旋桨叶片等。硬铝合金和超硬铝合金的耐蚀性均不如纯铝,常采用压延法在其表面包覆

铝,提高其耐蚀性。

(5) 锻铝合金。大多属于 Al-Cu-Mg-Si 系合金,力学性能与硬铝合金相近,在加热状态下具有良好的塑性和耐热性,锻造性能好,因此适合采用压力加工(如锻压、冲压等),可用来制造各种形状复杂的零件或制成棒材。锻铝合金的典型牌号有 2A50、2A70、2A80 等,主要用于制造飞机或内燃机车上承受高载荷且形状复杂的锻件和模锻件,如压缩机叶片、飞机桨叶、活塞、叶轮等。2A80 号锻铝合金可用于制作发动机的活塞、空气分配器等零件。

3. 铸造铝合金

如图 7-3 所示,成分在 D 点右边的合金由于共晶组织的存在,熔点低、流动性好,适合于铸造,称为铸造铝合金。铸造铝合金按加入主元素的不同,主要分为 Al-Si 系、Al-Cu 系、Al-Mg 系及 Al-Zn 系四类。铸造铝合金的代号用"ZL"及后面 3 位阿拉伯数字表示。第一位数字表示合金类别(1 为 Al-Si 系,2 为 Al-Cu 系,3 为 Al-Mg 系,4 为 Al-Zn 系),第二位、第三位数字表示合金顺序号。

铸造铝合金的牌号用"Z+基本元素(铝元素)符号+主要添加合金元素符号+主要添加合金元素的质量分数的数字"表示。优质铸造铝合金在牌号后面标注"A",压铸铝合金在牌号前面冠以字母"YZ"。如 ZAlSi12 表示 $w_{Si}=12\%$、余量为铝的铸造铝合金。

参照 GB/T 1173—2013《铸造铝合金》,常用铸造铝合金的牌号、代号、主要性能特点及用途见表 7-2。

(1) 铸造铝硅合金。铸造铝硅合金是铸造铝合金中牌号最多、应用最广泛的。这类铝合金的特点是铸造性能优良,流动性好,断面收缩率小,热裂倾向小,具有一定的强度和良好的耐蚀性,但是铸造组织粗大,在浇注时应做变质处理,以便细化晶粒,提高力学性能。

铸造铝硅合金的变质处理就是在浇注前在液态合金中加入合金液质量 2%~3% 的变质剂(2/3NaF+1/3NaCl),变质剂中钠能促进硅形核并阻碍硅晶体长大,使硅晶体能以极细粒状形态均匀分布在 α 固溶体基体上。变质处理后铸造铝硅合金的力学性能显著提高,强度和断后伸长率分别由原来的 $R_m=140$ MPa、$A=3\%$ 提高至 $R_m=180$ MPa、$A=6\%$。

(2) 铸造铝铜合金。具有较好的高温性能,但铸造性和耐蚀性较差,而且密度大,主要用于制造要求高强度或在高温条件下工作的铸件。

(3) 铸造铝镁合金。Al-Mg 系铸造铝合金是密度最小、耐蚀性最好、强度最高的铸造铝合金,又称耐蚀铸造铝合金。铸造铝镁合金抗冲击性和切削加工性能良好,但铸造性能和耐热性能较差。Al-Mg 铸造铝合金一般需要经过固溶处理后使用,以获得最佳的强度和耐蚀性。铸造铝镁合金多用于制造在腐蚀介质(如海水或大气)中承受较大冲击或振动载荷、形状较简单的零件,也可用来代替某些耐酸钢及不锈钢。

(4) 铸造铝锌合金。具有较高的强度,热稳定性和铸造性能也较好,密度大,耐蚀性很差,价格低廉,主要用于制造医疗器械、仪表零件,结构形状复杂的汽车、飞机零件和日用品等。铝锌合金是最常用的压铸合金。

表 7-2　常用铸造铝合金的牌号、代号、主要性能特点及用途

类别	牌号	代号	主要性能特点	用途
铝硅合金	ZAlSi12	ZL102	熔点低,密度小,流动性好,收缩率小,耐蚀性、焊接性好,切削加工性差,不能热处理强化,有足够的强度,但耐热性低	适合铸造形状复杂、耐蚀性和气密性高、强度不高的薄壁零件,如飞机配件、仪表零件、船舶零件、工作温度在200℃以下的气密性零件等
铝硅合金	ZAlSi5Cu1Mg	ZL105	铸造工艺性能好,不需要变质处理,可热处理强化,焊接性、切削加工性好,强度高,塑性、韧性低	用于制造形状复杂、工作温度不超过225℃的零件,如气缸体、气缸盖、气缸头、发动机箱体、油泵壳体等
铝硅合金	ZAlSi12Cu2Mg1	ZL108	铸造工艺性能优良,线收缩率小,可铸造尺寸精确的铸件,强度高,耐磨性好,需要变质处理	用于制造工作温度不超过250℃的零件,如汽车、拖拉机的活塞
铝铜合金	ZAlCu5Mn	ZL201	铸造性差,耐蚀性差,可热处理强化,室温下强度高,韧性好,焊接性能、切削性能好,耐热性好	用于制造承受中等载荷、工作温度在175~300℃的零件,如内燃机气缸头、活塞、挂架梁、支臂等
铝铜合金	ZAlR5Cu3Si2	ZL207	铸造性能好,耐热性能高,可在300~400℃下长期工作,室温下力学性能较低,焊接性能好	适合铸造形状复杂、在300~400℃下长期工作的液压件
铝镁合金	ZAlMg10	ZL301	铸造性能差,耐热性不高,焊接性差,切削性能好,耐大气和海水腐蚀	用于制造承受高载荷、冲击载荷,工作温度不超过200℃、长期在大气和海水中工作、承受大振动负荷的零件,如船舰配件等
铝镁合金	ZAlMg5Si	ZL303	铸造性能比ZL301号铸造铝镁合金好,热处理不能明显强化,但切削性能好,焊接性好,耐蚀性一般,室温下力学性能较差	用于制造承受中等载荷、工作温度不超过200℃的耐腐蚀零件,如轮船、内燃机配件
铝锌合金	ZAlZn11Si7	ZL401	铸造性能优良,需变质处理,不经热处理可以达到高的强度,焊接性和切削性能优良,耐蚀性低	用于制造承受高静载荷、结构形状复杂、工作温度不超过200℃的铸件,如汽车、飞机零件等
铝锌合金	ZAlZn6Mg	ZL402	铸造性能优良,耐蚀性好,可加工性能好,有较高的力学性能,耐热性能差,焊接性一般;铸造后能自然时效	用于制造承受高的静载荷或冲击载荷、结构形状复杂、不能进行热处理的铸件,如活塞、精密仪表配件等

7.2 铜及其合金

7.2.1 工业纯铜

1. 纯铜的性能

纯铜又称紫铜,具有面心立方晶格,无同素异晶转变。密度为 $8.96×10^3$ kg/cm^3,熔点 1 083 ℃,导电性、导热性优良,耐大气腐蚀性能良好,塑性好($A=45\%\sim50\%$),容易进行冷、热塑性加工,强度和硬度较低($R_m=200\sim250$ MPa,硬度 40~540HBW),通过冷变形即可强化。

铜及铜合金

铜及铜合金

2. 纯铜的牌号及应用

工业纯铜有 T1、T2、T3 三个代号。代号中的"T"为铜的汉语拼音首字首,其后的数字表示序号,序号愈大,纯度愈低。T1、T2、T3 铜的质量分数分别为 $w_{Cu}=99.95\%$、$w_{Cu}=99.90\%$、$w_{Cu}=99.70\%$。

纯铜主要用于制造电线、电缆、电子元件和配制合金。由于低温力学性能好,纯铜和铜合金是制造冷冻设备的主要材料。常用工业纯铜的牌号、化学成分和用途见表 7-3。

表 7-3 常用工业纯铜的牌号(代号)、成分和主要用途

牌号		铜的质量分数 $w_{Cu}/\%$	杂质的质量分数		杂质总和的质量分数 $w_{Me}/\%$	用途
名称	代号		$w_{Bi}/\%$	$w_{Pb}/\%$		
一号铜	T1	99.95	0.001	0.003	0.05	导电材料、配高纯度合金
二号铜	T2	99.90	0.001	0.005	0.10	电力输送用导电材料,用于制造电线、电缆
三号铜	T3	99.70	0.002	0.01	0.30	用于制造发电机、电动机绕组、电工器材、电气开关、垫圈、铆钉、油管等

7.2.2 铜合金

由于纯铜的强度较低,不适合制作结构件,所以常加入适量的合金元素(Al、Mn、Ni、Fe、Be、Ti、Zr 等)制成铜合金。与纯铜比较,铜合金不仅强度高,而且具有优良的物理化学性能,故在工业中广泛应用。根据化学成分的不同,铜合金分为黄铜、青铜和白铜。根据加工方法可分为压力加工铜合金和铸造铜合金。

1. 黄铜

黄铜是以锌为主要合金元素的铜合金,颜色呈黄色,故称为黄铜。黄铜可分为普通黄铜和复杂黄铜两类,可进行压力加工和铸造。

(1) 普通黄铜

普通黄铜是铜、锌二元合金。锌的含量对普通黄铜的力学性能有着重要的影响,如图 7-5 所示。

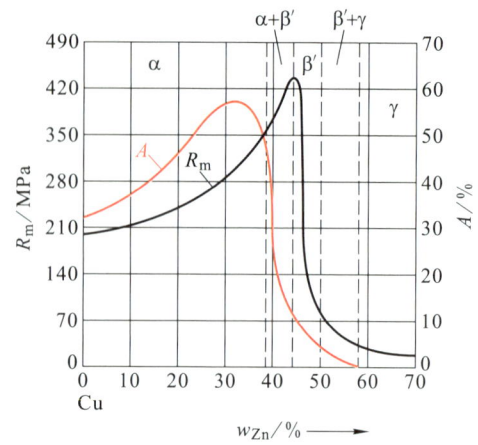

图 7-5 w_{Zn} 对普通黄铜力学性能的影响

当 $w_{Zn}<32\%$ 时,锌全部溶于铜中形成单相 α 固溶体,称为单相黄铜;$w_{Zn}>32\%$ 时,组织中出现了以 CuZn 为基体的 β′ 相固溶体,称为双相黄铜(α+β′)。随含锌量的增加,普通黄铜的塑性下降、强度升高,当 $w_{Zn}>45\%$ 后,组织全部由 β′ 相组成,强度、塑性急剧下降,脆性很大,已无使用价值。

单相黄铜塑性好,可进行冷、热加工。双相黄铜强度高,价格低廉,但塑性不好,适合热加工。普通黄铜不但有较高的力学性能,而且有良好的导电、导热性能,以及良好的耐蚀性。但当产品中存在残余应力时,普通黄铜的耐蚀性将下降,如果处在腐蚀介质中时,则会开裂。因此,冷加工后普通黄铜产品要进行去应力退火。

普通黄铜的牌号用"黄"字汉语拼音首字母"H"加数字表示,数字表示铜的平均质量分数。如 H68 表示 $w_{Cu}=68\%$、其余为锌的普通黄铜。常用普通黄铜牌号及特性如下:

① H90、H80 号普通黄铜。具有优良的耐蚀性、导热性和冷、热压力加工性能,并且色泽美观,呈金黄色,故有金色黄铜之美称,可作为装饰材料及镀层,用于制造艺术品、奖章、散热器管料等。

② H70 号普通黄铜。强度高、塑性好、冷成形性能好,可用深冲压的方法制作弹壳、散热器、垫片等零件,故有弹壳黄铜之称。由于其中铜锌之比为 7∶3,亦称 7-3 黄铜。

③ H62 号普通黄铜。有较高的强度,热状态下塑性良好,加工性能与切削性能较好,易焊接、耐腐蚀、价格低廉,工业上应用较多,常用于制造水管、散热器、油管、垫片、螺钉、螺母、弹簧等。

(2) 复杂黄铜

为了进一步提高力学性能、工艺性能和化学性能,在普通黄铜中加入 Pb、Al、Si、Sn 等元素形成复杂黄铜。例如加入 Pb 能改善切削加工性和耐磨性,加入 Si 可提高强度和硬度,加入 Sn 可提高强度和在海水中的耐蚀性。复杂黄铜根据加工方式的不同可分为压力加工黄铜和铸造加工黄铜两种。

① 压力加工黄铜。合金元素少、塑性高。牌号用"H＋主加元素符号(Zn除外)＋铜的质量分数＋主加元素质量分数"表示。例如，HPb59-1 表示 $w_{Cu}=59\%$、$w_{Pb}=1\%$，其余为锌的铅黄铜，有良好的可加工性，常用来制作各种结构件，如销、螺钉、螺母、衬套、垫圈等；HAl59-3-2 铝黄铜表示 $w_{Cu}=59\%$、$w_{Al}=3\%$、$w_{Ni}=2\%$，其余为锌的铝黄铜。其耐蚀性较好，用于制作耐腐蚀零件。

② 铸造加工黄铜。合金元素较多、强度高、铸造性能好，牌号用"ZCu＋主加元素的质量分数＋其他加入元素的符号及质量分数"来表示。例如，ZCuZn31Al2 表示 w_{Zn} 为 31%、w_{Al} 为 2%，其余为铜的铸造加工黄铜。参照 GB/T 5231—2022《加工铜及铜合金牌号和化学成分》、GB/T 1176—2013《铸造铜及铜合金》、GB/T 2040—2017《铜及铜合金板材》，常用黄铜的牌号、主要化学成分、力学性能及用途见表 7-4。

表 7-4 常用黄铜的牌号、成分、力学性能及用途

类别	牌号	主要成分(质量分数)/%			加工状态或铸造方法	力学性能			用途
		Cu	其他	Zn		R_m/MPa ≥	A/% ≥	维氏硬度/HV ≥	
普通黄铜	H68	67.0~70.0	Fe0.1 Pb0.03	余量	软	290	40	≤90	用于制造复杂冷冲件和深冲件，如导管、波纹管、弹壳、坦克上散热器片、轴套
					硬	570	3	180	
	H62	60.5~63.5	Fe0.15 Pb0.08	余量	软	290	30	≤95	用于制造坦克上散热器片、散热器体、前、后端板、衬板、进水管活门以及销、铆钉、螺母、垫圈、导管、夹线板等
					硬	585	2.5	155	
	ZCuZn38	60.0~63.0		余量	S	295	30	60HBW	用于制造一般结构件和耐腐蚀件，如法兰、阀座、支架、手柄和螺母等
					J	295	30	70HBW	
复杂黄铜	HSn62-1	61.0~63.0	Sn0.7~1.1	余量	软	295	35	—	用于制造汽车、拖拉机弹性套管及船舶零件
					硬	390	5		
	HPb59-1	57.0~60.0	Pb0.8~1.9	余量	软	340	25		用于制造热冲压及切削加工零件，如销、螺钉、螺母、轴套等
					硬	440	5		
	HAl60-1-1	58.0~61.0	Fe0.7~1.5 Al0.7~1.5	余量	硬	440	15	—	用于制造在海水中工作的高强度零件及高强度、耐腐蚀零件

续表

类别	牌号	主要成分(质量分数)/%			加工状态或铸造方法	力学性能			用途
		Cu	其他	Zn		R_m/MPa	A/%	维氏硬度/HV	
						≥			
复杂黄铜	HMn58-2	57.0~60.0	Mn1.0~2.0	余量	软	380	30	—	用于制造坦克诱导杆螺帽、炮塔方向机蜗轮,以及船舶制造业及弱电流工业用零件
					硬	585	3	—	
	ZCuZn40Pb2	58.0~63.0	Pb0.5~2.5 Al0.2~0.8	余量	S	220	15	80HBW	用于制造一般用途的耐磨、耐腐蚀零件,如轴套、齿轮等
					J	280	20	90HBW	
	ZCuZn40Mn3Fe1	53.0~58.0	Mn3.0~4.0 Fe0.5~1.5	余量	S	440	18	100HBW	用于制造耐海水腐蚀件,工作温度小于300℃的管配件,船舶螺旋桨等大型铸件
					J	490	15	110HBW	

注:表中 S 表示砂型铸造,J 表示金属型铸造,软表示600 ℃退火,硬表示变形度50%,"—"表示对应硬度无意义。

2. 青铜

青铜是指黄铜和白铜以外的所有铜合金。青铜按成分不同分为锡青铜和复杂青铜等,按加工方式的不同可分为压力加工青铜和铸造青铜两大类。

压力加工青铜的牌号由"Q+主加元素符号及质量分数+其他元素的质量分数"来表示。如 QSn4-3 表示 w_{Sn} 为 4%、w_{Zn} 为 3%、其余为铜的锡青铜。铸造青铜牌号的表示方法和铸造黄铜的表示方法相同。

(1) 锡青铜

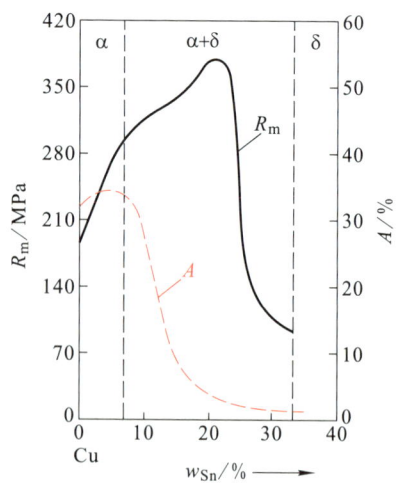

图 7-6 w_{Sn} 对锡青铜力学性能的影响

以锡为主加元素的铜合金称为锡青铜。锡青铜分为压力锡青铜和铸造锡青铜两类。锡的质量分数对锡青铜力学性能的影响如图7-6所示。由图7-6可知,锡青铜中 $w_{Sn}<6\%$ 时,锡溶于铜形成α固溶体,合金的强度随着锡的质量分数增加而升高,塑性良好;当 $w_{Sn}>6\%$ 时,合金组织中出现脆性相,塑性急剧下降,但强度还继续升高;当 $w_{Sn}>20\%$ 时,强度也会显著下降。因此,工业用锡青铜 w_{Sn} 一般都控制在 3%~14%。

$w_{Sn}<8\%$ 的青铜为压力加工锡青铜,具有优良的弹性、较好的塑性和适宜的强度,适用于冷、热压力加工,主要用于仪表上耐磨、耐腐蚀零件,弹性零件及滑动轴承、轴套等。铸造锡青铜中 $w_{Sn}=10\%~14\%$,塑性较差,流动性小,易形成疏松,铸件致密性差。因此,

铸造锡青铜只适合用来制造强度和密封性要求不高但形状较复杂的铸件,如阀、泵壳、齿轮、蜗轮等。

锡青铜在淡水、海水中的耐蚀性高于纯铜和黄铜,但在氨水和酸中的耐蚀性较差。锡青铜还有良好的耐磨性。因此,锡青铜常用于制造耐磨、耐腐蚀工件。

(2) 复杂青铜

复杂青铜主要有铍青铜和铝青铜。

① 铍青铜:铍青铜是以铍为主加元素的铜合金,$w_{Be}=1.6\%\sim2.5\%$。常用铍青铜的牌号为 QBe2。因铍在铜中的溶解度变化较大,所以铍青铜在淬火后进行人工时效可获得较高的强度、硬度、耐蚀性和抗疲劳性。另外,铍青铜的导电、导热性特别好。铍青铜主要用于制造仪器仪表中重要的导电弹簧、精密弹性元件、耐磨零件和防爆工具。

② 铝青铜:铝青铜是以铝为主加元素的铜合金,$w_{Al}=5\%\sim11\%$。常用铝青铜的牌号有 QAl9-4、ZCuAl10Fe3Mn2 等。

铝青铜比黄铜和锡青铜具有更好的耐磨性、耐蚀性和耐热性,并且具有更好的力学性能,常用来制造承受重载荷、耐腐蚀和耐磨零件,如齿轮、轴套、蜗轮等。

参照 GB/T 5231—2022《加工铜及铜合金牌号和化学成分》、GB/T 1176—2013《铸造铜及铜合金》、GB/T 2040—2017《铜及铜合金板材》,常用青铜的牌号、化学成分、力学性能及用途见表 7-5。

表 7-5 常用青铜的牌号、化学成分、力学性能及用途

类型	牌号	主要成分(质量分数)/%			状态	力学性能 不小于		用途
		Sn	Cu	其他		R_m/MPa	$A/\%$	
锡青铜(压力加工)	QSn4-3	3.5~4.5	余量	Zn2.7~3.3	软	290	40	用于制造弹簧、管配件和化工机械中耐磨及抗磁件
					硬	635	2	
	QSn6.5-0.4	6.0~7.0	余量	P0.26~0.40	软	295	40	用于制造耐磨及弹性零件
					硬	665	2	
	QSn6.5-0.1	6.0~7.0	余量	P0.1~0.25	软	290	40	用于制造弹簧、接触片、振动片,以及精密仪器中的耐磨零件
					硬	640	1	
铸造	ZCuSn10Zn2	9.0~11.0	余量	Zn1.0~3.0	S	240	12	用于制造在中等及较高载荷和小滑动速度下工作的重要管配件,以及阀、旋塞、泵体、齿轮、叶轮和蜗轮等
					J	245	6	

续表

类型		牌号	主要成分(质量分数)/%			状态	力学性能 不小于		用途
			Sn	Cu	其他		R_m/MPa	A/%	
锡青铜	铸造	ZCuSn10P1	9.0~11.5	余量	P0.8~1.1	J	310	2	用于制造高负荷(20 MPa以下)和高滑动速度(8 m/s)下工作的重要耐磨零件,如连杆、衬套、轴瓦、齿轮、涡轮及机床丝杠开合螺母等
复杂青铜	压力加工	QAl7	Al6.0~8.5	余量	Zn0.20 Fe0.50	硬	635	5	用于制造重要的弹簧和弹性零件
		QBe2	Be1.8~2.1	余量	Ni0.2~0.5	—	—	—	用于制造重要仪表的弹簧、齿轮及耐磨零件等,以及高速、高压、高温下工作的轴承
	铸造	ZCuAl10Fe3Mn2	Al9.0~11.0	余量	Fe2.0~4.0 Mn1.0~2.0	J	540	20	用于制造要求强度高、耐磨、耐蚀的零件,如齿轮、轴承、衬套、管嘴,以及耐热管配件等
		ZCuPb30	Pb27.0~33.0	余量		J	—	—	用于制造要求高滑动速度的双金属轴瓦、减摩零件,如大功率航空发动机、柴油机曲轴及连杆的轴承、齿轮、轴套等

注:表中 S 表示砂型铸造,J 表示金属型铸造,软表示 600 ℃退火,硬表示变形度 50%,"—"表示对应性能无意义。

7.3 粉末冶金材料

粉末冶金是将几种不同的金属粉末或金属粉末与非金属粉末混合,经压制成形、烧结、后处理等过程制成零件或材料的加工工艺方法。粉末冶金既可以制作符合要求的零件,也可以用来生产一般冶炼方法难以生产的金属材料和制品,在机械制造、冶金、化工、交通运输及航空航天等领域应用广泛。

7.3.1 粉末冶金

1. 粉末冶金的工艺过程

粉末冶金工艺过程包括制粉、混料、压制成形、烧结和后处理等工序。

(1)制粉。根据金属的性质不同,可采取不同的方法制取粉末,常用的生产方法有机械粉碎法、氧化物还原法、电解法、喷射法等,或几种方法混合使用。

(2) 混合。将金属粉末和各种辅助材料(汽油、橡胶、溶液、石蜡、硬脂酸锌)按一定比例配好后,经混料器混合,使各种成分均匀分布。

(3) 压制成形。将混合粉末装入压模中,在压力机上加压成形。成形的目的是把粉末制成一定形状和尺寸的压坯,并使其具有一定的密度和强度。

(4) 烧结。粉末压制成形后强度不高,还必须进行烧结。成形后的压坯件放入有保护气氛(煤气、氢气等)的高温炉或在真空炉中进行烧结,孔隙减少,密度增大,得到所要求的物理性能和力学性能。

有时将压制成形和烧结两道工序合在一起进行,称为热压法。

(5) 后处理。经过烧结后,大部分制件可以直接使用。但有的要求密度、精度高,就需要进行精压处理,如齿轮、球面轴承;有的需经浸渍处理,如含油轴承需浸润滑油;有的需要进行热处理、熔渗、机械加工等。

2. 粉末冶金的特点

(1) 零件尺寸准确、表面光洁,可减少切削加工量,减少机械加工设备,节约金属材料,提高劳动生产率,能显著降低产品加工成本。

(2) 可以生产多种具有特殊成分、特殊性能的制品。

(3) 粉末冶金制品内部空隙不能完全消除,其强度比成分相同的铸件或锻件低 20%~30%,韧性也较低,且成形过程中粉末的流动性远不如金属液,因此粉末冶金制品的大小、形状、质量都受到一定限制,一般粉末冶金制件的质量<10 kg。

(4) 粉末冶金用压模制作成本较高,适用于大批量生产。

3. 粉末冶金的应用

(1) 可以制造铁基或铜基合金的含油轴承;制造铁基合金的齿轮、凸轮、滚轮、模具;可在铜基或铁基合金中加入石墨、MoS_2、SiO_2、石棉粉末,制造摩擦离合器、刹车片等。

(2) 用碳化钨和钴粉末可制成硬质合金刀具、模具和量具,Al_2O_3、BN、Si_3N_4 及合金粉末可制成金属陶瓷刀具,用人造金刚石与合金粉末可制成金刚石工具等。

(3) 可以制成一些具有特殊性能的元件,如铁镍钴永磁、继电器铜钨、银钨触点及一些耐高温的火箭和飞船零件、核工业零件等。

4. 粉末冶金轴承材料

采用粉末冶金工艺可制作多种减摩材料,用于制作滑动轴承。

(1) 含油轴承材料。含油轴承材料是一种利用材料的多孔性浸渗润滑油的减摩材料,由于其孔隙中含有大量润滑剂(体积分数为 10%~30%)而得名。用于制作轴承、衬套的含油轴承材料有铁基和青铜基两种,通常添加的固体润滑剂是石墨。

含油轴承在工作时,由于摩擦发热,使润滑油膨胀而从轴承的孔隙中被挤压到工作表面,从而起到润滑作用。停止工作后,轴承冷却,由于毛细作用,工作表面的润滑油大部分被吸回孔隙,少部分留在工作表面,轴承再运转时可避免发生干摩擦,具有自润滑性。

含油轴承孔隙率为 20%～30%。孔隙率高则含油多，润滑性能好，但强度较低，适宜在低载荷、中速条件下工作；孔隙率低则含油少，但强度较高，适宜在中高载荷、低速条件下工作。含油轴承材料目前已广泛用于汽车、电动机、农业、矿山机械等的轴承。

(2) 金属塑料轴承材料。金属塑料轴承材料是一种具有良好综合性能的无油润滑减摩材料，由粉末冶金多孔制品和聚四氟乙烯、M_oS_2 等固体润滑剂复合制成。其特点是不需要润滑油，有较宽的工作温度范围（－200～280 ℃），能适应高空、高温、低温、振动、冲击等条件，还能在真空、水或其他液体中工作，目前广泛用于录音机轴承、航空仪表轴承等。

5. 粉末冶金摩擦材料

摩擦材料广泛应用于制动器与离合器。它们都是利用材料之间的摩擦力传递能量的，尤其是在制动时，制动器要吸收大量的动能，使摩擦表面温度急剧上升（可达 1 000 ℃左右），摩擦材料极易磨损。因此，对摩擦材料的性能要求是有较高的摩擦系数，良好的耐磨性、磨合性、抗咬合性、耐蚀性，足够的强度，以承受较高的工作压力及速度，能使零件平稳地传动或制动。

粉末冶金摩擦材料一般是以强度高、导热性好、熔点高的金属（如铁粉或铜粉）为基体，加入能提高摩擦系数的摩擦组分（如 Al_2O_3、SiO_2 及石棉等）以及能抗咬合、提高减摩性的润滑组分（如 Pb、Sn、石墨、M_oS_2 等）的粉末制造而成的。它能较好地满足摩擦材料的性能要求，相比合成树脂、铸铁、青铜等摩擦材料，其性能更为优良。

粉末冶金铜基摩擦材料常用于汽车、拖拉机、锻压机床的离合器与制动器。铁基摩擦材料在高温、重载荷下有优良的摩擦性能，可承受较大的压力，主要用于各种高速、重载机器的制动器，如制作飞机、矿山机械、工程机械、载重汽车上制动器与离合器的摩擦片等。铁基摩擦材料也广泛用于制作各种机械零件，如机床上的调整垫圈、法兰盘、调整环，汽车上的差速器齿轮、油泵齿轮、止推环以及拖拉机上的传动齿轮等。

7.3.2 硬质合金

硬质合金是将一种或几种难熔的金属碳化物（WC、TiC、TaC、NbC）粉末和黏结剂（钴）混合均匀后加压成形，烧结而成的一种粉末冶金材料。

1. 硬质合金的性能特点

(1) 高硬度（常温下硬度为 86～93HRA，相当于 69～81HRC，高热硬性（900～1 000 ℃，可保持 60HRC），高耐磨性，比高速工具钢要高 15～20 倍。硬质合金刀具的切削速度比高速工具钢高 4～10 倍，而且刀具寿命可提高 5～80 倍。

(2) 抗压强度高，可达 6 000 MPa。常温下工作时不会产生塑性变形，但抗弯强度不高，仅为高速工具钢的 1/2～1/3，900 ℃时抗弯强度可达 1 000 MPa 左右。

(3) 耐蚀性（耐大气、耐酸、耐碱）和抗氧化性好。

(4) 线膨胀系数小，导电、导热性与铁合金相似。

(5)硬度高、脆性大,不能进行机械加工。故经常将其制成一定规格的刀片,镶焊或装夹在刀体上使用。此外,硬质合金还用于制造模具、量具及耐磨零件。

2. 硬质合金的分类及牌号

根据用途不同,硬质合金可分为切削工具用硬质合金、地质、矿山工具用硬质合金、耐磨零件用硬质合金等。根据化学成分,硬质合金可分为钨钴类硬质合金、钨钛钴类硬质合金、通用硬质合金。

机械制造中最常用的是切削工具用硬质合金,其牌号按使用领域的不同分成P、M、K、N、S、H六类,见表7-6。为满足不同的使用要求,根据耐磨性和韧性的不同,各类别分成若干个组,分别用01、10、20……两位数字表示。

表7-6 切削工具用硬质合金类别及用途

类别	用途
P	长切屑材料的加工,如钢、铸钢、长切屑可锻铸铁等的加工
M	通用合金,用于不锈钢、铸钢、锰钢、可锻铸铁、合金钢、合金铸铁等的加工
K	短切屑材料的加工,如铸铁、冷硬铸铁、短切屑可锻铸铁、灰口铸铁等的加工
N	非铁金属、非金属材料的加工,如铝、镁、塑料、木材等的加工
S	耐热和优质合金材料的加工,如耐热钢、含镍、钴、钛的各类合金材料的加工
H	硬切削材料的加工,如淬硬钢、冷硬铸铁等材料的加工

切削工具用硬质合金牌号由类别代码、按使用领域的分组号、细分号(需要时使用)组成,牌号表示如下:

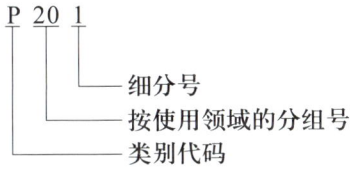

3. 切削工具用硬质合金

切削工具用硬质合金可制造各类刀具,使用中应根据加工方式、被切削加工材料的性质和切削加工条件等选用。主要用于制造车刀、铣刀、钻头、铰刀、镗刀等。一般P类硬质合金刀具主要用于加工非合金钢、合金钢等韧性材料;K类硬质合金刀具主要用于加工铸铁、非金属等脆性材料;M类硬质合金刀具主要用于加工各种钢材,特别是不锈钢、耐热钢、高锰钢等难加工材料,也可用于加工铸铁等脆性材料。

切削工具用硬质合金还可用于制造模具,如拉拔模、冷冲压模和冷挤压模等,其应用示例如图7-7所示。

参照GB/T 18376.1—2008《硬质合金牌号 第1部分:切削工具用硬质合金牌号》,常用切削加工用硬质合金分类分组代号、基本组成、性能及用途见表7-7。

知识拓展

刀具材料的发展

(a) 硬质合金刀具　　　　　(b) 硬质合金刀片、模具　　　　　(c) 硬质合金模具

图 7-7　硬质合金应用示例

表 7-7　常用切削加工用硬质合金分类分组代号、基本组成、性能及用途

类别分组及牌号		基本组成	性能			用途
			硬度		抗弯强度	
			HRA	HV	R_m/MPa	
			不小于			
长切削加工用	P01	以 TiC、WC 为基，以 Co(Ni+Mo, Ni+Co) 做黏结剂的合金/涂层合金	92.3	1 750	700	用于制作高切削速度、小切削截面且无振动条件下的精车、精镗刀具
	P10		91.7	1 680	1 200	用于制作高切削速度，中、小切削截面条件下的车削、仿形车削、螺纹车削和铣削刀具
	P20		91.0	1 600	1 400	用于制作中等切削速度、中等切削截面条件下的车削和铣削、小切削截面刨削刀具
	P30		90.2	1 500	1 550	用于制作中或低切削速度、中等或大切削截面条件下的车削、铣削、刨削和不利条件下的加工刀具
	P40		89.5	1 400	1 750	低切削速度、大切削角、大切削截面条件下的加工刀具，以及不利条件下的车、刨削、切槽和自动机床上的刀具
长切削或短切削加工用	M01	以 WC 为基，以 Co 做黏结剂，添加少量 TaC(TaC、NbC) 的合金/涂层合金	92.3	1 730	1 200	用于制作高切削速度、小载荷且无振动条件下的精车、精镗刀具
	M10		91.0	1 600	1 350	用于制作中等和高等切削速度且中、小切削截面下的车削刀具
	M20		90.2	1 500	1 500	用于制作中等切削速度、中等切削截面条件下的车削、铣削刀具
	M30		89.9	1 450	1 650	用于制作中和高等切削速度、中等或大切削截面条件下的车削、铣削、刨削刀具
	M40		88.9	1 300	1 800	用于制作车削、切断刀具，以及强力铣削刀具

续 表

类别分组及牌号		基本组成	性能			用　途
			硬度		抗弯强度	
			HRA	HV	R_m/MPa	
			不小于			
短切削加工用	K01	以 WC 为基，以 Co 做黏结剂，或添加少量 TaC、NbC 的合金/涂层合金	92.3	1 750	1 350	用于制作车削、精车、铣削、镗削、刮削刀具
	K10		91.7	1 680	1 460	用于制作车削、铣削、镗削、刮削、拉削刀具
	K20		91.0	1 600	1 550	用于制作中等切削速度下、轻载荷粗加工、半精加工的车削、铣削、镗削等刀具
	K30		89.5	1 400	1 650	用于制作在不利条件下可能采用大切削角的车削、铣削、刨削、切槽加工刀具
	K40		88.5	1 250	1 800	用于制作在不利条件下的粗加工，采用较低的切削速度、大的进给量的刀具

知识拓展

熔铜艺术

朱炳仁，国家级非遗铜雕技艺代表性传承人、全国五一劳动奖章获得者、中国艺术研究院研究员。作为当代艺术家，朱炳仁创造了举世瞩目的熔铜艺术，成为中国五千年青铜文化走向世界的第一人。熔铜艺术又称为"无模可控熔铸工艺"。"无模"使铜液自然流畅而解形，"可控"使铜液在艺术家掌控中熔意。它的"无模可控性"将铜从模具里解放出来，给了铜自由，也使得传统的工艺美术走向了更为富有新鲜语义的境界之中。

作为中国工艺美术大师，朱炳仁用铜建立了雷峰塔、桂林铜塔、峨眉山金顶、杭江南铜屋等百座铜建筑，创造了难以企及的高峰。作为横跨20世纪与21世纪的大熔无界的艺术家，他涉猎于书法、绘画、篆刻铜印、摄影、诗歌，多有可圈可点之处。在社会责任担

图 7-8　G20 杭州峰会主会场

图 7-9　熔铜宋画迷宫

图 7-10 灵隐铜殿

图 7-11 熔铜红旗颂

当上,他是特别有影响的两岸交流的民间使者,朱炳仁巨幅壁画《春和清妍》被新加坡中国文化中心收藏。他让铜壁画走进人民大会堂浙江厅,走进 G20 杭州峰会主会场,走进博鳌亚洲论坛大厅,走进国家博物馆和故宫博物院,为国家殿堂生辉,展现铜文化无限风光(作品见图 7-8~图 7-11)。

小 结

类别		牌号(代号)	用 途
铝合金	变形铝合金		
	防锈铝合金 3A21		用于制造中等强度的焊接件、冷冲压件等
	硬铝 2A11		用于制造要求中等强度的零件、构件和冲压件,如螺栓、铆钉等
	超硬铝合金 7A04		用于制造受力构件和高载荷件,如飞机的大梁、桁架、加强框、蒙皮等
	锻铝合金 2A70		用于制造形状复杂中等强度的锻件、冲压件,内燃机活塞、叶轮等
	铸造铝合金		
	铝硅合金	ZAlSi12(ZL102)	用于制造形状复杂、耐蚀性和气密性高、强度不高的薄壁零件,如飞机仪器零件、船舶配件等
	铝铜合金	ZAlCu5Mn(ZL201)	用于制造承受中等载荷,工作温度不超过 300 ℃的飞行受力铸件,如内燃机气缸头
	铝镁合金	ZAlMg10(ZL301)	用于制造高载荷、冲击载荷,工作温度不超过 200 ℃、长期在大气和海水中的零件,如船舰配件等
	铝锌合金	ZAlZn11Si7(ZL401)	用于制造高静载荷、形状复杂、工作温度不超过 200 ℃的铸件,如汽车、仪表零件

续表

类别			牌号(代号)	用途
铜合金	黄铜	普通黄铜	H68	用于制造复杂的冷冲件和深冲件,如散热器外壳、导管等
		复杂黄铜	HPb59-1	用于制造销、螺钉等冲压件或加工件
	青铜	锡青铜 压力加工	QSn4-3	用于制造弹簧、管配件和化工机械中耐磨及抗磁零件
		锡青铜 铸造	ZCuSn10Zn2	用于制造中等及较高载荷下工作的重要管配件,如阀、泵体等
		复杂青铜 压力加工	QBe2	用于制造重要仪表的弹簧、齿轮及耐磨零件等,以及高速、高压、高温下的轴承
		复杂青铜 铸造	ZCuPb30	高速双金属轴瓦、减摩件,如柴油机曲轴及连杆轴承、齿轮、轴套等
硬质合金	K		K30	用于制作在不利条件下可能采用大切削角的车削、铣削、刨削、切槽加工刀具
	P		P10	用于制作高切削速度、中、小切削截面条件下的车削、仿形车削、螺纹车削和铣削刀具
	M		M20	用于制作中等切削速度、中等切削截面条件下的车削、铣削刀具

习题七

一、填空题

1. 根据铝合金成分和性能,铝合金可分为_____铝合金和_____铝合金两类。
2. 铸造铝合金可分为_____系、_____系、_____系和_____系。
3. 按照合金成分铜合金可分为_____、_____和_____三类。
4. 普通黄铜当 $w_{Zn}<32\%$ 时,组织为_____,适宜_____加工;当 w_{Zn} 在 32%~45% 范围时,组织为_____,适宜_____加工。
5. 硬质合金可分为_____、_____和_____硬质合金三类。
6. 将相应的牌号或代号填入空格内:

防锈铝合金_____;硬铝_____;超硬铝_____;锻铝合金_____;普通黄铜_____;铅黄铜_____;铸造黄铜_____;锡青铜_____;锡基轴承合金_____;铅基轴承合金_____。

① HPb59-1　② ZCuSn38　③ 2A11　④ 7A04　⑤ 3A21　⑥ H68　⑦ 2A80　⑧ QSn4-3　⑨ $ZS_nSb_{11}Cu_6$　⑩ $ZPbSb_{15}Sn10$

二、判断题

1. 变形铝合金都可以热处理强化,而铸造铝合金不能热处理强化。　　(　　)
2. 复杂黄铜是不含锌的黄铜。　　(　　)

3. 铝合金的强度、塑性、耐蚀性均高于纯铝。（ ）
4. 变形铝合金通过压力加工方法成形，铸造铝合金通过铸造方法成形。（ ）
5. 青铜主要作为导电、导热材料使用。（ ）
6. YG8 硬质合金刀常用于加工铸铁、非铁金属等材料。（ ）
7. YT15 硬质合金刀常用于加工各种钢材。（ ）

三、简答题

1. 说明下列牌号的含义：3A21、ZL102、H70、HSn62-1、QSn4-3。

2. 下列零件应选用何种材料：飞机蒙皮、起落架、支撑梁、油箱、活塞、内燃机气缸体、仪表弹簧、拖拉机轴承。

3. 变形铝合金有哪几种？哪些能热处理强化、哪些不能热处理强化？

4. 铸造铝合金有哪几个系列？哪种铸造铝合金应用最广泛，提高该铸造铝合金强度的方法是什么？

5. 什么是黄铜？为什么黄铜中 w_{Zn} 不大于 45%？

6. 什么是锡青铜？它有何性能特点？为何工业用锡青铜中 w_{Sn} 为 $3\%\sim14\%$？

7. 什么叫粉末冶金？试述其特点和应用。

8. 常用硬质合金有几种？各有何特点和用途。

单元八　非金属材料

学习目标

1. 熟悉塑料、橡胶、陶瓷及复合材料的分类、组成、性能特点及应用。
2. 掌握塑料、橡胶的成型工艺方法。
3. 了解非金属材料在现代工业生产中的特殊应用。

重　点

塑料、橡胶、陶瓷及复合材料在工业生产中的应用。

难　点

各类非金属材料的性能特点。

案例引入

材料是国民经济、社会进步和国家安全的物质基础与先导,先进材料具有强烈的基础性、支撑性、技术经济价值和迫切战略需求。

图 8-1　C919 飞机

C919 飞机如图 8-1 所示,是我国首款完全按照最新国际适航标准研制的单通道大型干线客机,机身长度 38.9 m,翼展 35.8 m,高度 12 m,载客 168 座,最大航程 5 555 km,性能与国际新一代的主流单通道客机相当。C919 飞机采用先进的结构设计技术和较大量的先进金属材料和复合材料,以减轻飞机的结构质量,其中复合材料使用量约为30%。C919飞机所采用的新技术、新材料、新工艺对我国经济和科技发展、基础学科进步及航空工业发展有重要的带动辐射作用。

非金属材料是指金属及其合金以外的其他一切材料。长期以来,机械工程材料一直以金属材料为主,其原因是金属材料具有强度高、热稳定性好、导电导热性好等优良性能。但是,金属材料也存在着密度大、耐蚀性差、电绝缘性不好等缺点,已难以满足现代科学和生产发展的需要。因此,从20世纪中叶开始,非金属材料在产品数量和品种方面都取得了快速增长,也越来越多地应用于工业、农业、国防和科学技术等领域,成为机械工程制造中不可缺少的重要组成部分。本单元主要介绍常用的高分子材料、陶瓷材料和复合材料。

非金属材料

8.1 高分子材料

塑料与橡胶属于高分子材料,目前,全世界合成高分子材料的年产量按体积计已超过钢铁材料,并正在以每年14%的速度增长,使用领域广泛。高分子材料是以高分子化合物为主要组成物的材料,其相对分子质量一般大于5 000。高分子材料按来源可分为天然高分子材料(天然橡胶、蚕丝、皮革等)和合成高分子化合物(塑料、橡胶等)。合成高分子化合物是由一种或几种单体(简单结构的低分子化合物)聚合而成的,因此又称高聚物或聚合物。

带孔的新材料

8.1.1 塑料

1. 塑料的组成

塑料是指以有机合成树脂为主要成分,并加入改善某些性能的多种添加剂而制成的高分子材料。合成树脂是具有可塑性的高分子化合物的统称,是塑料的基本组成物,决定了塑料的基本性能。塑料中合成树脂含量一般为30%~100%。合成树脂在塑料中还起黏接剂的作用,许多塑料的名称是以合成树脂来命名的,如聚氯乙烯塑料的合成树脂就是聚氯乙烯,聚苯乙烯塑料中的合成树脂就是聚苯乙烯。添加剂的作用主要是改善塑料的某些性能或降低成本,常用的添加剂有填充剂、增塑剂、稳定剂、润滑剂、固化剂、着色剂等。此外,在有些塑料中还可加入阻燃剂、抗静电剂、发泡剂等。

2. 塑料的分类

(1) 按使用范围塑料可分为通用塑料、工程塑料和特种塑料三类。

① 通用塑料。通用塑料是指产量大、应用广泛、价格低廉、容易加工成型的塑料。其性能一般,可作为用于制作日常生活用品、包装材料等,如聚氯乙烯、聚乙烯、聚丙烯、聚苯乙烯、酚醛塑料、氨基塑料六大品种。通用塑料的应用如图8-2所示。

② 工程塑料。工程塑料通常是指强度较高、刚度较大、可以代替钢铁和非铁合金制造机械零件和工程结构件的塑料。这类塑料除了具有较高的强度外,还有优良的电绝缘性能、耐蚀性、耐磨性、耐冷和耐热性、自润滑性以及尺寸稳定性等特点,主要品种有聚酰胺、ABS

树脂、聚碳酸酯、有机玻璃、聚四氟乙烯、聚甲醛(也称"缩醛塑料")等。工程塑料的应用如图 8-3 所示。

  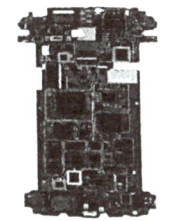

(a) 洗洁精瓶(PE)　　(b) 自来水管(PE)　　(c) 线路板底板(PF)

图 8-2　通用塑料的应用

(a) 聚丙烯齿轮　　(b) ABS 摩托车外壳　　(c) 尼龙滑轮

图 8-3　工程塑料的应用

③ 特种塑料。特种塑料主要是指耐高温或具有特殊用途的塑料。这类塑料的产量少,价格较高,品种主要有氟塑料、环氧树脂、有机硅树脂等。

(2) 按合成树脂的热性能可将塑料分为热塑性塑料和热固性塑料两类,它们的特性及常用品种见表 8-1。

表 8-1　热塑性塑料和热固性塑料的特性及常用品种

类　　别	特　　性	常用品种
热塑性塑料	能溶于有机溶剂,加热可软化,易于加工成型,并能反复塑化成型	聚氯乙烯、聚苯乙烯、聚乙烯、聚四氟乙烯、聚酰胺、聚砜、聚甲醛、聚甲基丙烯酸甲酯(有机玻璃)、聚碳酸酯、ABS 树脂、聚丙烯
热固性塑料	固化后重新加热不再软化和熔融,不溶于有机溶剂,不能再成型使用	酚醛塑料、环氧树脂、氨基塑料、聚氨酯塑料、有机硅塑料

3. 塑料的性能

塑料最为显著的特点是具有可塑性和可调性。可塑性是指通过简单的成型工艺,利用模具可以制造出所需要的各种不同形状的塑料制品。可调性是指在生产过程中可以通过改变配方、变换工艺制造出不同性能的塑料。

(1) 物理性能

① 密度。塑料的密度在 $(0.9 \sim 2.2) \times 10^3$ kg/m³ 之间,仅相当于钢密度的 1/4~1/7。若在塑料中加入发泡剂,泡沫塑料的密度仅为 $(0.02 \sim 0.2) \times 10^3$ kg/m³。

② 电气性能。塑料具有良好的电绝缘性。聚四氟乙烯、聚乙烯、聚丙烯、聚苯乙烯等塑料可作为高频绝缘材料,聚碳酸酯、聚氯乙烯、聚酰胺、聚甲基丙烯酸甲酯、酚醛、氨基塑料等可作为中频及低频绝缘材料。

③ 热性能。塑料遇热、遇光易老化、分解,大多数塑料只能在100 ℃以下使用,只有极少数塑料(如聚四氟乙烯、有机硅塑料)可在250 ℃左右长期使用。塑料的导热性差,是良好的绝热材料。塑料线膨胀系数大,一般为钢的3～10倍,因而塑料零件的尺寸不稳定,常因受热膨胀产生过量变形而引起开裂、松动、脱落。

(2) 化学性能

塑料具有良好的耐蚀性能,大多数塑料能耐大气、水、酸、碱、油的腐蚀。因此,工程塑料能制作化工设备及在腐蚀介质中工作的零件。

(3) 力学性能

① 强度与刚度。塑料的强度、刚度较差,其强度仅为30～150 MPa,并且受温度的影响较大,但由于塑料的密度小,故强度比较高。塑料的刚度仅为钢的1/10。

② 减摩性和耐磨性。许多塑料的摩擦系数小,如聚四氟乙烯、尼龙、聚甲醛、聚碳酸酯等,因此塑料具有良好的减摩性。塑料具有自润滑性,在无润滑或少润滑摩擦的条件下,其耐磨性好于金属,工程上用这类塑料来制造轴承、轴套、衬套、丝杠螺母等摩擦磨损件。

③ 减振性和消声性。塑料还具良好的减振性和消声性,用来做零件可减小机器工作时的振动和噪声。

塑料的不足之处是在受外力作用和应力保持恒定的条件下,变形随时间的延续而慢慢增加,这种现象称为蠕变。例如,架空的电线套管会慢慢变弯。蠕变会导致应力松弛,如塑料管接头经一定时间使用后,由于应力松弛导致泄漏。

4. 塑料的成形及加工

(1) 塑料的成形

塑料的成形方法很多,工艺也较单一,下面介绍几种典型成形方法。

① 注射成形。注射成形也称为注塑,是将粉状或粒状塑料加入塑料注射成型机(注塑机)的料斗内并加热至黏糊状,快速注入闭合的模具型腔内,保压冷却后脱模,得到塑料制品的方法。注射成形包括加料、塑化、注射、冷却和脱模等过程,如图8-43所示。注射成形生产率高,容易实现自动化生产,可制造形状复杂的制品,是热塑性塑料成形的主要方法之一。

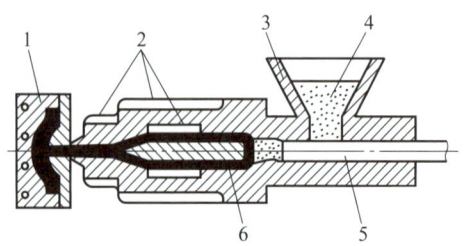

1—模具;2—加热器;3—料斗;4—粒状塑料;5—柱塞;6—分流梭。

图8-4 注射成形示意图

② 挤出成形。挤出成形又称为挤塑，是将粉状或粒状塑料加入到注射机的料斗内并加热至黏糊状，借助柱塞或螺杆的挤压作用挤出模孔，把热塑性塑料连续加工成各种固定截面形状的塑料制品的方法，如图 8-5 所示。挤出成形主要用于生产连续的型材，如管材、棒材、丝材、板材以及薄膜等。此外，挤出成形还可用于某些热固性塑料及塑料与其他材料的复合材料的成形。挤出成形是连续的，且产量大、生产率高、成本低，挤出的塑料制品几何形状简单、横截面形状不变。因此，挤出成形也是热塑性塑料成形的主要方法之一。

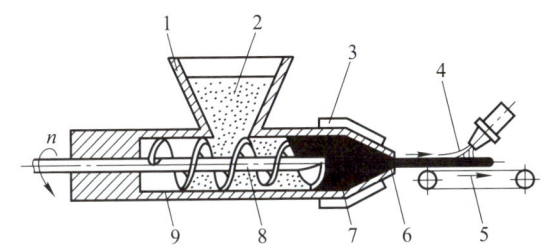

1—料斗；2—塑料；3—加热器；4—空气或水；5—输送器；
6—模孔；7—预热区；8—螺杆；9—料筒。

图 8-5 挤出成形示意图

③ 吹塑成形。吹塑成形是在预热的管坯中吹入压缩空气，使管坯沿模腔发生吹胀变形，然后再经冷却定型获取塑料制品的方法。吹塑成形方法只适用于热塑性塑料成形，广泛用于生产口径不大的瓶、壶、桶等中空塑料制品。

④ 压制成形。压制成形是将树脂粉末放入金属模内，经加热、加压使其固化的方法。几乎所有的热固性塑料都可以采用压制成形。压制成形的优点是设备和模具简单，有利于小批生产。

（2）塑料的加工

塑料制品可通过对制品表面的修整和装饰加工来改善表面性能并达到一定的外观要求。表面加工可提高塑料的使用价值。塑料制品可采用的表面处理工艺很多，目前生产中较为广泛应用的是切削加工。切削是指用各种机械加工技术，对塑料制品的表面状态进行改造处理。切削方法有车削、铣削、锉削、磨削、滚光和抛光等。

① 车削、铣削。车削、铣削可用于塑料制品的表面成形加工。当所需塑料制品外形特别复杂时，车削加工是很好的选择。铣削通常用于加工层压塑料板、有机玻璃、尼龙和聚四氟乙烯等。

② 锉削。锉削多用于塑料制品和板材的修平、除废边、去毛刺和修改尺寸，也可用于锉斜面和曲面。锉削适用于小批塑料制品的表面修整和装饰加工，大批量塑料制品尽可能采用转鼓滚光等方法去除废边。

③ 磨削。用砂轮、砂带磨削塑料表面，常用于清除塑料工件的废边或某些缺陷。磨削还可以磨平或粗化表面、制作斜面和修改尺寸等。砂带磨削制品时有干磨和湿磨两种方法。采用湿磨法磨削时无灰尘飞扬，不会过热、燃烧和爆炸，磨削后塑料制品表面光洁，砂带使用

寿命长；但相比之下，湿磨法操作复杂，磨削后的制品必须清洗和干燥。

④ 滚光。将塑料工件与研磨砂、研磨剂等同时加入滚筒，利用滚筒的转动，使工件与磨料之间产生相对运动进行研磨，获得表面光洁工件的工艺称为滚光，也称为转鼓滚光。滚光是对小型塑料工件进行表面切削的工艺。它的主要作用在于使棱角变圆，去除飞边和浇口残根，减小塑料工件外形尺寸，并使工件表面变得光滑。

⑤ 抛光。为了消除塑料工件表面缺陷，使塑料制品表面成为镜面，用表面附有磨蚀物料或抛光膏的旋转抛轮，对塑料工件的表面进行的加工称为抛光。根据不同的加工要求，抛光可分为灰抛、磨削抛光和增泽抛光。灰抛主要用于清除塑料工件表面的冷疤、斑痕和微量的废边；磨削抛光主要用于将塑料工件的粗糙表面加工成平滑表面；增泽抛光则可将塑料工件平滑表面加工成具有光泽的表面。

微视频

塑料的功与过

5. 常用塑料的特性及用途

在众多的塑料品种中，通用塑料的用量占塑料总产量的75%左右。常用塑料的特性及用途见表8-2。

表 8-2 常用塑料的特性及用途

名称	特 性	用 途
聚氯乙烯 (PVC)	硬质聚氯乙烯强度高，绝缘性、耐蚀性好，但是耐热性差，使用温度为 $-10 \sim 55\ ℃$	可部分代替不锈钢、铜、铝等金属材料作耐腐蚀设备及零件，可制作灯头、插座、开关、阀门管件等
	软质聚氯乙烯强度低、伸长率高、易老化，绝缘性、耐蚀性好。泡沫聚氯乙烯密度低、隔热、隔声、防振性好	用于制造农用和工业包装用薄膜、电线绝缘层、人造革、密封件衬垫等。有毒，不能用于食品和药品包装。泡沫聚氯乙烯可作衬垫
聚乙烯 (PE)	低压聚乙烯强度、硬度高，耐蚀性、绝缘性好	用于制造耐磨自润滑零件（如轻载齿轮、轴承等），耐腐蚀设备的零件，电气绝缘材料（如高频、水底和一般电缆的包皮等），茶杯、奶瓶等
	高压聚乙烯柔软性好（$-70\ ℃$时仍柔软），塑性、韧性、透明性好，摩擦系数小（0.21）	用于制造薄膜、软管，用于包裹电缆、包装食品和药品
聚丙烯 (PP)	是最轻的塑料之一，刚性好，耐热性好，可在100 ℃以上的高温使用，化学稳定性好，几乎不吸水，电气绝缘性能好，易成形，低温呈脆性，耐磨性不高	用于制造一般结构材料、耐腐蚀的化工设备及零件、受热的电气绝缘零件（如电视机、收音机、电话机等家用电器外壳）及一般用途的齿轮、管道、接头等
聚苯乙烯 (PS)	有较好的韧性和一定的冲击强度，优良的透明度（和有机玻璃相似），化学稳定性较好，易成形	用于制造透明结构零件，如汽车用各种灯罩、电气元件、仪表零件、浸油式多点切换开关、电池外壳等
ABS 树脂	具有良好的综合力学性能，高冲击韧性和良好的强度，优良的耐热性、耐油性能，尺寸稳定，易成型，表面可镀金属，电气绝缘性能良好	用于制造一般结构件或耐磨受力零件（如齿轮、轴承等），耐腐蚀设备和零件，ABS制成的泡沫夹层板可用作小轿车车身。还用于制造文教体育用品、乐器、家具、包装容器及装饰件等

续　表

名称	特　性	用途举例
聚酰胺（尼龙）（PA）	尼龙6的疲劳极限、刚性和耐热性比尼龙66差，但弹性好，具有较好的消振和消声性，其他性能同尼龙66	用于制造轻载荷、中等温度（80～100 ℃）、无润滑或少润滑、要求低噪声条件下工作的耐磨受力零件
	尼龙66的疲劳强度和刚性较高，耐热性较好，耐磨性好，摩擦系数小，但吸湿性大，尺寸不够稳定	用于制造在中等载荷、使用温度不超过100 ℃、无润滑或少润滑条件下工作的耐磨受力传动零件

8.1.2　橡胶

橡胶是指在使用范围内具有高弹性的高分子材料。橡胶有高的弹性及良好的耐磨性、绝缘性、隔声性和阻尼特性，生产中广泛用来制造弹性材料、密封材料、防震和减振材料、传动材料。

1. 橡胶的分类

（1）按来源分类。橡胶可分为天然橡胶与合成橡胶两类。天然橡胶是由橡胶树的白色胶乳经采集和适当加工而成的，主要化学成分是聚异戊二烯。合成橡胶是以从石油、天然气中得到的某些低分子不饱和烃为原料，在一定条件下经聚合反应而得到的类似橡胶性质的各种高分子化合物，主要成分是合成高分子物质。合成橡胶品种较多，较常用的是丁苯橡胶和顺丁橡胶。在合成橡胶中，丁苯橡胶是产量和总量最大的品种，占橡胶总产量的60%～70%。顺丁橡胶发展最快，产量仅次于丁苯橡胶。

（2）按用途分类。橡胶可分为通用橡胶和特种橡胶。通用橡胶的用量较大，价格较低，主要用于制作轮胎、输送带、胶管、胶板等，主要品种有丁苯橡胶、氯丁橡胶、乙丙橡胶等。特种橡胶价格较高，主要用于高温、低温、酸、碱、油和辐射介质条件下的橡胶制品，主要有丁腈橡胶、氟橡胶、硅橡胶等。

2. 橡胶的组成

橡胶制品是以生胶为基础，并加入适量的配合剂和增强材料，经硫化处理后得到的一种生产原材料。

（1）生胶。生胶是未加配合剂的天然橡胶或合成橡胶，是橡胶制品的主要成分。它不仅决定了橡胶制品的性能，还是把各种配合剂和增强材料黏结成一体的黏结剂。不同的生胶可制成不同性能的橡胶制品。

（2）配合剂。配合剂是指为改善和提高橡胶制品的某些性能而加入的物质。配合剂的种类很多，一般有硫化剂、硫化促进剂、活性剂、增塑剂、填充剂、着色剂、防老化剂等。其中硫化剂的作用是使橡胶变得富有弹性，目前生产中多采用硫黄作为硫化剂。硫化促进剂主要作用是促进硫化，缩短硫化时间并降低硫化温度，常用的硫化促进剂有MgO、ZnO、CaO等。增塑剂主要作用是提高橡胶的塑性，使其易于加工和与各种配料混合，并降低橡胶的硬度、提高耐寒性等,常用增塑剂主要有松香、硬脂酸、精制蜡、凡士林等。防老化剂的主要作用是延缓或抑制橡胶发黏变脆的老化过程,延长橡胶的使用寿命或储藏时间,常用的防老化剂有石蜡、蜂蜡以及苯胺、二苯胺等。填充剂的作用是提高橡胶制品的强度、硬度和减少生胶用量,降低成本,并能改善工艺性能,常用的填充剂有炭黑、陶土、石英、碳酸钙、滑石粉等。

(3) 增强材料。增强材料的作用是提高橡胶的力学性能,如强度、硬度、耐磨性和刚性,以提高橡胶制品的承载能力并限制变形。常用的增强材料是各种纤维织物、金属丝及编织物,如在传送带、胶管中加入帆布、细布,在轮胎中加入帘布及在胶管中加入钢丝等。

3. 橡胶的性能

(1) 极好的弹性。橡胶在受到较小力作用下能产生很大的变形(变形量在100%～1 000%),取消外力后又能恢复原状。这是橡胶区别于其他材料的主要标志。

(2) 良好的综合性能。橡胶有很高的可挠性和伸长率、良好的耐磨性、电气绝缘性、耐蚀性、隔声、吸振以及与其他物质的黏结性等。

4. 常用橡胶及其应用

橡胶主要用于制作轮胎、密封元件(旋转轴密封、管道接口密封)、胶管(输送水、油、气、酸、碱)、减振防振件(机座减振垫片、汽车底盘橡胶弹簧)、传动件(如V带、传动滚子)、制动件、运输带,以及电线、电缆和电工绝缘材料等,其应用示例如图8-6所示。常用橡胶的性能特点及用途见表8-3。

(a) 轮胎

(b) 密封圈

(c) 电缆胶套

图8-6 橡胶的应用示例

表8-3 常用橡胶的性能特点及用途

类别	品种	抗拉强度 R_m/MPa	断后伸长率 A/%	使用温度 t/℃	性能特点	用途
通用橡胶	天然橡胶(NR)	2.5～3.0	650～900	-50～120	高弹性、耐低温、耐磨、绝缘、防振、易加工,不耐氧化、不耐油、不耐高温	用于制造通用制品,如轮胎、胶带、胶管等
	丁苯橡胶(SBR)	1.5～2.0	500～800	-50～140	耐磨性突出、耐油、耐老化,但不耐寒,加工性较差、自黏性差、不耐屈挠	用于制造通用制品,如轮胎、胶板、胶布、胶鞋、胶管、各种硬质橡胶制品等

续表

类别	品种	抗拉强度 R_m/MPa	断后伸长率 A/%	使用温度 t/℃	性能特点	用途
通用橡胶	顺丁橡胶（BR）	1.8～2.5	450～800	−73～120	弹性和耐磨性突出，耐寒性、耐老化性较好，易与金属黏结，但强度较低，加工性差、自黏性和抗撕裂性差	用于制造轮胎、耐寒胶带、橡胶弹簧、减振器及电绝缘制品等
通用橡胶	氯丁橡胶（CR）	2.5～2.7	800～1 000	−35～130	耐油、耐氧、耐臭氧性良好，阻燃、耐热性好，但绝缘性、加工性较差	用于制造耐油、耐腐蚀胶管，运输带、各种垫圈、油封衬里、胶黏剂、汽车门窗镶嵌件
特种橡胶	丁腈橡胶（NBR）	1.5～3.0	300～800	−35～175	耐油性突出，耐溶剂、耐热、耐老化、耐磨性均超过一般通用橡胶，气密性、耐水性良好，但耐寒性、耐臭氧性、加工性均较差	用于制造耐油制品，如输油管、耐油密封垫圈、耐热及减振零件、汽车配件等
特种橡胶	聚氨酯橡胶（UR）	2.0～3.5	300～800	−30～80	耐磨性高于其他橡胶，耐油性良好，强度高，但耐水、耐酸、耐碱及耐热性均较差	用于制造胶辊、实心轮胎、同步带及耐磨制品等
特种橡胶	硅橡胶	0.4～1.0	50～500	−70～275	耐高温（300 ℃）、耐低温（−100 ℃）性突出，耐臭氧、耐老化、电气绝缘、耐水性优良，无味无毒。但强度低，不耐油，价格较高	用于制造耐高温、耐寒或耐高温电气绝缘制品，如各种管接头，高温使用的垫圈、衬垫、密封件，耐高温的电线、电缆包皮等
特种橡胶	氟橡胶（FPM）	2.0～2.2	100～500	−50～300	耐高温和耐蚀性突出，耐酸、碱、臭氧及强氧化剂能力高于其他橡胶，耐大气、抗老化性较好。但价格高，耐寒性及加工性较差	用于制造高级密封件、高真空耐腐蚀件，如化工容器衬里、发动机耐油耐热制品、高级密封圈、高真空橡胶件等

5. 橡胶的成形方法

橡胶成形是将混炼胶制成所需形状、尺寸和性能橡胶制品的过程。橡胶的成形技术与塑料的成形技术类似，常用的成形方法有压延成形、挤出成形、注射成形和模压成形等。

（1）压延成形。压延成形是生产高分子材料薄膜和片材的成形方法，既可用于塑料成形，也可用于橡胶成形，加工橡胶时主要是生产片材（胶片）。

压延成形是利用两辊筒之间的挤压力，使胶料产生塑性流动，制成具有一定形状和尺寸的片材或薄膜材料的工艺。压延成形生产率高、制品表面光滑、厚度尺寸精确、内部密实,但工艺控制较严格、操作技术要求较高。常用的压延设备有三辊压延机和四辊压延机。

（2）**挤出成形**。挤出成形是在挤出机中对胶料加热与塑化,通过螺杆的旋转,使胶料在螺杆和机筒之间受到强大的挤压作用,不断向前推进,并借助于口模挤出具有一定截面形状的橡胶半成品,实现初步造形的工艺方法。

挤出成型的橡胶产品很多,如轮胎胎面、内胎、胶管、胶带、内外层胶、电线、电缆外套以及各种异形截面的制品等。

（3）**注射成形**。注射成形生产率高,质量稳定,可生产大型、厚壁或薄壁及几何形状复杂的制品。

（4）**模压成形**。模压成形是将胶料制成半成品后填入模具型腔,经硫化后获得制品的工艺方法。

8.2 陶瓷材料

陶瓷是由金属和非金属元素组成的无机非金属材料的通称,具有高熔点、高硬度、高耐磨性、耐氧化等优点,可作为结构材料、刀具材料,由于还具有某些特殊的性能,又可作为功能材料。

8.2.1 陶瓷的分类

陶瓷按原料不同分为普通陶瓷(传统陶瓷)和特种陶瓷(现代陶瓷)。

1. 普通陶瓷

普通陶瓷是采用天然原料(如长石、黏土和石英等)烧结而成的,是典型的硅酸盐材料,主要组成元素是硅、铝、氧(这三种元素占地壳元素总量的90%)。普通陶瓷来源丰富,成本低,制作工艺成熟。这类陶瓷按性能特征和用途又可分为日用陶瓷、建筑陶瓷、电气绝缘陶瓷、化工陶瓷等。

2. 特种陶瓷

特种陶瓷是采用高纯度人工合成的原料,利用精密控制工艺成型烧结制成,一般具有某些特殊性能,以适应各种需要。特种陶瓷具有特殊的力、光、声、电、磁、热等方面的性能。根据主要成分的不同,特种陶瓷可分为氧化物陶瓷、氮化物陶瓷、碳化物陶瓷、金属陶瓷等。

常用陶瓷的种类、性能及用途见表8-4。

表8-4 常用陶瓷的种类、性能和用途

种类	性能	用途
普通陶瓷	质地坚硬,不氧化生锈,耐腐蚀,不导电,成本低,加工成形性好。但强度低,耐高温性能比其他陶瓷低,一般只能承受1 200 ℃高温。这类陶瓷种类多、产量大、应用广。工业上用得较多的是电瓷和耐酸碱要求不高的化学瓷	广泛用于化工、电气、建筑、纺织等行业。例如,用于受力不大、工作温度低于1 200 ℃,且在酸、碱介质中工作的容器、反应塔、管道等;供电系统中的绝缘子,纺织工业中要求光洁、耐磨,且速度低、受力小的一些导纱零件等

续 表

种类	性 能	用 途
氧化铝陶瓷	抗拉强度比普通陶瓷高2～3倍(最高可达5～6倍),硬度高,脆性大,不能承受冲击载荷,抗热振性差,耐酸、碱和其他化学药品腐蚀的能力强	用于制作高温容器(如坩埚)、内燃机的火花塞,精密切削、高硬材料切削和大工件切削用的刀具和耐磨零件(如金属拉丝模),也用于制作化工、石油用泵的密封环,纺织机上的高速导纱零件,腈纶纤维的起毛割刀等
氮化硅陶瓷	有良好的化学稳定性,除氢氟酸外能耐各种无机酸(如盐酸、硝酸、磷酸和王水)和碱溶液的腐蚀,也能抵抗熔融的非铁金属(如铝、铅、锡、锌、金、银等)的侵蚀。硬度高,具有良好的电绝缘性和耐磨性;摩擦系数小(0.1～0.2),有自润滑性,热膨胀系数小,抗高温蠕变性能和抗热振能力比其他陶瓷高	用于制作热电偶套管、高温轴承、汽轮机转子叶片、泵和阀的密封环、转子发动机中的刮片和加工难切削的刀具、农业用潜水泵密封环
碳化硅陶瓷	高温强度大,抗弯强度在1 400 ℃高温下仍可保持500～600 MPa,而其他陶瓷在1 200～1 400 ℃高温时强度就显著下降。有很高的热传导能力,良好的热稳定性、耐磨性、耐蚀性和抗蠕变性	用于制作火箭尾喷管的喷嘴、浇注金属用的喉管以及热电偶套管、炉管等高温零件,也用于制作汽轮机的叶片、轴承、泵的密封圈等
氮化硼陶瓷	六方氮化硼具有良好的耐热性、热稳定性,是理想的高温绝缘材料(在2 000 ℃时仍绝缘)和散热材料,化学稳定性优异,能抵抗大部分熔融金属的浸蚀,具有自润滑性,但硬度低,可进行车、铣、刨、钻等切削加工。由六方氮化硼转变而成的立方氮化硼的硬度与金刚石相近,是优良的耐磨材料	用于制作热电偶套管、半导体散热绝缘零件、坩埚和冶金用的高温容器和管道。六方氮化硼可用于制作高温轴承和玻璃制品的成形模具等。目前立方氮化硼只用于磨料和金属切削刀具

8.2.2 陶瓷的性能特点

1. 力学性能

陶瓷是工程材料中刚度最好、硬度最高的材料,其硬度大多在1 500 HV以上。陶瓷的抗压强度较高,但抗拉强度较低,塑性和韧性很差。

2. 热性能

陶瓷材料一般具有高的熔点(大多在2 000 ℃以上),且在高温下具有极好的化学稳定性。陶瓷的导热性低于金属材料,是良好的隔热材料。陶瓷的线膨胀系数比金属低,当温度发生变化时具有良好的尺寸稳定性。

3. 电性能

由于具有良好的电气绝缘性,大多数陶瓷大量用于制作各种电压(1～110 kV)的绝缘器件。例如铁电陶瓷(主要成分为钛酸钡 $BaTiO_3$)具有较高的介电常数,可用于制作电容。铁电陶瓷在外电场的作用下能改变自身的形状,将电能转换为机械能(具有压电材料的特性),可用于制作扩音机、电唱机、超声波仪、声纳、医疗用声谱仪等。少数陶瓷还具有半导体的特性,可用作整流器。

4. 化学性能

陶瓷在高温下不易氧化,并对酸、碱、盐具有良好的抗腐蚀能力。

5. 其他性能

陶瓷还有独特的光学性能,可用于制作固体激光器材料、光导纤维材料、光储存器等。透明陶瓷可用于制作高压钠灯管等。磁性陶瓷(主要成分为铁氧体如 $MgFe_2O_4$、$CuFe_2O_4$、Fe_3O_4 等)在录音磁带、唱片、变压器铁芯、大型计算机记忆元件方面的应用有着广泛的前途。

8.2.3 特种陶瓷

1. 氧化铝陶瓷

氧化铝陶瓷主要组成物是 Al_2O_3,其质量分数一般大于 45%。氧化铝陶瓷具有各种优良的性能:耐高温,可在 1 600 ℃高温下长期使用,耐蚀性很强,硬度很高(室温下硬度仅次于金刚石),抗拉强度比普通陶瓷高 5~6 倍,而且热硬性也很高,耐磨性好;此外,电阻率很高,热导率低。氧化铝陶瓷广泛用于制造高温炉管、炉衬、高温容器、坩埚、热电偶套管、内燃机火花塞、高速切削刀具、量块及金属拉丝模等。氧化铝陶瓷有很好的电气绝缘性能,在高频下的电气绝缘性能尤为突出。氧化铝陶瓷的缺点是脆性大,不能承受冲击载荷,也不适于温度急剧变化的环境。

2. 氮化硅陶瓷

氮化硅陶瓷主要组成物是 Si_3N_4,是一种高温强度高、高硬度、耐磨、耐腐蚀并能自润滑的高温陶瓷。其线膨胀系数在各种陶瓷中是最小的,使用温度高达 1 400 ℃。它具有极好的耐蚀性,能耐各种无机酸(除氢氟酸外)、耐碱,也能抵挡熔融的各种非铁金属的侵蚀,并具有优良的电气绝缘性和耐辐射性。

氮化硅陶瓷的制造方法有热压烧结和反应烧结两种。热压烧结的氮化硅陶瓷的组织致密,强度与韧性均高于反应烧结的氮化硅陶瓷,但受模具限制,只能制作形状简单且精度要求不高的零件。热压氮化硅陶瓷主要用于制造切削刀具及高温轴承,可切削淬火钢、冷硬铸铁、钢结硬质合金、镍基合金等难以切削加工的材料。反应烧结氮化硅陶瓷多用于制造形状复杂、尺寸精度要求高的零件,可用于要求耐磨、耐腐蚀、耐高温、绝缘等场合,如汽轮机的转子、定子,无水冷发动机的活塞顶盖、燃烧器,热加工和冶金用热电偶套管、铸模、坩埚、燃烧嘴,在腐蚀介质中使用的各种泵的耐蚀与耐磨的机械密封环等。

3. 碳化硅陶瓷

碳化硅陶瓷主要组成物是 SiC,是一种高强度、高硬度的耐高温陶瓷,在 1 200~1 400 ℃温度下仍能保持高的抗弯强度,是目前高温强度最高的陶瓷。它还具有良好的耐磨性、耐蚀性、抗氧化性、导热性、导电性和高的冲击韧性,用于制作工作温度高于1 500 ℃的零件,是良好的高温结构材料。在兵器工业领域,碳化硅陶瓷广泛应用于坦克发动机增压器涡轮、排气口镶嵌块等,是新型武器装备的关键材料。目前,20～30 mm口径机关枪的射频要求达到1 200发/min以上,这使枪管的烧蚀极为严重,利用高熔点和高温化学性能稳定的碳化硅陶瓷,可有效地抑制严重的枪管烧蚀。

陶瓷材料具有高的抗压和抗蠕变特性,通过合理设计,使陶瓷材料保持三向压缩状态,克服其脆性,保证陶瓷衬管的安全使用。碳化硅陶瓷还可以制作火箭尾喷管的喷嘴、热电偶套管、炉管、高温轴承等高温下工作的零件,可用来制作高温热交换器材料(如核燃料的包封材料等)、砂轮、磨料等。

4. 氮化硼陶瓷

氮化硼陶瓷主要成分为BN,晶体结构可分为六方与立方两种。六方氮化硼晶体结构为六方晶系。六方氮化硼的结构和性能与石墨相似,故有"白石墨"之称,其硬度较低,可以进行切削加工,具有自润滑性。它有良好的耐热性、热稳定性、导热性和高温介电强度,是理想的散热材料和高温绝缘材料,可用于制作冶金用高温容器、半导体散热绝缘材料、热电偶套管等。立方氮化硼具有立方晶体结构,硬度高,仅次于金刚石,热稳定性和化学稳定性比金刚石好,可用于制作切削淬火钢、耐磨铸铁、热喷涂材料和镍等材料的刀具。

5. 装甲陶瓷

装甲陶瓷强度高、硬度大、耐高温、抗氧化、高温蠕变小、高温下耐磨性优良、耐化学腐蚀性优异、热膨胀系数小且密度较小,但脆性大。装甲陶瓷在装甲防护中主要以装甲吸能层和面板使用。目前坦克采用的复合装甲由陶瓷和金属(钢、铝、钛)或树脂基复合材料构成。

装甲陶瓷适用于以下三种类型的装甲结构:陶瓷面板装甲,主要以陶瓷的高硬度、高压缩强度消耗穿甲弹的动能;陶瓷夹层装甲,不仅利用陶瓷消耗穿甲弹动能,而且借助其高熔点和各种曲面形状分散破甲弹的射流;风窗和观察窗透明陶瓷装甲。特种陶瓷的应用如图8-7所示。

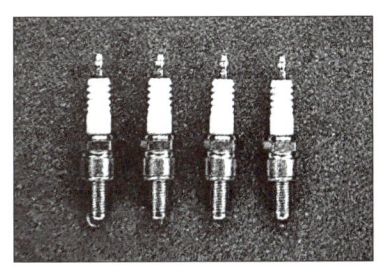

(a) 火花塞氧化绝缘体陶瓷　　(b) 碳化硅密封环

图 8-7　特种陶瓷的应用

8.3 复合材料

复合材料是由两种或两种以上物理、化学性能不同的物质，经人工合成而得到的多相固体材料。两种或两种以上材料复合后，仍保留各自的性能优点，从而使复合材料具有优良的综合性能。复合材料的性能取决于各相的性能、相的比例、各相之间界面的性质，以及增强材料的几何特征。

8.3.1 复合材料的组成和分类

1. 复合材料的组成

复合材料一般由基体相和增强相构成。基体相作为基体，起黏结作用。增强相起提高复合材料承载能力的作用。

2. 复合材料的分类

（1）按增强相的形状复合材料可分为纤维增强复合材料、颗粒增强复合材料、层叠复合材料等。

（2）按基体相复合材料可分为树脂基复合材料、陶瓷基复合材料、金属基复合材料等。

（3）按用途复合材料可分为结构复合材料和功能复合材料。结构复合材料主要作为受力结构使用的材料。功能复合材料是指除力学性能以外，还具备其他物理、化学、生物等特殊性能的复合材料。

8.3.2 复合材料的性能

1. 比模量和比强度高

复合材料的增强物一般都采用高强度、低密度的材料。复合材料的比模量约为钢的 4 倍，比强度约为钢的 8 倍。

2. 抗疲劳性能好

复合材料的基体中密布着大量的增强纤维等，而基体的塑性一般较好，增强纤维和基体的界面可阻止疲劳裂纹扩展，从而有效地提高复合材料的疲劳极限。例如，碳纤维增强复合材料的疲劳极限是其抗拉强度的 70%～80%。

3. 安全性好

在复合材料每平方厘米横截面积上独立地分布着几千甚至几万根纤维，当构件过载并有少量纤维断裂后，会迅速进行应力重新分配，由未断裂的纤维来承受载荷，从而使构件在短时间内不会失去承受载荷能力，提高了使用的安全性。

4. 高温性能良好

增强纤维的熔点或软化温度一般都较高，除玻璃纤维的软化点仅为 700～900 ℃外，其他纤维（如 Al_2O_3、C、BN、SiC、B 等的纤维）的软化点都在 2 000 ℃以上，因此复合材料一般都具有较高的高温强度。例如，一般铝合金在 400 ℃以上时强度仅为室温时的 1/10，弹性模量接近于零，而用碳纤维或硼纤维强化的铝材在 400 ℃时强度和弹性模量几乎和室温一样。

5. 减振性良好

复合材料的比模量大、自振频率很高，不易产生共振。复合材料纤维与基体的界面具有吸振能力，故振动阻尼高。此外，复合材料一般都具有良好的化学稳定性，并且制造工艺简单。复合材料由于上述诸多优点而成为近代以来重要的工程材料，大量应用在飞机、汽车、轮船、压力容器、管道中。

8.3.3 复合材料的种类及应用

先进复合材料是比通用复合材料有更高综合性能的新型材料，它包括树脂基复合材料、金属基复合材料、陶瓷基复合材料和碳基复合材料等，在军事工业的发展中起着举足轻重的作用。先进复合材料具有高比强度、高比模量、耐烧蚀、抗侵蚀、抗高速撞击等一系列优点，是国防工业发展中最重要的一类工程材料。

碳纤维风机叶片

（1）树脂基复合材料。树脂基复合材料具有高比强度、高比模量、低密度，良好的成形工艺性、抗疲劳性、减振性、耐蚀性，良好的介电性能，较低的热导率等特点。树脂基复合材料可分为热固性和热塑性两类。热固性树脂基复合材料是以各种热固性树脂为基体，加入各种增强纤维复合而成的一类复合材料。热塑性树脂则是一类线性高分子化合物，可以溶解在溶剂中，也可以在加热时软化和熔融时变成黏性液体，冷却后硬化成为固体。

树脂基复合材料具有优异的综合性能，制备工艺简单，原料丰富。在航空工业中，树脂基复合材料用于制造飞机机翼、机身、平尾和发动机外涵道；在航天领域中，树脂基复合材料不仅是方向舵、雷达、进气道的重要材料，而且可以制造固体火箭发动机燃烧室的绝热壳体，也可作为发动机喷管的烧蚀防热材料。氰酸树脂复合材料具有耐湿性强、微波介电性强、尺寸稳定性好等优点，广泛用于制作飞行器结构件、飞机的主次受力结构件和雷达天线罩。

（2）金属基复合材料。金属基复合材料具有高比强度、高比模量、良好的高温性能、低的热膨胀系数、良好的尺寸稳定性、优异的导电导热性。铝、镁、钛是金属基复合材料的主要基体，增强材料一般可分为纤维、颗粒和晶须三类。其中，颗粒增强铝基复合材料已用在F-16战斗机中作为腹鳍代替铝合金，其刚度和寿命大幅度提高。碳化硅颗粒增强铝基复合材料具有良好的高温性能和抗磨损的特点，可用于制作火箭、导弹构件，红外及激光制导系统构件，精密航空电子器件等。碳纤维增强铝、镁基复合材料在具有高比强度的同时，还有接近于零的热膨胀系数和良好的尺寸稳定性，成功地用于制作人造卫星支架、空间望远镜、人造卫星抛物面天线等。碳化硅纤维增强钛基复合材料具有良好的耐高温和抗氧化性能，是高推重比发动机的理想结构材料。

（3）陶瓷基复合材料。陶瓷基复合材料是以纤维、晶须或颗粒为增强体，与陶瓷基体通过一定的复合工艺结合在一起组成的材料的总称。陶瓷基复合材料是在陶瓷基体中引入第二相组元构成的多相材料，克服了陶瓷材料固有的脆性，成为当前材料科学研究中最为活跃的一个方面。陶瓷基复合材料具有密度低、比强度高、热力学性能和抗热振冲击性能好的特点,是未来军事工业发展的关键支撑材料之一。陶瓷复合材料的高温性能虽好,但其脆性大,改善脆性的方法有相变增韧、微裂纹增韧、弥散金属增韧和连续纤维增韧等。陶瓷基复合材料主要用于制作飞机燃气涡轮发动机喷嘴阀,可以提高发动机的推重比和降低燃料消耗。

(4) 碳基复合材料。碳-碳复合材料是由碳纤维增强剂与碳基体组成的复合材料,具有比强度高、抗热振性好、耐烧蚀性强、性能可设计等一系列优点。碳-碳复合材料的发展是和航空航天技术所提出的苛刻要求紧密相连的。

20世纪80年代以来,碳-碳复合材料的研究进入了提高性能和扩大应用的阶段。在军事工业中,碳-碳复合材料最引人注目的应用是航天飞机的抗氧化碳-碳鼻锥帽和机翼前缘,用量最大的碳-碳产品是超声速飞机的刹车片、刹车盘。碳-碳复合材料在航空航天方面主要作为烧蚀材料和热结构材料,如用于制作洲际导弹弹头的鼻锥帽、固体火箭喷管、航天飞机的机翼前缘、航空发动机燃烧室、导向器、内锥体、尾喷鱼鳞片、密封片及挡板等。目前,先进的碳-碳喷管材料密度为$(1.87 \sim 1.97) \times 10^3$ kg/m³,环向拉伸强度为 75~115 MPa。

碳-碳复合材料的应用示例如图 8-8 所示。

(a) 碳纤维复合材料球杆　　(b) 碳纤维复合材料自行车架　　(c) 玻璃钢头盔

图 8-8　碳-碳复合材料的应用示例

知识拓展

新材料石墨烯

石墨烯是一种由碳原子以 sp2 杂化轨道组成六角形呈蜂巢晶格的二维碳纳米材料。石墨烯具有优异的光学、电学、力学特性,在材料学、微纳加工、能源、生物医学和药物传递等方面具有重要的应用前景,被认为是一种未来革命性的材料。

石墨烯是最薄的材料,同时也是最强韧的材料。石墨烯的断裂强度比最好的钢材还高 200 倍。石墨烯有很好的弹性,拉伸幅度能达到本身尺寸的 20%。

石墨烯是导电性最好的材料,电子在其中的运动速度达到了光速的 1/300,远超过电子在一般导体中的运动速度。石墨烯最有潜力的应用是成为硅的替代品,比如制造超微型晶体管,制造未来的超级计算机。假如采用石墨烯取代硅,那么计算机处理器的运行速度将会快数百倍。

石墨烯几乎是完全透明的,只吸收2.3%的光。但它又十分致密,即使是最小的气体原子(氦原子)也无法穿透。石墨烯适合作为透明电子产品的原料,如透明的触摸显示屏、发光板和太阳能电池板。石墨烯尤其具有很强的化学敏感性,能够制作成高效探测器等。

在塑料里掺入百分之一的石墨烯,能使塑料具备十分良好的导电性;如果加入千分之一的石墨烯,能使塑料的抗热性能提高30 ℃。在此基础上可以研制出薄、轻、拉伸性好和超强韧新型材料,用于制造飞机、汽车和卫星。

中国在石墨烯研究上具有独特的优势。石墨烯生产原料石墨,中国的储存量十分丰富,而且价格低廉。目前,中国已成功突破石墨烯批量化生产和大尺寸生产两大难题,而且也解决了这种材料的量产难题。科研人员利用化学气相沉积法成功制造出了国内首片15英寸的单层石墨烯,并成功地将石墨烯透明电极应用于电阻触摸屏上,制备出了7英寸石墨烯触摸屏。

2018年3月31日,中国首条全自动量产石墨烯有机太阳能光电子器件生产线在山东菏泽启动,该项目主要生产可在弱光下发电的石墨烯有机太阳能电池,破解了应用局限、对角度敏感、不易造型这三大难题。2018年6月27日,中国石墨烯产业技术创新战略联盟发布新制定的团体标准《含有石墨烯材料的产品命名指南》。这项标准规定了石墨烯材料相关新产品的命名方法。

随着批量化生产以及大尺寸等难题的逐步突破,石墨烯的产业化应用步伐正在加快,基于已有的研究成果,最先实现商业化应用的将是移动设备、航空航天、新能源电池等领域。

小 结

类别		主要品种	性能特点	用途
高分子合成材料	工程塑料 热塑性	聚乙烯、聚丙烯、聚氯乙烯、聚苯乙烯、聚甲醛等	加工成形好,力学性能较高,能反复使用,但热硬性和刚性较差	用于制造绝缘、耐腐蚀、耐磨传动件,以及透明、装饰件等
	工程塑料 热固性	酚醛树脂、氨基塑料、环氧树脂、有机硅塑料等	热硬性高,受压不易变形等,但力学性能不太好,不能反复使用	用于制造绝缘、耐腐蚀、密封、隔热、隔声、吸振件等
	橡胶 通用	天然橡胶、丁苯橡胶、顺丁橡胶、氯丁橡胶等	高弹性、耐低温、耐磨、绝缘、减振、易加工	用于制造通用制品,耐油、耐腐蚀的胶管、运输带等
	橡胶 特种	丁腈橡胶、聚氨酯、硅橡胶、氟橡胶	耐油性突出,耐溶剂、耐热、耐老化、耐磨性均超过一般通用橡胶,气密性、耐水性较好	用于制造输油管、耐油密封垫圈、耐热及减振零件、汽车配件、各种管接头、化工容器衬里等

续 表

类 别		主要品种	性能特点	用 途
陶瓷材料	普通陶瓷	黏土陶瓷,由黏土、长石、石英为原料制成	质地坚硬,不氧化生锈,耐腐蚀,不导电,成本低,加工成形性好,但强度低,耐蚀性比其他陶瓷低,一般只承受1 200 ℃高温	广泛用于电气、化工、建筑、纺织等行业,如用于制造受力不大,工作温度低于200 ℃,且在酸、碱介质中工作的容器、反应塔、管道等
	特种陶瓷 氮化硅陶瓷	以 Si_3N_4 为主要成分	化学稳定性好,耐蚀性好,硬度高,高温强度好	用于制作高温轴承、热电偶套管、汽轮机转子叶片、泵和阀的密封环、转子发动机中的刮片和刀具
	特种陶瓷 碳化硅陶瓷	主要成分是 SiC	高温强度大,有很高的热传导能力,良好的热稳定性、耐磨性、耐蚀性和抗蠕变性	用于制作火箭尾喷管的喷嘴、热电偶套管、炉管等高温零件,是温度高于1 500 ℃时良好的结构材料。
	特种陶瓷 氮化硼陶瓷	氮化硼晶体属于六方晶系,结构与石墨相似	具有良好的耐热性、热稳定性、优异的化学稳定性,是理想的高温绝缘材料和散热材料	用于制作热电偶套管、半导体散热绝缘零件、坩埚及冶金用的高温容器和管道等
复合材料		树脂基复合材料、金属基复合材料、陶瓷基复合材料、碳基复合材料		

习题八

一、名词解释

高分子材料、塑料、橡胶、陶瓷、复合材料。

二、填空题

1. 高分子化合物是指分子质量_____以上的化合物。高分子材料按来源不同可分为_____和_____化合物。

2. 塑料按使用范围分为通用塑料、_____和_____三类,按合成树脂的热性能又分为_____、_____两类。

3. 橡胶制品是以_____为基础,并加入适量的_____和_____材料,经硫化处理得到的一种生产原材料。

4. 陶瓷可分为_____和特种陶瓷,按用途可分为日用陶瓷和_____。

5. 复合材料按增强材料的形状不同可分为_____、_____等,按基体材料不同,又分为_____、_____、_____等。

三、判断题

1. 热塑性塑料加热时变软,冷却后变硬,再加热时又变软,故可反复成形。 (   )

2. 工程塑料可代替金属制造某些机械构件。　　　　　　　　　　（　）

3. 热固性塑料成形后再加热时可软化熔化。　　　　　　　　　　（　）

4. 陶瓷刀具的硬度和热硬性均比钢高。　　　　　　　　　　　　（　）

5. 工程材料中陶瓷的硬度最高（一般高于 1 500 HV）、耐热性最好。（　）

6. 玻璃钢是由玻璃和钢组成的复合材料。　　　　　　　　　　　（　）

四、简答题

1. 什么是塑料？它有哪些主要组成物？工程塑料在性能上的特点是什么？

2. 塑料的成形方法有哪几种？

3. 橡胶的主要组成物有哪些？其作用分别是什么？

4. 橡胶的性能特点如何？举例说明它在工业中的应用。

5. 陶瓷材料的性能特点是什么？举例说明特种陶瓷的特点和主要用途。

6. 装甲陶瓷主要应用于哪几种类型装甲结构？

7. 什么是复合材料？复合材料的性能特点是什么？

8. 先进复合材料有哪几种？它们的基体和增强相分别是什么？

模块二 金属材料的成形

单元九 铸　　造

学习目标

1. 理解铸造生产的特点、分类及应用。
2. 掌握砂型铸造的工艺及各种手工造型方法的特点，铸造工艺图和绘制方法。
3. 熟悉特种铸造常用方法及应用。
4. 根据零件的结构特点与性能要求，合理选择常用的铸造方法生产零件毛坯。

重　　点

砂型铸造工艺过程。

难　　点

铸件结构工艺性分析及铸造工艺图绘制。

案例引入

1939 年，在河南省安阳市武官村殷墟发掘出土了世界上最大的青铜器——商后母戊鼎（图 9-1），鼎高 133 cm，口长 110 cm，口宽 79 cm，重达 832.84 kg。商后母戊鼎及同时出土的商后母辛鼎等共十件青铜器，在规格和铸造工艺上代表了中国青铜鼎盛时期的最高水平，它的出现震惊了世界。在 3 000 多年前人们是如何制作这个不可思

图 9-1　商后母戊鼎

议的巨大器物？据专家考证，商后母戊鼎采用了范铸法的铸造工艺，是古代铸造青铜器最普遍的一种方法，显示出商代工匠制作陶范的高超工艺，代表了中国铸铜技艺的最高水平。商后母戊鼎的出土是青铜器巅峰时期和中国青铜文明辉煌成就的历史见证。现在，商后母戊鼎收藏于中国国家博物馆，成为一件镇馆之宝。

9.1 概 述

铸造是指熔炼金属，制造铸型，并将熔融的金属浇入铸型，凝固后获得具有一定形状、尺寸和性能的金属零件毛坯的成形方法。铸造是机械零件毛坯或成品热加工的一种重要工艺方法。铸造制造的毛坯或零件称为铸件。铸件一般尺寸精度不高，表面粗糙，经切削加工后才能使用。液态金属易流动，各种金属材料都能用铸造方法生产铸件，并使其形状和尺寸尽量与零件接近，以节省金属，减少加工余量，降低成本，因此铸造在机械制造工业中占有重要地位。

9.1.1 铸造的特点

（1）**能够制造出形状复杂的铸件**。特别是能铸造出具有复杂内腔的毛坯，如机床床身、内燃机缸体和缸盖、变速器箱体、涡轮叶片、阀体、机座等。

（2）**适应性广，工艺灵活性大**。几乎各种合金，各种尺寸、形状、质量和数量的铸件都能用铸造方法生产。工业中常用金属材料（如各种铸铁、非合金钢、低合金钢、合金钢、非铁金属等）均可用铸造的方法成形。铸件质量可从几克到数百吨，轮廓尺寸可从几毫米至几十米；铸件的批量不受限制，可以单件、小批生产，也可以成批、大量生产。

（3）**成本低**。铸造所用的原材料来源广泛、价格低廉，还可利用废旧金属，不需要复杂、精密、昂贵的设备。因此，铸件在机器制造业中应用极其广泛，现代各种类型的机器设备中铸件所占比例很大，如在机床、内燃机中铸件占机器总质量的 $70\%\sim80\%$。

（4）**实现了少切削和无切削**。铸件的形状和尺寸与零件非常接近，加工余量小，减少了切削加工量。特种铸造方法的铸型精密，型腔表面极为光洁，铸件尺寸公差等级（用 DCTG 表示）可达 DCTG5～DCTG7，表面粗糙度 Ra 可达 $3.2\sim25~\mu m$，实现了少切削或无切削加工。

但是，铸造工序多、工艺复杂、劳动条件差，铸件易出现组织疏松、晶粒粗大、缩孔、缩松和气孔等缺陷，这些缺陷会导致铸件的力学性能较差且不及锻件，一般不宜用作承受较大交变、冲击载荷的零件。除铸造工艺外，铸型材料、模具、铸造合金、合金的熔炼与浇注等因素都会影响铸件质量，铸件的质量不够稳定，废品率一般较高。

铸造技术发展迅速，特别是 19 世纪末和 20 世纪上半叶，出现了很多新的铸造方法，如低压铸造、陶瓷铸造、连续铸造等，在 20 世纪下半叶得到完善和实用化。近年来，铸造技术已经向着精密化、大型化、高质量、自动化和清洁化的方向发展。

9.1.2 铸造的分类

铸造成形的方法很多，主要分为砂型铸造和特种铸造两大类。直接形成铸型的原材料主要为型砂,且液态金属完全靠重力充满型腔的铸造方法称为砂型铸造。砂型铸造是最早出现的铸造方法之一,具有成本低、灵活性大、适应性强、生产准备简单等优点,而且技术较成熟,是目前最主要的铸造方法。

与砂型铸造不同的其他铸造方法统称为特种铸造。主要包括熔模铸造、金属型铸造、压力铸造、低压铸造、离心铸造、陶瓷型铸造、连续铸造、挤压铸造等。特种铸造方法可以提高铸件的尺寸精度、表面质量和力学性能,提高金属的利用率,改善劳动条件,减少环境污染,便于实现机械化和自动化生产,在某些特定的领域中应用越来越广泛。

9.2 砂型铸造

砂型铸造是将液态金属浇入用型砂为主要造型材料制备的铸型型腔中,待金属冷却凝固后,将铸型破坏取出铸件的铸造工艺方法,是应用最广的一次性铸造方法。在机械制造业中,目前我国砂型铸件占铸件产量的80%以上。

9.2.1 砂型铸造的过程

砂型铸造生产工艺过程主要包括模样与芯盒准备、型砂与芯砂配制、造型、造芯、熔炼、浇注、落砂、清理、检验入库等工序,如图9-2所示。

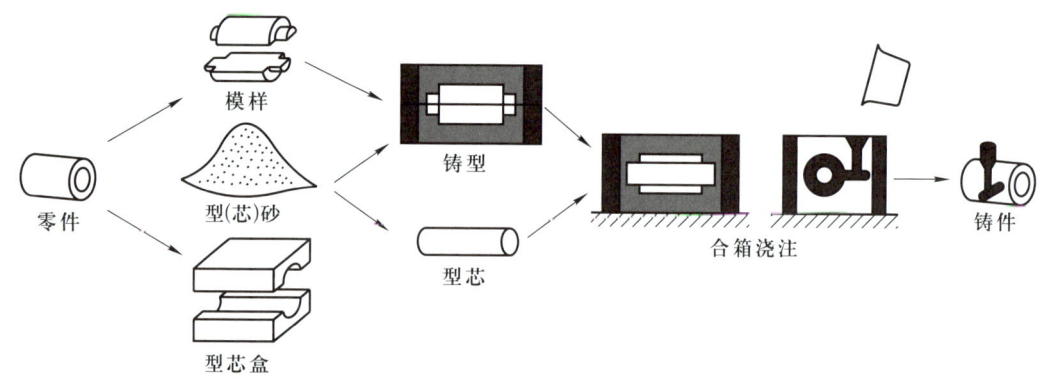

图9-2 砂型铸造生产工艺流程

首先根据零件图的形状和尺寸,设计制作模样及芯盒;制备型砂和芯砂;用模样、砂箱等和配制好的型砂制成砂型;用芯盒制作型芯;合型。把熔炼好的金属液浇入型腔。待金属液凝固冷却后,破坏铸型,取出铸件。最后,清除铸件上附着的型砂冒口及浇注系统,经过检验即可获得所需铸件。

9.2.2 造型

用型砂及模样等工艺装备制造铸型的过程称为造型。用型砂制成的铸型称为砂型。砂型用于形成铸件的外形等造型,模样用于形成铸型型腔。在铸造时型腔形成铸件的外部轮廓。

1. 造型材料

造型材料是指用于制造砂型(芯)的材料,主要包括型砂和芯砂。型砂和芯砂由原砂、黏结剂、附加物、水、旧砂按比例混合而成。根据黏结剂种类不同,型砂可分为黏土砂、树脂砂、水玻璃砂、油砂等。

浇注铸件时,金属液直接与型砂和芯砂接触并在铸型中成形,因此型砂与芯砂的性能对铸件的质量影响很大。型砂和芯砂应具备以下性能:足够的强度,较高的耐火性,良好的透气性,较好的可塑性,较好的退让性。

2. 造型方法

根据生产性质不同,造型方法可分别采用手工造型或机器造型两大类。

(1) 手工造型。手工造型是全部用手工或手动工具完成的造型工序。根据铸件的形状特点,可采用整模造型、分模造型、挖砂造型、活块造型、三箱造型、刮板造型等。表 9-1 为几种手工造型方法的特点及应用。

表 9-1 几种手工造型方法的特点及应用

造型方法	简图	主要特点	应用
整模造型	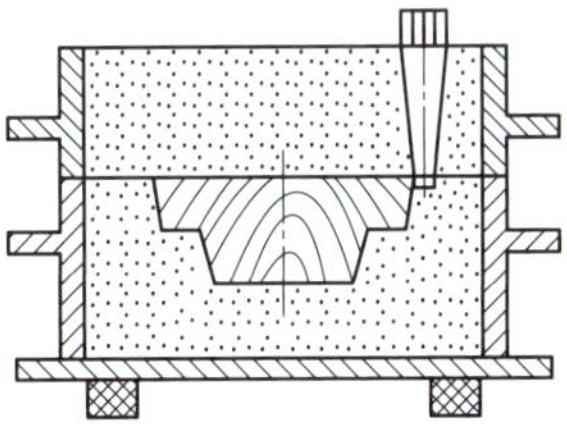	模样为整体,分型面为平面,型腔在同一个砂箱中,不会产生错型缺陷,操作简单	最大截面在端部且为一个平面的铸件,应用较广泛
分模造型	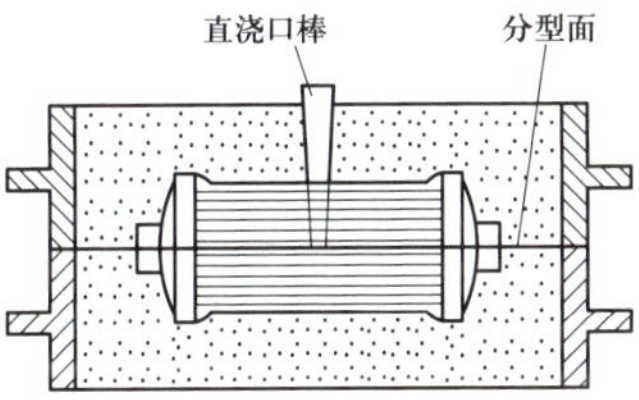	模样在最大截面处分开,型腔位于上、下砂型中,操作较简单	最大截面在中部的铸件,常用于回转体类铸件
挖砂造型	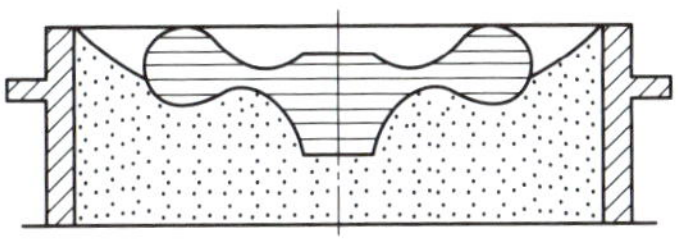	整体模样,分型面为一个曲面,需挖去阻碍起模的型砂才能取出模样,对操作技能要求高,生产率低	适宜中小型、分型面不平的铸件单件、小批量生产
活块造型	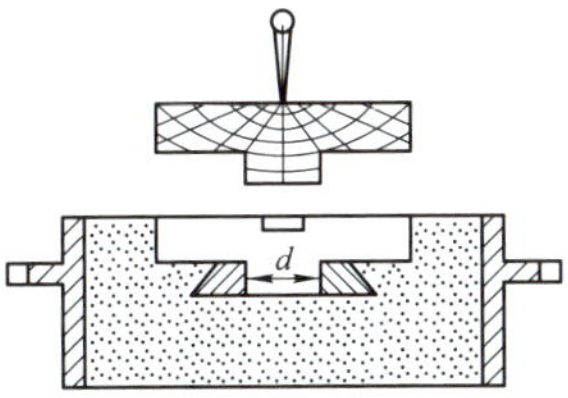	将妨碍起模的部分做成活动的,取出模样主体部分后再将活块取出,造型费工时	用于单件、小批生产带有凸起部分的、难以起模的铸件

续 表

造型方法	简 图	主要特点	应 用
刮板造型	(转轴)	刮板形状和铸件截面相适应,代替实体模样,可省去制模工序,操作要求高	单件、小批生产大中型轮类、管类铸件
三箱造型 动画 三箱造型		用上、中、下三个砂箱,有两个分型面,铸件的中间截面小,用两个砂箱时取不出模样,必须分模,中箱高度有一定要求,操作复杂	单件、小批生产,中间截面小、两端截面大的铸件

（2）**机器造型**。机器造型是用机器全部完成或至少完成紧砂操作的造型工序。在大批量的机械化铸造车间中,生产过程按流水作业连续进行,型砂的处理及运送、造型、制芯、合箱(合型)、浇注、落砂清理以及砂箱、铸型、金属液及铸件的输送等绝大部分工作都是由机器来完成的。图9-3所示为全自动高压多触头造型生产线。

动画
砂型铸造机器造型生产线

微视频
智能造型生产线

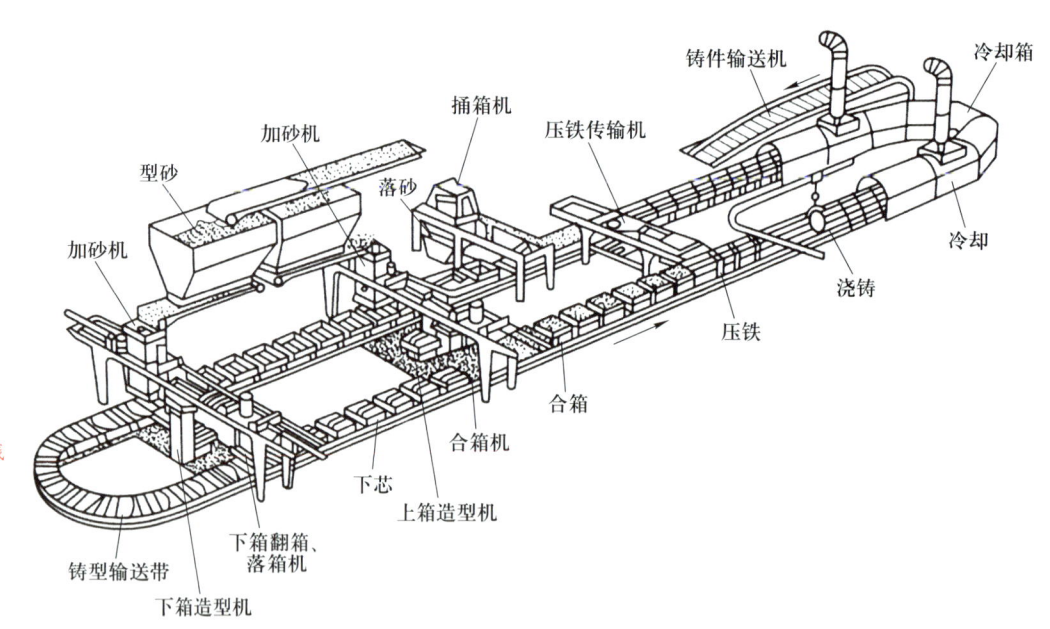

图9-3 全自动高压多触头造型生产线

机器造型生产率高,铸型质量好(紧实度高而均匀、型腔轮廓清晰),铸件质量较高。但设备和工艺装备费用高,生产准备周期长,适用于中小型铸件的成批、大量生产。

按紧砂方式不同,常用的机器造型方法有振压造型、微振压实造型、高压造型、抛砂造型、射砂造型、气流冲击造型等。图 9-4 所示为振压造型机,其紧砂原理是:多次使充满型砂的砂箱、振击活塞、气缸等抬起几十毫米后自由下落撞击压实气缸,多次振击后砂箱下部的型砂由于惯性力的作用而紧实,上部松散的型砂再用压头压实。图 9-5 所示为多触头高压造型机,高压造型一般是指压实比压超过 0.7 MPa 的机器造型,压实机构以液压为动力。当压实活塞向上推动时,触头将型砂从余砂框压入砂箱,而自身在多触头箱体相互连通的油腔内浮动,以适应不同形状的模样,使整个型砂得到均匀的紧实度。高压造型的型砂紧实度、铸件尺寸、精度和表面质量都比较高,噪声小,生产率高,但设备结构复杂,造价高,适用于各种形状中小型铸件的大量或成批生产。

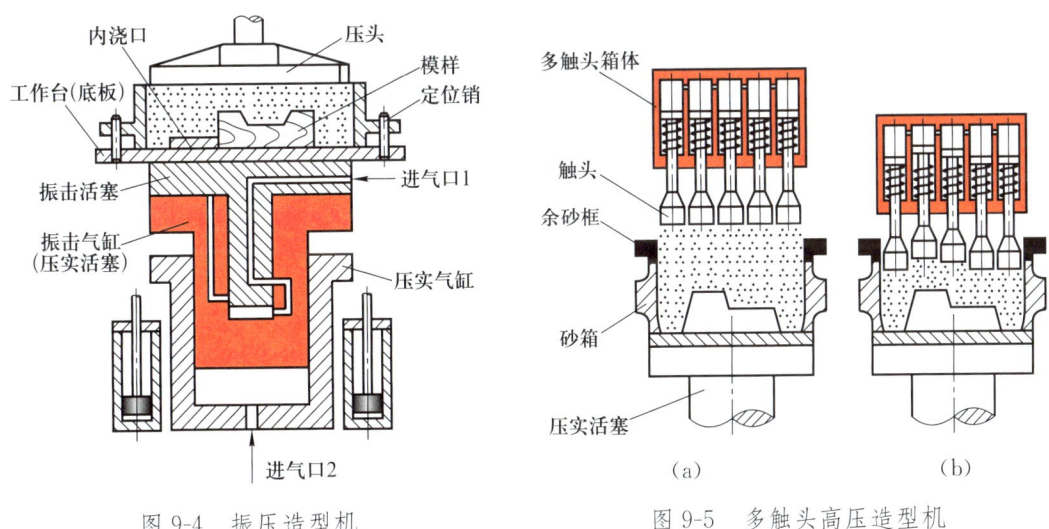

图 9-4 振压造型机　　　　图 9-5 多触头高压造型机

9.2.3 造芯

造芯的主要作用是形成铸件的内腔或局部外形。芯盒是用来造芯的基本工艺装备,其内腔与芯子的形状和尺寸相适应。芯盒在单件或小批生产时可用木材制作,大批量生产时可用铝合金、塑料等材料制作。浇注时,型芯受金属液冲击、包围和烘烤,要求芯砂比型砂具有更高的强度、耐火性、透气性、退让性和溃散性。造芯也分为手工造芯和机器造芯。用芯盒手工造砂芯工艺流程如图 9-6 所示。在大批量生产中,机器造芯最常用的是射芯机制芯和壳芯机制芯。

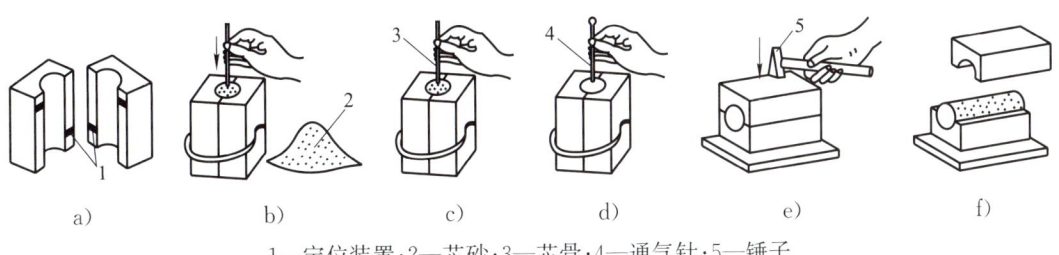

1—定位装置;2—芯砂;3—芯骨;4—通气针;5—锤子。

图 9-6 用芯盒手工造砂芯工艺流程

9.2.4 浇注系统

浇注系统是**为填充型腔和冒口而开设于铸型中的一系列通道,通常由浇口杯、直浇道、横浇道、内浇道等组成**,如图9-7所示。合理地设计浇注系统可使金属液平稳地充满铸型型腔,控制金属液的流动方向和速度,调节铸件上各部分的温度,控制冷却凝固顺序;阻挡夹杂物进入铸型型腔。

动画
灰铸铁冒口的作用

微视频
自动化浇注

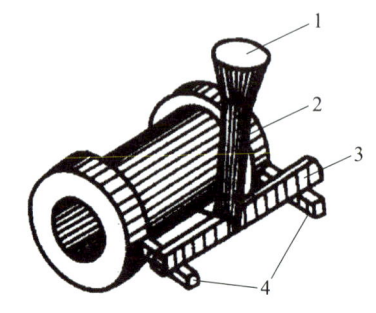

1—浇口杯;2—直浇道;3—横浇道;4—内浇道。

图 9-7 浇注系统

9.2.5 熔炼与浇注

1. 熔炼

熔炼是指使金属由固态转变成熔融状态的过程。熔炼是**提供化学成分合格、温度合适的熔融金属**,从而**获得高质量铸件的重要环节**。金属液的化学成分不合格、温度过高或过低,是造成铸件力学性能、物理性能、化学性能降低和产生冷隔、浇不足、气孔等缺陷的重要原因。

常用的熔炼设备有冲天炉(熔炼铸铁)、电弧炉(熔炼铸钢)、坩埚炉(熔炼非铁金属)、工频或中频感应电炉(熔炼铸钢和铸铁)等。

2. 浇注

将熔炼炉中的金属液经浇包注入铸型的操作称为浇注。**浇注时,金属液应在一定的温度范围、按合理的速度注入铸型**。浇注温度过高,铸件收缩大,黏砂严重,晶粒粗大;浇注温度过低,会产生浇不足、冷隔等缺陷。浇注时,金属液应以适宜的流量和线速度定量地浇入铸型。浇注速度过快,铸型中的气体来不及排出,易产生气孔,并易形成冲砂;浇注速度过慢,使型腔表面烘烤时间过长,导致砂层翘起脱落,产生结疤、夹砂等缺陷。浇注时,既可采用手动浇注,也可采用自动浇注。自动浇注通常用于自动造型线、离心铸管机等。

9.2.6 落砂、清理、检验

1. 落砂

落砂是指用手工或机器使铸件与型砂、砂箱分离的操作。而从铸件中去除芯砂和芯骨的操作称为除芯。铸件浇注后要在砂型中冷却到一定温度后才能落砂和除芯。若落砂和除芯过早,铸件易产生白口,难以切削加工,还会产生铸造应力,导致铸件变形和开裂。若落砂、除芯过晚，铸件固态收缩受阻，也会产生铸造应力，而且影响生产率。

2. 清理

清理是指落砂后，采用铁锤敲击、机械切割或气割等方法清除铸件表面的型砂和多余金属（包括浇冒口、飞翅和氧化皮）的过程。

3. 检验

检验是用肉眼或借助于尖嘴锤找出铸件表层或皮下的铸造缺陷，如气孔、砂眼、黏砂、缩孔、冷隔、浇不足等，对铸件内部的缺陷还可采用耐压试验、超声探伤、金相检验、力学性能试验等方法。铸件常见的缺陷见表9-2。

表9-2 铸件常见的缺陷

缺陷名称	缺陷特征	产生原因分析	缺陷名称	缺陷特征	产生原因分析
浇不足	铸件残缺或轮廓不完整，边角圆且光亮	金属液流动性差，浇注温度低；铸件设计不合理，壁太薄；浇注时断流或浇注速度过慢；浇注系统截面小	裂纹	在铸件转角处或厚薄壁交接处出现条状裂纹	铸件壁厚不均匀，收缩不一致；金属液中硫和磷质量分数过高；型（芯）砂退让性差；浇注温度过高
冷隔	边缘出现圆角状缝隙	铸件设计不合理，壁过薄；金属液流动性差；浇注温度低；浇注速度慢	缩孔	在最后凝固处出现形状不规则的空洞，内腔极粗糙	铸件结构设计不当，有热节；浇注温度过高；冒口设计不合理或冒口过小
错型	铸件在分型面处发生错移	合型时定位不准；造型时上、下模有错移；上、下型未夹紧；定位销或记号不准确	气孔	孔洞内表面光滑，大孔孤立存在，小孔成群出现	铸型透气性差，紧实度过高；铸型太湿、起模刷水过多，型芯浇包未烘干；浇注系统不正确，气体排不出去；型芯通气孔堵塞
偏芯	铸件内孔位置、形状和尺寸发生偏移	型芯变形；下芯时位置不准确；型芯固定不良，浇注时被冲偏	砂眼	内部或表面带有砂粒的孔洞	型砂的耐火性差；浇注温度太高；型砂紧实度不够，型腔表面不致密
变形	铸件发生弯曲或扭曲变形	落砂过早或过晚，铸件壁厚不均匀，铸件形状设计不合理	黏砂	表面或内腔有难以清除的砂粒	浇注温度太高；型砂选用不当，耐火性差；未刷涂料或涂料太薄

动画

铸件浇不到缺陷形成过程

动画

铸件冷隔缺陷形成过程

动画

铸件表面夹砂结疤

动画

铸件表面化学黏砂

9.3 金属的铸造性能

金属的铸造性能是指金属在铸造成形过程中获得外形准确、内部健全铸件的能力，是金属材料的一项重要工艺性能，通常用金属液的流动性、收缩率等来衡量。

9.3.1 常用金属及合金的流动性

流动性是指金属液的流动能力。流动性好的熔融金属在浇注时容易充满型腔,能获得轮廓清晰、尺寸精确、薄而形状复杂的铸件,还有利于夹杂物和气体的上浮排除。流动性差的熔融金属在浇注时易使铸件出现冷隔、浇不足、气孔、夹渣等缺陷。不同种类的合金具有不同的流动性;同类合金的化学成分不同,其流动性也不相同。金属液及合金液的流动性可用螺旋形试样的长度来测定,如图 9-8 所示。将金属液浇注入螺旋形铸型中,在相同的铸造条件下,获得的螺旋形试样越长,表明金属液的流动性越好。在常用铸造合金中,灰铸铁的流动性较好,而铸钢的流动性较差。

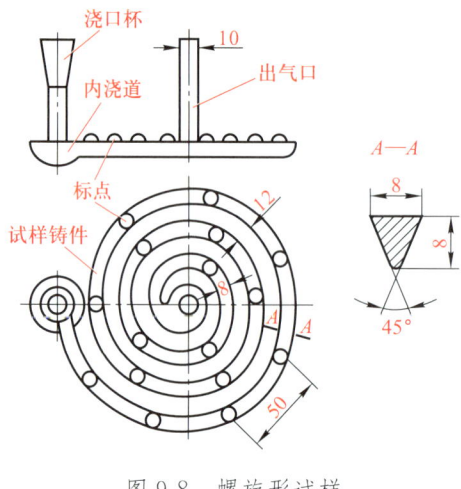

图 9-8 螺旋形试样

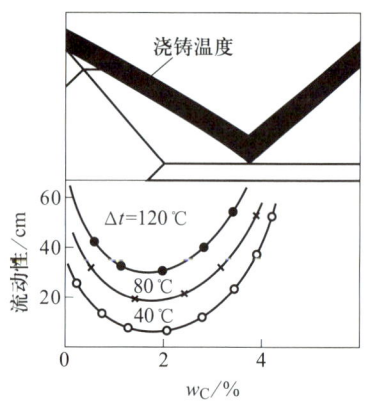

图 9-9 铁碳合金的流动性与碳的质量分数的关系

铁碳合金的流动性与碳的质量分数的关系(图 9-9)表明,亚共晶白口铸铁随碳的质量分数增加,结晶温度区间减小,流动性逐渐提高,越接近共晶成分,合金的流动性越好。

9.3.2 收缩率

1. 收缩

收缩是铸造合金从液态凝固和冷却至室温过程中产生的体积和尺寸的缩减现象,包括液态收缩、凝固收缩、固态收缩三个阶段,如图 9-10 所示。

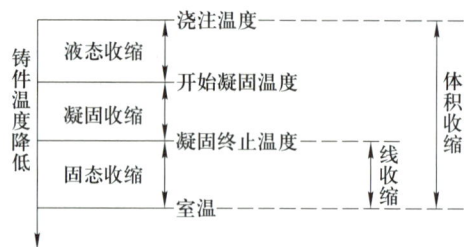

图 9-10 铸造合金收缩的三个阶段

(1) 收缩的三个阶段

① 液态收缩。从浇注温度到凝固开始温度（液相线温度）的收缩，是金属液由于温度的降低而发生的体积缩减。

② 凝固收缩。从凝固开始温度到凝固终止温度（固相线温度）的收缩，是金属液凝固阶段（液态转变为固态）发生的体积缩减。

液态收缩和凝固收缩表现为合金体积的缩减，通常称为体积收缩。

③ 固态收缩。从凝固终止温度到室温的收缩，是金属在固态下由于温度的降低而发生的体积缩减。固态收缩虽然也导致体积的缩减，但通常用铸件的尺寸缩减量来表示，故称为线收缩。

(2) 收缩对铸件质量的影响

若液态收缩和凝固收缩得不到补足，会使铸件产生缩孔和缩松缺陷。若固态收缩受到阻碍，会产生铸造应力，导致铸件产生变形与开裂。

2. 缩孔与缩松

(1) 缩孔。缩孔是指由于金属在液态收缩和凝固收缩阶段得不到补足时，在铸件最后凝固处出现的较大的集中孔洞。缩孔主要出现在金属恒温或很窄温度范围内结晶，铸件壁呈逐层凝固方式的条件下。合金的液态收缩和凝固收缩越大，浇注温度越高，铸件的壁越厚，缩孔的容积就越大，如图9-11所示。

(2) 缩松。缩松是指分散在铸件内的细小的缩孔，主要出现在呈糊状凝固方式的合金中或截面较大的铸件壁中，是由被树枝状晶体分隔开的液体区难以得到补缩导致的。缩松一般分布在铸件中心轴线处、热节处、冒口根部、内浇口附近或缩孔下方，如图9-11所示。

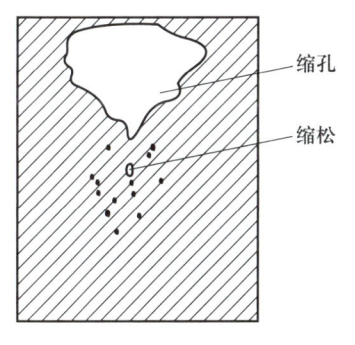
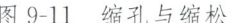
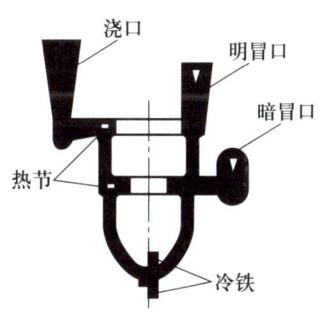

图 9-11 缩孔与缩松　　图 9-12 阀体的冒口补缩

缩孔和缩松都会使铸件的力学性能下降，缩松还使铸件在气密性试验和水压试验时出现渗漏现象。在生产中，可通过在铸件的厚壁处设置冒口的工艺措施，使缩孔转移至最后凝固的冒口处，从而获得完整的铸件，如图9-12所示。冒口是多余部分，被切除后便可获得完整、致密的铸件。此外，也可以通过合理地设计铸件结构，避免铸件局部金属积聚，来预防缩孔的产生。

3. 变形与开裂

在铸件凝固后继续冷却过程中，若固态收缩受到阻碍，就会产生铸造应力，其类型及成因如图9-13所示。当应力达到一定数值时，铸件便产生变形甚至开裂。在铸造生产中，为减小铸造应力，经常从改进铸件结构和优化铸造工艺入手。例如，铸件的壁厚应均匀，或合理地设置冷铁等，使铸件各部位均匀冷却、同时凝固，从而减小热应力；铸件的结构尽量简单、对称，这样可减小金属的收缩受阻，从而减小机械应力，防止铸件产生变形与开裂。

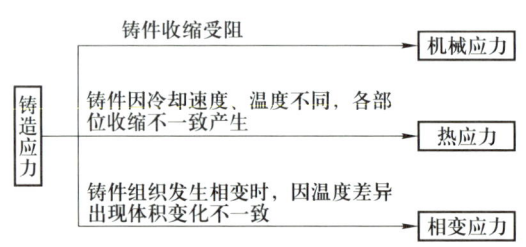

图9-13 铸造应力的类型及成因

4. 影响收缩率的因素

（1）合金的种类和成分。合金的种类和成分不同，其收缩率不同。在铁碳合金中，灰铸铁的收缩率小，铸钢的收缩率大。化学成分不同，其收缩率也略有差别。非合金钢随碳的质量分数的增加，其结晶温度范围变宽，凝固收缩率增大。

（2）工艺条件。金属的浇注温度对收缩率有影响，浇注温度越高，液态收缩越大。铸件的结构和铸型材料对收缩也有影响，即型腔形状越复杂，铸型材料的退让性越差，对收缩的阻碍越大。当铸件结构设计不合理，铸型材料的退让性不良时，铸件会因收缩受阻而产生铸造应力，容易产生裂纹。

浇注位置的概念及其选择原则

9.4 铸造工艺设计

铸造生产时，首先要根据铸件的结构特点、技术要求、生产数量、生产条件等因素，确定铸造工艺及其参数，绘制图样，编制工艺卡和工艺规程等。这些工作称为铸造工艺设计。以下讨论砂型铸造工艺设计的基本内容，包括浇注位置、分型面、铸造工艺参数（收缩率、机械加工余量和尺寸公差、起模斜度、最小铸出孔、铸造圆角、芯头等）的确定以及铸造工艺图的绘制。铸造工艺图是指导铸造生产的技术文件，也是验收铸件的主要依据。

9.4.1 浇注位置的确定

浇注时铸件在铸型中所处的位置称为浇注位置。铸件的浇注位置对铸件的质量、尺寸精度、造型工艺的难易程度等都有很大的影响。浇注位置通常按下列基本原则确定。

1. 铸件的重要工作面或主要加工面朝下或位于侧面

浇注时，金属液中的气体、熔渣及铸型中的砂粒会上浮，有可能使铸件上部出现气孔、夹渣、砂眼等缺陷，而铸件下部出现缺陷的可能性小，组织较致密。如图9-14所示机床床身的浇注位置，应将导轨面朝下，以保证该重要工作面的质量。如图 9-15 所示的卷扬筒，其圆周面的质量要求较高，采用立浇方案，可使圆周面处于侧面，保证质量均匀一致。

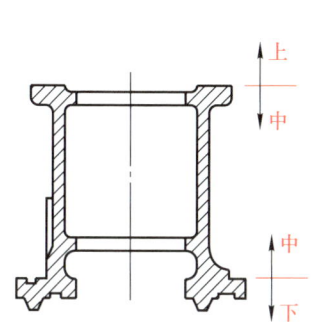
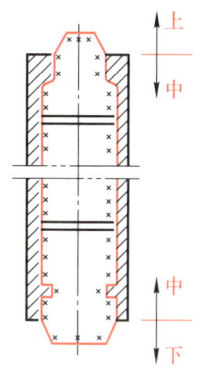

图 9-14　机床床身的主要工作面朝下　　图 9-15　卷扬筒的工作面置于侧面

2. 铸件的大平面朝下或倾斜浇注

由于浇注时炽热的金属液对铸型的上部有强烈的热辐射，引起顶面型砂膨胀拱起甚至开裂，使大平面出现夹砂、砂眼等缺陷。大平面朝下或采用倾斜浇注的方法可避免大平面产生铸造缺陷。图 9-16 所示为平板铸件的浇注位置。

3. 铸件的薄壁朝下、侧立或倾斜

为防止铸件的薄壁部位产生冷隔、浇不足等缺陷，应将面积较大的薄壁置于铸件的下部，或使其处于侧壁或倾斜位置，如图 9-17 所示。

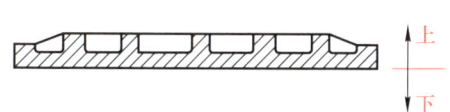
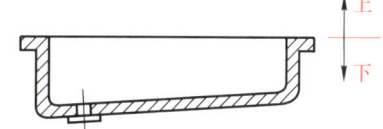

图 9-16　平板铸件大平面朝下　　图 9-17　铸件面积较大的薄壁朝下且倾斜

4. 铸件的厚大部分应放在顶部或在分型面的侧面

主要目的是便于在厚大处安放冒口进行补缩。

9.4.2　分型面的选择

分型面是铸型组元间的接合面。为便于起模，分型面一般选择在铸件的最大截面处。分型面的选择应保证起模方便，简化铸造工艺，保证铸件的质量。确定分型面应遵循如下原则。

1. 分型面选在最大截面处

分型面应选择在模样最大截面处，这样便于起模。如图 9-18 所示。

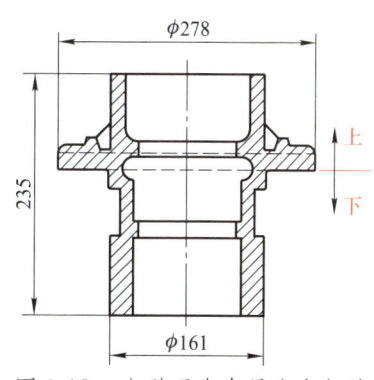

图 9-18　分型面选在最大直径处

2. 尽量减少分型面

分型面少容易保证铸件的精度，可简化造型工艺。对机器造型来说，一般只能有一个分型面，图 9-19 所示的绳轮铸件，大批量生产时，为便于机器造型，可按图 9-19a 所示的分型方案，采用环状型芯，将两个分型面减少为一个分型面；在单件生产，采用手工造型时，为减少工艺装备的制作与使用，可采用图 9-19b 所示的分型方案，三箱造型，两个分型面都是合理的。

分型面的概念及应用

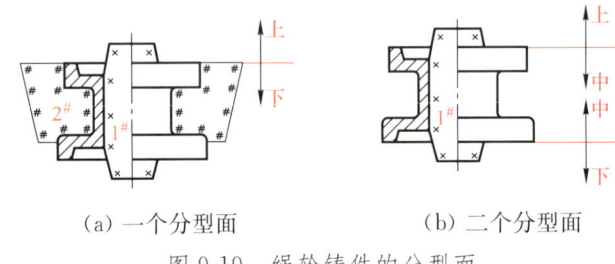

(a) 一个分型面　　　　　(b) 二个分型面

图 9-19　绳轮铸件的分型面

3. 尽量使分型面平直

为了使模样制造和造型工艺简便，图 9-20 所示弯曲连杆的分型面不应采用弯曲的分型面(图 9-20b)，而应采用平直的分型面(图 9-20a)。

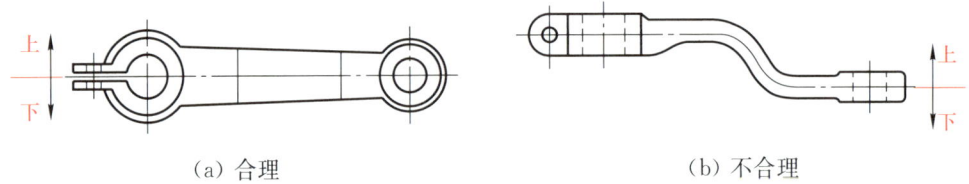

(a) 合理　　　　　　　　(b) 不合理

图 9-20　弯曲连杆的分型面

4. 尽量使全部或大部分铸件位于同一个砂箱中

铸件处于同一个砂箱中既便于合型，又可避免错型，以保证铸件的精度。图 9-21 所示为水管堵头的两种分型方案，图 9-21a 所示的分型方案较合理，使基准面与加工面位于同一个砂箱中，铸件的精度易保证。

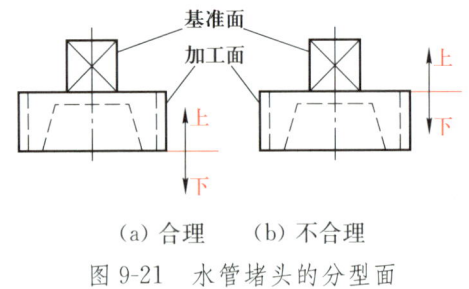

(a) 合理　　(b) 不合理

图 9-21　水管堵头的分型面

5. 尽量使型芯位于下箱并注意减低砂箱的高度

这样可简化造型工艺，方便下芯和合型，便于起模和修型。如图 9-22 所示机床立柱的分型方案,采用图 9-22b 所示方案比较合理,可使型腔和型芯大部分处于下箱中,便于起模、下芯、合型。

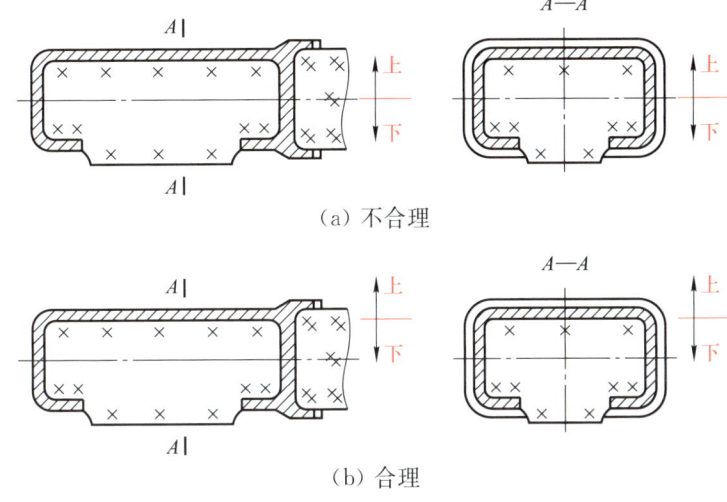

图 9-22 机床立柱的分型面

9.4.3 工艺参数的选定

1. 收缩率

为补偿铸件在冷却过程中产生的收缩,使冷却后的铸件符合图样的要求,需要放大模样的尺寸,放大量取决于铸件的尺寸和该合金的线收缩率。一般中小型灰铸铁件的线收缩率约取 1%,非铁金属的铸造收缩率约取 1.5%,铸钢件的铸造收缩率约取 2%。常用铸造合金的线收缩率见表 9-3。

表 9-3 常用铸造合金的线收缩率

铸件种类		线收缩率/%	
		有阻碍收缩	自由收缩
灰铸铁	中小型铸件	0.8~1.0	0.9~1.1
	大中型铸件	0.7~0.9	0.8~1.0
	特大型铸件	0.6~0.8	0.7~0.9
球墨铸铁	珠光体球墨铸铁件	0.6~0.8	0.9~1.1
	铁素体球墨铸铁件	0.4~0.6	0.8~1.0
蠕墨铸铁	蠕墨铸铁件	0.6~0.8	0.8~1.2
可锻铸铁	黑心可锻铸铁件 壁厚>25 mm	0.5~0.6	0.6~0.8
	黑心可锻铸铁件 壁厚<25 mm	0.6~0.8	0.8~1.0
	白心可锻铸铁件	1.2~1.8	1.5~2.0
铸钢	非合金钢与合金结构钢铸件	1.3~1.7	1.6~2.0
	奥氏体、铁素体钢铸件	1.5~1.9	1.8~2.2
	纯奥氏体钢铸件	1.7~2.0	2.0~2.3

2. 机械加工余量和尺寸公差

机械加工余量是指铸件加工面上预留的、准备切除的金属层厚度。加工余量取决于铸件的精度等级，与铸件材料、铸造方法、生产数量、铸件尺寸、浇注位置等因素有关。

铸件的尺寸公差代号为DCT，其精度等级从高到低有1、2、3、…、16共16个等级；机械加工余量的代号为RMA，从精到粗有A、B、C、D、E、F、G、H、J、K共10个级别。铸件尺寸公差等级的代号为DCTG。砂型铸造时，单件或小批生产的毛坯铸件的尺寸公差等级见表9-4，大批量生产的毛坯铸件的尺寸公差等级见表9-5。铸件的尺寸公差等级和加工余量等级确定后，加工余量和尺寸公差的数值按照(GB/T 6414—2017)《铸件 尺寸公差、几何公差与机械加工余量》选取。

表9-4 单件或小批生产的毛坯铸件的尺寸公差等级（摘自 GB/T 6414—2017）

方法	造型材料	铸件尺寸公差等级(DCTG)							
		铸件材料							
		钢	灰铸铁	球墨铸铁	可锻铸铁	铜合金	轻金属合金	镍基合金	钴基合金
砂型铸造手工造型	黏土砂	13～15	13～15	13～15	13～15	13～15	13～15	13～15	13～15
	化学黏结剂砂	12～14	11～13	11～13	11～13	10～12	10～12	12～14	12～14

注：1. 表中所列出的尺寸公差等级是小批或单件生产的砂型铸造通常能够达到的尺寸公差等级。
2. 本表中的数值一般适用于大于 25 mm 的公称尺寸。
3. 本表也适用于经供需双方商定的本表未列出的其他铸造工艺和铸件材料。

表9-5 大批量生产的毛坯铸件的尺寸公差等级（摘自 GB/T 6414—2017）

方法	铸件尺寸公差等级(DCTG)								
	铸件材料								
	钢	灰铸铁	球墨铸铁	可锻铸铁	铜合金	锌合金	轻金属合金	镍基合金	钴基合金
砂型铸造手工造型	11～13	11～13	11～13	11～13	10～13	10～13	9～12	11～14	11～14
砂型铸造机器造型和壳型	8～12	8～12	8～12	8～12	8～10	8～10	7～9	8～12	8～12
金属型铸造（重力铸造或低压铸造）	—	8～10	8～10	8～10	8～10	7～9	7～9	—	—
压力铸造					6～8	4～6	4～7		
熔模铸造 水玻璃	7～9	7～9	7～9	—	5～8		5～8	7～9	7～9
熔模铸造 硅溶胶	4～6	4～6	4～6	—	4～6		4～6	4～6	4～6

注：表中所列出的尺寸公差等级是在大批量生产下铸件通常能够达到的尺寸公差等级。

3. 起模斜度

为使模样(或型芯)易从铸型(或芯盒)中取出,在模样(或芯盒)上与起模方向平行的壁的斜度称为起模斜度,可用角度 α 或宽度 a(提倡使用)表示。模样的起模斜度可采用增加壁厚、加减壁厚、减小壁厚三种取法,如图 9-23 所示。对于需要机械加工的铸件壁,必须采用增加壁厚法确定起模斜度。

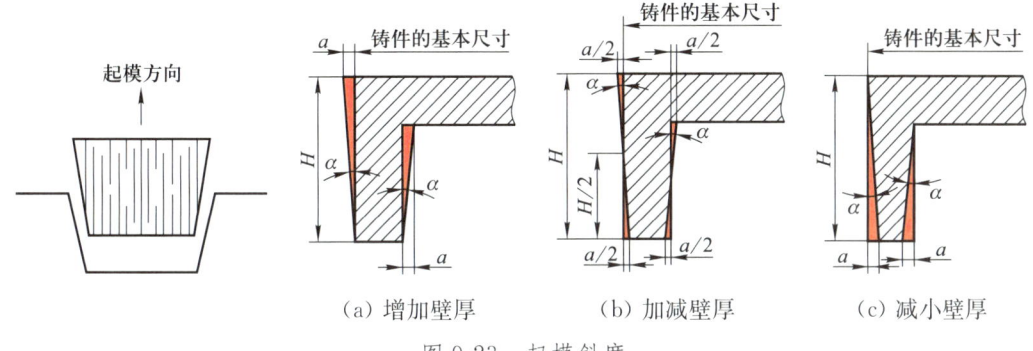

(a) 增加壁厚　　(b) 加减壁厚　　(c) 减小壁厚

图 9-23　起模斜度

起模斜度需要增减的数值可按有关标准选取。一般木模的斜度 $\alpha=0.3°\sim3°$、$a=0.6\sim3.0$ mm,金属模的起模斜度 $\alpha=0.2°\sim2°$、$a=0.4\sim2.4$ mm。模样越高,起模斜度越小。当铸件上孔的高度与直径之比小于 $1(H/D<1)$ 时,可用自带型芯的方法铸孔,其起模斜度一般应大于外壁的起模斜度。

4. 最小铸出孔

对于铸件上的孔和槽是否铸出,应考虑工艺上的可能性和使用上的必要性。一般情况下,较大的孔、槽应铸出,以减小切削加工、节约金属材料,又可以使铸件壁厚均匀,减小形成缩孔、缩松的倾向。对于较小的孔、槽,特别是位置精度要求高的孔、槽,不必铸出,留待后续机械加工会更经济。灰铸铁件的最小铸出孔(毛坯)孔径推荐值如下:单件小批生产时为 $30\sim50$ mm,中批生产时为 $15\sim30$ mm,大批、大量生产时为 $12\sim15$ mm。对于零件图上不要求加工的孔、槽无论尺寸大小,均应铸出。

5. 铸造圆角

模样上壁与壁的连接和转角处要做成圆弧过渡,称为铸造圆角。铸造圆角可减少或避免砂型尖角损坏,防止产生黏砂、缩孔、裂纹等缺陷。但铸件分型面的转角处不能有圆角。铸造内圆角的半径可按相邻两壁平均壁厚的 $1/5\sim1/3$ 选取,外圆角的半径取内圆角的一半。对于小型铸件,外圆角半径一般取 $2\sim8$ mm,内圆角半径则取 $4\sim16$ mm。

6. 芯头

芯头是指型芯的外伸部分,用来定位和支承型芯,其结构如图 9-24 所示。芯头有垂直芯头和水平芯头两种。芯座是指铸型中专门放置芯头的空腔。芯头和芯座的尺寸主要有芯头长度(高度 H)、芯头斜度 α、芯头与芯座装配间隙等,其数值与型芯的长度(高度)和直径有关，应在查阅相关资料后确定。

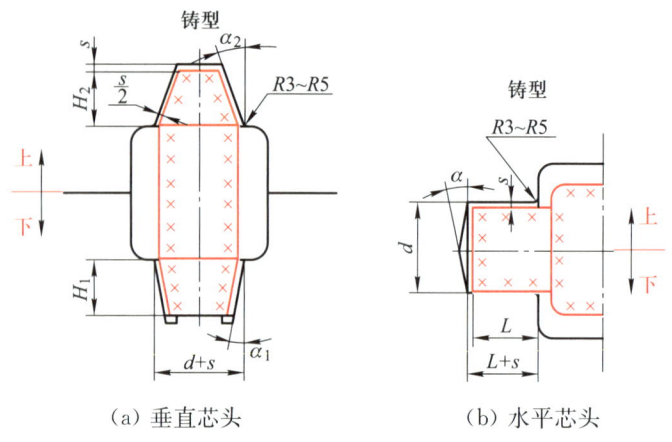

(a) 垂直芯头　　　(b) 水平芯头

图 9-24　芯头的结构

9.5　铸件的结构工艺性

铸件的结构设计不仅要考虑符合使用的要求，还必须考虑是否符合铸造工艺及铸造性能的要求。合理地设计铸件结构可简化铸造工艺，提高生产率，改善铸件质量，降低生产成本。下面从铸件的外形、孔与内腔、壁厚与壁间连接等几个方面讨论铸件结构设计的要求。

9.5.1　铸件的外形

铸件外形应尽量采用规则的易加工平面、圆柱面、垂直连接等，避免不必要的曲面，以便于制模和造型。此外，还应考虑以下方面。

1. 铸件上的凸台不应妨碍起模，以减少活块

对箱体、缸盖等零件上的凸台、肋板设计时，分布应合理，厚度应适当，这样可使起模方便，少用或不用活块造型，简化铸造工艺。对于图 9-25 a、c 所示结构上的凸台，一般要用活块或型芯才能取出模样。采用图 9-25b 所示结构，将凸台延伸至分型面后，也可采用简单的两箱造型，避免了使用活块。在图 9-25d 所示的结构中，将邻近的三个凸台连成一片，即可将三个活块减少为一个活块。

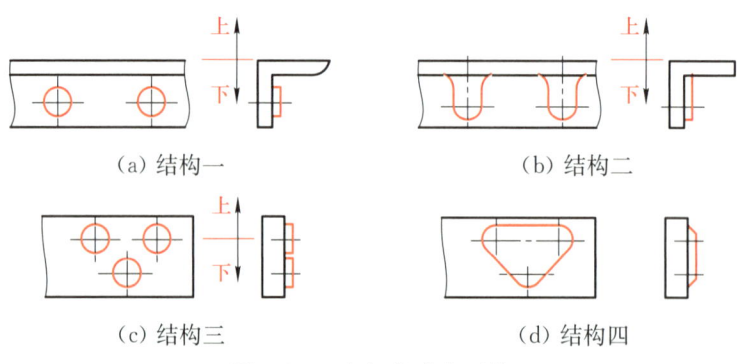

(a) 结构一　　　(b) 结构二

(c) 结构三　　　(d) 结构四

图 9-25　避免或减少活块

2. 铸件应避免外部侧凹,以减少分型面

外壁侧凹的铸件一般要采用型芯、三箱或多箱造型,增加了分型面的数量,造型难度较大。为避免侧凹,可采用两箱造型,减少分型面和砂箱的数量,从而简化铸造工艺,还能减少错型和偏芯,提高铸件的精度,如图9-26所示。

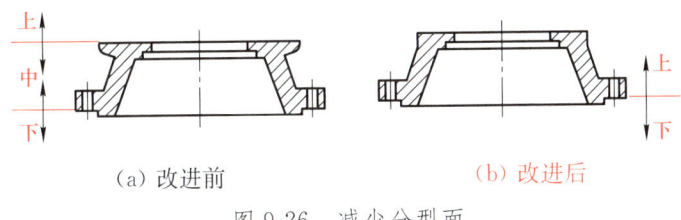

(a) 改进前　　　　　　(b) 改进后

图 9-26　减少分型面

3. 设计结构斜度,以便于起模

造型时,为了便于起模,对于在垂直于分型面的非加工侧壁,一般应设计1°～3°的结构斜度。结构斜度随壁的高度增加而减小,并且内壁的斜度大于外壁的斜度,如图9-27所示。

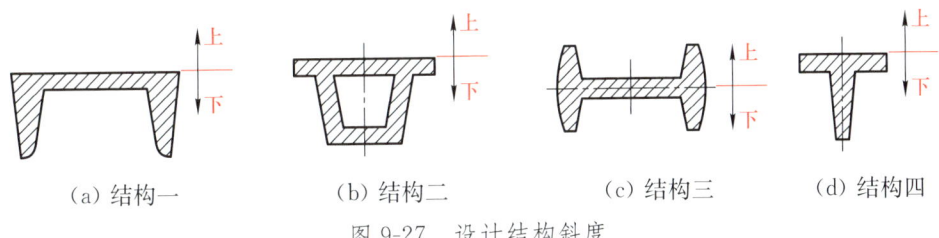

(a) 结构一　　(b) 结构二　　(c) 结构三　　(d) 结构四

图 9-27　设计结构斜度

4. 铸件结构应有利于自由收缩,以防止开裂

图9-28所示为手轮轮辐的三种设计方案。在图9-28a所示方案Ⅰ中,采用偶数直轮辐,易在轮辐和轮缘处产生裂纹,故结构不合理。在图9-28b、c所示方案Ⅱ、Ⅲ中,采用弯曲轮辐或奇数轮辐后,可防止开裂,结构较合理。

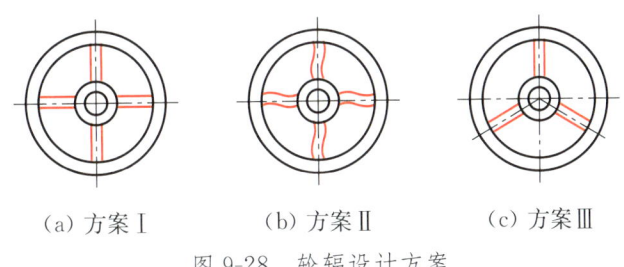

(a) 方案Ⅰ　　(b) 方案Ⅱ　　(c) 方案Ⅲ

图 9-28　轮辐设计方案

5. 避免过大水平面,以防止产生铸造缺陷

过大的水平面不利于金属液的填充,易产生浇不足和冷隔缺陷。在大水平面上方,铸型受金属液的高温烘烤,使型砂拱起,铸件易产生夹砂缺陷。为此,将大的水平面改为倾斜面,

可防止上述缺陷的产生。

9.5.2 铸件的孔和内腔

铸件上的孔和内腔是用型芯来形成的。合理的内腔设计既可减少型芯数量,又有利于型芯的固定、排气和铸件的清理,从而简化铸造工艺,防止产生偏芯、气孔等铸造缺陷。

1. 减少型芯数量

图 9-29 所示为悬臂支架的设计方案。在图 9-29a 所示的方案中,铸件为封闭结构,内腔需要用型芯铸出。改进为图 9-29b 所示的方案后,铸件为开式结构,可省去型芯,从而简化铸造工艺。

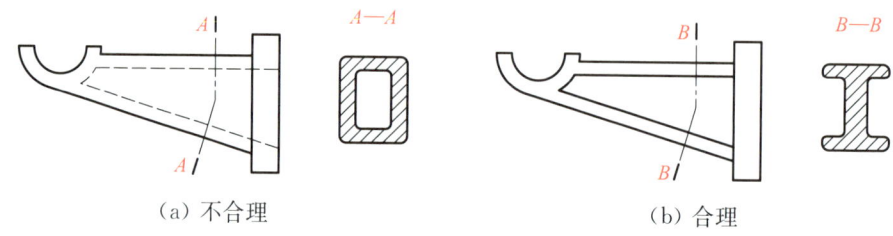

(a) 不合理　　　　　　　　(b) 合理

图 9-29　悬臂支架

2. 便于型芯的固定、排气和铸件清理

图 9-30 所示为轴承支架设计方案。图 9-30a 所示的结构有两个互不连通的内腔,分别用两个型芯形成,其中较大的为悬臂状,装配时必须用型芯撑来固定。若连通中间部分,改为图 9-30b 所示的结构,将内腔连为一体,只用一个整体型芯,不仅下芯方便,型芯稳定性提高,而且利于排气和铸件的清理。

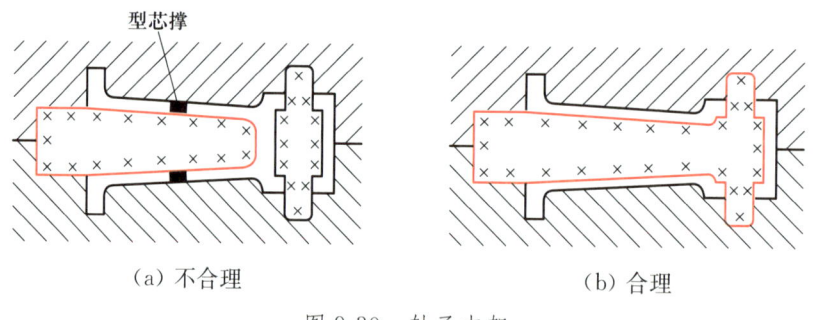

(a) 不合理　　　　　　　　(b) 合理

图 9-30　轴承支架

9.5.3 铸件的壁厚与壁间连接

1. 壁厚应均匀

铸件各部分壁厚相差过大,不仅容易在较厚处产生缩孔、缩松,还会使各部位冷却不均,产生较大的铸造应力,造成铸件开裂。为此,可采用加强肋或工艺孔等措施,如图 9-31 所示。

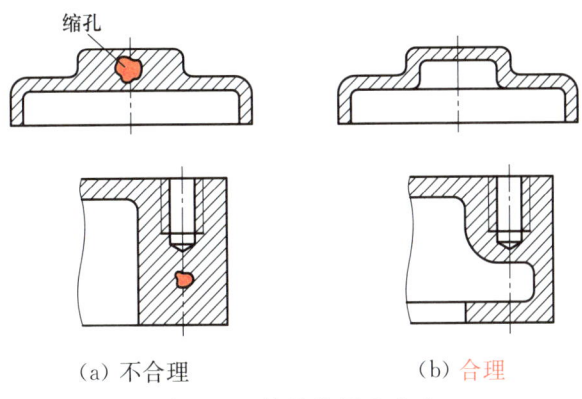

图 9-31 铸件壁厚应均匀

2. 壁的厚度应合理

铸件的壁不宜太薄，否则浇注时金属液在狭窄型腔内的流动性受到影响，易产生浇不足、冷隔等缺陷。在一定的铸造条件下，铸造合金能充满铸型型腔的最小厚度称为该合金的"最小壁厚"。铸件的最小壁厚与金属的流动性和铸件尺寸有关。砂型铸造铸件最小壁厚如表 9-6 所示。

表 9-6　砂型铸造铸件的最小壁厚　　　　　　　　　　　　单位：mm

铸件最大轮廓尺寸	最小壁厚						
	灰铸铁	球墨铸铁	可锻铸铁	铸造碳钢	铸造铝合金	铸造锡青铜	铸造黄铜
<200	3～4	3～4	2.4～4.5	8	3～5	3～6	≥8
200～400	4～5	4～8	4～5	9	5～6	8	≥8
400～800	5～6	8～10	5～7	11	6～8	8	≥8

铸件的壁厚也不宜过大，否则由于铸件冷却过慢使晶粒粗大，且易产生缩孔、缩松等缺陷，使铸件性能下降。因此，不能靠无节制地增大铸件的壁厚来提高承载能力。可采取在铸件的脆弱处增设加强肋的方法来提高铸件的强度和刚度，如图 9-32 所示。铸件的壁厚应小于临界壁厚，砂型铸造铸件的临界壁厚约取最小壁厚的 3 倍。

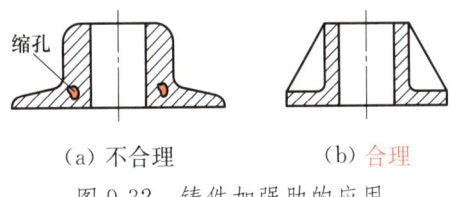

图 9-32　铸件加强肋的应用

3. 铸件的壁间连接、交叉应合理

铸件壁与壁的连接或转角处应设有结构圆角，避免直角或尖角连接，以免造成应力集中而产生裂纹。如果在结构上确实要求厚、薄壁相连，应采用逐步过渡的方法，避免尺寸突变，

以防止产生铸造应力和出现应力集中。铸件壁与壁应避免十字交叉,交叉密集处金属液集聚较多,产生热节后易出现缩孔等铸造缺陷,可改为交错接头或环状接头,如图9-33所示。

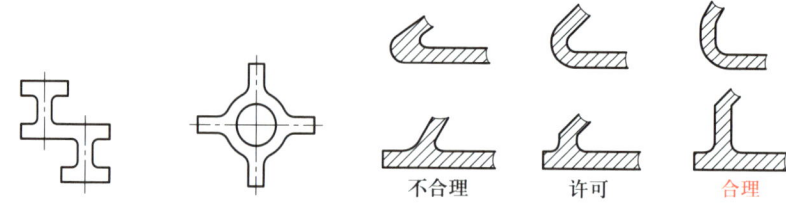

(a) 交错接头　　(b) 环状接头　　(c) 两壁夹角小于90°的连接

图 9-33　铸件壁与壁的连接与交叉设计

9.6　特种铸造

随着科学技术的发展,在砂型铸造的基础上,逐渐出现了多种其他的铸造方法,通常把这些铸造方法通称为特种铸造。常用的特种铸造方法有熔模铸造、金属型铸造、压力铸造、低压铸造、离心铸造、挤压铸造、陶瓷型铸造、实型铸造等。特种铸造具有铸件精度和表面质量高、铸件内在性能好、原材料消耗低、工作环境好等优点,但铸件的结构、形状、尺寸、质量和材料种类往往受到一定限制。

熔模铸造

9.6.1　熔模铸造

熔模铸造是用易熔材料制成模样,在模样上涂抹若干层耐火涂料,待硬化后熔出模样形成无分型面的型壳,经高温焙烧后即可浇注获得铸件的方法。由于易熔材料通常采用蜡料,故这种方法又称为失蜡铸造。

熔模铸造
高温叶片

1. 熔模铸造的工艺流程

熔模铸造的工艺流程如图9-34所示。

 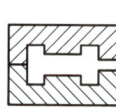 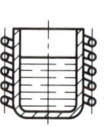 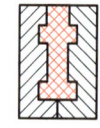  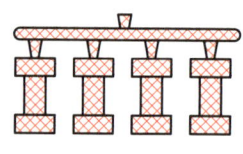

(a) 母模　　(b) 压型　　(c) 熔蜡　　(d) 制造蜡模　　(e) 蜡模　　(f) 蜡模组

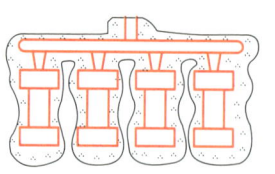 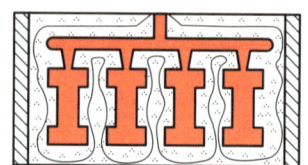

(g) 结壳、脱蜡　　　　　　(h) 填砂、浇注

图 9-34　熔模铸造的工艺流程

(1) 蜡模制造。首先,根据铸件的形状和尺寸,用钢、铜或铝合金制造压型。然后,把熔化成糊状的蜡质材料(常用50%石蜡+50%硬脂酸)压入压型中,待冷却凝固后取出,修去分型面上的毛刺后得到单个的蜡模。为能一次铸出多个铸件,可将多个蜡模黏在一个蜡制的浇注系统上,构成蜡模组。

(2) 型壳制造。在蜡模组上涂抹耐火涂料层,以制成具有一定强度的耐火型壳。先将蜡模浸入涂料中(石英粉+水玻璃、硅酸乙酯等),然后取出蜡模并在表面撒上石英粉(砂),再将蜡模浸入 NH_4Cl 溶液中进行硬化。重复上述过程 4~6 次,制成 5~10 mm 厚的耐火型壳。待型壳干燥后,置于 90~95 ℃ 的热水中浸泡,熔出蜡料即得到一个中空的型壳。

(3) 焙烧、浇注。将型壳在 850~950 ℃ 的炉内进行焙烧,去除残留的蜡料和水分,并提高型壳的强度;将焙烧后的型壳趁热(600~700 ℃)置于砂箱中,并在其周围填充砂子或铁丸固定,即可进行浇注。

2. 熔模铸造的特点及应用

(1) 由于铸型精密又无分型面,因此铸件的尺寸精度高,表面质量好,尺寸公差等级为 CT4~CT7,表面粗糙度 Ra 可达 1.6~12.5 μm。

(2) 可制造形状特别复杂的铸件,最小壁厚可达 0.7 mm,最小孔径可达 1.5 mm。

(3) 能适应各种铸造合金,尤其适应高熔点和难切削合金,生产批量不受限制。

(4) 工艺复杂,生产周期长,成本高,铸件尺寸和质量受到限制,一般不超过 25 kg。

熔模铸造适用于形状复杂、难切削加工的高熔点合金及有特殊要求的中小型精密铸件,如用于形状复杂的涡轮发电机、增压器、汽轮机的叶片和叶轮,切削刀具、仪表元件,汽车、拖拉机及机床等的配件。

9.6.2　金属型铸造

金属型铸造又称硬模铸造,是将液体金属浇入金属铸型,在重力作用下充填铸型,以获得铸件的铸造方法。金属型可连续使用几千次至数万次,所以也称永久型。为保证使用寿命,制造金属型的材料应具备以下的性能:高的耐热性和导热性,反复受热不变形、不破坏;一定的强度、韧性及耐磨性;好的切削加工性能。金属型材料一般选用铸铁、非合金钢或低合金钢。

1. 金属型的材料与结构

金属型常采用铸铁或铸钢制造。按分型面不同,金属型有整体式、垂直分型式、水平分型式等。其中,垂直分型式金属型便于布置浇注系统,铸型开合方便,容易实现机械化,应用较广。

垂直分型式金属型的结构如图 9-35 所示,它由底座、固定半型、活动半型及定位销等部分组成。浇注系统在垂直的分型面上。为改善金属型的通气性,

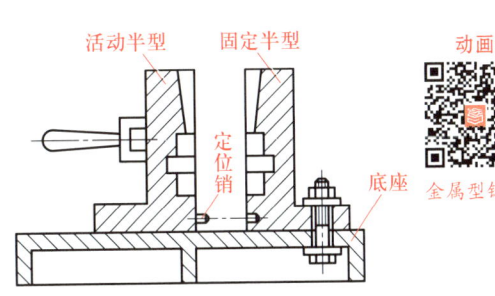

图 9-35　垂直分型式金属型的结构

在分型面处开有 0.2～0.4 mm 深的通气槽。移来活动半型、合上铸型后进行浇注,铸件凝固后移走活动半型取出铸件。

2. 金属型铸造工艺要点

(1) 金属型预热。由于金属型的导热快、无退让性、无透气性,铸件易出现冷隔、浇不足、裂纹、气孔等缺陷。因此,金属型铸造必须采取一定的工艺措施:浇注前应将铸型预热,预热温度主要通过试验来确定,一般不低于 150 ℃。

(2) 刷涂料。金属型表面应喷刷一层耐火涂料(厚度为 0.3～0.4 mm),以保护型壁表面,免受金属液直接冲蚀和热击,以防出现冷隔与浇不足缺陷,并延长金属型的使用寿命。

(3) 浇注温度。由于金属型导热快,所以金属型铸造浇注温度比砂型铸造高 20～30 ℃,铝合金为 680～740 ℃,铸铁为 1 300～1 370 ℃。

(4) 开型取件。由于金属型无退让性,铸件在金属型内停留时间过长,易产生应力开裂,甚至会卡住铸型,因此凝固后应及时从铸型中取出。通常铸铁件出型温度为 780～950 ℃,出型时间 10～60 s。

3. 金属型铸造的特点及应用

金属型铸造与砂型铸造相比有许多优点。

(1) 铸件冷却速度快、组织致密、力学性能好,在同种合金情况下其抗拉强度提高 25%。

(2) 尺寸精度高、表面粗糙度值小,机械加工余量小。尺寸公差等级为 CT6～CT9,表面粗糙度 Ra 为 6.3～12.5 μm。

(3) 浇注系统、冒口尺寸小,液态金属消耗减少,可节约 15%～30%。

(4) 可实现"一型多铸",提高了劳动生产率,改善了劳动条件且节约造型材料。

金属型铸造的不足之处是:金属型制造周期长、成本高、工艺要求高,且不能生产形状复杂的薄壁铸件,易出现浇不足、冷隔、开裂和铸件白口等缺陷;受铸型材料的限制,浇注高熔点的铸钢件和铸铁件时,金属型的寿命低。

目前,金属型铸造主要用于大批量生产形状简单的铝、铜、镁等非铁金属及合金铸件。如铝合金发动机活塞、缸体、缸盖、油泵壳体,铜合金轴瓦、轴套等。

9.6.3 压力铸造

压力铸造是指熔融金属在高压下快速压入铸型并在压力下凝固的铸造方法,简称压铸。常用的压射比压为 5～150 MPa,充型速度为 0.5～50 m/s,充型时间为 0.01～0.2 s。

1. 压力铸造的工艺流程

压铸是在专门的压铸机上完成的。压铸机的主要类型有冷室压铸机和热室压铸机两类。图 9-36 所示为卧式冷室压铸机的工作过程。冷室压铸机的熔化炉与压室分开,压室和压射冲头不浸于熔融金属中。浇注时,将定量的熔融金属浇到压室中,然后进行压射。压铸机主要由合型机构、压射机构和顶出机构组成。推杆和芯棒由压铸机上的相应机构控制,可自动抽出芯棒和顶出铸件。压铸机的规格通常以合型力的大小来表示。

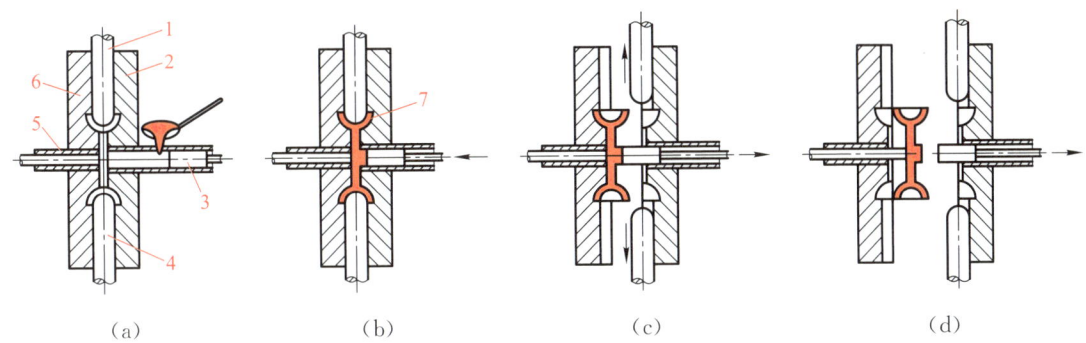

1、4—型芯；2—定型；3—冲头；5—顶杆；6—动型；7—压铸件。

图 9-36　卧式冷室压铸机的工作过程

压铸型是压力铸造工艺的关键装备，由定型和动型两部分组成。定型固定在压铸机的定模底板上，动型固定在压铸机的动模底板上并可作水平移动。压铸型的性能、精度、表面质量要求很高，用热作模具钢制造，并进行严格的热处理。

2. 压力铸件的结构工艺性

(1) 压铸件上应消除内侧凹，以保证压铸件从压铸型中顺利取出。

(2) 压力铸造可铸出细小的螺纹、孔、齿和文字等，但有一定的限制。

(3) 应尽可能采用薄壁并保证壁厚均匀。由于压铸工艺的特点，金属浇注和冷却速度都很快，铸件厚壁处不易得到补缩而形成缩孔、缩松等缺陷。压铸件适宜的壁厚为：锌合金为 1～4 mm，铝合金为 1.5～5 mm，铜合金为 2～5 mm。

(4) 对于复杂而无法取芯的铸件或局部有特殊性能要求（如耐磨、导电、导磁和绝缘等）的铸件，可采用嵌铸法，把镶嵌件先放在压铸型内，然后和压铸件铸合在一起。

3. 压力铸造的特点及应用

(1) 铸件尺寸精度高，表面质量好，尺寸公差等级为 CT4～CT8，表面粗糙度 Ra 为 $1.6～6.3\ \mu m$，可不经机械加工直接使用，而且互换性好。

(2) 可以压铸壁薄、形状复杂并具有很小孔和螺纹的铸件以及镶嵌件，如锌合金的压铸件最小壁厚可达 0.8 mm，最小铸出孔径可达 0.8 mm，最小可铸螺距达 0.75 mm。

(3) 压铸件的强度和表面硬度较高。由于在压力下结晶，加上冷却速度快，铸件表层晶粒细密，抗拉强度比砂型铸件高 25%～40%。

(4) 生产率高，可实现半自动化及自动化生产。

压力铸造的不足之处是：由于压射速度高，型腔内气体难以排除，压铸件易产生皮下气孔，压铸件不能进行热处理，也不宜在高温下工作；金属液凝固快，厚壁处来不及补缩，易产生缩孔和缩松等缺陷；设备投资大，铸型制造周期长、造价高，不宜小批生产。

压力铸造主要用于生产铝合金、锌合金、镁合金等铸件，在汽车、仪表、农业机械、电子仪器、医疗器械、航空、兵器等制造业得到广泛应用。

9.6.4 低压铸造

低压铸造是用较低的压力(0.02~0.06 MPa),使金属液自下而上充填型腔,并在压力下凝固以获得铸件的方法。与压力铸造相比,低压铸造所用压力较低,故称为低压铸造。

1. 低压铸造的工艺流程

低压铸造的工作原理如图 9-37 所示。把熔炼好的金属液倒入保温干锅,装上密封盖,升液导管使金属液与铸型相通,锁紧铸型。将干燥的压缩空气通入坩埚内,金属液便经升液导管自下而上平稳地压入铸型并在压力下结晶,直至全部凝固。撤除液面压力,升液导管内的金属液流回坩埚,开启铸型,取出铸件。

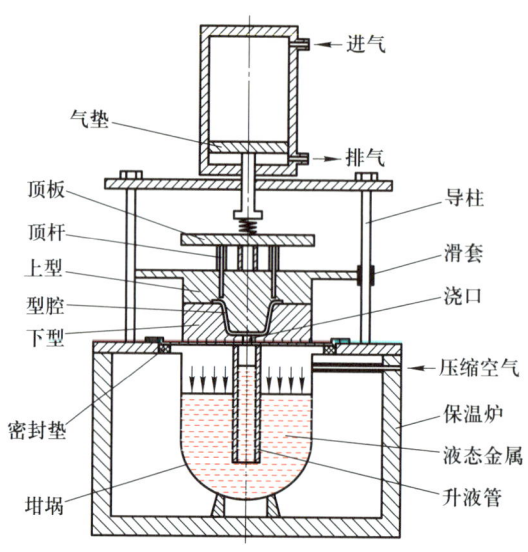

图 9-37 低压铸造的工作原理

2. 低压铸造的特点及应用

(1) 金属液充型平稳,无冲击、飞溅现象,不易产生夹渣、砂眼、气孔等缺陷。

(2) 借助压力充型和凝固,能够使铸件轮廓清晰,对于大型薄壁、耐压、防渗漏、气密性好的铸件尤其有利。

(3) 铸件组织致密,力学性能高。

(4) 浇注系统简单,浇口兼冒口,金属利用率高,通常可达 90% 以上。

(5) 充型压力和速度便于调节,适用于各种铸型(砂型、金属型、石膏型、陶瓷型、熔模型壳等)、各种合金的铸件。

(6) 劳动条件好,设备简单,容易实现机械化、自动化生产。

低压铸造主要用于生产质量要求高的铝、镁合金铸件,如气缸体、缸盖、活塞、曲轴箱等,并已成功地铸造出重达 200 kg 的铝活塞、30 t 的铜螺旋桨和大型球墨铸铁曲轴。

9.6.5 离心铸造

离心铸造是指将液态金属浇入高速旋转的铸型中,在离心力作用下凝固成形的铸造方法。离心铸造多用于简单的圆筒体,铸造时不用型芯便可形成内孔。

1. 离心铸造的方法

离心铸造机按旋转轴的方位不同,可分为立式、卧式和倾斜式三种类型。图 9-38 所示为立式和卧式离心铸造法。立式离心铸造机适宜铸造直径大于高度的圆环类铸件,卧式离心铸造机适宜铸造长度大于直径的套类和管类铸件。

动画
卧式离心铸造

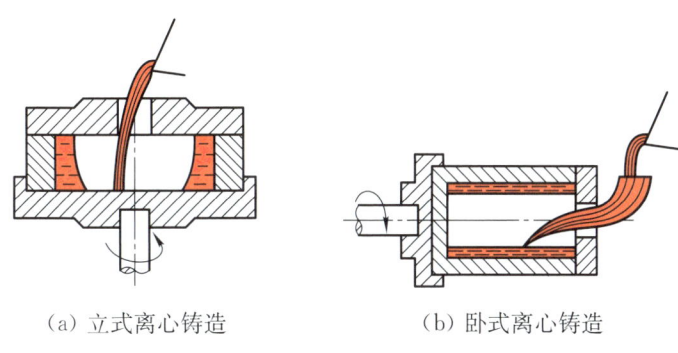

(a) 立式离心铸造　　(b) 卧式离心铸造

图 9-38　离心铸造方法

2. 离心铸造的特点及应用

(1) 铸件在离心力作用下结晶,组织致密,无缩孔、疏松、气孔、夹渣等缺陷,力学性能好。

(2) 铸造圆形中空铸件时,可省去型芯和浇注系统,简化了工艺,节约了金属。

(3) 便于制造双金属铸件,如缸套镶铸铜衬,其结合面牢固、耐磨,可节约贵重金属。

(4) 铸件内表面粗糙,尺寸不易控制,需增大加工余量来保证铸件质量,不适宜密度偏析大的合金及轻合金铸件,如铅青铜、铝合金、镁合金等。

离心铸造不足之处是需要专用设备,不适用于单件、小批生产。离心铸造广泛用于铸铁管、气缸套、铜套、双金属轴承、活塞环、特殊钢无缝钢管毛坯等管套类铸件的生产,铸件的最大质量可达十多吨。

9.6.6　挤压铸造

挤压铸造又称为液态模锻,是用铸型的一部分直接挤压金属液,使金属在压力作用下成形、凝固而获得零件或毛坯的方法。

1. 挤压铸造的原理及工艺流程

挤压铸造的原理如图 9-39 所示,在铸型中浇入一定量的液态金属,上型随即向下运动,使液态金属自上而下充型。挤压铸造的压力和速度较低,无涡流、飞溅现象,因此铸件致密而无气孔。

挤压铸造所采用的铸型大多是金属型。图 9-40 所示为挤压大型薄壁铝合金铸件的工艺流程。挤压铸型由两扇半型组成,一扇固定,另一扇活动。挤压工艺过程如下。

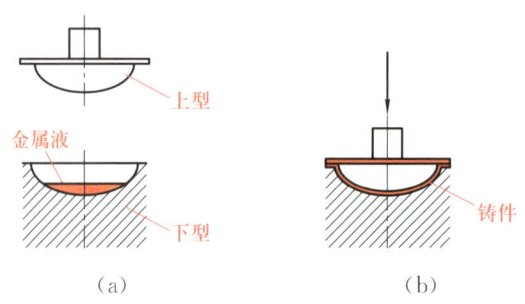

图 9-39 挤压铸造的原理

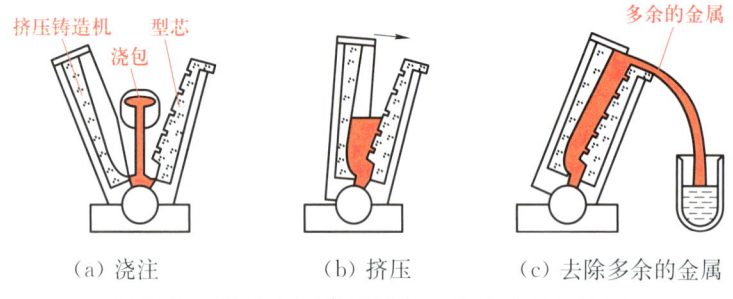

图 9-40 挤压大型薄壁铝合金铸件的工艺流程

(1) 铸型准备。清理铸型、型腔内喷涂料、预热等，使铸型处于待浇注状态。

(2) 浇注。向敞开的铸型底部浇入定量的金属液。

(3) 合型加压。逐渐合拢铸型，液态金属被挤压上升，并充满铸型，而多余的金属液由顶部挤出。同时，金属液中所含的气体和杂质也一起挤出，进而升压并在预定的压力下保持一定时间，使金属液凝固。

(4) 完成。卸压、开型，取出铸件。

2. 挤压铸造的特点及应用

挤压铸造与压力铸造、低压铸造具有共同点，即利用比压的作用使铸件成形并予"压实"，获得致密铸件。其特点如下：

(1) 挤压铸件的尺寸精度和表面质量高，尺寸公差等级为 CT4～CT8，表面粗糙度 Ra 为 1.6～6.3 μm。

(2) 无须开设浇注系统和冒口，金属利用率高。

(3) 适用性强，大多数合金都可采用挤压铸造。

(4) 工艺简单，节省能源和劳力，容易实现机械化和自动化，生产率比金属型铸造高 1 倍。

挤压铸造可用于生产要求强度较高、气密性好的铸件及薄板类铸件，如各种阀体、活塞、机架、轮毂、靶片和铸铁锅等。

9.6.7 陶瓷型铸造

陶瓷型铸造是指用陶瓷质耐火材料制成铸型而获得铸件的方法，是在砂型铸造和熔模铸造的基础上发展起来的一种精密铸造新工艺。

1. 陶瓷型铸造的工艺流程

为节省价格高的陶瓷材料,先用砂套模样、普通水玻璃砂制成一个型腔稍大于铸件的砂套,然后用铸件模样、陶瓷材料(如锆英粉、刚玉、铝矾土+硅酸乙酯水解液),经灌浆、结胶、喷烧等工艺制成陶瓷铸型。陶瓷型铸造的工艺流程如图 9-41 所示。

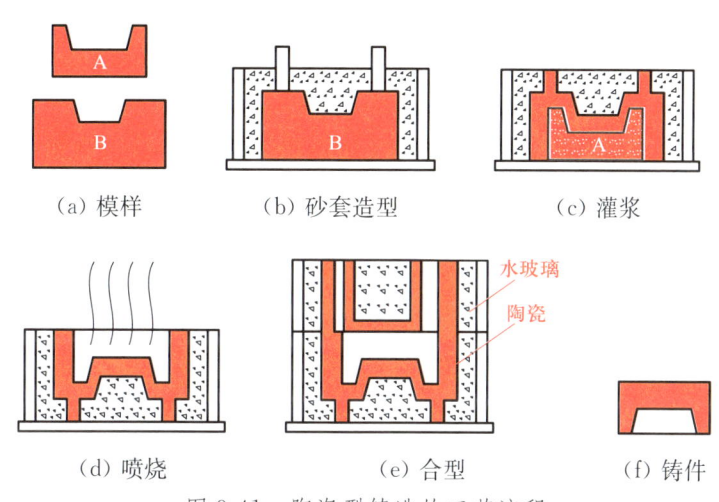

图 9-41 陶瓷型铸造的工艺流程

2. 陶瓷型铸造的特点及应用

陶瓷型的作用与熔模铸造的壳型相似,故铸件的精度和表面质量与熔模铸造相当。陶瓷型铸造适用于高熔点、难加工材料的铸造。与熔模铸造相比,铸件大小基本不受限制,工艺简单,投资少,生产周期短。但陶瓷型铸造原材料价格高,因有灌浆工序,不适宜于铸造大批量、形状复杂的铸件,且生产工艺过程难以实现自动化和机械化。

陶瓷型铸造适宜于制造小批、较大尺寸的精密铸件,较多用于各种模具的生产(如金属型、压铸模、塑料模、锻模等),还用于生产喷嘴、压缩机转子、阀体、齿轮、钻探用钻头、开凿隧道用刀具等。

9.6.8 实型铸造

实型铸造又称为消失模铸造或气化模铸造,其原理是用泡沫塑料代替木模和金属模样,造型后不取出模样,当浇入高温金属液时泡沫塑料模样气化消失,金属液填充模样的位置,冷却凝固后获得铸件的方法。图 9-42 所示为实型铸造的工艺流程。

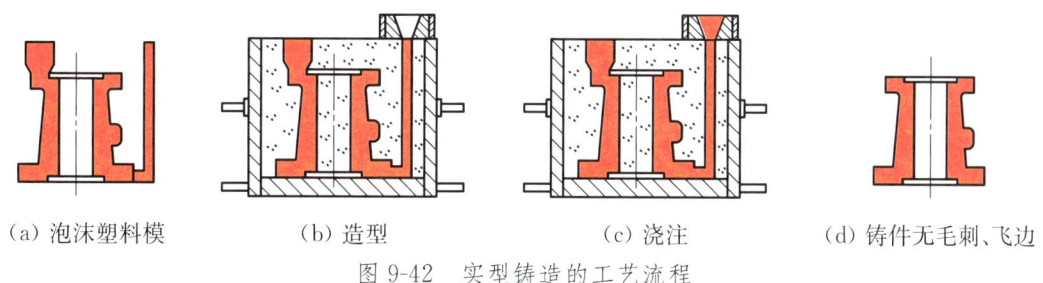

图 9-42 实型铸造的工艺流程

实型铸造时不用起模、不用型芯、不合型，大大简化了造型工艺，并减少了由制芯、取模、合型引起的铸造缺陷及废品。实型铸造采用了干砂造型，使砂处理系统大为简化，极易实现落砂，改善劳动条件；由于不分型，铸件无飞边毛刺，使清理打磨工作量减少50%以上。但实型铸造气化模造成空气污染；泡沫塑料模具设计生产周期长，成本高，因而要求生产达到相当的批量后才有经济效益；生产大尺寸的铸件时，由于模样易变形，必须采取适当的防变形措施。

<u>实型铸造适用于各类合金（钢、铁、铜、铝等合金），适合制造结构复杂（铸件的形状可相当复杂）、难以起模或活块和外芯较多的铸件</u>，如模具、气缸头、管件、曲轴、叶轮、壳体、艺术品、床身、机座等。

9.7 铸造工艺设计实例

实例：某工厂铸造车间要生产的联轴器零件如图9-43所示，材料为HT200，小批生产，采用砂型铸造，手工造型，要求对零件进行工艺分析。该零件为一般连接件，φ60 mm 孔和两端面质量要求较高，不允许有铸造缺陷。φ60 mm 孔较大，用型芯铸出，4个 φ12 mm 小孔则不予铸出。

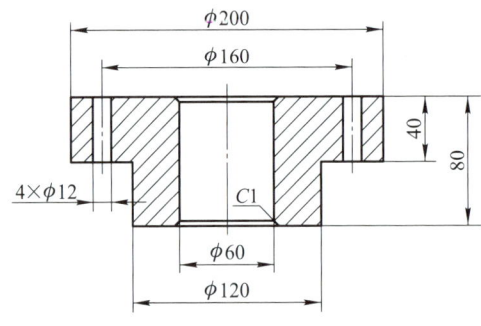

图9-43 联轴器零件图

1. 选择浇注位置和分型面

联轴器铸件的浇注位置有两个方案：零件轴线呈垂直位置和零件轴线呈水平位置。

（1）方案1。浇注位置采用零件轴线呈垂直位置，沿大端端面分型，造型操作方便。为避免错型，可采用整模两箱造型。质量要求高的端面和孔处于下面或侧面，铸件质量好。型芯垂直、高度不大，稳定性较好。

（2）方案2。浇注位置采用零件轴线呈水平位置，需分模造型，容易错型，而且质量要求高的 φ60 mm 孔和两端面质量无法保证。

综合分析，选择方案1较为合理。

2. 确定加工余量

该铸件为回转体，公称尺寸取 φ200 mm。由已知条件知，尺寸公差等级为CT13，加工余量等级为RMA-H级。φ200 mm 大端面是顶面，应降为RMA-J级，查表得加工余量为8.5 mm。φ200 mm 与 φ120 mm 之间的台阶面可视为底面，查表，按加工余量RMA-H级得此面加工余量为 7 mm。ϕ200 mm 外圆是侧面,按公称尺寸 200 mm 查表得加工余量为 7 mm。ϕ120 mm 端面是底面,按 RMA-H 级查表得加工余量为 5.5 mm,用同样方法查得 ϕ120 mm 外圆加工余量为 5.5 mm。ϕ60 mm 孔径小于高度 80 mm,故公称尺寸取 80 mm,孔的加工余量等级同顶面,查表得加工余量为 5.5 mm。

3. 确定起模斜度

因铸件全部加工,两处侧壁高度均为 40 mm,查相关手册得到木模的起模斜度增加值分别为 1 mm、0.8 mm。图 9-44 中 "$\frac{8}{7}$" 和 "$\frac{6.3}{5.5}$" 表示侧壁分别增加 8 mm 和 6.3 mm,上端比下端大 1 mm、0.8 mm 构成起模斜度。

4. 确定线收缩率

对于灰铸铁、小型铸件,查表 9-3,线收缩率取 1%。

5. 芯头尺寸垂直芯头

查相关手册得到图 9-44 芯头尺寸。

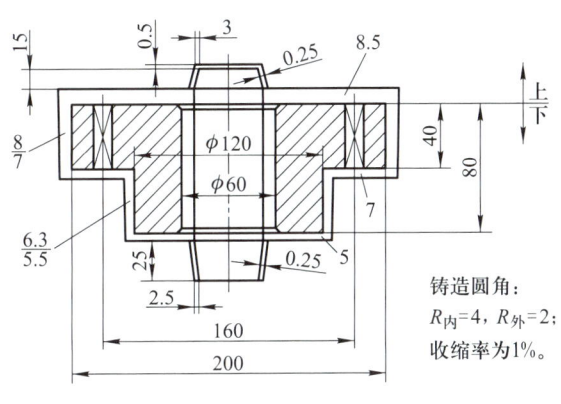

图 9-44　铸造工艺图

6. 铸造圆角

对于小型铸件,外圆角半径取 2 mm,内圆角半径取 4 mm。

7. 设计浇注系统、冒口

对于灰铸铁件,可采用压边冒口补缩,防止缩孔及缩松缺陷。压边冒口安放在联轴器上部厚实处,压边宽度为 6 mm。金属液由浇口经过冒口进入型腔。

8. 绘制铸造工艺图

按上述铸造工艺设计步骤绘制的铸造工艺图如图 9-44 所示。

9.8　铸造过程的数值模拟

随着科学技术的迅速发展和全球可持续发展战略的实施,现代铸造技术正朝着清洁化、专业化、高效化、智能化、数字化、网络化、集成化和铸件的高性能化、精确化、轻质薄壁化的方向发展。

铸造生产中运用计算机进行辅助设计、数值模拟等,可帮助工程技术人员优化工艺设计,缩短产品制造周期,降低成本,确保铸件质量。

铸造过程的数值模拟就是利用数值分析技术、数据库技术、可视化技术并结合经典传热、流动及凝固理论对铸件成形过程进行仿真,以模拟出铸件充型、凝固及冷却中的各种物理场,并据此对铸件进行质量预报的技术。其主要内容有:

1. 温度场模拟

利用传热学原理,分析铸件的传热过程,模拟铸件的冷却凝固过程,预测缩孔、缩松等缺陷。

2. 流动场模拟

利用流体力学原理,分析铸件的充型过程,可以优化浇注系统,预测卷气、夹渣、冲砂等缺陷。

3. 流动与传热耦合计算

利用流体力学与传热学原理,在模拟充型的同时计算传热,可以预测浇不足、冷隔等缺陷,同时可以得到充型结束时的温度分布,为后续的凝固模拟提供准确的初始条件。

4. 应力场模拟

利用力学原理,分析铸件的应力分布,预测热裂、冷裂、变形等缺陷。

5. 组织模拟

组织模拟分宏观、中观及微观组织模拟,利用一些数学模型来计算形核数、枝晶生长速度、组织转变等,预测铸件的性能。

目前,铸造过程的数值模拟技术尤其是三维温度场模拟、流动场模拟、流动与传热耦合计算以及弹塑性状态应力场模拟已进入实用阶段。例如,图9-45a所示为摩托车零件的三维图(UG软件绘制),初步确定的铸造工艺方案如图9-45b所示。采用"华铸CAE"凝固模拟软件,对初步的铸造工艺方案进行凝固过程模拟发现,采用上述浇注方案及浇注系统尺寸,在铸件的内中心孔壁上半部分有形成缩松缺陷的倾向(图9-45c中深色部分)。对铸造工艺方案进行修改,将铸件的浇注系统改进为图9-46所示的结构,再次进行铸造过程凝固模拟,结果显示铸件缩松缺陷消失。为获得最佳的工艺方案与参数,可进行多方案的模拟比较择优选择。

(a)

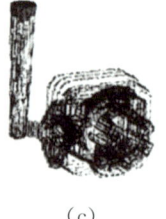
(b)   (c)

图9-45 摩托车铸件凝固过程模拟   图9-46 改进设计后的结构

> **知识拓展**

半固态成形技术

1. 半固态成形的概念

金属半固态成形是在金属凝固过程中,对其施以剧烈的搅拌或扰动,或改变金属的热状态,或加入晶粒细化剂,或进行快速凝固,即改变初生固相的形核和长大过程,得到一种液态金属母液中均匀地悬浮着一定球状初生固相的固-液混合浆料,利用这种固-液混合浆料直接进行加工成形。也可以先将固-液混合浆料完全凝固成坯料,根据需要将坯料切分,再将切分的坯料重新加热至固液两相区,用这种半固态坯料进行成形加工。金属半固态成形具有能消除气孔、缩孔,提高零件的力学性能及延长模具寿命等优点。半固态金属易于搬运和输送,为连续高效的自动化生产创造了条件,在节省能源、保护环境方面比传统的铸造方法更为优越。

2. 半固态金属的成形与应用

半固态金属成形是介于铸造和锻造之间的一种工艺过程,适用于很多常规的成形方法。通常根据采用的成形设备对其命名,这些设备包括改进的压铸设备、注射成形设备、连续铸造设备和模锻设备等。在研究和应用中,铸造设备在半固态金属成形中占有较大比例,因而半固态金属成形多称为半固态铸造。已经对铝、镁、锌、铜合金以及钢、铸铁、镍基超耐热合金、复合材料进行过许多试验研究。目前应用的合金还是直接取自现有的铸造或锻造合金系列,应用得最多的是 A356 合金,其凝固区间为 614~555 ℃。半固态镁合金的成形则主要采用 AZ91D。

半固态金属原料在进入模具内腔之前有不同的处理方法,从而使半固态金属成形分为流变成形和触变成形两大类。流变成形是将获得的半固态金属浆料直接成形;触变成形是将半固态金属浆料首先制成锭料,生产时将定量的锭坯重新加热至半固态,然后再成形。

(1) 半固态金属的流变成形

流变铸造成形是在金属液从液相到固相的冷却过程中进行强烈搅动,使浆料中形成非枝晶固相,在一定固相分数下,直接将所得到的半固态金属浆液压铸或挤压成形。图9-47 所示为流变铸造工艺过程示意图。该方法生产的铝合金铸件的力学性能比挤压铸件高,与半固态触变铸件的性能相当。但因半固态金属浆料的保存和输送难度较大,故实际投入应用的较少。

(2) 半固态金属的触变压铸成形

触变压铸成形的工艺过程如图 9-48 所示。半固态金属的触变压铸成形是流变压铸的改良,其工艺过程主要包含三个步骤:

① 半固态金属坯料的制备:用连续流变铸造法制取非枝晶锭料,并将锭料切成所需尺寸的小块。

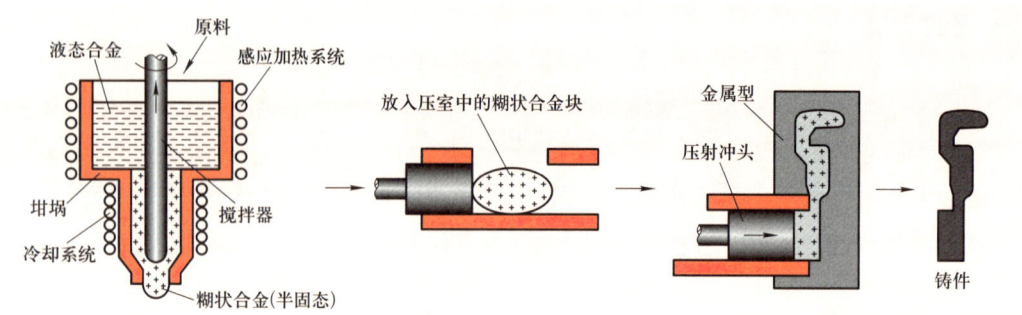

图 9-47 流变铸造工艺过程示意图

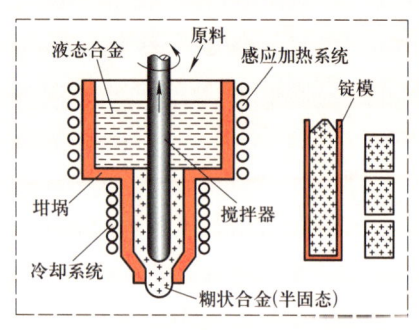
（a）触变坯料的制备

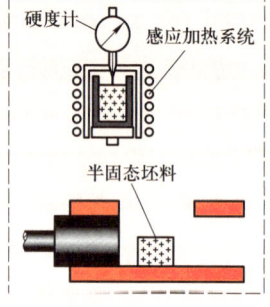
（b）二次加热重熔

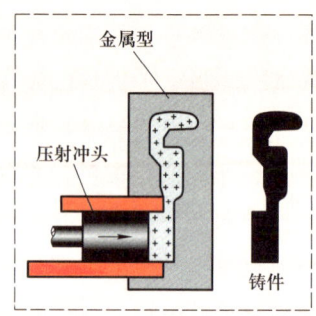
（c）压铸成形

图 9-48 触变压铸成形的工艺过程

② 坯料的二次加热重熔：将切割的半固态金属坯料放入加热装置内进行快速半固态重熔加热，并控制坯料的固相分数或液相分数。

③ 压铸成形：将半固态金属坯料送入压铸机的压射室，进行压射成形，并进行适当的保压，然后卸压开型，取出铸件，清理型腔和喷刷涂料。

由于该方法对坯料的加热、输送易于实现自动化，是目前半固态铸造的主要工艺方法。

小　结

铸造是机械零件毛坯或成品零件热加工的一种重要工艺方法。

铸造成形的方法很多，主要分为砂型铸造和特种铸造两大类。

砂型铸造是最早出现的铸造方法之一，具有成本低、灵活性大、适应性强、生产准备简单等优点，而且技术较成熟，是目前最主要的铸造方法。

砂型铸造工艺过程主要包括模样与芯盒准备、型砂与芯砂配制、造型（造芯）、熔炼、浇注、落砂、清理、检验入库。根据生产性质不同，造型方法可采用手工造型或机器造型两大类，手工造型有整体模造型、分块模造型、挖砂造型、活块造型、三箱造型、刮板造型等。

金属的铸造性能是金属材料的一项重要工艺性能，通常用金属液的流动性、收缩率等来衡量。

砂型铸造工艺设计主要包括浇注位置和分型面的选择、铸造工艺参数（机械加工余量、起模斜度、铸造圆角、收缩率、芯头等)的确定、铸造工艺图的绘制等。

特种铸造方法有熔模铸造、金属型铸造、压力铸造、低压铸造、离心铸造、挤压铸造、陶瓷型铸造、实型铸造等,其工艺过程和特点各不相同,各有各的应用范围。

习题九

一、名词解释

铸造、砂型铸造、流动性、缩孔、缩松、熔模铸造、金属型铸造、压力铸造、低压铸造、离心铸造。

二、填空题

1. 铸造成形的方法很多,主要分为_____和_____两大类。
2. 手工造型的方法有_____、_____、_____、_____、_____等。
3. 一般铸件浇注时,其上部的质量_____,而下部的质量_____,因此在确定浇注位置时应尽量将铸件的_____朝下,_____朝上。
4. 铸造工艺对铸件结构的要求是_____、_____、_____、_____、_____。
5. 冒口的作用是_____,一般冒口应设计在铸件的_____部位。
6. 特种铸造的方法有_____、_____、_____、_____、_____等。

三、判断题

1. 金属液的流动性与化学成分有关,成分在共晶点或附近的金属流动性较好。（   ）
2. 手工造型多用于单件、小批生产。（   ）
3. 型芯烘干的目的主要是提高其强度。（   ）
4. 熔模铸造不需要分型面,铸件质量可以很大。（   ）
5. 压力铸造生产率高,常用于铝合金薄壁、复杂铸件的大批量生产。（   ）
6. 低压铸造常用于生产对气密性要求高的铝合金铸件。（   ）
7. 大批量生产的铸件与小批量生产的铸件相比,前者的机械加工余量更大。（   ）
8. 在不增加铸件壁厚的情况下,设计合理的铸件截面形状和加强肋可提高铸件的承载能力。（   ）

四、简答题

1. 铸造生产的优点和缺点各是什么?
2. 什么是金属的铸造性能?通常用什么来衡量?
3. 什么是金属和合金的流动性?其对铸造生产有什么影响?
4. 铸件为什么会产生缩孔和缩松?其对铸件性能有何影响?生产中如何预防?
5. 砂型铸造选择分型面的原则是什么?
6. 简述砂型铸造浇注系统确定的原则。
7. 绘制铸造工艺图时需要确定的工艺参数有哪些?
8. 熔模铸造、金属型铸造、压力铸造、低压铸造、离心铸造各有何特点?它们的适用范围如何?

单元十　锻　压

超级大力士
——15 000
吨水压机

学习目标

1. 掌握锻压生产的特点、分类及应用。
2. 掌握自由锻及板料冲压的特点、基本工序及应用。
3. 了解自由锻件的结构工艺性，了解模锻及胎模锻。
4. 了解锻压的新工艺、新技术。

重　点

自由锻的特点、基本工序及应用。

难　点

自由锻件结构工艺性分析及锻件图绘制。

案例引入

中国第一重型机械集团公司自行设计制造的世界吨位最大、技术最先进的 15 000 t 水压机(图 10-1)，在主机结构和控制系统水平上全面提高，是目前世界最先进的重型自由锻造水压机。为生产大型锻件提供重要的硬件条件，极大提升了我国在核电、电力、冶金、石化、船舶以及国防装备等行业设备制造水平。

图 10-1　15 000 t 水压机

我国首个第四代核电机组,福建霞浦60万千瓦钠冷快中子反应堆核心部件支撑环直径为15.6 m,是目前世界半径最大、质量最重的整段式不锈钢环形锻件,它不仅承担整个堆容器7 000多吨的重量,还承受中子辐射以及液态金属钠的腐蚀。我国这项巨型环锻造技术,不仅打破了世界锻造领域用大钢锭做大锻件的设想,还创下多项世界纪录,引领了世界大锻件制造技术的发展。

10.1 概述

微课

锻压概述

锻压是对坯料施加外力,使其产生塑性变形,改变尺寸和形状,改善性能,用以制造毛坯、零件或原材料的成形加工方法,是锻造和冲压的统称。

大多数金属材料在冷态或热态下都具有一定的塑性,因此可以在室温或高温下进行各种锻压加工。常见的锻压方法有轧制、挤压、拉拔、自由锻造、模锻和板料冲压等。金属锻压加工在汽车、拖拉机、轮船等众多工业领域中有着广泛的应用。以汽车工业为例,按质量计算,汽车70%的零件均是由锻压加工方法制造的。

10.1.1 金属锻压加工的主要特点

1. 改善金属组织,提高金属的力学性能

锻压加工后,可使金属获得较细密的晶粒;可以压合铸造组织内部的气孔、缩松等缺陷;能使高合金工具钢中的合金碳化物被击碎和均匀分布;能合理控制金属纤维方向,以使纤维方向与应力方向相适应,提高零件的性能。

动画

轧制

2. 节约金属材料

锻压加工后,坯料的形状和尺寸发生改变而其体积基本不变,与切削加工相比可节约金属材料。

3. 生产率较高

除自由锻造外,其他锻压方法(如模锻、冲压、冷镦等)都具有较高的生产率。

微视频

筒体的轧制及检验

4. 适用范围广

能制造各种形状、不同质量和批量的零件。

10.1.2 锻压的基本生产方式

1. 轧制

动画

挤压

金属材料在旋转轧辊的压力作用下,产生连续塑性变形,改变其性能,获得所要求的截面形状的加工方法称为轧制,如图10-2a所示。通过合理设计轧辊上各种不同的孔型,可以轧制出不同截面的原材料,如钢板、各种型材、无缝管材等,也可以直接轧制出毛坯或零件。

2. 挤压

挤压是指将金属坯料置于挤压筒中加压,使其从挤压模的模孔中挤出,截面减小,长度增加,获得所需制品的加工方法,如图10-2b所示。

3. 拉拔

拉拔是指坯料在牵引力作用下通过模孔拉出，产生塑性变形，使其截面减小、长度增加的加工方法，如图 10-2c 所示。拉拔一般在冷态下进行。拉拔主要用来制造各种细线材、棒材、薄壁异形管及特殊截面型材。低碳钢和大多数非铁金属及其合金都可以进行拉拔。

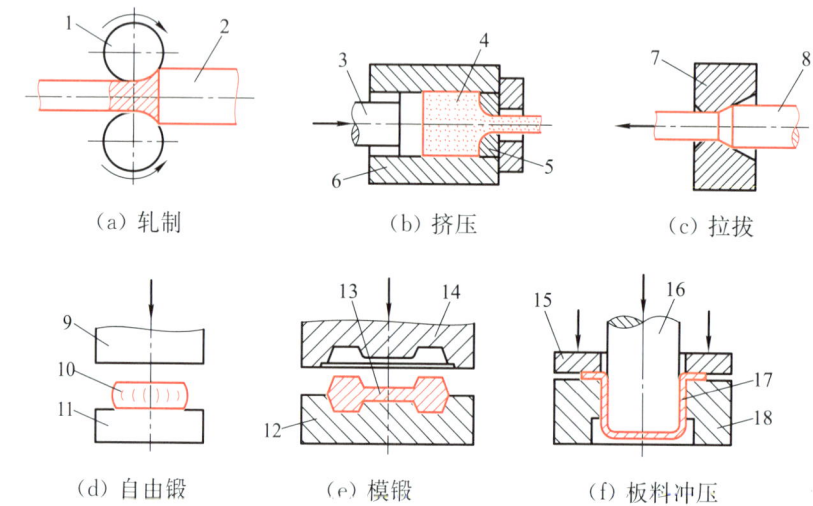

1—轧辊；2、4、8、10、13、17—坯料；3、16—凸模；5—挤压模；6—挤压筒；7—拉拔模；
9—上砧铁；11—下砧铁；12—下模；14—上模；15—压板；18—凹模。

图 10-2 锻压基本生产方式

4. 自由锻

自由锻是指用简单的通用性工具，或在锻造设备的上、下砧铁之间，使坯料受冲击力作用而变形，获得所需形状及内部质量锻件的加工方法。如图 10-2d 所示。自由锻主要在单件、小批生产条件下采用。对于大型锻件，自由锻是最基本的生产方法。

5. 模锻

模锻是指利用模具使坯料在模膛内受冲击力或压力作用，产生塑性变形而获得锻件的加工方法，如图 10-2e 所示。模锻主要用于中、小型锻件的大批量生产。

6. 板料冲压

板料冲压是指用冲模使板料经分离或成形而得到制件的加工方法，如图 10-2f 所示。冲压多数是在常温下进行的，因此又称为冷冲压。

在上述六种金属塑性加工方法中，轧制、挤压和拉拔主要用于生产型材、板材、管材和线材等；自由锻、模锻和板料冲压统称锻压，主要用于生产毛坯或零件。

10.2 金属的塑性变形

锻压所有的生产方式，都是通过金属在外力作用下产生塑性变形而实现的。首先要产生弹性变形，当外力超过材料的屈服强度时，就产生塑性变形。塑性变形不仅能用于成形加工,还会对金属的组织和性能产生很大的影响,因此,有必要了解金属的塑性变形。

金属塑性变形是金属晶体每个晶粒内部的变形和晶粒间的相对移动、晶粒转动的综合结果。

10.2.1 金属塑性变形的实质

金属塑性变形的实质,用晶粒内部产生滑移,晶粒间也产生滑移和晶粒发生转动来解释。单晶体的滑移变形如图10-3所示。晶体在切向力作用下,晶体的一部分与另一部分沿着一定的晶面(这个面称作滑移面)产生相对滑移,从而引起单晶体的塑性变形。

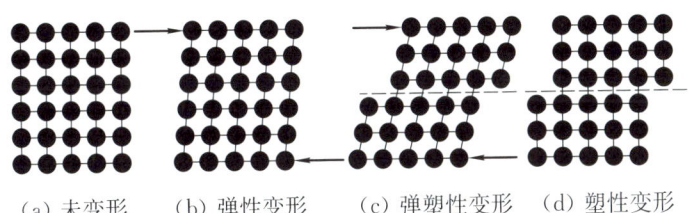

(a) 未变形　　(b) 弹性变形　　(c) 弹塑性变形　　(d) 塑性变形

图10-3　单晶体滑移变形示意图

多晶体的塑性变形可以看成是组成多晶体的许多单个晶粒产生变形的综合效果,同时晶粒之间也有滑动和转动(称为晶间变形),如图10-4所示。每个晶粒内部都存在许多滑移面,因此整块金属的变形量可以比较大。低温时多晶体的晶间变形不可过大,否则将引起金属的破坏。

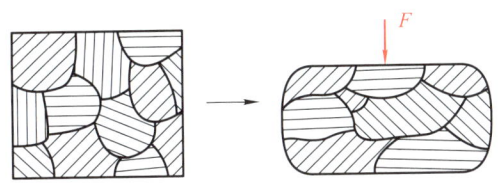

图10-4　多晶体塑性变形示意图

10.2.2 塑性变形后金属的性能

金属在常温下经过塑性变形后,内部组织将发生以下变化:

(1) 晶粒沿变形最大的方向伸长。

(2) 晶格与晶粒均发生扭曲,产生应力。

(3) 晶粒间产生碎晶。

金属的力学性能随其内部组织的改变而发生明显变化。变形程度增大时,金属强度及硬度升高,而塑性和韧性下降。常温下塑性变形对低碳钢力学性能的影响如图10-5所示。原因是滑移面上的碎晶块和附近晶格的强烈扭曲,增大了滑移阻力,使继续滑移难以进行。这种随变形程度增大,硬度上升而塑性下降的现象称为加工硬化。

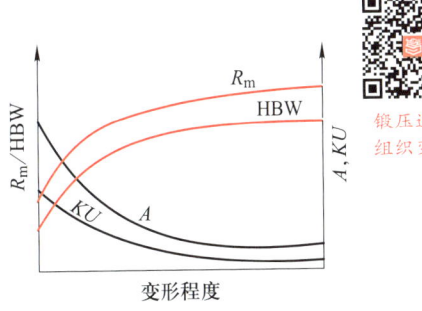

图10-5　常温下塑性变形对低碳钢力学性能的影响

利用金属的加工硬化可提高金属的强度,这是工业生产中强化金属材料的一种手段。在压力加工生产中,加工硬化给金属继续进行塑性变形带来困难,应加以消除。在实际生产中,常采用加热的方法使金属发生再结晶,从而再次获得良好的塑性。当金属在高温下受力变形时,加工硬化和再结晶过程同时存在。不过变形中的加工硬化随时都被再结晶过程所消除。变形后没有加工硬化现象。

金属压力加工最原始的坯料是铸锭。其内部组织很不均匀,晶粒较粗大,并存在气孔、缩松、非金属夹杂物等缺陷。将这种铸锭加热进行压力加工后,金属经过塑性变形再结晶,从而改变了粗大的铸造组织,如图10-6a所示,获得细化的再结晶组织。同时还可以将铸锭中的气孔、缩松等压合在一起,使金属更加致密,其力学性能会有很大提高。此外,铸锭在压力加工中产生塑性变形时,基体金属的晶粒形状和沿晶界分布的杂质形状都发生了变形,它们将沿着变形方向被拉长,呈纤维形状。这种结构叫作纤维组织,如图10-6b所示。纤维组织使金属在性能上具有了方向性,对金属变形后的质量也有影响。纤维组织越明显,金属在纵向(平行于纤维方向)上塑性和韧性提高,而在横向(垂直于纤维方向)上塑性和韧性降低。

 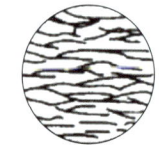

(a)变形前原始组织　　　(b)变形后的组织

图10-6　铸锭热变形前后的组织

10.2.3　金属的可锻性

可锻性是衡量材料在经受压力加工时获得优质零件难易程度的一个工艺性能。金属的可锻性好,表明该金属变形抗力(塑性变形时金属反作用于工具上的力)小和塑性好,加工设备耗能少,金属的锻造性能好,适合进行压力加工成形;可锻性差,表明该金属变形抗力大和塑性差,不宜选用压力加工方法成形。金属的塑性和变形抗力与下列因素有关:

1. 内在因素的影响

(1) 化学成分。不同化学成分的金属塑性不同,可锻性也不同。纯铁的塑性比非合金钢好,变形抗力也较小;低碳钢的可锻性比高碳钢的好。钢中含有较多的碳化物形成元素(如Cr、Mo、W、V等)时可锻性就差。

(2) 金属组织。金属内部的组织结构不同,可锻性有很大差别。纯金属和固溶体(如奥氏体)的可锻性好,而碳化物(如渗碳体)的可锻性差。晶粒细小而又均匀的组织可锻性好。当金属组织中存在柱状晶粒、粗晶粒结构以及枝晶偏析等缺陷时,可锻性较差。

2. 外部加工条件的影响

(1) 变形温度。变形温度又称为锻造温度,是指始锻温度(开始锻造的温度)与终锻温度(停止锻造的温度)之间的温度。例如,非合金钢的始锻温度比固相线(AE线)低200℃

左右,终锻温度为 800 ℃左右。一般来说,适当提高金属变形时的温度,会使原子的能量增加,从而削弱原子之间的吸引力,减小滑移需要的力,使塑性增强,变形抗力减小,改善金属的可锻性。但当变形温度过高时,金属会产生过热、脱碳和严重氧化等缺陷,使塑性显著下降,此时金属在外力作用下易产生裂纹和脆断,使锻件报废。终锻温度过低,金属的加工硬化严重,变形抗力急剧增加,若强行锻造,将导致锻件破裂报废。

(2) 变形速度。变形速度是指单位时间内的变形程度。随着变形速度的增大,回复和再结晶不能及时克服加工硬化现象,使金属塑性下降、变形抗力增加、可锻性变差;当超过临界变形速度时,金属在变形过程中,消耗于塑性变形的能量有一部分转化为热能,使金属的温度升高,变形抗力降低和塑性增加,又改善了可锻性。除高速锤锻造外,在一般锻压加工中不可能超过临界变形速度。

(3) 应力状态。不同的压力加工方法在金属材料内部所产生的应力大小和性质(压应力或拉应力)是不同的,因此金属表现出不同的可锻性。例如,金属在挤压变形时呈三向压应力状态,表现出良好的锻造性能;而金属在拉拔时呈两向压应力和一向拉应力状态,锻造性能下降。实践证明,三个方向中压应力的数目越多,则金属的锻造性能越好;而拉应力的数目越多,则金属的锻造性能越差。因此,锻造性能差的金属材料改用挤压加工可达到加工目的。

10.2.4 锻造比与锻造流线

1. 锻造比

锻造比是锻造时金属变形程度的一种表示方法。通常用变形前后的截面比、长度比或高度比 Y 来表示。例如,拔长和镦粗时的锻造比分别为

$$Y_{拔} = S_0/S = L/L_0, \quad Y_{镦} = H_0/H = S/S_0$$

式中:S_0、L_0、H_0 分别为坯料变形前的横截面积、长度和高度;

S、L、H 分别为坯料变形后的横截面积、长度和高度。

2. 锻造流线

在锻造时,当 $Y<2$ 时,金属的脆性杂质被打碎,气孔等缺陷部分被压合,内部组织致密细化,锻件力学性能有明显的提高;当 $Y=2\sim5$ 时,被打碎的脆性杂质沿着金属主要伸长方向呈碎粒状或链状分布,塑性杂质则随着金属变形沿主要伸长方向呈带状分布,具有一定的方向性,通常称为锻造流线。

锻造流线使金属呈现各向异性,沿着流线方向,抗拉强度较高,抗剪强度较低;而垂直于流线方向,抗拉强度较低,抗剪强度较高。因此,在锻造或轧制等压力加工过程中,如何考虑流线的合理分布,对零件的力学性能有着重要影响。对结构钢锻件,应使零件在工作时所受最大拉应力的方向和流线方向一致;零件在工作时所受剪应力、弯曲应力或冲击力的方向与流线方向相垂直;在可能的情况下,若流线沿零件外形轮廓连续分布,不被切断,则零件承载能力最强,寿命较长。图 10-7 所示为锻压成形与切削成形的曲轴,图 10-8 所示为局部镦粗和切削加工制造的螺钉。

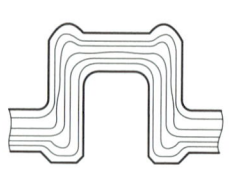 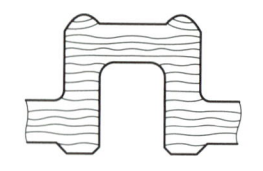 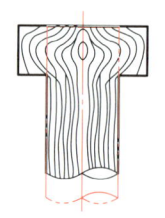 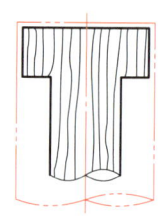

(a) 锻压成形曲轴　　(b) 切削成形曲轴　　(a) 锻压成形螺钉　　(b) 切削成形螺钉

图 10-7　锻压成形与切削成形的曲轴　　图 10-8　局部镦粗和切削加工制造的螺钉

10.3　自由锻

按使用设备不同,锻造工艺分为自由锻、模锻、胎模锻等。自由锻是指将加热好的金属坯料放在自由锻设备的上下砧铁之间,通过上砧铁的向下运动施加冲击力或压力,使其产生所需塑性变形的锻造方法。自由锻分为手工自由锻和机器自由锻两种。它具有所用工具、设备简单,通用性大,工艺灵活,锻件质量可大可小(1 kg～300 t)等优点,但也有锻件加工精度不高、耗材大、劳动强度大、工人操作技术要求高、生产率低等缺点。自由锻适用于单件、小批生产锻件,还是大型锻件(如水轮机主轴、多拐曲轴、大型连杆等)唯一的锻造方法。

10.3.1　自由锻工艺规程

自由锻工艺规程是指将坯料锻成锻件的技术文件,体现锻件锻制的方法、方式、技术及其经济性,是锻造操作、生产管理及质量检验的依据。自由锻造的工艺规程主要内容包括根据零件图绘制锻件图、计算坯料的质量和尺寸、确定锻造工序、选择锻造设备、确定坯料锻造温度范围和填写工艺卡。

1. 绘制锻件图

锻件图是编制锻造工艺、指导锻造生产和验收锻件的主要依据。锻件图是根据零件图并考虑锻件形状的简化、机械加工余量和锻造公差等因素绘制而成的。

(1) 余块。根据自由锻的工艺特点简化锻件的形状,即零件上的小孔、过小的台阶和凹挡及某些复杂部分因无法锻出而需要进行简化。为了简化锻件形状,在零件的某些部位添加的一部分金属称为锻造余块(图 10-9)。锻造余块一般根据经验或查相关手册确定。

(2) 锻件机械加工余量和锻件公差。由于自由锻件的精度和表面质量差,一般需进行切削加工,故零件的加工表面应留有加工余量(见图 10-9),一般为 5～20 mm。锻件的公差是锻件公称尺寸的允许偏差。锻件的加工余量和公差与零件的形状、尺寸有关,其数值一般结合具体生产情况查表确定。

绘制锻件图时,锻件图的外形轮廓用粗实线绘制,在此基础上再用细双点画线绘制零件的轮廓,并在锻件尺寸的下面用括弧标注零件的相应尺寸。具体绘制过程举例如下。

例:绘制齿轮零件(图 10-10)的锻件图。

① 简化零件形状。如图 10-10 所示,轮齿中 $8\times\phi 34$ mm 小孔、$\phi 160$ mm 和 $\phi 185$ mm 的凹挡等部位均不能锻出,而应增添余块以简化零件形状。

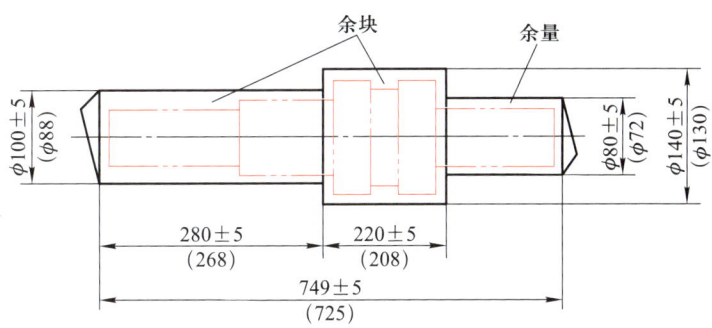

图 10-9 锻件的余块和加工余量

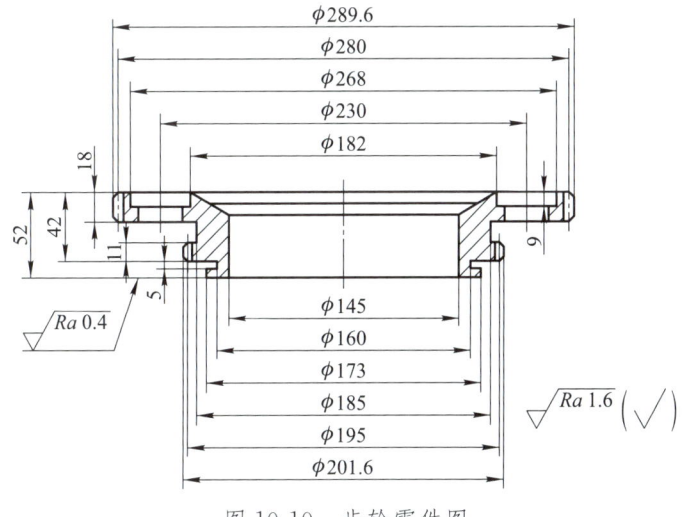

图 10-10 齿轮零件图

② 确定公差和余量。查《锤上钢质自由锻件机械加工余量与公差 盘、柱、环、筒类》(GB/T 21470—2008)可知,锻件外径和高度的余量及公差分别为 $a=10$ mm±4 mm、$b=8$ mm±3 mm,内孔余量及公差为 $c=15$ mm±6 mm,于是便绘出齿轮锻件图(图 10-11)。

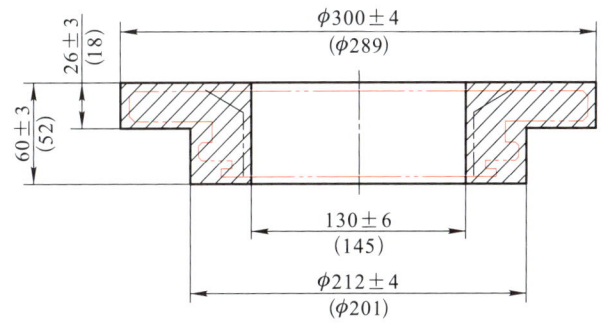

图 10-11 齿轮锻件图

2. 计算坯料的质量和尺寸

应先计算坯料的质量,然后根据坯料质量计算坯料尺寸,再根据坯料尺寸进行备料。

(1) 计算坯料质量。锻件坯料质量为

$$m_{坯}=m_{锻}+m_{烧}+m_{芯}$$

式中：$m_{锻}$ 为锻件质量，单位为 kg；

$m_{烧}$ 为烧损质量，单位为 kg；

$m_{芯}$ 为被切除部分金属的质量，单位为 kg。

其中，$m_{锻}=V_{锻}$（锻件体积）$\times \rho$（金属密度），$m_{烧}+m_{芯}$ 可折算成 $m_{锻}$ 的系数 K（见表 10-1）。因此，中小锻件的坯料质量可按公式 $m_{坯}=(1+K)m_{锻}$ 计算。

表 10-1 坯料质量计算系数 K

锻件类型	主要工序	系数 $K(\times 100)$
圆饼、短圆柱、短方柱	镦粗、平整	2～3
带孔圆盘和方盘	镦粗、冲孔、平整	6～8
轴和阶梯轴	拔长、切头、压肩、平整	8～11
套筒、圆环、方套	镦粗、冲孔、扩孔或心轴拔长、平整	8～10
连杆、叉子、拉杆	拔长、压肩、切头、平整	15～25
曲轴、偏心轴	拔长、压肩、错移、扭转、切头、平整	18～30

(2) 计算坯料尺寸。小锻件的坯料一般采用圆钢轧材，故坯料尺寸的计算主要是确定其直径和长度（或高度）。坯料尺寸的计算与采用的第一个锻造工序（拔长或镦粗）有关。

① 拔长锻造：坯料横截面积 $S_{坯}$ 与锻件最大截面积 $S_{锻}$ 之比应满足规定的锻造比 $Y_{拔长}$，轧材的锻造比 $Y_{拔长}$ 一般为 1.3～1.5。因此，由已知的 $S_{锻}$ 和 $Y_{拔长}$ 可初步计算出坯料横截面积 $S_{坯}$，进而初步确定坯料的直径 $D_{坯}$ 为

$$D_{坯}=1.13\sqrt{S_{坯}}$$

② 镦粗锻造：为了便于下料和避免镦弯，坯料长（高）径比 $H_{坯}/D_{坯}=1.25\sim 2.5$，根据圆钢坯料的体积 $V_{坯}=(\pi D_{坯}^{2}/4)\times H_{坯}=m_{坯}/\rho$ 求出 $V_{坯}$，然后求出坯料直径 $D_{坯}$ 为

$$D_{坯}=(0.8\sim 1.0)\sqrt[3]{V_{坯}}$$

初步计算出坯料直径后，还应对照钢材规格标准加以修正，选用与算出坯料直径一致的标准直径，或选用相邻较大的标准直径，最后根据坯料体积 $V_{坯}$ 和由实际选用钢材直径确定的横截面积 $S_{坯}$，算出坯料的长度或高度。

3. 确定自由锻的基本工序

自由锻的工序分为基本工序、辅助工序和修整工序三类。基本工序是指用来改变坯料的形状和尺寸的工序，主要包括镦粗、拔长、冲孔、弯曲、切割、错移和扭转等，其简图如图 10-12 所示。辅助工序是指为了完成基本工序而进行的预先变形工序，主要包括压钳口、倒棱、压痕等。修整工序是指用来减少锻件表面缺陷的工序，主要包括校正、滚圆、平整等。

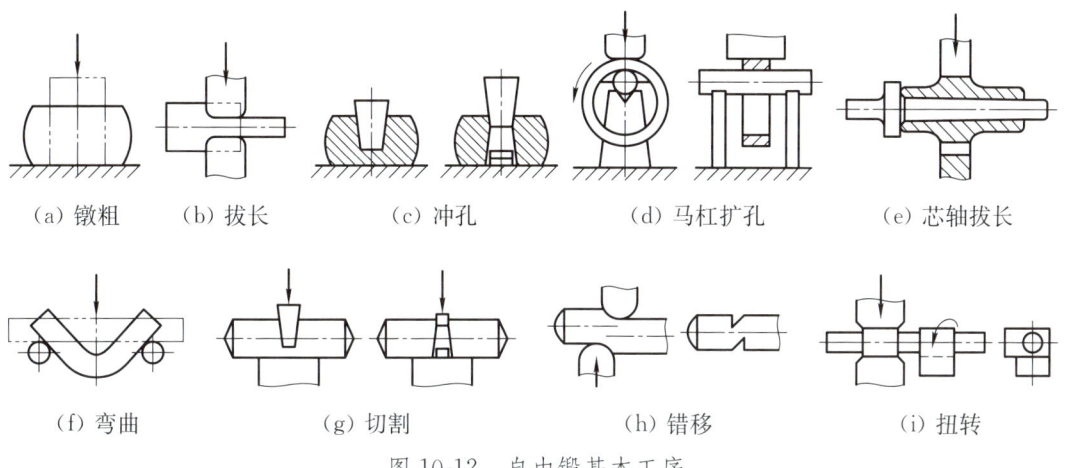

图 10-12 自由锻基本工序

(a) 镦粗 (b) 拔长 (c) 冲孔 (d) 马杠扩孔 (e) 芯轴拔长
(f) 弯曲 (g) 切割 (h) 错移 (i) 扭转

4. 选择自由锻设备

常用的自由锻设备有自由锻锤和水压机两类。生产时应根据锻件的尺寸、形状、材料等来选择设备种类和规格,以保证锻件质量好、成本低、生产率高。自由锻锤一般包括空气锤和蒸汽-空气锤。

(1) 空气锤。空气锤主要由锤身、压缩缸、工作缸、传动机构、操纵机构、落下部分和砧座组成。空气锤主要用于生产 1~40 kg 的小型自由锻件。

(2) 蒸汽-空气锤。蒸汽-空气锤主要由工作缸、落下部分、机架、砧座和操作手柄等组成。蒸汽-空气锤主要用于生产 20~700 kg 的中小型自由锻件。

(3) 水压机。水压机锻造的特点是工作时以静压力作用在坯料上(上砧下行速度为 0.1~0.3 m/s)。因此,水压机工作时振动小,不需要笨重的砧座,劳动条件较好。它可向大吨位发展,我国目前的水压机吨位为 500~16 000 t,可以锻压 1~600 t 的锻件。水压机的规格是以上砧铁的最大工作总压力来表示的,常用的吨位为 500~1 200 t。水压机在整个行程上均可得到最大压力,作用在坯料上的压力时间较长,有利于将锻件锻透,使整个截面的组织得到改善。

水压机主体庞大,需配备供水和操纵系统,还要有大型加热炉、退火炉、取料机、翻料机和活动工作台等配套设备,因此造价很高,但它是大型锻件生产必不可少的锻造设备。

5. 锻件的热处理与清洗

锻件热处理的目的是消除加工硬化和改善组织,保证所要求的力学性能。一般来说,对锻件要进行退火和正火处理。锻件的清理是为了清除锻件表面的氧化皮。常用滚筒法、喷丸法或酸洗法进行清理。

10.3.2 自由锻件的结构工艺性

设计自由锻成形的零件时,除满足使用要求外,还必须考虑自由锻造设备和工具的特点,零件结构要符合自由锻的工艺性要求。锻件结构合理可达到操作方便、成形容易、节约材料、保证质量和提高效率的目的。

1. 锻件上应避免锥面和斜面结构

如图 10-13a 所示,锻件有锥面或斜面结构,需要专用工具成形,工艺过程复杂,操作不便,成形困难,生产率低,结构工艺性差。改进设计后,如图 10-13b 所示,锻件结构合理,便于成形。

2. 锻件上应避免形成空间曲线

由多个简单几何体构成的锻件,几何体的交接处不应为空间曲线,如图 10-14 所示。

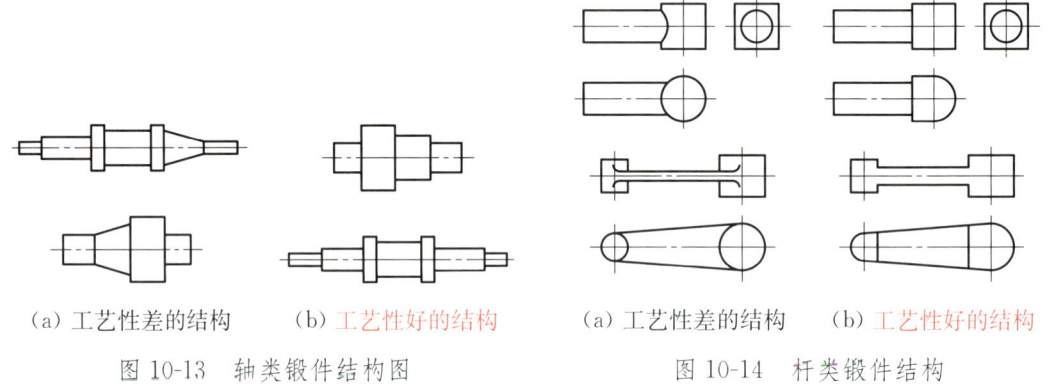

(a) 工艺性差的结构　　(b) 工艺性好的结构　　　(a) 工艺性差的结构　　(b) 工艺性好的结构

图 10-13　轴类锻件结构图　　　　　图 10-14　杆类锻件结构

3. 锻件上应尽量避免加强肋、凸台、空间曲面

如图 10-15a 所示的加强肋和凸台难以用简单的自由锻造方法成形,必须用特殊的工具和工艺措施来生产,故提高了难度,增加了成本。改进设计后,如图 10-15b 所示,结构工艺性好,经济效益大。

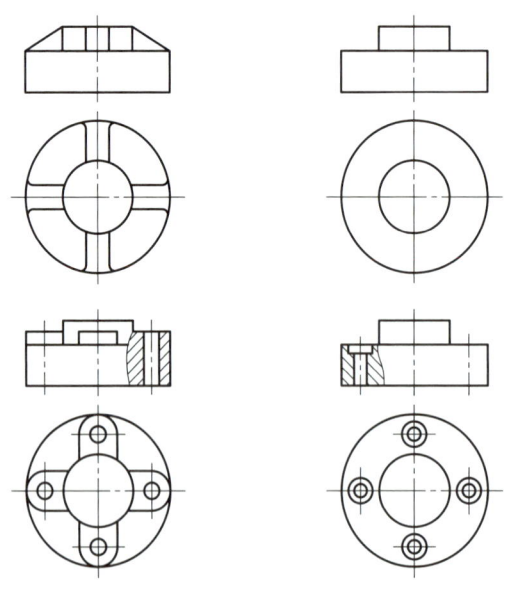

(a) 工艺性差的结构　　(b) 工艺性好的结构

图 10-15　盘类锻件结构

4. 锻件结构应避免截面尺寸的急剧变化

如图 10-16a 所示,锻件截面尺寸变化剧烈,锻造过程中局部变形太大,结构工艺性差。改成由几个简单件构成的组合体,每个简单件分别锻后用焊接或螺钉连接起来,将复杂件变成几个简单件来做,达到化难为易的目的,如图 10-16b 所示。

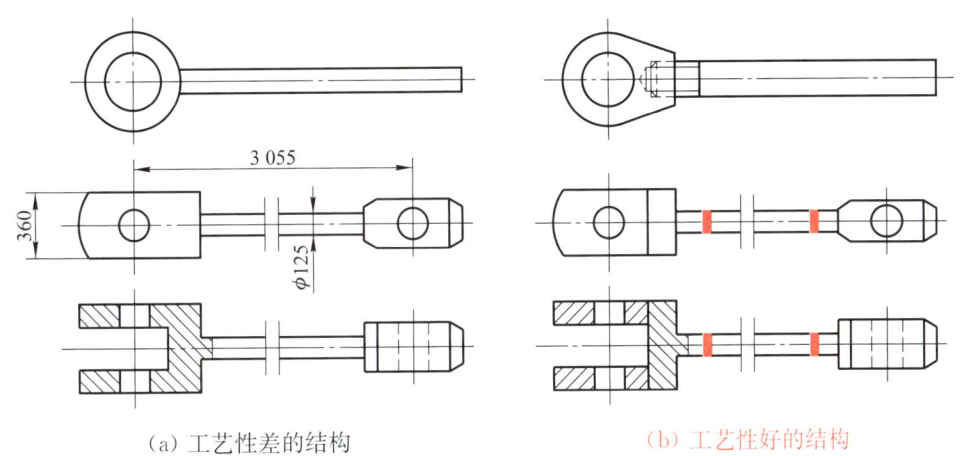

(a) 工艺性差的结构   (b) 工艺性好的结构

图 10-16 复杂件结构

10.3.3 典型锻件的自由锻过程

典型盘类锻件——齿轮坯的自由锻工艺过程见表 10-2。

表 10-2 齿轮坯的自由锻工艺过程

锻件名称	齿轮坯	工艺类别	机器自由锻
材料	45 钢	设备	65 kg 空气锤
加热次数	1	锻造温度范围/℃	800～1 150
锻造图		坯料图	

229

续 表

序号	工序名称	工序简图
1	镦粗	
2	冲孔	
3	整修外圆	
4	整修平面	

10.4 模锻

利用模具使坯料变形,获得锻件的锻造方法称为模锻。模锻的实质是金属的变形受到锻模模膛的限制。模锻与自由锻相比有以下特点:

(1) 生产率较高。自由锻时,金属的变形是在上、下砧铁之间进行的,难以控制。模锻时,金属的变形是在模膛内进行的,能较快获得所需形状。

(2) 模锻件尺寸精确,加工余量小。

(3) 可以锻造形状比较复杂的锻件,如用自由锻来生产,须加大量敷料来简化形状。

但模锻生产制模成本较高,锻造设备的精度高、吨位大,生产周期比较长,锻件质量一般在 150 kg 以下,一般适用于大批量、中、小型锻件的生产。目前,模锻生产广泛地应用在制造业中,如飞机、坦克、汽车、拖拉机制造等。

模锻按使用的设备不同分为锤上模锻、胎模锻、压力机上模锻等。

10.4.1 锤上模锻

锤上模锻也称为模锻锤上模锻,所用设备有蒸汽-空气模锻锤、无砧座锤、高速锤等。一般工厂中主要使用蒸汽-空气模锻锤,如图10-17所示。

微视频

模锻汽轮机叶片

动画

模锻

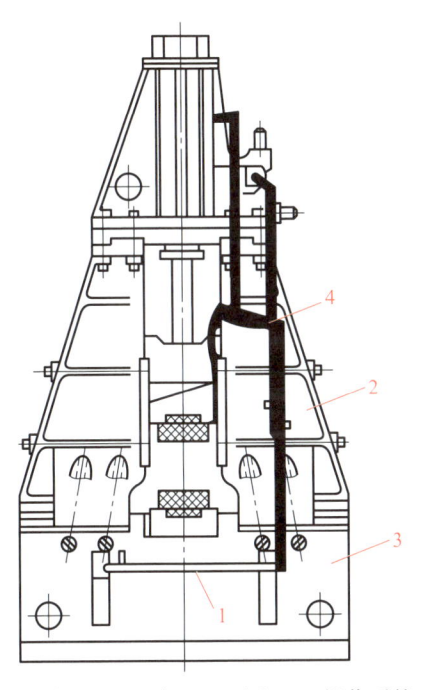

1—踏板;2—机架;3—砧座;4—操作系统。

图10-17 蒸汽-空气模锻锤

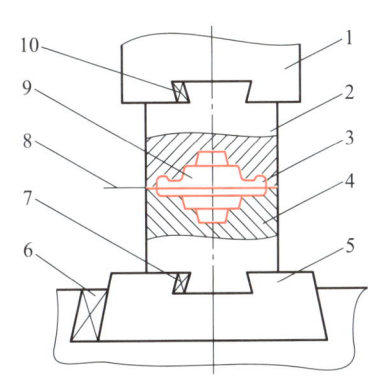

1—锤头;2—上模;3—飞边槽;4—下模;5—模垫;
6、7、10—紧固楔铁;8—分模面;9—模膛。

图10-18 锤上锻模

模锻用蒸汽-空气锤的工作原理与自由锻蒸汽-空气锤基本相同。但由于模锻生产要求精度较高,故模锻锤的锤头与导轨之间的间隙比自由锻锤的小,且机架直接与砧座连接,这样使锤头运动精确,保证上下模对得准。模锻锤一般由一名工人操作,工人除了掌钳外,还同时踩踏板带动操作系统控制锤头行程及打击力。

模锻锤的吨位(落下部分的质量)为10~160 kg,模锻件的质量为0.5~150 kg。模锻锤不同吨位所能锻制的模锻件质量见表10-3。

表10-3 模锻锤不同吨位所能锻制的模锻件质量

模锻锤吨位/t	0.5~0.75	1.0	1.5	2.0	3.0	5.0	7~10	13
模锻件质量/kg	<0.5	0.5~1.5	1.5~5	5~12	12~25	25~40	40~100	>100

1. 锻模结构

锤上模锻用的锻模如图10-18所示,由带有燕尾槽的上模和下模两部分组成。下模用紧固楔铁7固定在模垫上。上模靠楔铁10紧固在锤头上,随锤头一起上下往复运动。上、下模合在一起后中部形成完整的模膛。

锻模模膛根据用途不同可分为模锻模膛和制坯模膛两大类。

（1）模锻模膛

模锻模膛分为终锻模膛和预锻模膛两种。

① 终锻模膛。终锻模膛的作用是使坯料最后变形到锻件所要求的形状和尺寸。因此，它的形状应和锻件的形状相同。但由于锻件冷却时要收缩，终锻模膛的尺寸应比锻件尺寸放大一个收缩量。钢件收缩量取1.5%。另外，沿模膛四周有飞边槽，用来增加金属从模膛中流出的阻力，促使金属充满模膛，同时容纳多余的金属，对于具有通孔的锻件，由于不可能靠上、下模的凸起部分把金属完全挤压掉，故终锻后在孔内留下一薄层金属，称为冲孔连皮，如图10-19所示。只有把冲孔连皮和飞边冲掉，才能得到有通孔的模锻件。

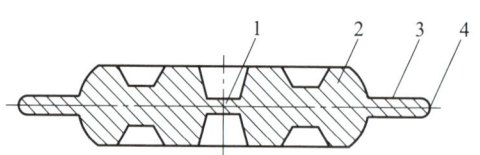

1—冲孔连皮；2—锻件；3—飞边；4—分模面。

图10-19 带有冲孔连皮及飞边的模锻件

② 预锻模膛。预锻模膛的作用是使坯料变形到接近于锻件的形状和尺寸，经预锻后进行终锻，可使金属容易充满终锻模膛，减少了终锻模膛的磨损，延长了锻模的使用寿命。与终锻模膛不同的是，预锻模膛的圆角和斜度较大，没有飞边槽。对于形状简单或批量不大的模锻件，可不设置预锻模膛。

（2）制坯模膛

对于形状复杂的模锻件，为了使坯料形状基本接近模锻件形状，使金属能合理地分布和很好地充满模膛，就必须预先在制坯模膛内制坯。制坯模膛分为以下4种。

① 拔长模膛。用来减小坯料某部分的横截面积，以增加该部分的长度，如图10-20所示。当模锻件沿轴向横截面积相差较大时，采用这种模膛进行拔长。拔长模膛分为开式和闭式两种，一般设在锻模的边缘。进行拔长操作时，坯料除送进外还需翻转。

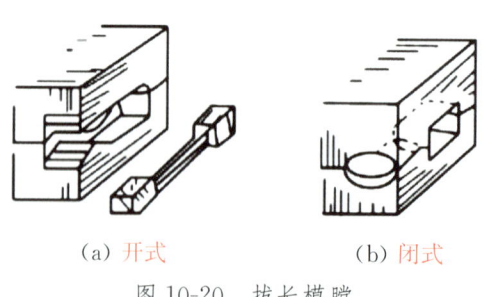

(a) 开式　　　　(b) 闭式

图10-20 拔长模膛

② 滚压模膛。用来减小坯料某部分的横截面积，以增大另一部分的横截面积，主要使

金属按模锻件的形状来分布,如图 10-21 所示。滚压模膛也分为开式和闭式两种。当模锻件沿轴线的横截面积相差不很大或作修整拔长后的毛坯时采用开式滚压模膛。当模锻件的最大和最小截面积相差较大时采用闭式滚压模膛。进行滚压操作时,应不断翻转坯料。

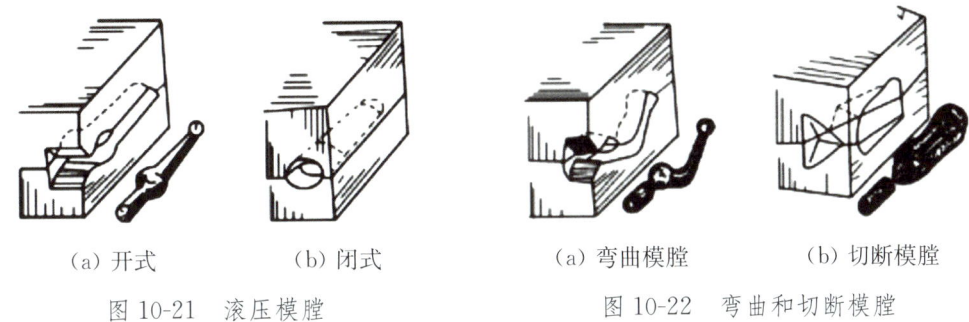

(a) 开式　　　　(b) 闭式　　　　　　(a) 弯曲模膛　　(b) 切断模膛

图 10-21　滚压模膛　　　　　图 10-22　弯曲和切断模膛

③ **弯曲模膛**。对于弯曲的杆类模锻件,应采用弯曲模膛(图 10-22a)来弯曲坯料。坯料可直接或先经其他制坯工步后放入弯曲模膛进行弯曲变形。弯曲后的坯料应翻转 90°再放入模膛成形。

④ **切断模膛**。如图 10-22b 所示,在上模与下模的角部组成一对刀口,用来切断金属。单件锻造时,用它从坯料上切下锻件或从锻件上切下钳口;多件锻造时,用它来分离成单件。

此外,还有成形模膛、镦粗台及击扁面等制坯模膛。

根据模锻件的复杂程度、变形所需模膛的数量,可将锻模设计成单膛锻模或多膛锻模。单膛锻模是指在一副锻模上只具有一个终锻模膛,如齿轮坯模锻件,可将截下的圆柱形坯料直接放入单膛锻模中成形。多膛锻模是指在一副锻模上具有两个以上的锻模,如弯曲连杆模锻件的锻模。

2. 制订模锻工艺规程

模锻生产的工艺规程包括绘制锻件图、计算坯料的质量和尺寸、确定模锻工步(模膛)、选择设备及安排修整工序等。

(1) **绘制模锻锻件图**

锻件图是设计、计算和制造锻模,计算坯料的质量和尺寸以及检查锻件的依据。绘制模锻锻件图时应考虑以下问题。

① **分模面**。分模面是上、下锻模在模锻件上的分界面。模锻件分模面的位置选择得合适与否,关系到模锻件成形、模锻件出模、材料利用率等一系列问题。因此,在制订模锻件图时,必须按以下原则确定分模面的位置。

a. 要保证模锻件能从模膛中取出。如图 10-23 所示的零件,若选 a-a 面为分模面,则无法从模膛中取出锻件。一般情况,分模面应选在模锻件最大尺寸的截面上。

b. 按选定分模面制成锻模后,应使上、下模沿分模面的模膛轮廓一致,以便在安装锻模和生产中容易发现错模现象,及时调整锻模位置,如图 10-23 的 c-c 面被选作分模面,就不符合此原则。

c. 最好把分模面选在能使模膛深度最浅的位置处。这样可使金属很容易充满模膛,有利于取出锻件,并有利于锻模的制造。如图10-23的b-b面就不适合作分模面。

d. 选定的分模面应使零件上所加的余块最少。如图10-23中的b-b面被选为分模面,零件中间的孔锻造不出来,其敷料最多。既浪费金属,降低了材料的利用率,又增加了切削加工的工作量,因此,该面不宜作为分模面。

e. 最好使分模面为一个平面,使上、下锻模的模膛深度基本一致,差别不宜过大,以便于制造锻模。

按上述原则综合分析,图10-23中的 d-d 面是最合理的分模面。

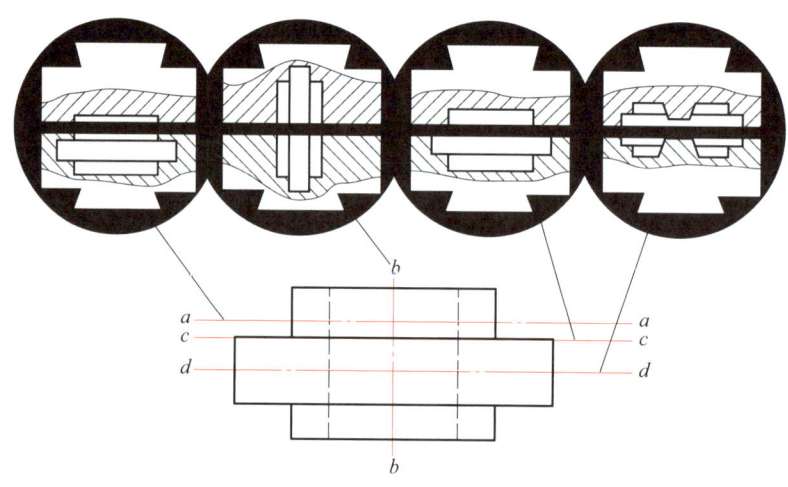

图10-23 分模面的选择比较图

② 加工余量、公差和余块。模锻件的尺寸较精确,其公差和加工余量比自由锻件小得多。余量一般为1～4 mm,偏差一般取±(0.3～3)mm,对于孔径 $d>25$ mm 的带孔模锻件,孔应锻出,但应留冲孔连皮(见图10-23)。冲孔连皮的厚度与孔径 d 有关,当孔径为30～80 mm时,冲孔连皮的厚度为4～8 mm。

③ 模锻斜度。模锻件上平行于锤击方向的表面必须具有斜度,如图10-24所示,以便于从模膛中取出锻件。对于锤上模锻,模锻斜度一般为5°～15°。模锻斜度与模膛深度和宽度有关,当模膛深度与宽度的比值(h/b)越大时取较大的斜度值。斜度 $α_2$ 为内壁斜度(当锻件冷却时锻件与模壁夹紧的表面),其值比外壁斜度 $α_1$(当锻件冷却时锻件与模壁离开的表面)大2°～5°。

④ 模锻圆角半径。在模锻件上所有两平面的交角处均必须做成圆角,如图10-25所示。这样可增大锻件强度,使锻造时金属易于充满模膛,避免锻模上的内尖角处产生裂纹,减缓锻模外尖角处的磨损,从而提高锻模的使用寿命。钢的模锻件外圆角半径 r 取1.5～12 mm,内圆角半径 R 比外圆角半径大2～3倍。模膛深度越深,圆角半径取值就越大。

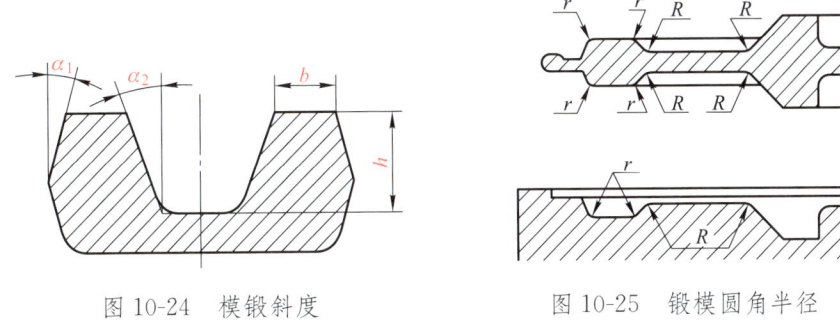

图 10-24 模锻斜度

图 10-25 锻模圆角半径

图 10-26 为齿轮坯的模锻件。图中细双点画线表示零件轮廓,分模面选在模锻件高度方向的中部。零件轮辐部分不加工,故不留加工余量。图 10-26 中,内孔中部的两条直线为冲孔连皮切掉后的痕迹线。

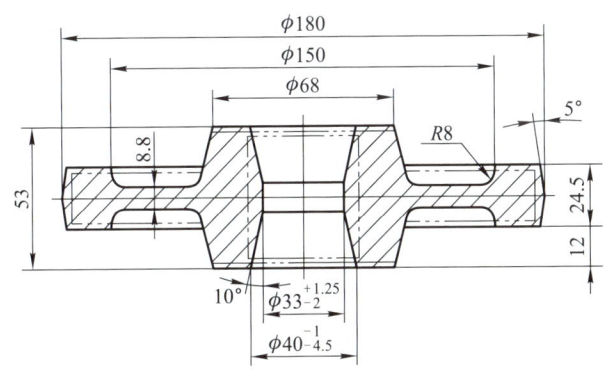

图 10-26 齿轮坯的模锻件

(2) 确定模锻工步

模锻工步主要是根据模锻件的形状和尺寸来确定的。模锻件按形状可分为两大类:长轴类模锻件,如阶梯轴、曲轴、连杆、弯曲摇臂等,如图 10-27 所示;盘类模锻件,如齿轮、法兰盘等,如图 10-28 所示。

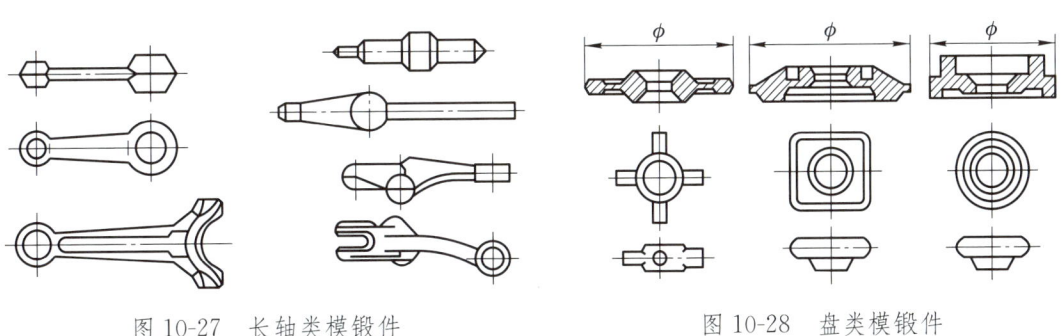

图 10-27 长轴类模锻件　　　　图 10-28 盘类模锻件

① 长轴类模锻件。长轴类模锻件的长度与宽度之比较大,锻造过程中锤击方向垂直于

模锻件的轴线。终锻时,金属沿高度方向流动,而长度方向流动不显著。因此,通常选用拔长、滚压、弯曲、预锻和终锻等工步。

若拔长和滚压时,坯料沿轴线方向流动,金属体积重新分配,使坯料的各横截面积均大于锻件最大的横截面积,则可只选用拔长工步。若坯料各处的横截面积均小于锻件最大的横截面积,则采用拔长和滚压工步。若模锻件的轴线为曲线,应选用弯曲工步。对于小型长轴类模锻件,为了减少钳口料和提高生产率,通常采用一根棒料同时锻造几个模锻件的锻造方法,因此应增设切断工步,将锻造好的工件切断。

模锻件制造过程

对形状复杂的模锻件,须选用预锻工步,最后在终锻模膛中模锻成形。如锻造弯曲连杆模锻件时,坯料先经过拔长、滚压、弯曲三个工步,形状接近于模锻件,然后经预锻及终锻两个模膛制成带有飞边的模锻件,至此在锤上进行的模锻工步已经完成。最后,经切飞边等其他工步后即可获得合格模锻件,如图10-29所示。

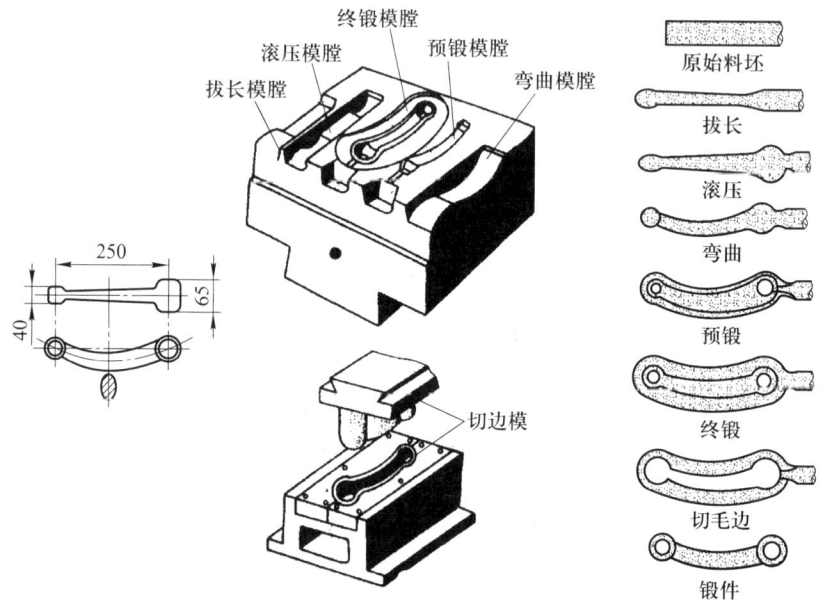

图10-29 弯曲连杆锻造过程(单位:mm)

某些模锻件选用周期轧制材料作坯料时,可以省去拔长、滚压等工步,使模锻过程简化,提高生产率,如图10-30所示。

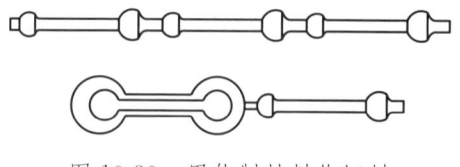

图10-30 用轧制材料作坯料

② 盘类模锻件。盘类模锻件是在分模面上的投影为圆形或长度接近于宽度的模锻件。

对于盘类模锻件,在锻造过程中锤击方向与坯料轴线相同,终锻时金属沿高度、宽度及长度方向均产生流动。因此常选用镦粗、终锻等工步。对于形状简单的盘类模锻件,可只用终锻工步。对于形状复杂、有深孔或有高筋的模锻件,则应增加镦粗工步。

(3) **修整工序**

坯料在锻模内制成模锻件后,还必须经过一系列修整工序,以保证和提高模锻件质量。修整工序包括以下内容:

① 切边和冲孔。对于刚锻制成的模锻件,一般带有飞边和连皮,必须在压力机上将它们切除。切边和冲压可在热态或冷态下进行。对于较大的模锻件和合金钢模锻件,常利用模锻后的余热立即进行切边和冲孔。其特点是所需切断力较小,但模锻件在切边和冲孔时易产生变形。对于尺寸较小和精度要求较高的模锻件,常在冷却状态下进行切边和冲孔,其特点是切断后模锻件表面较整齐,不易产生变形,但所需的切断力较大。

切边模由活动凸模和固定的凹模组成,如图 10-31a 所示。切边凹模的通孔形状和模锻件在分模面上的轮廓一样。凸模工作面的形状与模锻件上部外形相吻合。在冲孔模上,凹模作为模锻件的支座,凹模的形状做成使模锻件放到模中时能对准中心,冲孔连皮从凹模孔落下,如图 10-31b 所示。当模锻件大量生产时,切边及冲连皮可在一个较复杂的复合模或连续模上联合进行。

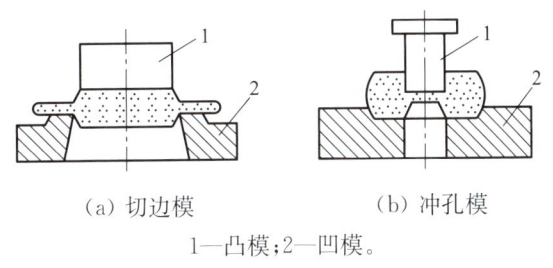

(a) 切边模　　　　(b) 冲孔模

1—凸模;2—凹模。

图 10-31　切边模及冲孔模

② 校正。切边及其他工序都可能引起模锻件变形,因此,对许多模锻件,特别是对形状复杂的模锻件,在切边(冲连皮)之后还须进行校正。校正可在锻模的终锻模膛或专门的校正模内进行。

③ 热处理。模锻件进行热处理的目的是消除模锻件的过热组织或加工硬化组织,使模锻件具有所需的力学性能。模锻件的热处理一般是采用正火或退火。

④ 清理。为了提高模锻件的表面质量,改善模锻件的切削加工性能,模锻件需要进行表面处理,去除在生产过程中形成的氧化皮、黏附的油污及其他表面缺陷(残余毛刺)等。

对于要求精度高和表面结构要求高的模锻件,除进行上述各修整工序外,还应在压力机上进行精压。精压分为平面精压和体积精压两种。平面精压用来获得模锻件某些平行平面间的精确尺寸,如图 10-32a 所示。体积精压主要用来提高模锻件所有尺寸的精度,减小模锻件质量差别,如图 10-32b 所示。精压模锻件的尺寸偏差可达±(0.1～0.25)mm,表面粗糙度 Ra 为 0.8～0.4 μm。

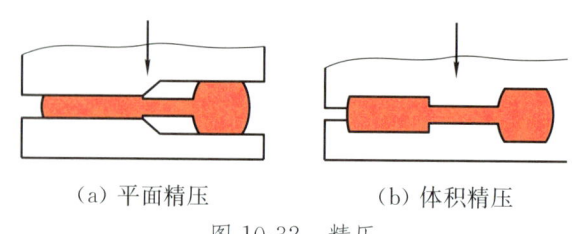

(a) 平面精压　　　　(b) 体积精压

图 10-32　精压

3. 模锻零件结构工艺性

设计模锻零件时,应根据模锻特点和工艺要求,使零件结构符合下列原则,以便模锻生产和降低成本。

(1) 模锻零件必须具有一个合理的分模面,以保证模锻件易于从锻模中取出、敷料最少、锻模容易制造。

(2) 由于模锻件尺寸精度高和表面粗糙度值低,因此零件上只有与其他机件配合的表面才需要进行机械加工,其他表面均应设计为非加工表面,零件上与锤击方向平行的非加工表面应设计出模锻斜度。非加工表面所形成的角度应按模锻圆角设计。

(3) 为了使金属容易充满模腔和减少工序,零件外形力求简单、平直和对称,尽力避免零件截面间差别过大或具有薄壁、高筋、凸起等结构。如图 10-33a 所示,零件的最小截面面积与最大截面面积之比小于 0.5,不宜采用模锻方法制造。此外,该零件的凸缘薄而高,中间凹下部分很深,难以用模锻方法锻制。如图 10-33b 所示,零件扁而薄,模锻时薄的部分金属容易冷却,不易充满模腔。如图 10-33c 所示,零件有一个高而薄的凸缘,使锻模的制造和锻件的取出都很困难,假如对零件用途无影响,改为图 10-33d 所示的形状,锻制成形就很容易了。

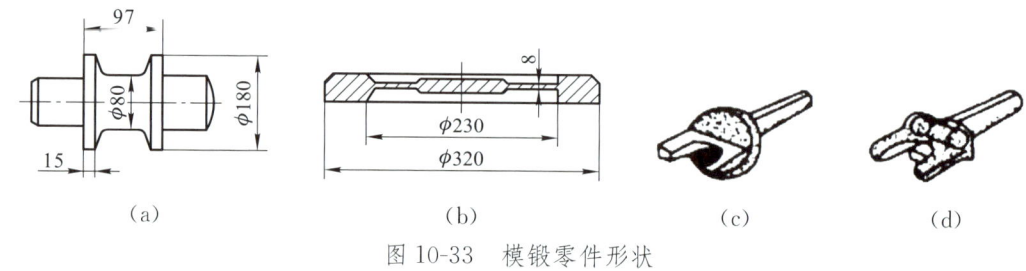

(a)　　　　(b)　　　　(c)　　　　(d)

图 10-33　模锻零件形状

(4) 在零件结构允许的条件下,设计时尽量避免有深孔或多孔结构。如图 10-34 所示,零件上 4 个 φ20 mm 的孔就不能锻出,只能用机械加工成形。

(5) 在可能条件下应采用锻-焊组合工艺,如图 10-35 所示,以减少余块,简化模锻工艺。

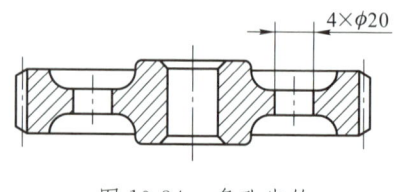　　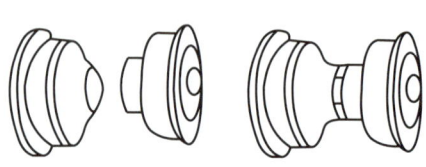

图 10-34　多孔齿轮　　　　图 10-35　锻-焊组合工艺模锻零件

10.4.2　胎模锻

胎模锻是指在自由锻设备上，使用可移动胎模具生产锻件的锻造方法。锻造时，胎模放在砧座上，将加热后的坯料放入胎模，锻制成形；也可先将坯料经过自由锻预锻成近似锻件的形状，然后用胎模终锻成形。这种锻造方法介于自由锻与模锻之间，被广泛应用。

与自由锻相比，胎模锻具有较高的生产率，锻件质量好，节省金属材料，降低锻件成本。与模锻相比，胎模锻不需要专用锻造设备，模具简单，容易制造；但是锻件质量稍差，劳动强度大，生产率低，胎模寿命短。胎模锻适用于中、小批小型锻件的生产。

胎模锻常用胎模如图 10-36 所示。摔模又称为摔子，常用于锻制回转体锻件。扣模常用于非回转体锻件的制坯。套模分为开式与闭式两种。开式套模无上模，锤头直接接触金属，使其在模内成形。套模用于锻制法兰、齿轮坯等锻件。合模一般由上、下模组成，常用于锻制连杆和叉形锻件。

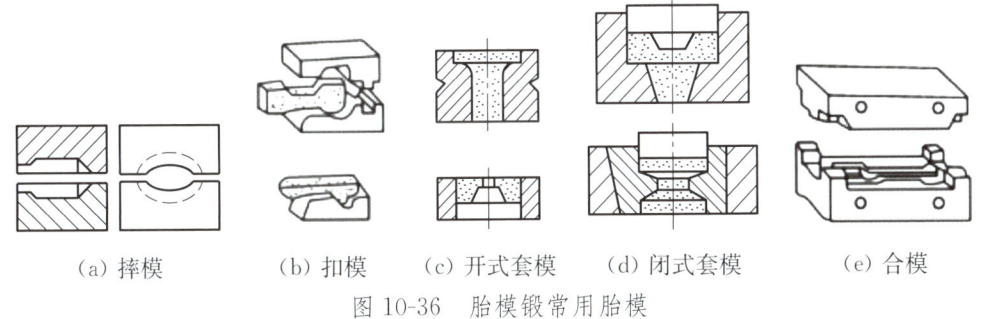

(a) 摔模　　(b) 扣模　　(c) 开式套模　　(d) 闭式套模　　(e) 合模

图 10-36　胎模锻常用胎模

10.4.3　其他模锻

1. 曲柄压力机模锻

曲柄压力机又称热模锻曲柄压床。曲柄压力机模锻的优点是锻件精度高，节约金属，生产率高，无振动，噪声小，劳动条件好；但是设备价格较高，锻造时锻件的氧化皮无法清除，不适宜锻造较长的以延伸变形为主的锻件。

2. 摩擦压力机模锻

摩擦压力机由于压力有限并难以调节，而且生产率低，通常只用于单模腔、小型锻件的终锻加工，但因其压力平缓可用于塑性差的金属加工变形。

3. 平锻机模锻

平锻机模锻主要进行以局部镦粗为主的锻制，也可进行压肩、冲孔、弯曲与切断等，最适合锻制带头部的长杆类锻件和套圈类锻件，如汽车半轴、双联齿轮等。平锻机模锻的特点是锻件的尺寸比较精确，表面光洁，节约金属，生产率高；但设备造价高，投资大。平锻机模锻在大型汽车制造厂广泛应用。

10.5　板料冲压

板料冲压又称为冷冲压，它是利用模具使板料分离或变形，以获得薄壁金属制品的加工

方法，一般情况下在室温进行。这种金属加工方法要求金属具有较好的塑性，如碳的质量分数为 0.1% 左右的非合金钢或合金钢、变形铝合金、铜合金等。

板料冲压的生产率高，易于实现机械化与自动化生产，制品的尺寸精确，互换性好，节约金属，操作简便；但模具制造复杂，成本较高。板料冲压适用于大批量生产，目前广泛应用于汽车、拖拉机、火箭、仪表及日用品等的制造。

10.5.1 冲压基本工序

板料冲压时使金属分离或变形的基本方法称为冲压基本工序，分为分离工序与变形工序两大类。

1. 分离工序

分离工序是利用冲模或剪刀使坯料分离的操作方法，包括剪切、冲裁和整修等。

（1）剪切。剪切是使坯料沿不封闭轮廓线分离的方法，一般作为备料工序，也可作为剪切成形的工序。

冲裁件断面特征

（2）冲裁。冲裁是利用冲模将板料沿封闭的轮廓线与坯料分离的冲压方法。它包括落料与冲孔，两者的操作方法相同，但目的不同。落料是利用冲裁取得一定外形的制件（或坯料），如冲制自行车链条的链片。冲孔是将冲压坯料沿封闭轮廓线分离开来，得到带孔制件的冲裁方法，冲落部分为废料，如平垫圈内孔的冲制。

（3）修整。修整是利用修整模沿冲裁件外缘或内孔刮去一层薄薄的切屑，以提高冲裁件的加工精度和降低断面表面粗糙度值的冲压方法。修整后，剪切面的 Ra 为 $0.8\sim1.6\,\mu m$，公差等级可达 IT6~IT7。

2. 变形工序

变形工序是使坯料的一部分相对另一部分产生位移而不破坏的工序，包括拉伸、弯曲和成形等。将板料制成所需要的零件时，应根据零件的形状、尺寸，以及每道工序中材料所允许的变形程度，选择各种工序及工序顺序的安排。

（1）拉伸（拉延）。拉伸是使板料成形为空心件而厚度基本不变的加工方法。图 10-37 所示为拉伸过程简图。拉伸的工艺要点是：凸模与凹模之间的间隙要比板厚大 10%~30%；不允许一次拉得过深，以防破裂；拉伸时要加润滑剂或对坯料进行表面处理；拉伸后成品或半成品的直径与拉伸前坯料直径的比值一般取 0.5~0.8 为宜。拉伸是生产搪瓷缸、面盆、子弹壳等零件的基本冲压工序之一。

弯曲件的回弹

（2）弯曲。弯曲是将坯料的一部分相对于另一部分弯曲成一定角度的加工方法。弯曲时，板料内侧受压、外侧受拉，当外侧的拉应力超过材

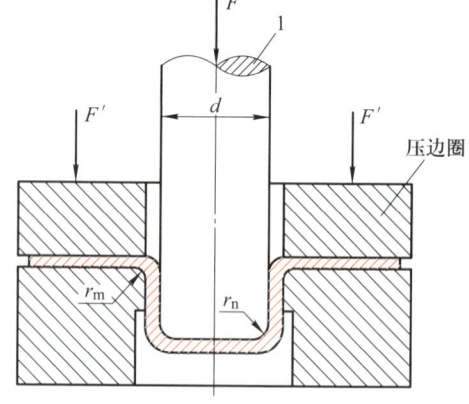

1—凸模；2—压边圈；3—工件；4—凹模。

图 10-37 拉深过程

料的抗拉强度 R_m 时，金属破裂，且坯料越厚越易弯裂。弯曲的工艺要点是：内弯曲半径不得小于板厚的 1/4；弯曲的角度应略大于成品件角度，因为弯曲后板料会回弹 $0°\sim10°$。

（3）成形。成形是使坯料产生局部拉伸或压缩变形而获得一定形状零件的冲压方法，包括缩口、翻边、旋压、制肋等。

10.5.2　冲压设备及冲压模具

1. 冲压设备

常用的冲压设备有剪床和冲床。剪床又叫剪板机，是用剪切方法使板料分离的机器，是冲压备料的主要设备。冲床是冲压生产的主要设备。冲床的吨位最小的为 6.3 t，大的有 400 t、600 t 和 1 250 t 等。

2. 冲压模具

常用冲模可分为简单模、连续模和复合模三种。冲模的结构合理与否对制品的质量、冲压生产的效率及模具的寿命都有很大的影响。

（1）简单模。简单模是指冲床一次行程中，只完成一道工序的模具。此种模具结构简单，容易制造，适用于小批生产。

（2）连续模。连续模是指冲床的一次行程中，在模具的不同部位上同时完成数道冲压工序的模具。这种模具的生产率高、易于实现自动化生产，但定位精度要求高，造模难度较大、成本较高，适用于一般精度零件的大批量生产。

（3）复合模。复合模是指冲床的一次行程中，在模具的同一位置完成两道以上工序的模具。这种模具能够保证零件较高的精度和平整性，生产率高，但制造复杂，成本高，适用于大量生产。

10.5.3　典型零件冲压工艺方案

在实际生产中，应根据零件材料、技术要求和设备条件等具体情况，将冲压基本工序经过恰当的选择与组合，确定一个比较合理的工艺方案。图 10-38 所示为托架零件及其冲压工艺方案。在图 10-38b 中，方案Ⅰ为一次成形，方案Ⅱ、Ⅲ为预成形后再成形。

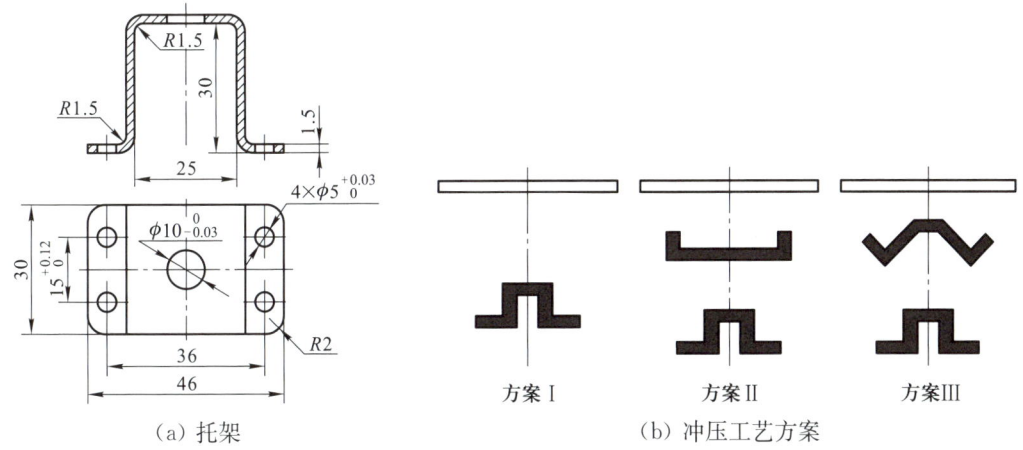

图 10-38　托架零件及其冲压工艺方案

10.6 模锻工艺应用实例

例如:某型汽车发动机变速拨叉的零件如图 10-39 所示,材料为 45 钢,即材质系数为 M_1。锻件质量大约为 0.6 kg,其形状复杂系数约为 3 级(较复杂),用锤上模锻进行大批量生产,要求绘制锻件图并选择锻锤吨位(材质系数和复杂系数用于查表确定加工余量及极限偏差。)。

10.6.1 绘制锻件图

1. 确定分模面位置

根据变速拨叉的形状,采用图 10-39 所示的折线分模。

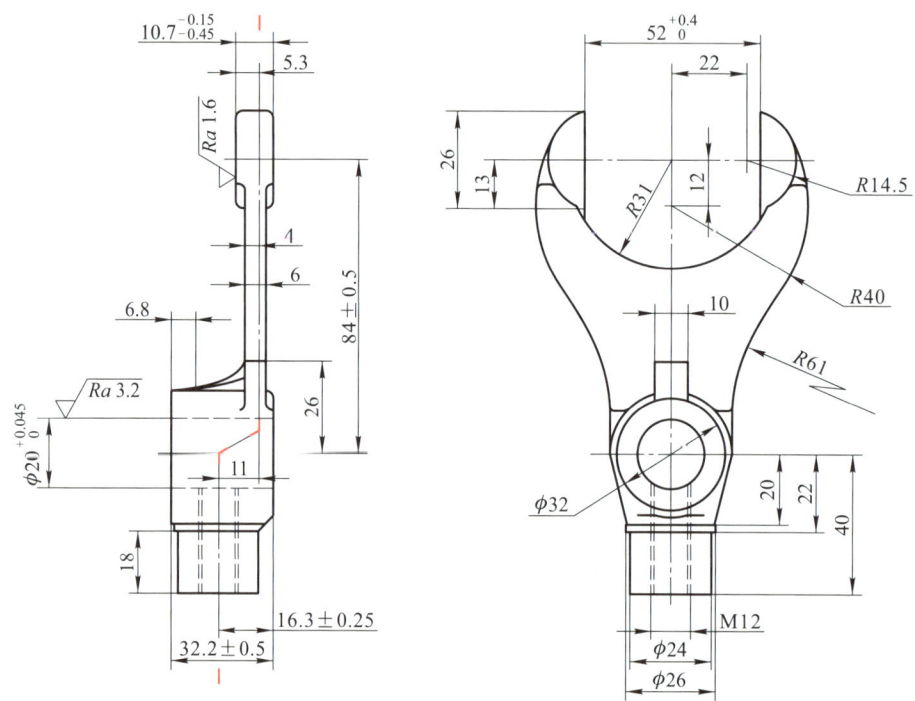

图 10-39 变速拨叉零件图

2. 确定锻件公差和加工余量

根据国家标准(GB/T 12362—2016)查得:长度极限偏差为 $^{+1.5}_{-0.7}$ mm,高度极限偏差为 $^{+1.2}_{-0.6}$ mm,宽度极限偏差为 $^{+1.2}_{-0.6}$ mm。

该零件的表面粗糙度为 $Ra\,3.2\,\mu m$,由国家标准(GB/T 12362—2016)的锻件内外表面加工余量表查得:高度及水平尺寸的加工余量为 1.5~2.0 mm,取 2 mm。

3. 技术条件

(1)未注模锻斜度 7°。

(2) 未注圆角半径 1.5 mm。

(3) 允许的错差量 0.6 mm。

(4) 允许的残留飞边量 0.7 mm。

(5) 允许的表面缺陷深度 0.5 mm。

(6) 锻件热处理:调质处理。

4. 绘制变速拨叉锻件图

根据公差和余量绘制变速拨叉的锻件图,如图 10-40 所示。

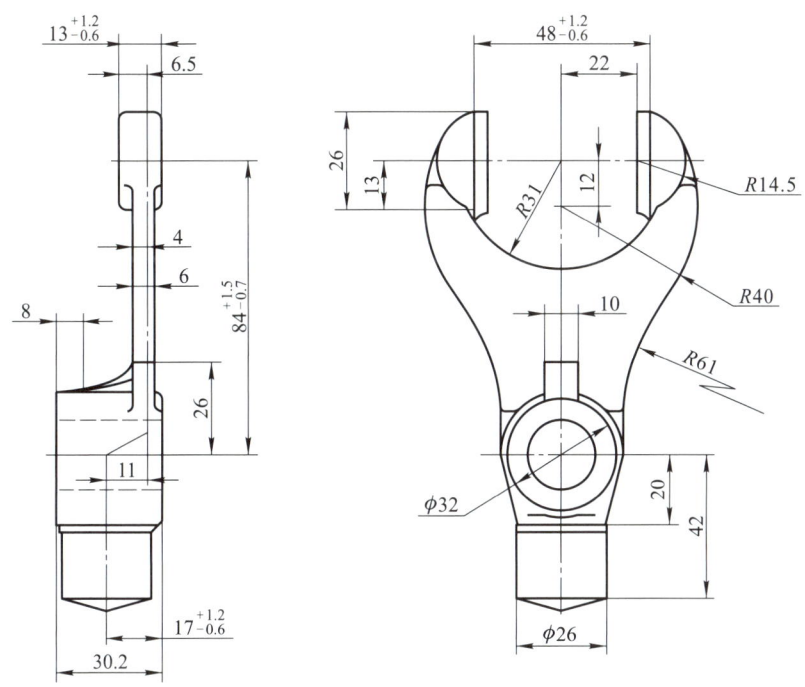

图 10-40　变速拨叉锻件图

10.6.2　锻锤吨位的选择

模锻件的质量约为 0.6 kg,依据表 10-3 模锻锤吨位选择的概略数据,可选择模锻锤吨位为 1 t。

10.7　锻压新技术

随着工业的不断发展,近年来出现了许多先进的锻压工艺方法,它们的主要特点是:尽量使锻压件形状接近零件形状,实现少切削或无切削;提高尺寸精度和表面质量;提高锻压件力学性能,节省金属材料,降低生产成本;改善劳动条件,大大提高生产率,并能满足一些特殊要求。

10.7.1 高速高能成形

高速高能成形有多种加工形式，其共同特点是在极短的时间内将化学能、电能、电磁能和机械能传递给被加工的金属材料，使其迅速成形。高速高能成形分为炸药爆炸成形、高压放电成形、电磁成形和利用压缩气体的高速锤成形等。高速高能成形具有速度高，加工难加工材料，加工精度高、时间短，设备投资少等优点。

1. 爆炸成形

爆炸成形是利用炸药爆炸的化学能使金属材料变形的加工方法。在模腔内放入炸药，炸药爆炸时产生大量高温高压气体，使周围介质（水、砂等）的压力急剧上升，并呈辐射状传递，使坯料成形。这种成形方法变形速度高，投资少，工艺装备简单，适用于多品种小批生产，尤其适用于一些难加工金属材料，如兵器上使用的钛合金、不锈钢的成形及大锻件的成形等。

2. 放电成形

放电成形的坯料变形的原理与爆炸成形基本相同。它是通过放电回路中产生强大的冲击电流，使电极附近的水汽化膨胀，从而产生很强的冲击压力使坯料成形的。与爆炸成形相比，放电成形时能量的控制与调整简单，成形过程稳定，使用安全，噪声小，可在车间内使用，生产率高。放电成形特别适用于管子的成形加工，但是受到设备容量的限制，不适用于大锻件成形。

3. 电磁成形

电磁成形是利用电磁力来加压成形的。线圈中的脉冲电流可在极短的时间内迅速增长和衰减，并在周围空间形成一个强大的变化磁场。坯料置于成形线圈内部，在此变化磁场作用下，坯料内产生感应电流，坯料内感应电流形成的磁场和线圈磁场相互作用，使坯料在电磁力的作用下产生塑性变形。这种成形方法所用的材料是具有良好导电性能的铜、铝和钢。如需加工导电性差的材料，则应在毛坯表面放置用薄铝板制成的驱动片，以促使坯料成形。电磁成形不需要水和油之类的介质，所用设备清洁，几乎不损耗，生产率高，产品质量稳定，但由于受设备容量的限制，只适合加工厚度不大的小零件、板材或管材。

4. 高速锤成形

高速锤成形是利用 14 MPa 的高压气体短时间突然膨胀，使活塞高速运动产生动能，推动锤头和框架系统作高速相对运动而产生悬空打击，使金属坯料在高速冲击下成形的加工工艺，也称为高速锤锻。

在高速锤上可以锻打强度高、塑性低的材料，如高强度钢、耐热钢、工具钢、高熔点合金等。在高速锤上可以锻造出形状复杂、薄壁高筋的高精度锻件，如叶片、涡轮、壳体、接头、坦克上的齿轮、轴等数百种锻件。高速锤成形的主要特点是工艺性能好、锻件质量好、精度高、节约材料、设备轻巧、投资少等。

10.7.2 精密模锻

精密模锻是在普通的模锻设备上锻制出形状复杂的高精度锻件的一种模锻工艺。常用于加工锥齿轮、汽轮机叶片、航空配件、电器配件等。精密模锻件尺寸偏差可在±0.02 mm以下,可实现少切削或无切削的目的。

10.7.3 液态模锻

液态模锻是一种介于压力铸造和模锻之间的加工方法。它是将定量的金属液直接浇入金属模内,然后在一定时间内,以一定压力作用于液态或半液态金属上使其成形的一种方法。由于结晶过程是在压力下进行的,所以改变了常态下结晶的宏观及微观组织,使柱状晶变为细小的等轴晶。用于液态模锻的金属可以是各种类型的合金,如铝合金、铜合金、灰铸铁、非合金钢、不锈钢等。

10.7.4 超塑性成形

超塑性是指金属或合金在特定条件下进行拉伸试验,其伸长率超过100%的特性,如钢可超过500%,纯钛可超过300%,锌铝合金可超过1 000%。特定的条件是指一定的变形温度(约为$0.5T_{熔}$)、均匀的细晶粒度(晶粒平均直径为0.2~0.5 μm)、低的形变速率($s=10^{-2}$~10^{-4}/s)。

目前常用的超塑性成形材料主要是锌铝合金、铝基合金、钛合金及高温合金。超塑性状态下的金属在变形过程中不产生缩颈现象,变形应力可为常态下金属的变形应力的几分之一至几十分之一。因此,在此种状态下金属极易成形,可采用多种工艺方法制出复杂零件。

10.7.5 自由锻锤自动化控制技术

自由锻锤的控制由主控阀实现,对主控阀进行自动控制即可实现锻锤的自动控制。对于液气自由锻锤、全液压自由锻锤,最简单的实现方法是采用控制器、伺服阀、伺服油缸、位移传感器组成的闭环控制系统,控制器控制伺服阀驱动伺服油缸进行速度、位置的控制,带动主控阀的先导阀芯动作,从而自动实现锻锤的各种动作。

这种方案是一种间接控制方案,对液气自由锻锤只能采用这种方案,但对全液压自由锻锤可以采用比较直接的方案,即采用电液伺服控制系统实现原有的手动伺服滑阀功能,由伺服油缸直接驱动锻锤中的浮动阀,控制环节少,锻锤响应速度更快。

知识拓展

锻造,从"铁马"到高端装备时代"金戈"

锻造工艺是历史时代的分割器,金戈铁马的造就者。锻造工艺历史悠久,推动人类文明进入"铁器时代"。我国锻造工业起步较晚,锻造工艺及设备制造工艺经历了数十年的发展。自1973年投产第1台30 000吨级的模锻压机后,2010年前后我国爆发式地研制了多台大型压力机,仅2012年建成的就有30 000吨("昆仑重工")、40 000吨("三角航空")、80 000吨("德阳二重")模锻压机各一台。2012年3月3日,中国首台40 000吨级模锻液压机,在西安阎良三角航空科技有限责任公司进行热试车,并顺利锻造出首个大型盘类件产品。该机是目前世界最大的单缸模锻液压机,采用钢丝缠绕预应力结构。2013年,"德阳二重"自主研制世界最大的8万吨级模锻液压机投产,实现了我国锻造产品从高端向顶级的跨越。这台8万吨级模锻液压机,地上高27 m、地下15 m,总高42 m,设备总重2.2万吨,2018年,C919大飞机的最大、最复杂的关键承力锻件——主起落架外筒实现国产化,就是这台80 000吨级的模锻液压机完成的。巨型模锻液压机,是象征重工业实力的国宝级战略装备,是衡量一个国家工业实力和军工能力的重要标志。

我国锻造工业现已覆盖航空、航天、航海、风电、石化、汽车、医疗、重型设备等领域,如民用核电大型锻件、大飞机的起落架、承力框、燃气轮机涡轮盘锻件、快堆支撑环锻件、核电锻造泵壳的国产化等。锻造设备大型化、自动化、数字化和信息化充分得到发展,如大型电动螺旋压力机、大型热模锻压机、大型模锻液压机、大型摩擦压力机及大型辗环机、大型自由锻液压机数量不断增加,生产线周边配套装备的自动化程度明显上升。锻造在工艺技术及装备技术方面取得了较大的突破。面对激烈的全球化市场竞争,企业管理的内涵已从生产能力的提升转向以提质、增效、降本为主的内生动力变革。产品、工艺技术、模具和装备技术都产生了较大的突破。锻造产品实现多元化、复合化,产品结构实现整体化、模块化;工艺技术上实现了材料高强化、轻量化、多样化,正在向"控形""控性"冲锻结合等复合化工艺发展;模具和装备技术正朝着自动化、数字化、信息化方向发展。

小 结

金属在外力作用下产生弹性变形和塑性变形。锻压成形加工需要利用塑性变形。

金属的可锻性常用金属的塑性和变形抗力来综合衡量。塑性越大,变形抗力越小,则可锻性越好;反之,可锻性越差。锻造时流线使金属性能呈现各向异性:沿着流线方向抗拉强度较高,抗剪强度较低;垂直于流线方向抗拉强度较低,抗剪强度较高。

锻压的基本生产方式有轧制、挤压、拉拔、自由锻、模锻、板料冲压等。

1. 自由锻

只用简单的通用性工具(如蒸汽-空气锤、水压机),或在锻造设备的上、下砧铁之间直接使坯料变形而获得所需的几何形状及内部质量锻件的方法。该方法生产率低,只适用于单件小批或大件的生产。

自由锻的工序可分为基本工序、辅助工序和修整工序三大类。制订自由锻工艺规程、编写工艺卡片要注意自由锻锻件结构的工艺性。

2. 模锻

模锻是利用模具使毛坯变形而获得锻件的锻造方法。模锻分为锤上模锻、胎模锻和压力机上模锻,胎模锻又分为摔模、扣模、套筒模及合模四种。胎模锻不需添加设备,只需简单模具,在蒸汽-空气锤或空气锤上生产中小型锻件或中小批生产,劳动强度大。模锻可在蒸汽-空气锤或空气锤、摩擦压力机、平锻机等设备上分别进行小型或中型锻件的中、大型批量的精密锻件的生产。生产率高,锻件精度高,但设备投资大。

3. 冲压

冲压是使板料经分离或成形而得到制件的工艺总称。板料冲压的基本工序可分为分离工序和成形工序两大类。

4. 锻压新工艺新技术

包括高速高能成形、精密模锻、液态成形、超塑性成形、自由锻锤自动化控制技术等。

习 题 十

一、名词解释

轧制、挤压、拉拔、加工硬化、可锻性、锻造比、自由锻、模锻、板料冲压。

二、填空题

1. 锻压是_____和_____的总称。
2. 锻压的基本方式有_____、_____、_____、_____和板料冲压等。
3. 随着金属冷变形程度的增加,材料的强度和硬度_____,塑性和韧性_____,金属的可锻性_____。
4. _____与_____是衡量金属的可锻性优劣的两个主要指标,_____越好_____越小,金属的可锻性就越_____。
5. 自由锻的基本工序主要有_____、_____、_____和_____等。自由锻造按使用设备不同,又可分为_____和_____。
6. 冲压的基本工序可分为 _____和_____两大类。
7. 自由锻零件应尽量避免_____、_____、_____等结构。

三、判断题

1. 粗晶粒组织的可锻性优于细晶粒组织。 （ ）
2. 零件工作时所受的最大拉应力方向应与锻造流线方向一致。 （ ）
3. 非合金钢中碳的质量分数越低,可锻性就越差。 （ ）
4. 自由锻是大型和特大型锻件毛坯唯一生产方法。 （ ）
5. 锤上模锻适用于小批、小型锻件的生产。 （ ）
6. 冲压件材料本身不要求具有良好的塑性。 （ ）

四、选择题

1. 下列属于自由锻造特点的是（   ）。
   A. 精度高   B. 精度低   C. 生产率高   D. 大批量生产
2. 下列属于模锻特点的是（   ）。
   A. 成本低   B. 效率低   C. 操作复杂   D. 尺寸精度高

3. 锻造前对金属进行加热,目的是( )。
   A. 提高塑性　　　　B. 降低塑性　　　　C. 增加变形抗力　　　D. 以上都不正确
4. 为防止坯料在镦粗时产生弯曲,坯料原始高度应小于其直径( )。
   A. 1 倍　　　　　　B. 2 倍　　　　　　C. 2.5 倍　　　　　　D. 3 倍
5. 镦粗时,坯料端面应平整并与轴线( )。
   A. 垂直　　　　　　B. 平行　　　　　　C. 可歪斜　　　　　　D. 以上都不正确
6. 利用模具使坯料变形获得锻件的方法称为( )。
   A. 机锻　　　　　　B. 手工自由锻　　　C. 模锻　　　　　　　D. 胎模锻
7. 在终锻温度以下继续锻造,工件易( )。
   A. 弯曲　　　　　　B. 变形　　　　　　C. 热裂　　　　　　　D. 锻裂
8. 使坯料高度缩小、横截面积增大的锻造工序是( )。
   A. 冲孔　　　　　　B. 镦粗　　　　　　C. 拔长　　　　　　　D. 弯曲
9. 板料冲压时( )。
   A. 需加热　　　　　B. 不需加热　　　　C. 需预热　　　　　　D. 以上都不正确
10. 拉深使用的模是( )。
    A. 胎模　　　　　　B. 模板　　　　　　C. 冲裁模　　　　　　D. 成形模

五、简答题

1. 何谓金属的可锻性? 影响金属可锻性的因素有哪些?
2. 指出自由锻造的生产特点和应用范围。
3. 锻件流线如何分布是合理的?
4. 自由锻有哪些工序?
5. 自由锻零件结构工艺性有哪些基本要求?
6. 比较自由锻与模锻的特点、用途。
7. 金属锻压加工的主要特点是什么?
8. 自由锻的基本工序包括什么内容?
9. 锻造前坯料加热的目的是什么?
10. 板料冲压的基本工序有哪些?

单元十一　焊　接

学习目标
1. 熟悉焊接的特点、分类及应用；
2. 掌握焊条电弧焊的特点、原理、设备及应用；
3. 了解其他焊接方法和焊接工艺设计；
4. 了解焊接的新技术。

重　点
焊条电弧焊的焊接过程及工艺。

难　点
焊接件的结构工艺设计。

案例引入

国家体育场为2008年北京奥运会的主体育场，占地20.4万平方米，建筑面积25.8万平方米，可容纳观众9.1万人（图11-1）。国家体育场主体建筑是由一系列钢桁架围绕碗状坐席区编织而成的"鸟巢"外形，南北长333 m，东西宽294 m，内部没有一根立柱，其结构新颖、独特，具有无与伦比的震撼力。"鸟巢"钢结构总用钢量为4.2万吨，全部是焊接完成，焊缝长度超过31万米，焊材消耗2 100吨以上。采用的焊接方法有电弧焊、气体保护焊、电渣焊等传统焊接技术，也使用了机器人焊接、低温焊接、特殊焊接等先进焊接技术。

图11-1　国家体育场—"鸟巢"

11.1 概　述

焊接是通过加热或加压，或两者并用，用或不用填充材料，使相互分离的工件结合在一起的工艺方法。焊接实现的连接是不可拆卸的永久性连接，采用焊接方法制造金属结构，可以节省材料，简化制造工艺，缩短生产周期，且连接处具有良好的使用性能。但焊接不当也会产生缺陷、应力、变形等。

1. 焊接的种类

（1）熔焊。熔焊是指将焊件接头加热至熔化状态，经冷却凝固结晶后，使分离的工件连接成整体的焊接方法，如气焊、电弧焊、电渣焊、等离子弧焊、电子束焊、激光焊等。

（2）压焊。压焊是指在焊接过程中必须对焊件施加压力，同时加热或不加热，以完成焊接的方法，如电阻焊、摩擦焊等。

（3）钎焊。采用低熔点的填充金属（钎料），在熔化后与固态焊件金属相互扩散形成原子间的结合而实现连接的方法，如火焰钎焊、感应钎焊、电子束钎焊、盐浴钎焊等。

2. 焊接的主要特点

（1）节省材料，减轻质量。焊接的金属结构件可比铆接件节省材料 10%～25%。采用点焊的飞行器结构质量明显减轻，油耗降低，运载能力提高。

（2）简化复杂零件和大型零件的制造过程。焊接方法灵活，可以小拼大，化难为易，加工快，工时少，生产周期短。许多结构都以铸-焊、锻-焊的形式组合，简化了加工工艺。

（3）适应性强。焊接方法几乎可焊接所有的金属材料和部分非金属材料，可焊范围较广，而且连接性能较好。焊接接头可达到与工件金属等强度或相应的特殊性能。

（4）满足特殊连接要求。不同材料焊接在一起，能使零件的不同部分或不同位置具备不同的性能，达到使用要求，如防腐容器的双金属筒体焊接、钻头工作部分与柄的焊接、水轮机叶片耐磨表面堆焊等。

（5）降低劳动强度，改善劳动条件。

尽管如此，焊接加工在应用中仍存在某些不足。例如，不同焊接方法的焊接性能有较大差别，焊接接头的组织不均匀，焊接热产生结构应力与变形，以及各种裂纹问题等。

3. 焊接的应用范围

（1）制造金属结构件。焊接方法广泛应用于各种金属结构件的制造，如桥梁、船舶、压力容器、化工设备、机动车辆、矿山机械、发电设备及飞行器等。

（2）制造机器零件和工具。焊接件具有刚性好、改型快、周期短、成本低的优点，适合单件或小批生产加工各类机器零件和工具，如机床机架和床身、大型齿轮和飞轮、各种切削工具。

（3）修复。采用焊接方法修复某些有缺陷、失去精度或有特殊要求的零件，可延长零件使用寿命，提高使用性能。

近年来，焊接技术迅速发展，新的焊接方法不断出现，在应用了计算机技术后，自动化设备正朝低成本化、模块化生产方向发展。

11.2 焊条电弧焊

动画
焊条电弧焊

焊条电弧焊是利用电弧作为热源,手工操纵焊条进行焊接的一种方法。它使用的设备简单,操作灵活方便,适应各种条件下的焊接,在工业生产中应用极为广泛。

11.2.1 焊接电弧

焊接电弧是由焊接电源供给的,是指在电极与工件间的气体介质中发生的强烈、持久的气体放电现象。

1. 焊接电弧的形成

如图 11-2 所示,将夹在焊钳上的焊条擦划或敲击焊件,由于焊条末端与焊件瞬时接触而造成短路,产生很大的短路电流,在短时间内产生大量的热,触点金属温度迅速升高,使焊条末端温度迅速提高并熔化。在很快提起焊条的瞬间,电流只能从已熔化金属的细颈处通过,使细颈部分的金属温度急剧升高、蒸发和气化,焊条末端与工件间隙中的空气被电离,产生了正离子和自由电子,在电场力作用下,正离子奔向阴极,自由电子奔向阳极。在焊条端部与焊件之间形成了电弧,并产生大量的光和热。

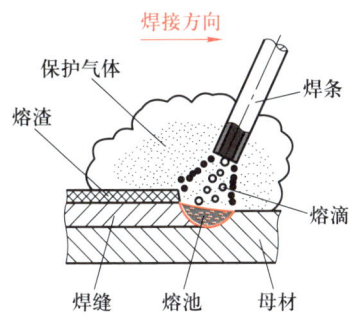

图 11-2 焊条电弧焊焊接过程

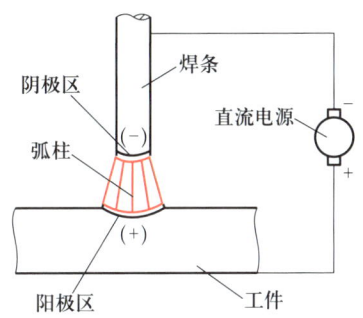

图 11-3 焊接电弧的构造

2. 焊接电弧的构造及热量分布

焊接电弧由阴极区、阳极区和弧柱区三部分组成,如图 11-3 所示。

(1)阴极区。阴极区是电子发射区。发射电子需消耗一定能量,阴极区产生的热量略少,约占电弧热量的 36%,其平均温度为 2 400 K。

微视频
世界技能大赛焊接冠军——曾正超

(2)阳极区。阳极区表面受高速电子的撞击,产生较多的能量,占电弧热量的 43%,其平均温度为 2 600 K。

(3)弧柱区。弧柱区长度几乎等于电弧长度,弧柱区产生的热量仅占电弧热量的 21%,但弧柱中心温度高达 6 000~8 000 K。手工电弧焊时,电弧产生的热量只有 65%~85% 用于加热和熔化金属,其余的热量则散失在电弧周围和飞溅的金属滴中。

3. 焊接电弧的极性及应用

在使用直流电源焊接时,由于阴、阳两极的热量和温度分布是不均匀的,因此分正接和反接,如图 11-4 所示。

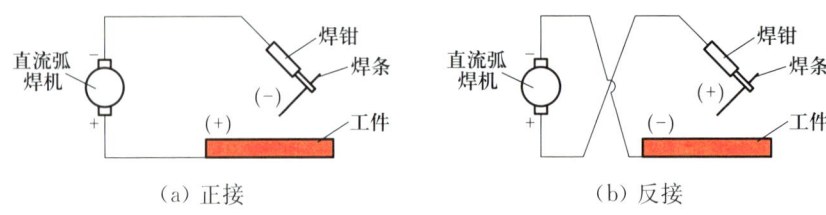

图 11-4　采用直流弧焊机时焊接电弧的极性

（1）正接。工件接电源正极,焊条接电源负极,称为正接。此时,电弧热量较多集中在焊件上,有利于加快焊件熔化,保证足够的熔深,适用于焊接厚工件。

（2）反接。工件接电源负极,焊条接电源正极,称为反接。此时,电弧热量较多地集中在焊条上,适于焊接非铁金属及合金薄钢板,以免烧穿焊件。

用交流弧焊电源焊接时,因阳极与阴极不断交替变化,故不存在正、反接问题。

11.2.2　焊接接头

用焊接方法连接的接头称为焊接接头,简称接头。

1. 焊缝形成过程

熔焊焊缝的形成经历了局部加热熔化,使分离工件的结合部位产生共同熔池,再经冷却凝固结晶成为一个整体的过程,如图 11-2 所示。在电弧高温作用下,焊条和工件同时产生局部熔化,形成熔池。熔化的填充金属呈球滴状过渡到熔池。在电弧沿焊接方向移动过程中,熔池前部不断参与熔化,并依靠电弧吹力和电磁力的作用,将熔化金属吹向熔池后部,逐步脱离电弧高温而冷却结晶。因此,电弧的移动形成动态熔池,熔池前部的加热熔化与后部的顺序冷却结晶同时进行,形成完整的焊缝。

2. 焊接冶金过程及其特点

焊接区内各种物质在高温下相互作用,产生一系列变化的过程称为冶金过程。如同在小型电弧炼钢炉中炼钢一样,熔池中进行着熔化、氧化、还原、造渣、精炼和渗合金等一系列物理化学过程。焊接的冶金过程有以下特点：

（1）冶金反应温度高。焊接冶金反应温度远高于一般冶炼温度,易导致金属烧损或形成有害杂质。

（2）冶金过程短。焊接熔池体积小,冷却速度快,溶池液态停留时间很短,一般在 10 s 左右,各种冶金反应不充分,易出现成分偏析现象。

（3）冶金条件差。焊接熔池暴露,受周围空气和杂质影响较大,易发生各种冶金反应。

11.2.3　焊接接头的组织与性能

1. 焊接工件温度的变化与分布

焊接时,电弧沿着工件逐渐移动并对工件进行局部加热。因此,在焊接过程中,焊缝区的金属都是由常温状态开始被加热到较高的温度,然后再逐渐冷却到常温的,但随着各点金属所在位置的不同,其最高加热温度是不同的。由于各点离焊缝中心距离不同,所以各点的最高温度也不同。但总的看来,在焊接过程中,焊缝受到一次冶金过程,焊缝附近区相当于受到一次不同规范的热处理,因此必然有相应的组织与性能的变化。

2. 焊接接头的组织与性能的变化

焊接接头是由焊缝区、熔合区、热影响区三部分组成的。焊接接头的组织与性能对焊接质量影响很大。

(1) 焊缝区。焊缝金属的结晶形成柱状的铸态组织,由铁素体和少量珠光体组成。因结晶是从熔池底壁的半熔化区开始逐渐进行的,低熔点的硫磷杂质和氧化铁等易偏析集中在焊缝中心区,将影响焊缝的力学性能。

由于熔池体积小,冷却速度快,晶粒有所细化,又因焊接材料的渗合金作用,焊缝金属中锰、硅等合金元素含量比母材金属高,所以焊缝金属的性能一般不低于母材金属。

(2) 熔合区。熔合区又称为半熔化区,是指在焊接接头中焊缝向热影响区过渡的区域,如图11-5所示。熔化区由粗大的过热组织和金属凝固铸态组织构成。熔合区很窄(0.1～1 mm),化学成分不均匀,力学性能最差,是焊接接头中最薄弱的部位之一。

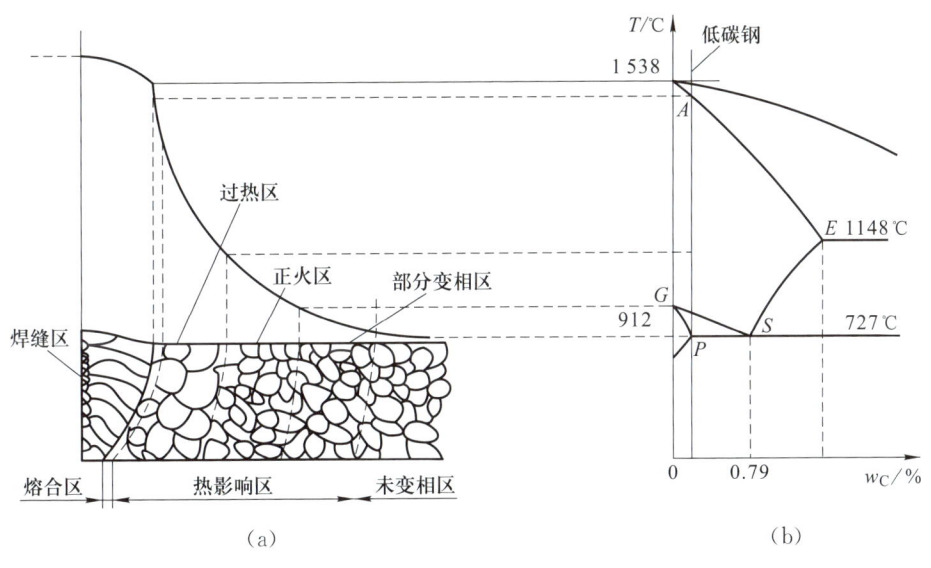

图11-5 低碳钢焊接热影响区组织变化

(3) 热影响区。热影响区是指焊缝两侧因焊接热而发生组织性能变化的区域。由于焊缝附近各点受热情况不同,热影响区可分为过热区、正火区和部分相变区,如图11-5所示。

① 过热区。温度大于1 100 ℃,形成过热组织,晶粒粗大,塑性韧性较差,易有裂纹。

② 正火区。被加热到Ac_3至1 100 ℃区间,金属发生重结晶,冷却后得到均匀而细小的铁素体和珠光体组织,其力学性能优于母材。

③ 部分相变区。相当于加热到Ac_1～Ac_3温度区间。珠光体和部分铁素体发生重结

殷瓦手工焊接——世界上难度最高的焊接技术

晶,使晶粒细化。部分铁素体来不及转变,冷却后晶粒大小不匀,因此力学性能稍差。

在焊接接头中,熔合区和过热区的性能最差,产生裂缝和局部破坏的倾向性也最大,应使其尽可能减小。

11.2.4 焊接材料

焊条是焊条电弧焊的重要焊接材料,直接影响焊接电弧的稳定性及焊缝金属的化学成分和力学性能。

1. 焊条组成和作用

(1) 焊芯。焊芯是焊条中被药皮包覆的金属丝。它的主要作用是:作为电极产生电弧、作为填充金属与母材形成焊缝、添加合金元素。

(2) 药皮。药皮是压涂在焊芯表面的涂料层,由多种矿石粉、铁合金粉和黏结剂等原料按一定比例配制而成。药皮的主要作用是:

① 改善焊接工艺性。使电弧易于引燃、保持电弧稳定燃烧、有利于焊缝成形、减少飞溅等。

② 机械保护。在高温电弧作用下,药皮分解产生大量气体并形成熔渣,对熔化金属起到保护作用。

③ 冶金处理。通过冶金反应去除有害杂质,如 O、H、S、P 等,同时添加有益的合金元素,改善焊缝质量,对熔化金属起到冶金处理的作用。

2. 焊条分类

(1) 按用途分类

焊条分为非合金钢焊条、低合金钢焊条、不锈钢焊条、铸铁焊条、铜及铜合金焊条、铝及铝合金焊条、镍及镍合金焊条、堆焊焊条、特殊用途焊条等。

(2) 按熔渣性质分类

① 酸性焊条。熔渣是以酸性氧化物为主的焊条称为酸性焊条。酸性焊条电弧较稳定,具有良好的焊接工艺性,对油、水、锈不敏感,交、直流电源均可使用,但是焊缝的力学性能一般,塑性、韧性、抗裂性较差。酸性焊条常用于一般低碳钢和强度较低的低合金结构钢的焊接。

② 碱性焊条。熔渣是以碱性氧化物和氧化钙为主的焊条。碱性焊条引弧较困难,电弧不够稳定,焊接工艺性差,对油、水、锈敏感性大,易产生气孔,仅适用于直流弧焊机,但是,焊缝的力学性能和抗裂性较好。碱性焊条主要用于焊接裂纹倾向大、塑性、韧性要求高的重要结构件,如锅炉、压力容器、桥梁、船舶等。

3. 焊条型号及牌号

焊条型号是按国家标准规定的方法编制的。按 GB/T 5117—2012《非合金钢及细晶粒钢焊条》、GB/T 5118—2012《热强钢焊条》规定,非合金钢焊条型号用一个大写英文字母和四位数字表示。首位字母"E"表示焊条;此后的前两位数字表示熔敷金属最小抗拉强度代号(单位为 MPa);第三、第四位数字表示药皮类型、焊接位置和电流类型。

例如:E5015 表示焊条熔敷金属的 $R_m \geqslant 490$ MPa,适于全位置焊接,药皮类型是碱性,电流种类是直流反接。表 11-1 为常用非合金钢焊条的型号及适用范围。

表 11-1　常用非合金钢焊条的型号及适用范围

型号	药皮类型	焊接电流	焊接位置	适用范围
E4303	钛型	直流或交流正反接	全位置焊接	焊接一般低碳钢结构
E4316	碱性	钛铁矿型	全位置焊接	焊接重要的低碳钢结构
E4320	氧化铁	钛钙型	平焊、平角焊	焊接低碳钢结构
E5003	钛型	高纤维素纳型	全位置焊接	焊接重要的低碳钢和中碳钢结构
E5015	碱性	高纤维素钾型	全位置焊接	焊接重要的低碳钢和中碳钢结构
E7015	碱性	高钛钠型	全位置焊接	焊接重要的低碳钢和中碳钢结构

焊条牌号是焊条行业中现行的焊条代号,用一个大写汉语拼音字母和三位数字表示。拼音字母表示焊条的类别,前两位数字表示熔敷金属最低抗拉强度值,单位为 MPa,最后一位数字表示药皮类型和电源种类。如 J422,"J"表示结构钢焊条,"42"表示焊条熔敷金属抗拉强度不低于 420 MPa,"2"表示钛钙型药皮,直流或交流电源。表 11-2 为常用焊条型号与牌号对照表。

表 11-2　常用焊条型号与牌号对照表

型号	牌号	型号	牌号
E4303	J422	E5003	J502
E4316	J426	E5015	J507
E5016	J506	E6016	J606
E6015	J607	E7015	J707

4. 焊条的选用原则

(1) 等强度原则。焊接低碳钢和低合金钢时,一般应使焊缝金属与母材等强度,即选用与母材同强度等级的焊条。

(2) 同成分原则。焊接耐热钢、不锈钢等金属材料时,应使焊缝金属的化学成分与母材的化学成分相同或相近,即按母材化学成分选用相应成分的焊条。

(3) 抗裂缝原则。焊接刚度大、形状复杂、承受动载荷的结构时,应选用抗裂性好的碱性焊条,以免在焊接和使用过程中接头产生裂纹。

(4) 抗气孔原则。受焊接工艺条件的限制,如对焊件接头部位的油污、铁锈等清理不便,应选用抗气孔能力强的酸性焊条,以免焊接过程中气体滞留于焊缝中,形成气孔。

(5) 低成本原则。在满足使用要求的前提下,尽量选用工艺性能好、成本低和效率高的焊条。

此外，应根据焊件的厚度、焊缝位置等条件，选用不同直径的焊条。一般焊件越厚，选用焊条的直径就越大。

5. 焊条电弧焊工艺

（1）焊接接头

① 焊接接头形式。常用接头形式有 对接、搭接、角接和 T 形接等，如图 11-6 所示。对接接头的应力集中相对较小，能承受较大载荷，焊接结构中常用；搭接接头应力分布不均，承载能力低，适用于被焊结构狭小处及密封的焊接结构；角接接头承载能力不高，一般用在不重要的结构件中；T 形接头承载能力强，生产中应用很普遍。

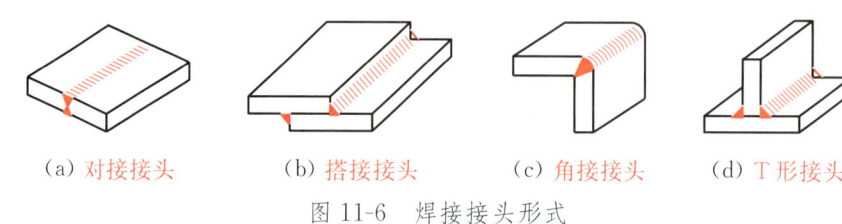

(a) 对接接头　　(b) 搭接接头　　(c) 角接接头　　(d) T 形接头

图 11-6　焊接接头形式

② 坡口。根据设计或工艺需要，在焊件的待焊部位加工并装配出的一定几何形状的沟槽称为坡口。开坡口的目的是得到在焊件厚度上全部焊透的焊缝。常见对接接头的坡口形式有 卷边、I 形、V 形、X 形、U 形等，如图 11-7 所示。

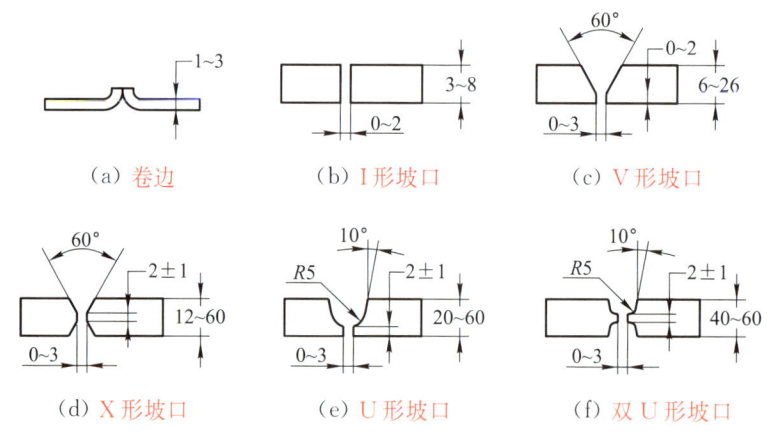

(a) 卷边　　(b) I 形坡口　　(c) V 形坡口

(d) X 形坡口　　(e) U 形坡口　　(f) 双 U 形坡口

图 11-7　常见对接接头的坡口形式

焊条电弧焊板料厚度在 6 mm 以下对接时，一般可不开坡口直接焊成。板厚较大时，接头处根据工件厚度应开各种坡口。在板厚相等的情况下，V 形坡口形状简单，加工方便；X 形坡口比 V 形坡口需要的填充金属少，生产率高，并且焊后角变形小，但是需要双面焊；U 形坡口根部较宽，容易焊透，也比 V 形坡口焊条消耗量少，省工时，焊接变形也较小，但是形状复杂，加工较困难，一般只在重要的厚板结构中采用。

③ 焊缝的空间位置。焊接按焊缝在空间位置的不同可分为 平焊、立焊、横焊和仰焊，如

图 11-8 所示。平焊时,操作方便,劳动条件好,生产率高,焊缝质量易于保证,因此一般应尽可能将工件放在平焊位置进行施焊。立焊时,熔滴易向下流淌,成形较困难,不易操作。横焊时,熔滴易偏向焊缝的下边,由于熔化不良产生焊瘤,未焊足等缺陷。仰焊时熔滴最易下滴,焊缝成形困难,操作更难。

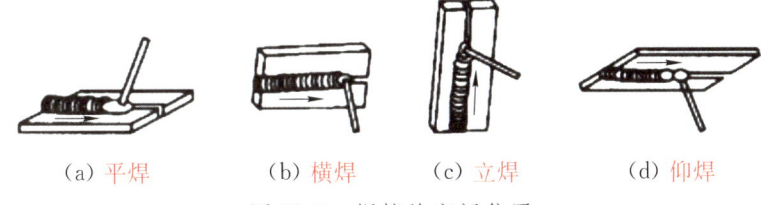

(a) 平焊　　　(b) 横焊　　　(c) 立焊　　　(d) 仰焊

图 11-8　焊接的空间位置

(2) 焊接参数的选择

① 焊条直径的选择。焊条直径主要取决于工件厚度、接头形式、焊缝位置、焊层数等因素。厚度大的工件应选用直径较大的焊条。当用细焊条焊厚度大的工件时,常会出现焊不透缺陷;而用粗焊条焊厚度小的工件时,则容易出现烧穿缺陷。T 形接头、搭接接头散热条件比对接接头好,可选用较大直径的焊条。平焊时所用的焊条直径可大一些,立焊时所用焊条的直径不超过 5 mm,仰焊或横焊时焊条直径不超过 4 mm。多层焊时,为防止焊不足,第一层焊道应采用较小直径焊条进行焊接,其余各层可根据工件厚度,选用较大直径焊条。对于一般焊接结构,焊条的直径与焊件厚度的关系可从表 11-3 中查得。

表 11-3　焊条直径与焊件厚度的关系

焊件厚度/mm	1.5~2	2.5~3	3.5~4.5	5~8	10~12	13
焊条直径/mm	1.6~2	2.5	3.2	3.2~4	4~5	5~6

② 焊接电流的选择。焊接电流是焊条电弧焊的主要焊接参数。焊接电流太大,焊条尾部发红,部分药皮的涂层失效或崩落,机械保护效果变差,容易产生气孔、咬边、烧穿等焊接缺陷,并使焊接飞溅加大。焊接电流太小,会造成未焊足、未熔合等缺陷,并使生产率降低。选择焊接电流首先应在保证焊接质量的前提下,尽量选择较大的电流,以提高劳动生产率。影响焊接电流的主要因素是焊条直径和焊缝位置。焊接电流通常按经验公式计算:

$$I = Kd$$

式中:I 为焊接电流,单位为 A;

K 为经验系数,一般为 30~50,平焊时取较大值,针对其他位置焊缝的焊接时取较小值;d 为焊条直径,单位为 mm。

在用碱性焊条时,焊接电流比用酸性焊条时的小一些。

6. 焊条电弧焊的特点和应用范围

(1) 焊条电弧焊的特点。与气焊相比,焊条电弧焊由于热源(电弧)温度高,热量集中,因此焊接速度快,生产率高,热影响区小,焊接变形小;焊条药皮熔化后产生气体和熔渣,机械保护效果较好,并且药皮还有冶金处理作用,去除有害元素,添加合金元素,因此焊条电弧焊焊缝的化学成分较好。

与埋弧自动焊相比,焊条电弧焊设备简单,操作灵活,适应性强,对各种焊接位置、焊接结构中焊机不能到达的部位以及各种不规则的焊缝,焊条电弧焊都能实施焊接。但焊条电弧焊对焊工操作技术的要求高,焊接质量不易稳定,厚工件、长焊缝焊接时生产率较低。

(2) 焊条电弧焊的应用范围。在我国焊条电弧焊目前仍然是应用最多的一种焊接方法。一般焊条电弧焊适用于单件小批生产,用于厚度 2 mm 以上,各种焊接位置,短的、不规则的焊缝以及焊机不能到达的部位的焊接。但这种焊接方法一定要有电源和相应的焊条,不适用于钛等易氧化的金属材料的焊接。

11.2.5 焊接应力与变形及其预防措施

1. 焊接应力与变形

焊件因焊接而产生的应力称为焊接应力。焊件因焊接而产生的变形称为焊接变形。焊接过程是一个极不平衡的热循环过程,焊件各部分的温度不同,冷却速度也不同,因而焊件各部位在热胀冷缩和塑性变形的影响下必然产生应力、变形或裂纹。在焊接过程中,对焊接件进行不均匀加热和冷却,是产生焊接应力和变形的根本原因。

常见的焊接变形有收缩变形、角变形、弯曲变形、扭曲变形和波浪变形 5 种形式,如图 11-9 所示。收缩变形是由焊缝金属沿纵向和横向的焊后收缩引起的;角变形是由焊缝截面上下不对称,焊后沿横向上下收缩不均匀引起的;弯曲变形是由焊缝布置不对称,焊缝较集中的一侧纵向收缩较大引起的;扭曲变形常常是由焊接顺序不合理引起的;波浪变形则是由薄板焊接后焊缝收缩时,产生较大的收缩应力,使焊件丧失稳定性引起的。

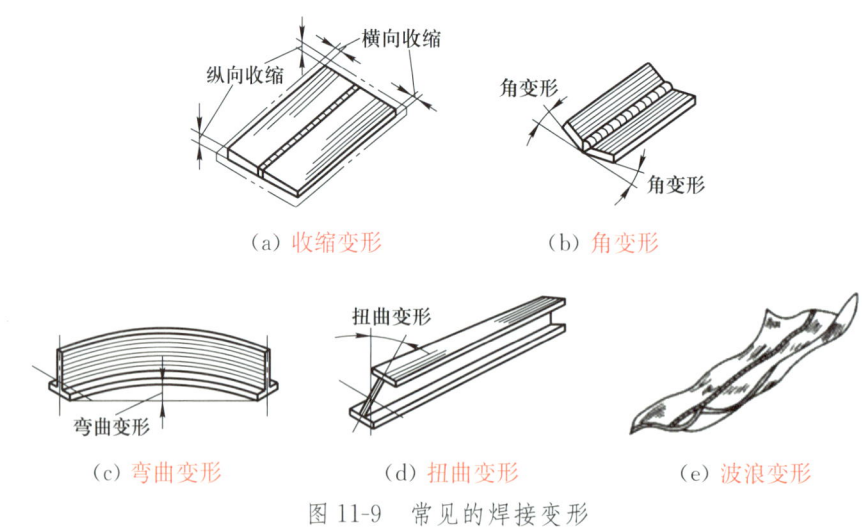

图 11-9 常见的焊接变形

2. 减少焊接应力与变形的措施

焊接变形不但影响结构尺寸的准确性和外形美观,严重时还可能降低承载能力,甚至造成事故。为了防止和减少焊接变形,设计时应尽可能采用合理的结构形式和必要的焊接工艺措施。

(1) 采用合理的结构。设计焊接结构时,在保证结构有足够承载能力情况下,采用尽量小的焊缝尺寸、数量,焊缝尽量分散、对称布置。

(2) 反变形法。用经验和计算方法,估计焊后可能发生的变形大小和方向,焊前将工件安放在与焊接变形方向相反的位置上,图 11-10 所示为防止角变形的反变形。

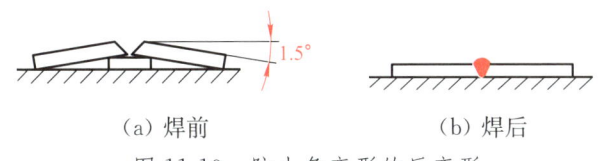

(a) 焊前　　　　　(b) 焊后

图 11-10　防止角变形的反变形

(3) 刚性固定法。焊前将工件各部分用夹具、刚性支承、专用夹具或定位点焊强制固定,以防止和减小变形。刚性固定法只适用于工件塑性较好、刚度较小的结构,对于淬硬性较大的金属不能使用,以免焊后断裂。

(4) 焊接顺序变换法。安排焊接顺序时,应尽可能考虑焊缝自由伸缩,对称截面梁焊接次序要交替进行。

(5) 焊前预热,焊后处理。焊前对工件预热可以减少焊件各部位温差,降低焊后冷却速度,减小残余应力。在允许的条件下,焊后进行去应力退火或用锤子对红热状态下的焊缝进行均匀迅速的敲击,均可有效地减小焊接变形。

11.2.6　焊接设备

焊条电弧焊的主要设备是弧焊机。按焊接电流的性质,弧焊机分为直流弧焊机和交流弧焊机。直流弧焊机具有电弧燃烧稳定、焊接质量较好的优点,但结构复杂,成本高,维修困难,噪声大,损耗大,适合焊接较重要的工件。交流弧焊机生产率较高,结构简单,制造方便,成本较低,使用可靠,维护容易,噪声小,但电弧不够稳定。

11.3　其他焊接方法

11.3.1　气焊与气割

1. 气焊

(1) 气焊过程及特点。气焊是利用可燃气体燃烧的高温火焰来熔化母材和填充金属的一种焊接方法。如图 11-11 所示。

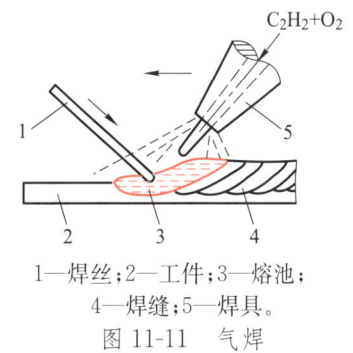

1—焊丝;2—工件;3—熔池;
4—焊缝;5—焊具。

图 11-11　气焊

气焊通常使用的气体是乙炔和氧气,前者作为可燃气体,后者作为助燃气体。气焊使用不带涂料的焊丝做填充金属。气体在焊炬中混合均匀后,从焊嘴中喷出燃烧,气体燃烧形成的高温将工件和焊丝熔化形成熔池,冷却后形成焊缝。与此同时,燃烧产生大量 CO 和 CO_2 气体包围熔池,使其不易被氧化。

气焊火焰的温度较电弧低,最高温度达 3 150 ℃ 左右,热量比较分散,因而适合焊接厚度在 3 mm 以下的低碳钢薄板、高碳钢、铸铁以及铜、铝等非铁金属及其合金。气焊的生产率也比电弧焊低,应用范围不如电弧焊广。但气焊不需要电源,所以可以在没有电源的地点应用。

(2) 气焊设备。气焊设备及管路系统连接如图 11-12 所示。气焊设备由氧气瓶、乙炔发生器、减压器、回火防止器及焊炬等组成。

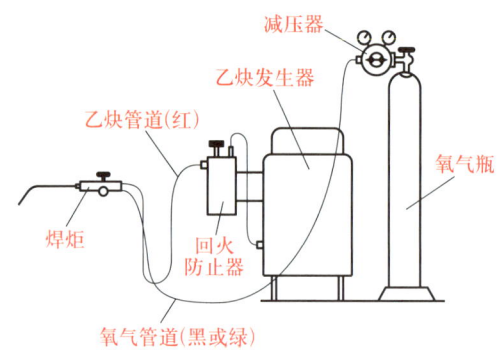

图 11-12　气焊设备及管路系统连接

2. 气割

气割是利用气体火焰的热能将工件切割处预热到一定温度后,喷出高速切割气流,使工件切割处燃烧并放出热量实现切割的方法。气割只适用于纯铁、低碳钢、中碳钢和低合金结构钢的切割。

气割时,利用气体火焰(氧-乙炔火焰、氧-丙烷火焰)对准割件切口起始处进行预热,待加热到该种金属材料的燃点后放开高压氧气流,使金属剧烈氧化并燃烧,吹掉氧化燃烧产生的金属氧化物(熔渣)形成切口。随着割炬的移动,这种预热、燃烧、吹渣的过程重复进行,直至完成切割。割炬的移动速度与割件厚度及使用割嘴的形状有关,割件越厚,气割速度越慢。

金属材料要进行气割,并保证切口质量良好,应满足以下三个条件:

(1) 金属在氧气中的燃点应比熔点低,为保证切口表面光洁,气割应在燃烧过程中进行,不应有熔化现象。

(2) 金属燃烧生成氧化物的熔点应低于金属熔点,使气割生成的氧化物易被吹掉。

(3) 金属在氧气流中燃烧时能放出大量热量,并且金属的导热性要低。金属燃烧时放出的热量和预热火焰一起对下层金属起着预热作用,使下层金属有足够高的预热温度,使切割过程不断地进行。

11.3.2　埋弧焊

埋弧焊是电弧在焊剂层下燃烧并进行焊接的方法。

1. 埋弧焊的焊接过程

如图 11-13 所示，埋弧自动焊时，焊剂由给送漏斗流出，均匀地堆敷在装配好的焊件（母材）表面。焊丝由自动送丝机构自动送进，经导电嘴进入电弧区。焊接电源分别接在导电嘴和焊件上，以便产生电弧。给送漏斗、自动送丝机构及控制盘等通常都装在一台电动小车上。小车可以按调定的速度沿着焊缝自动行走。颗粒状焊剂层下的焊丝末端与母材之间产生电弧，电弧燃烧释放的热量使邻近的母材、焊丝和焊剂熔化，并部分被汽化。焊剂蒸气将熔化的焊剂（熔渣）排开，形成一个与外部空气隔绝的封闭空间。这个封闭空间不仅很好地隔绝了空气与电弧和熔池的接触，而且可完全阻挡有害电弧光的辐射。电弧在这里继续燃烧，焊丝便不断地熔化，呈滴状进入熔池并与母材中熔化的金属以及焊剂提供的合金元素相混合。熔化的焊丝不断地被补充，送入电弧中，同时不断地添加焊剂。随着焊接过程的进行，电弧向前移动，焊接熔池随即冷却凝固，形成焊缝。密度较小的熔化焊剂浮在焊缝表面形成熔渣层。未熔化的焊剂经回收处理后重复使用。

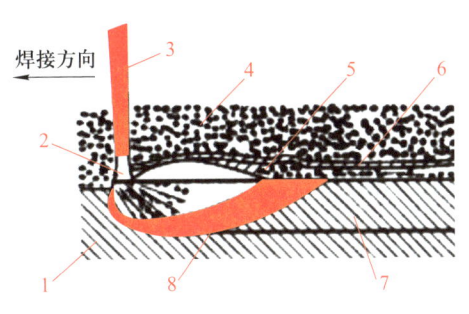
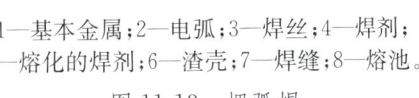

1—基本金属；2—电弧；3—焊丝；4—焊剂；
5—熔化的焊剂；6—渣壳；7—焊缝；8—熔池。

图 11-13 埋弧焊

埋弧焊

2. 埋弧焊的特点及应用

（1）**焊接质量好**。焊接过程能够自动控制，各项工艺参数可以调节到最佳数值，焊缝的化学成分比较均匀和稳定，焊缝光洁平整，有害气体难以侵入，熔池金属冶金反应充分，焊接缺陷较少。

（2）**生产率高**。埋弧焊采用大电流焊接，电流可达 1 000 A 以上，熔深大，不需要频繁更换焊条，生产率比焊条电弧焊提高 5~10 倍。

（3）**节省焊接材料**。埋弧焊热量集中，焊件厚度在 25 mm 以下可以不开坡口，可减少焊缝中焊丝的填充量，也可减少因加工坡口而浪费掉的焊件材料。同时，没有焊条端头的损失，焊接时金属飞溅少，可节省焊接材料。

（4）**劳动条件好**。埋弧焊易实现自动化，使劳动强度大大降低，并且电弧在焊剂层下燃烧，无弧光，烟雾少，劳动条件得到改善。

埋弧自动焊的缺点是适应性差，通常只适用于焊接水平位置的长直焊缝和环形焊缝，不能焊接空间焊缝和不规则焊缝，对坡口的加工、清理和装配质量要求较高，设备较复杂，价格高，投资大。**埋弧焊通常用于非合金钢、低合金结构钢、不锈钢和耐热钢等中厚板结构的长直焊缝、直径大于 250 mm 环形焊缝的焊接。**此外，它还用于耐磨、耐腐蚀合金的堆焊、大型球墨铸铁曲轴以及镍合金、铜合金等材料的焊接。埋弧焊在桥梁、车辆、船舶、压力容器、冶金制造等工业中获得广泛应用。

11.3.3 气体保护焊

气体保护焊是指用外加气体作为电弧介质并保护电弧和焊接区的电弧焊方法。气体保护焊是明弧焊接,焊接时便于监视焊接过程,故操作方便,可实现全位置自动焊接,焊后不用清渣,可节省大量辅助时间,大大提高了生产率。另外,由于保护气流对电弧有冷却压缩作用,电弧热量集中,因而焊接热影响区窄,焊件变形小,特别适用于薄板焊接。

1. 氩弧焊

氩弧焊是以氩气作为保护气体的电弧焊方法。

(1) 氩弧焊的分类及应用。按电极的不同,氩弧焊分为熔化极氩弧焊和非熔化极氩弧焊两种,如图 11-14 所示。

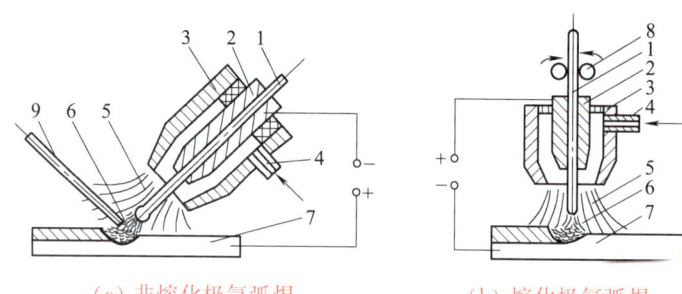

(a) 非熔化极氩弧焊　　　(b) 熔化极氩弧焊

1—焊丝(或钨电极);2—导电嘴;3—喷嘴;4—进气管;5—氩气流;
6—电弧;7—工件;8—送丝辊轮;9—填充焊丝。

图 11-14　氩弧焊

钨极氩弧焊
——管极对接

① 非熔化极氩弧焊。非熔化极氩弧焊一般用高熔点的钍钨棒或铈钨棒做电极,故又称钨极氩弧焊,根据需要另加填充焊丝。钨极氩弧焊是各种氩弧焊方法中应用最多的一种。焊接时,钨极不熔化,只起产生电弧的作用,焊丝作为填充金属,在氩气流的保护下利用钨棒与焊件之间电弧燃烧产生的热量,熔化焊丝和基本金属,待冷却凝固后形成焊缝。非熔化极氩弧焊多采用直流、正接,以减少钨极的烧损,通常适合焊接 6 mm 以下的薄板。

② 熔化极氩弧焊。熔化极氩弧焊采用焊丝作为电极和填充金属,焊接过程中可手工操作,也可以半自动化或自动化操作。焊接时,焊丝和焊件之间在氩气保护下产生电弧,焊丝连续送进,金属熔滴呈很细颗粒喷射过渡进入熔池。为了使电弧稳定,熔化极氩弧焊通常采用直流反接,适合焊接较厚(25 mm 以下)的焊件。

(2) 氩弧焊的特点

① 用氩气保护效果很好,特别适用于焊接易氧化的非铁金属(如铝、镁、钛及其合金)、高强度合金钢以及一些特殊性能合金钢(如不锈钢、耐热钢)等。

② 电弧稳定,飞溅小,焊缝致密,表面无熔渣,焊接质量高,焊缝成形美观。

③ 明弧可见,便于操作,容易实现全位置焊接,便于实现机械化和自动化。

④ 电弧在气流压缩下燃烧,热量集中,热影响区小,焊接应力和变形小。

⑤ 氩气价格较高,焊接设备比较复杂,焊接成本较高。

2. CO_2 气体保护焊

(1) CO_2 气体保护焊的焊接过程

CO_2 气体保护焊是利用 CO_2 作为保护气体的电弧焊。CO_2 保护焊的焊接装置如图 11-15 所示。它是利用焊丝作电极,焊丝由送丝机构通过橡胶软管经导电嘴送出。电弧在焊丝与焊件之间产生。CO_2 气体从喷嘴中以一定的流速喷出,包围电弧和熔池,从而防止空气对液态金属的有害作用。CO_2 气体保护焊可分为自动焊和半自动焊。后者目前应用较多。

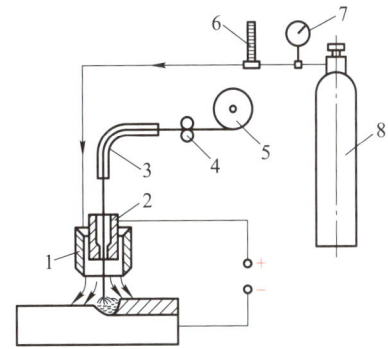

1—焊枪喷嘴;2—导电嘴;3—送丝软管;
4—送丝机构;5—焊丝盘;6—流量计;
7—减压器;8—CO_2 气瓶。

图 11-15 CO_2 气体保护焊

微视频
CO_2 气体保护焊

(2) CO_2 气体保护焊的特点及应用

① 焊接成本低。CO_2 气体来源广,价格低廉,成本约为埋弧焊和焊条电弧焊的 40%。

② 生产率高。电流密度大,电弧穿透能力强,焊接速度快,焊后无焊渣,生产率比焊条电弧焊提高 1～4 倍。

③ 焊接质量好。CO_2 气体保护焊丝和熔池不受侵害,焊缝氢的质量分数低,抗裂性能好,焊接变形小。

④ 操作性能好。明弧焊接,便于观察和操作,适用于全位置焊接。

CO_2 气体保护焊的不足之处是:大电流焊接时,电弧稳定性差,飞溅较大,弧光强烈,焊缝表面成形不美观;难以直接使用交流电焊接及在有风的地方施焊;高温时可分解出 CO 和 O_2,易造成合金元素烧损,不宜焊接易氧化的非铁金属材料。

CO_2 气体保护焊在汽车、船舶、工程机械等制造领域应用广泛,主要用于焊接低碳钢和低合金结构钢等材料的薄板焊接,用于耐磨零件堆焊、铸钢件的焊补。

11.3.4 等离子弧焊

利用等离子弧作为热源的焊接方法称为等离子弧焊。

1. 等离子弧的形成

如图 11-16 所示,钨极与工件之间加一高压电,经高频振荡器的激发,使气体电离形成电弧,电弧通过细孔喷嘴时弧柱截面缩小,产生机械压缩效应。向喷嘴内通入高速保护气流(如氩气、氮气等),此冷气流均匀地包围着电弧,使弧柱外围受到强烈冷却,于是弧柱截面进一步缩小,产生了热压缩效应。此外,带电离子在弧柱中的运动可看成是无数根平行的通电"导体",其自身磁场所产生的电磁力

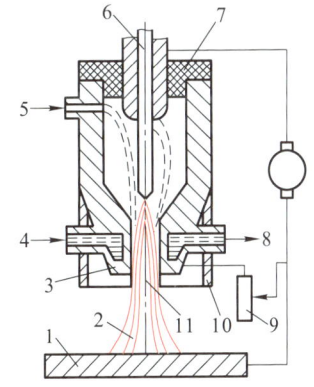

1—工件;2—保护气体;
3—水冷喷嘴;4—进水;
5—气体;6—电极;7—陶瓷垫圈;
8—出水口;9—高频振荡器;
10—同轴喷嘴;11—等离子弧。

图 11-16 等离子弧焊

使这些"导体"互相吸引靠拢,电弧受到进一步压缩,这种作用称为电磁压缩效应。

上述三种压缩效应作用在弧柱上,将弧柱压缩得很细,电流密度极大提高,能量高度集中,弧柱区内的气体完全电离,从而获得等离子弧。这种等离子弧的热力学温度可高达 15 000～16 000 K,能够用于焊接和切割。

2. 等离子弧焊的分类、特点及应用

焊接时,在等离子弧周围还要喷射保护气体以保护熔池,一般保护气体和等离子气体相同,通常为氩气。

(1) 等离子弧焊的分类

根据焊接电流大小,等离子弧焊分为微束等离子弧焊和大电流等离子弧焊两种。微束等离子弧焊的电流一般为 0.1～30 A,可用于厚度为 0.025～2.5 mm 箔材和薄板的焊接。大电流等离子弧焊主要用于焊接厚度大于 2.5 mm 的焊件。

(2) 等离子弧焊的特点

① 等离子弧焊具有能量集中、穿透能力强、电弧稳定的优点,因此焊接 12 mm 厚的工件可不开坡口,能一次单面焊透双面成形。

② 焊接热影响区小,焊件变形小,焊接速度快,生产率高。

③ 等离子弧焊设备复杂,气体消耗量大,焊接成本较高,只适合在室内焊接,因此应用范围受到一定限制。

(3) 等离子弧焊的应用

等离子弧焊广泛应用于精密仪器仪表及尖端技术领域的不锈钢、耐热钢、铜合金、铝合金、钛合金及钨、钼、铍、铬、镍、钛的焊接。此外,利用高温高速的等离子弧还可以切割任何金属和非金属材料,包括氧-乙炔焰不能切割的材料,而且切口窄而光滑,切割效率比氧-乙炔焰切割提高 1～3 倍。

11.3.5 电阻焊

电阻焊是指工件组合后通过电极施加压力,利用电流通过接头的接触面及邻近区域产生的电阻热进行焊接的方法。电阻焊生产率高,不需填充金属,焊接变形小,操作简单,易于实现机械化和自动化,但由于焊接时电流很大(几千安至几万安),故电源功率大,设备较复杂,投资大,通常只用于大批量生产。电阻焊通常分为电阻点焊、缝焊和对焊。

1. 电阻点焊

电阻点焊是将工件装配成搭接接头,并压紧在两电极之间,利用电阻热熔化母材金属,形成焊点的电阻焊方法,如图 11-17 所示。电阻点焊时,两工件接触面处电阻大,发出的热量使该处温度急速升高,将该处金属熔化形成熔核。断电后,继续保持或稍微增大压力,使熔核在压力下凝固,形成组织致密的焊点。焊接第二个焊点时,有一部分电流会流经已焊好的焊点,这种现象称为点焊分流。分流将使焊接处电流减小,以致加热不足,造成焊点强度显著下降,影响焊点质量。因此,两焊点之间应有一定距离,以减小分流。工件表面脏污或

存在氧化物时，也会使分流加重。提高焊点质量可以通过合理选取焊接电流、通电时间、电极压力和提高工件表面清洁程度等方法实现。

电阻点焊主要适用于焊接厚度 4 mm 以下的薄板结构和钢筋构件，目前广泛应用于汽车、仪表等制造业。

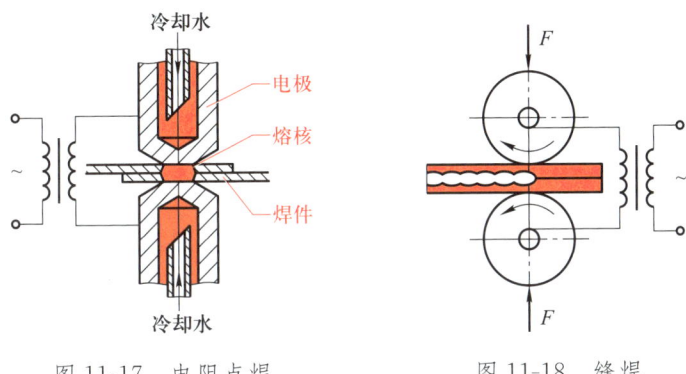

图 11-17　电阻点焊　　　　图 11-18　缝焊

2. 缝焊

缝焊是将工件装配成搭接或对接接头，并置于两滚轮电极之间，滚轮碾压工件并转动，连续或断续通电，形成一条连续焊缝的电阻焊方法，如图 11-18 所示。

缝焊时，相邻焊点部分互相重叠，密封性良好。但缝焊分流现象严重，焊接相同厚度的工件，其焊接电流为点焊的 1.5～2 倍。焊缝一般只适合于焊接厚度在 3 mm 以下、要求密封性的容器和管道等薄板结构，如易拉罐、油箱、烟道等。

3. 对焊

对焊是用电阻热使两个对接工件沿整个接触面焊合的电阻焊方法。对焊广泛用于焊接杆状和管状工件。按焊接工艺不同，对焊可分为电阻对焊和闪光对焊两种，如图 11-19 所示。

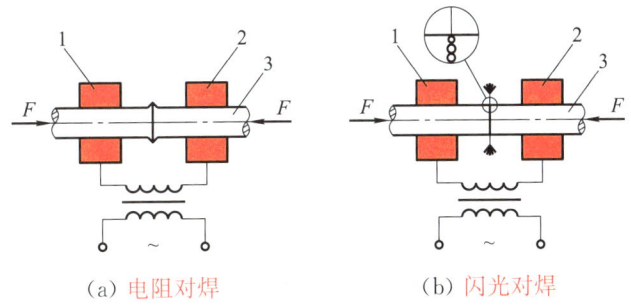

(a) 电阻对焊　　　　(b) 闪光对焊

1—固定电极；2—可移动电极；3—焊件。

图 11-19　对焊

（1）电阻对焊。工件装配成对接接头，使其端面紧密接触，通电后利用电阻热加热至塑性状态，然后断电并迅速施加压力完成焊接的方法称为电阻对焊。

电阻对焊操作简单,接头比较光滑,但焊前对工件端面加工和清理有较高的要求,否则端面加热不均匀,容易产生氧化物夹杂,焊接质量不易保证。因此,电阻对焊一般仅用于端面简单、直径小于 20 mm 和强度要求不高的工件。

(2) 闪光对焊。工件装配成对接接头,接通电源,使其端面逐渐靠近,达到局部接触,利用电阻热加热这些接触点(产生闪光),使端面金属熔化,直至端部在一定深度范围内达到预定温度时断电,并迅速施加压力完成焊接的方法称为闪光对焊。

闪光对焊在焊接前对工件端面清理要求不严格。这是因为在焊接过程中,工件端面的氧化物及杂质一部分随闪光火花带出,另一部分在加压时随液体金属挤出,使接头中夹渣很少,焊接质量较高。但闪光对焊的金属损耗较多,工件需留出较大余量,焊后要清理毛刺。闪光对焊可以焊接相同的金属材料,也可以焊接异种金属材料,可焊接直径或大或小的焊件,广泛用于刀具、钢管、车圈、钢轨等的焊接。

11.3.6 钎焊

钎焊是采用比母材熔点低的金属材料作钎料,将焊件接头和钎料同时加热,直至钎料熔化而焊件不熔化,使液态钎料渗入接头间隙并向接头表面扩散,形成钎焊接头的方法。钎焊时一般要用钎剂,钎剂就是钎焊时使用的熔剂。钎剂的作用是清除钎料和母材表面的氧化物,并保护焊件和液态钎料在钎焊过程中免于氧化,改善液态钎料对焊件的润湿性。

1. 钎焊的分类

(1) 按钎料熔点分类

① 硬钎焊。硬钎焊的钎料熔点在 450 ℃以上,常用的是铜基钎料和银基钎料。硬钎焊常用钎剂有硼砂、硼酸、氯化物等。硬钎焊接头强度较高(大于 200 MPa),主要用于焊接接头受力较大、工作温度较高的焊件,如各种零件的连接、刀具的焊接等。

② 软钎焊。软钎焊的钎料熔点在 450 ℃以下,常用的是锡基钎料。软钎焊常用钎剂有松香、氯化锌溶液等。软钎焊接头强度较低(小于 70 MPa),主要用于焊接接头受力不大、工作强度较低的焊件,如电子元件和线路的连接等。

(2) 按钎焊过程中加热方式不同分类

钎焊可分为烙铁钎焊、火焰钎焊、电阻钎焊、感应钎焊和炉中钎焊等。

2. 钎焊的特点及应用

钎焊和熔焊相比,加热温度低,接头的金属组织和性能变化小,焊接变形也小,焊件尺寸容易保证,生产率高,易于实现机械化和自动化,可以焊接异种金属,甚至连接金属与非金属,还可焊接某些形状复杂的接头。但是,钎焊接头强度较低,耐热能力较差,焊前准备工作要求较高。目前,钎焊主要用于焊接电子元件、精密仪表机械等。

11.4 焊接结构工艺设计

设计焊件结构时,应从焊件结构的使用性能和焊接工艺性两方面考虑,以保证焊件结构

的质量稳定,焊接工艺简便,生产率高,成本低。焊件的结构设计主要包括以下内容:

11.4.1 焊接结构材料的选择

随着焊接技术的发展,工业上常用的金属材料一般均可焊接。但不同材料的焊接性能不同,相应的焊接工艺也不同。选材作为焊接结构设计的重要环节,在满足使用性能的前提下,应尽可能选择焊接性良好的焊接材料来制造焊接构件。特别是优先选用低碳钢和普通低合金钢等材料,其价格低廉,工艺简单,易于保证焊接质量。

11.4.2 焊接结构工艺设计

1. 焊缝布置

设计焊缝位置时应考虑下列原则。

(1) **焊缝布置要便于施焊**。焊接时焊缝布置要留有足够的操作空间,使焊工能自如地操作焊接工具。图 11-20a 所示为不合理的布置,不便于焊条伸到待焊部位,无法施焊,改为图 11-20b 所示布置后操作便能顺利进行。点焊和缝焊焊接时,要求电极能方便地伸入待焊位置。图 11-21a 所示为不合理的结构,改为图 11-21b 所示结构后合理。埋弧焊时,要考虑焊缝所处的位置能否存放焊剂。

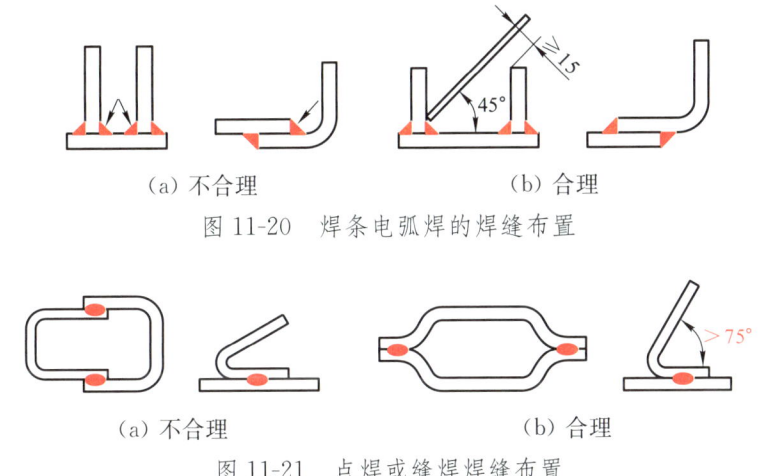

(a) 不合理　　　　(b) 合理

图 11-20 焊条电弧焊的焊缝布置

(a) 不合理　　　　(b) 合理

图 11-21 点焊或缝焊焊缝布置

(2) **焊缝布置应避免密集或交叉**。焊缝密集或交叉会使接头处严重过热,导致焊接应力与变形增大,甚至开裂。因此两条焊缝之间应隔开一定距离,一般要求大于 3 倍的板材厚度,且不小于 100 mm,如图 11-22 所示。在同一平面内,焊缝转角的尖角处相当于焊缝交叉处,易产生应力集中,应尽量避免,改为平滑过渡结构。对于不在同一个平面内的焊缝,若密集堆垛或排布在一列,都会降低焊件的承载能力。

(3) **焊缝布置应尽量对称**。当焊缝布置对称于焊件截面中心轴或接近中心轴时,可使焊接中产生的变形相互抵消而减少焊后总变形量。焊缝位置对称分布在梁、柱、箱体等结构中的设计尤其重要。如图 11-23a 所示,焊缝布置在焊件的非对称位置,会产生较大弯曲变形,不合理。如图 11-23b、c 所示,将焊缝对称布置,均可减少弯曲变形。

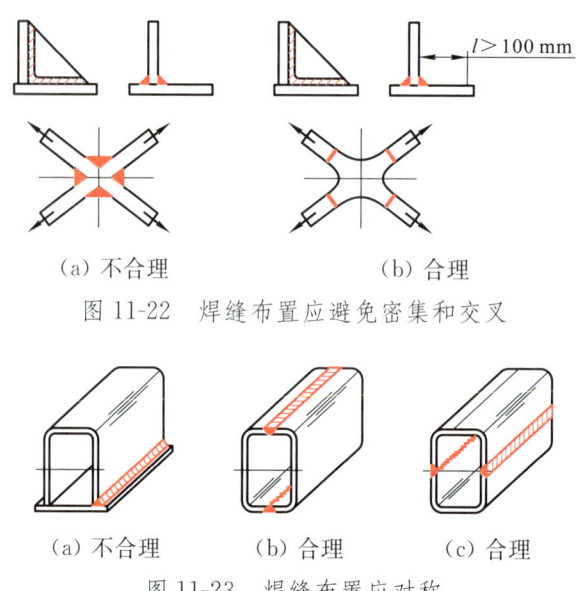

(a) 不合理　　　　　　(b) 合理

图 11-22　焊缝布置应避免密集和交叉

(a) 不合理　　(b) 合理　　(c) 合理

图 11-23　焊缝布置应对称

（4）**焊缝布置应尽量避开最大应力和应力集中部位**。由于焊接接头的性能下降，韧性往往低于母材性能，而且焊接接头还有焊接残余应力，因此要求焊缝避开应力大的部位，如图 11-24 所示，特别是要避开结构上应力集中的部位。例如对于要求较高的压力容器，特别是中、高压容器，应采用椭圆封头，而且还需要有一小段直边，如图 11-25 所示。

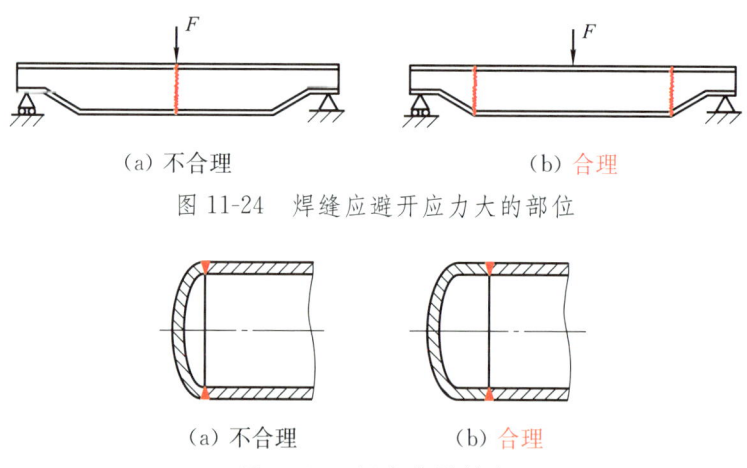

(a) 不合理　　　　　　　　　　(b) 合理

图 11-24　焊缝应避开应力大的部位

(a) 不合理　　　　(b) 合理

图 11-25　压力容器封头

（5）**焊缝布置应避开机械加工表面**。焊件的某些部位需切削加工，如采用焊接结构制造的零件轮毂等，如图 11-26a 所示。为了机械加工方便，先车削内孔后焊接轮辐，为避免内孔加工精度受焊接变形影响，应采用图 11-26b 所示结构，焊缝布置离加工表面远一些。对机械加工表面要求高的零件，由于焊后接头处的硬化组织影响加工质量，焊缝布置应避开机械加工表面，图 11-26d 所示结构比图 11-26c 所示结构合理。

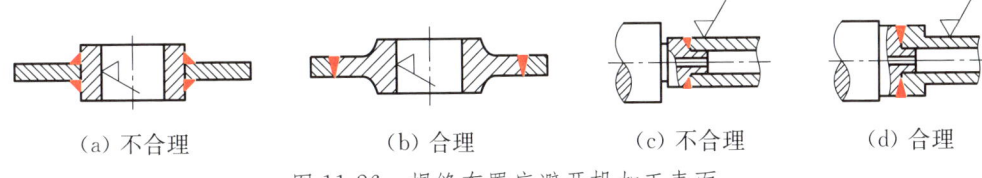

(a) 不合理　　　(b) 合理　　　(c) 不合理　　　(d) 合理

图 11-26　焊缝布置应避开机加工表面

（6）**尽量减少焊缝数量及长度,缩小不必要的焊缝截面尺寸**。设计焊件结构时,可通过选取不同形状的型材、冲压件来减少焊缝数量。如图 11-27 所示的箱式结构,用平板拼焊需四条焊缝,若改用槽钢拼焊需两条焊缝,焊缝数量的下降,既可减小焊接应力和变形,又可提高生产率。

图 11-27　减少焊缝数量示例

11.5　焊接结构工艺设计实例

低压储罐的结构如图 11-28 所示,材料为 20 钢,生产 2 台。焊接方法采用焊条电弧焊。罐体采用长 6 000 mm、宽 2 000 mm、厚 10 mm 的钢板制造。人孔管直径 450 mm,壁厚 8 mm,高度 250 mm。排污管直径 89 mm,壁厚 4 mm。储罐的设计工作压力为 0.8 MPa。

1. 焊缝布置

低压储罐的焊缝布置如图 11-29 所示。

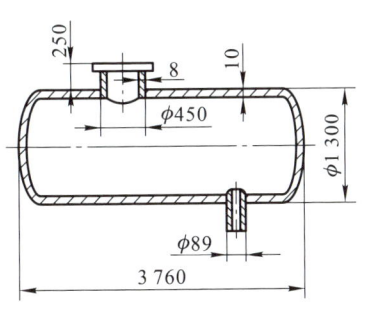

图 11-28　低压储罐的结构

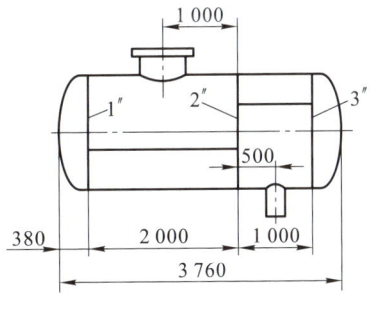

图 11-29　储罐的焊缝布置

2. 各类焊缝的接头形式和坡口形式

（1）罐体纵焊缝。采用对接接头、Y 形坡口(钝边约 2 mm),如图 11-30a 所示。采用双面焊,先焊内侧,清根后焊外侧。

（2）罐体环焊缝。环形焊缝采用对接接头、Y 形坡口(钝边约 2 mm),如图 11-30b 所示。采用双面焊,先焊内侧,清根后焊外侧。

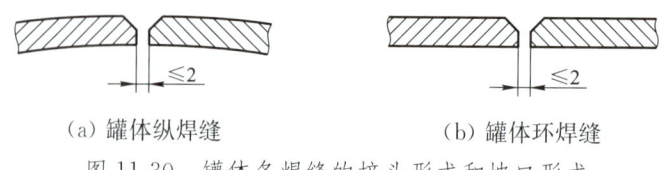

(a) 罐体纵焊缝　　　　　(b) 罐体环焊缝

图 11-30　罐体各焊缝的接头形式和坡口形式

(3) 人孔管和罐体焊缝。采用 T 形接头带钝边(约 2 mm)、单边 V 形坡口,如图 11-31 所示。采用双面焊完成焊接。

(4) 排污管和罐体焊缝的接头形式和坡口形式。采用角接接头、单边 V 形坡口,如图 11-32 所示。采用单面焊完成焊接。

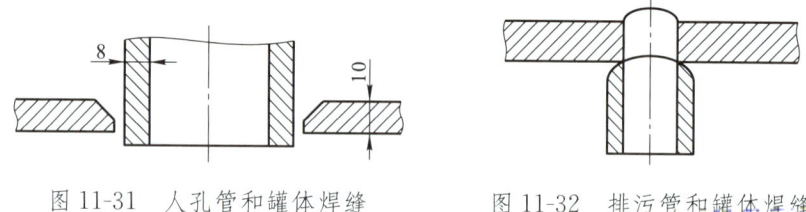

图 11-31　人孔管和罐体焊缝　　　　　图 11-32　排污管和罐体焊缝

11.6　焊接新技术

随着科学技术和机械制造工业的发展以及新材料的不断涌现,出现了许多焊接新技术、新工艺,既拓宽了焊接技术的应用范围,又向高质量、高生产率、低能耗的方向发展。

11.6.1　数值模拟技术

数值模拟技术是利用一系列数理方程来描述焊接过程中基本参数的变化关系,然后利用数值计算求解,并通过计算机演示整个过程。

传统的焊接工艺的确定依赖于试验和经验,数值模拟技术可得到大量完整的数据,并减少了试验方法造成的误差,使焊接工艺的制订科学可靠。如焊接过程中温度的变化、焊缝凝固过程、焊接应力及应变的产生等都可以通过数值模拟直观、定量地描述。

11.6.2　焊接专家系统

焊接专家系统是解决焊接领域相关问题的计算机软件。它包括知识获取模块、知识库、推理机构和人机接口。知识获取模块可以实现专家系统的自学习,将有关焊接领域的专家信息、数据信息转化成计算机能够利用的形式,并在知识库中存储起来。知识库是专家系统的重要组成部分,完整、丰富的知识库可使专家系统对遇到的问题进行全面、综合分析。推理机构可针对当前问题的有关信息进行识别、选取,与知识库匹配,得到问题的解决方案。

焊接专家系统可对大量数据进行快速、准确地分析。目前,在焊接领域中已出现多种焊接专家系统,如焊接结构断裂安全评定专家系统、焊接材料及焊接工艺专家系统等。

11.6.3 焊接 CAD/CAM 系统

焊接 CAD/CAM 系统，即利用计算机辅助设计与制造控制焊机进行焊接。CAD/CAM 集成技术可将 CAD 与 CAM 不同功能规模的模块和信息相互传递和共享，实现信息处理的高度一体化。

图 11-33 所示为计算机数控焊接机器人的 CAD/CAM 焊接系统。计算机内部储存了关于焊接技术的操作程序、焊接程序、焊接参数调整程序等。首先对焊接电流、电压、焊接速度、保护气流量和压力等焊接参数进行综合分析，总结出焊接不同材料、不同结构的最佳焊接方案，然后利用计算机控制焊接机器人按照预定的运动轨迹执行最佳方案进行焊接。计算机通过传感器提取实际焊接情况，并进行对比、分析，然后通过数字模拟转换器将指令反馈到电源控制系统、送丝机构、气流阀、驱动装置进行调整，从而确保焊接质量。输出装置中还设有监控电视、打印设备等，用来记录质量情况，显示监控结果。

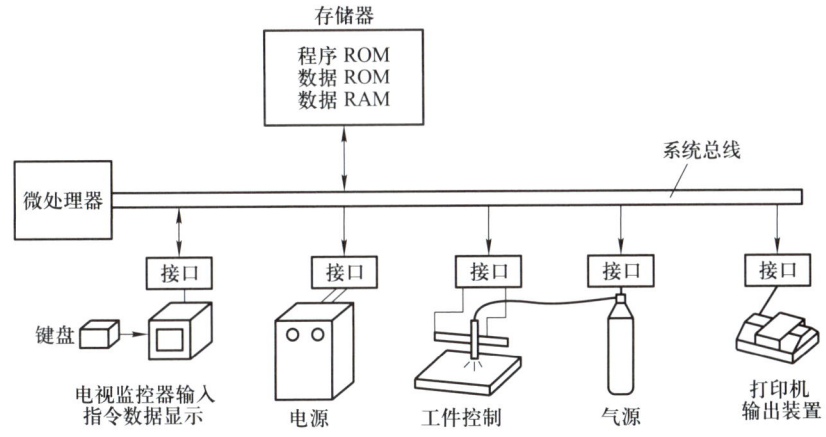

图 11-33 计算机数控焊接机器人的 CAD/CAM 焊接系统

微视频

带极堆焊

知识拓展

焊接机器人和智能化

焊接机器人是 20 世纪 70 年代开始发展的一种新型自动化焊接设备，现已成为焊接自动化的重要发展方向。如美国在轿车生产线上应用了电焊机器人，可达每小时生产 100 台汽车的高速度，精度可达 ±0.1 mm。中国第一汽车集团有限公司等国内汽车公司也已大量采用电焊机器人用于车身装焊。

1. 焊接机器人的组成

图 11-34 所示为焊接机器人的基本组成，它主要包括机器人和焊接设备两部分。机器人由机器人本体和控制柜（硬件及软件）组成，焊接设备（以弧焊及点焊为例）则由焊接电源（包括控制系统）、送丝机（弧焊）、焊枪（钳）等部分组成。对于智能机器人，还应有传感系统，如激光或摄像传感器及其控制装置等。

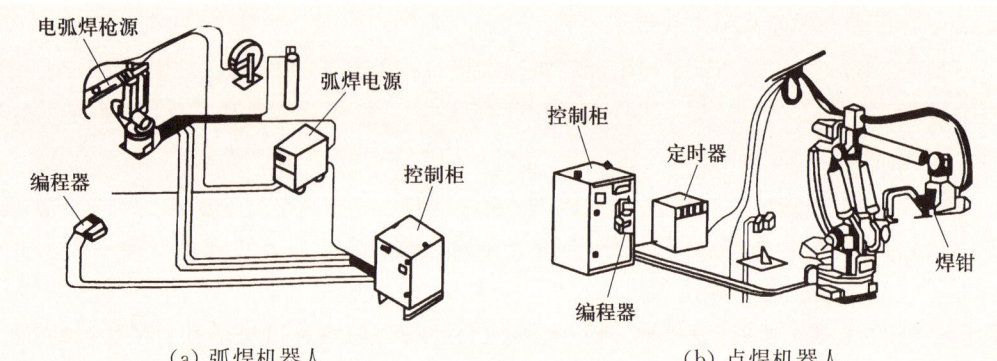

(a) 弧焊机器人　　　　　　　　(b) 点焊机器人

图 11-34　焊接机器人的基本组成

2. 焊接机器人的主要结构

新一代焊接机器人正朝着智能化方向发展，能自动检测材料的厚度、工件形状、焊缝轨迹和位置、坡口的尺寸和形式、对缝的间隙等，并自动设定焊接规范及参数，焊枪运动点位或轨迹、填丝或送丝速度、焊钳运动方式等。也可实时检测是否形成所要求的焊点或焊缝，是否有内部或外部焊接缺陷等情况。智能机器人的关键在于计算机硬件和软件功能的完善和发展，以及各种高功能、高可靠性的传感器的研制上。目前，许多国家都在从事这方面的开发研制工作，带有视觉、听觉、触觉功能的智能焊接机器人应用于生产指日可待。

小　结

焊接是通过加热或加压，或两者并用，用或不用填充材料，使相互分离的工件结合在一起的工艺方法。焊接方法按焊接过程特点分为熔焊、压焊和钎焊三大类。常用的焊接方法包括焊条电弧焊和其他焊接方法。

1. 焊条电弧焊

焊条电弧焊焊接的冶金反应温度高、冶金过程短、冶金条件差。

焊条是焊条电弧焊的重要焊接材料，由焊芯和药皮两部分组成。焊条有很多种，按用途不同可分非合金钢焊条、低合金钢焊条、不锈钢焊条、铸铁焊条、铜及铜合金焊条、铝及铝合金焊条、镍及镍合金焊条、堆焊焊条、特殊用途焊条等。按熔渣性质分为酸性焊条和碱性焊条两大类。酸性焊条在生产中常用于一般结构件的焊接，碱性焊条主要用于裂纹倾向大，塑性、韧性要求高的重要结构件的焊接。在使用直流电源焊接时，厚件焊接选用正接法，薄件焊接选用反接法。焊条电弧焊工艺包括焊条型号、焊接接头形式、坡口形式、焊条直径、焊接电流的选择等。

2. 其他焊接方法

常用的其他焊接方法有埋弧焊、气焊、气体保护焊、等离子弧焊、电阻焊和钎焊等。

3. 焊接结构工艺设计

主要考虑焊件材料的选择、焊缝的布置与焊接接头形式的选择。

习题十一

一、名词解释

焊接、熔焊、压焊、钎焊、焊条电弧焊、气焊、埋弧焊、气体保护焊、电阻焊。

二、填空题

1. 焊接方法按焊接过程的特点分为_____、_____、_____三大类。
2. 焊接电弧由_____、_____、_____三个区域组成。
3. 焊接接头的基本形式有_____、_____、_____、_____。
4. 焊接变形的基本形式有_____、_____、_____、_____、_____。
5. 属于熔焊的焊接方法有_____、_____、_____、_____。
6. 气体保护焊根据保护气体的不同,分为_____和_____焊等。

三、判断题

1. 用直流弧焊机焊接工件时,反接法常用于厚板件的焊接。（　　）
2. 焊接后的焊件常采用去应力退火,可有效减小焊接变形。（　　）
3. 碱性焊条有良好的焊接工艺性,对油、水、锈敏感性小,不易产生气孔。（　　）
4. 埋弧焊适合于焊接空间焊缝和不规则焊缝。（　　）
5. 非熔化极氩弧焊焊接时用焊丝做电极和填充金属。（　　）
6. 电阻点焊时会出现电流分流现象。（　　）

四、简答题

1. 什么是焊接电弧？试述焊接电弧的构造及热量分布。
2. 什么是正接法和反接法？应如何选用？
3. 焊条由哪几部分组成？各部分的作用如何？
4. 试比较酸性焊条和碱性焊条的特点,并说明在生产中如何选用。
5. 焊接接头由哪几部分组成？说明热影响区中性能最差、最好的部分是哪些？
6. 焊接应力和变形的预防措施有哪些？
7. 焊缝布置的原则有哪些？
8. 埋弧焊的特点是什么？埋弧焊为什么不能代替焊条电弧焊？
9. 气体保护焊、等离子弧焊、电阻焊各有何特点？分别适用于什么焊件的焊接？

模块三　机械加工工艺基础

单元十二　金属切削加工基础

📝 学习目标

1. 了解切削运动切削用量的基本概念。
2. 掌握金属切削刀具材料及结构特点。
3. 切削力、切削热、切削液的基本概念。
4. 掌握金属切削机床的分类及型号编制方法。

📋 重　点

金属切削基本理论，金属切削机床的分类及型号。

⚠ 难　点

车刀组成及几何角度。

📖 案例引入

机械制造工业中各种机器、机械、仪器和工具大部分是由一定形状和尺寸的零件所组成的。在机械零件的制造过程中，尺寸精度和表面质量要求较高的零件，都要通过切削加工的方法获得，尤其是加工精密零件时，需经过多道加工工序的切削加工才能完成。因此，切削加工在机械制造中占有十分重要的地位。在一般的机器制造中，切削加工的工作量占总工作量的 40%～60%，切削加工是主要的加工方法。切削加工的先进程度直接影响着产品的质量、数量和成本。

切削加工是指在机床上用切削刀具从毛坯上切除多余的部分，使被加工的工件在形状、尺寸精度及表面质量等方面都符合一定的技术要求。金属的切削加工是靠刀具和工件之间作相对运动完成的。在这一过程中，伴随着许多物理现象，如成形运动、切削力、切削热、刀具磨损等。

12.1 切削运动与切削要素

12.1.1 切削运动

为了实现切削加工，刀具与工件之间必须具有一定的相对运动，即切削运动。根据在切削加工中所起的作用不同，切削运动又分为主运动和进给运动。主运动是切除多余材料所需的基本运动，其运动速度最高，消耗功率也最多。进给运动是不断地把待切削金属层投入切削所需的运动，其速度较低，消耗功率较少。

动画
切削运动

各种机床都有特定的切削运动。切削运动的形式有旋转、平移、连续、间歇。一般主运动只有一个，而进给运动则可以有一个或几个，如图 12-1 所示。典型机床的切削运动见表 12-1。

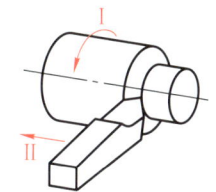 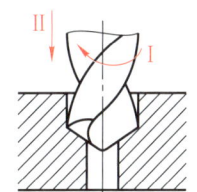 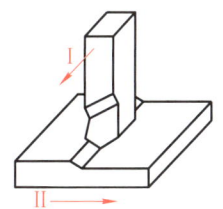 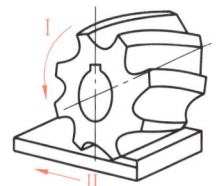

Ⅰ—主运动；Ⅱ—进给运动。

图 12-1 切削加工的几种方式

表 12-1 典型机床的切削运动

机床名称	主运动	进给运动	机床名称	主运动	进给运动
卧式车床	工件旋转运动	车刀纵向、横向、斜向直线移动	龙门刨床	工件往复运动	刨刀横向、垂向、斜向间歇移动
钻床	钻头旋转运动	钻头轴向移动	外圆磨床	砂轮高速旋转	工件转动，同时往复移动或砂轮横向移动
卧、立铣床	铣刀旋转运动	工件纵向、横向直线移动（或垂直移动）	内圆磨床	砂轮高速旋转	工件转动，同时往复移动或砂轮横向移动
牛头刨床	刨刀往复运动	工件横向间歇移动或刨刀垂向、斜向间歇移动	平面磨床	砂轮高速旋转	工件往复移动，砂轮横向、垂向移动

12.1.2 切削要素

1. 切削用量要素

在切削过程中,工件上形成三个变化着的表面,如图 12-2 所示。待加工表面,即将被切除的金属表面;已加工表面,切削后形成新的金属表面;过渡表面,切削刃在工件上正在形成的表面。

待加工表面与切削刃之间的相对运动速度、待加工表面转化为已加工表面的速度、已加工表面与待加工表面之间的垂直距离等,是调整切削过程的基本参数。这三个基本参数实际上就是切削速度 v_c、进给量 f 和背吃刀量 a_p,即切削用量三要素。

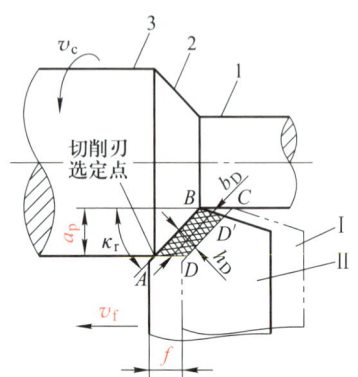

1—已加工表面;2—过渡表面;3—待加工表面。

图 12-2 切削要素

(1) 切削速度 v_c。在单位时间内工件和刀具沿主运动方向相对移动的距离称为切削速度,单位为 m/s。车、钻、镗、铣、磨的切削速度计算公式为

$$v_c = \frac{\pi d n}{60 \times 10^3}$$

式中:d 为工件加工表面或刀具最大直径,单位为 mm;
n 为工件或刀具的转速,单位为 r/min。

(2) 进给量 f。在主运动的一个循环或单位时间内,刀具和工件之间沿进给方向相对移动的距离称为进给量。车削进给量为工件每转一圈,车刀沿进给运动方向移动的距离(mm/r)。刨削的进给量为刨刀(或工件)每往复一次,工件(或刨刀)沿进给运动方向移动的距离(mm/双行程)。

(3) 背吃刀量 a_p。在一次走刀过程中工件表面被切除的材料厚度称为背吃刀量。对于车削和刨削来说,背吃刀量 a_p 为工件上待加工表面和已加工表面间的垂直距离。车削圆柱面的 a_p 为该次切除余量的一半。刨削平面的 a_p 为该次切削余量。

2. 切削层尺寸平面要素

加工中,刀具正在切削着的那层金属称为切削层。通过切削刃基点(通常指主切削刃工作长度的中点)并垂直于该点主运动方向的平面称为切削层尺寸平面。在该平面内测定的切削层几何参数称为切削层尺寸平面要素。它们是切削层的公称厚度 h_D、公称宽度 b_D 和公称横截面积 A_D。

(1) 切削层公称厚度。这是在切削层尺寸平面内垂直于切削刃方向所测得的切削层尺寸,代表了切削刃的工作负荷。

(2) 切削层公称宽度。这是在切削层尺寸平面内沿切削刃的方向所测得的切削层尺寸。当切削刃与切削层尺寸平面夹角为零时,切削层公称宽度即等于切削刃的工作长度。

(3) 切削层公称横截面积。在给定瞬间,切削层在切削层尺寸平面里的实际横截面积称为切削层公称横截面积。它等于切削层的公称厚度与公称宽度的乘积,也等于背吃刀量与进给量的乘积,即

$$A_D = h_D b_D = a_p f$$

当切削速度一定时,切削层公称横截面积表示生产率。

12.2 金属切削刀具

在切削加工中,刀具直接担负切削金属材料的工作。为保证切削顺利进行,不但要求刀具在材料方面具备一定的性能,还要求刀具具有合适的几何形状。

12.2.1 刀具材料

各类刀具一般都由夹持部分和切削部分组成,夹持部分的材料一般多用中碳钢,而切削部分的材料需根据不同加工条件合理选择。通常所说的刀具材料一般指切削部分的材料。

1. 刀具材料应具备的性能

在切削过程中,刀具的切削部分要承受很大的压力、摩擦、冲击和很高的温度。因此,刀具切削部分的材料应满足下列性能要求。

(1) 高的硬度和耐磨性。刀具材料硬度必须高于工件材料硬度,一般要求常温硬度在60HRC以上。耐磨性表示刀具抵抗磨损的能力。通常刀具材料的硬度越高,耐磨性越好;刀具材料中硬质点的硬度越高、数量越多、颗粒越小、分布越均匀,则耐磨性越好。

(2) 足够的强度与韧性。这主要是指刀具承受切削力和冲击,而不发生脆性断裂和崩刃的能力。

(3) 良好的耐热性。耐热性也称热硬性,是指刀具材料在高温下保持高的硬度、好的耐磨性和较高的强度等综合性能。耐热性越好,刀具材料允许的切削速度越高。它是衡量刀具材料性能的主要标志,一般用热硬性温度表示。

(4) 较好的化学稳定性。通常用抗氧化、抗黏结能力表示化学稳定性,化学稳定性越高,刀具磨损越慢,加工表面质量越好。

(5) 良好的工艺性。为了便于刀具制造,要求刀具材料有较好的可加工性,包括锻、轧、焊接、切削加工、可磨削性和热处理特性等。

此外,在选用刀具材料时还要考虑经济性,经济性差的刀具材料难以推广使用。

2. 常用刀具材料

(1) 非合金工具钢。它是指碳的质量分数为0.7%~1.3%的优质高碳钢。淬火后硬度为60~66HRC,但其热硬性差,热处理时变形大,允许的切削速度很低(<10 m/min)。因此,非合金工具钢常用于制造切削速度低、结构简单的钳工用工具(如锉刀、手工锯条等),常用牌号有T10A、T12A等。

(2) 合金工具钢。它是指在非合金工具钢中加入少量的Cr、W、Mn等元素,形成合金

工具钢。它比非合金工具钢有更好的耐磨性、热硬性及韧性，热处理变形较小，热硬性温度为250～300 ℃，淬火后硬度可达60～66HRC，允许的切削速度比非合金工具钢高10％～40％。合金工具钢常用于制造低速、形状复杂的刀具（如丝锥、板牙、铰刀等），常用的牌号有9SiCr、CrWMn等。

（3）高速工具钢。高速工具钢因含有大量高硬度的碳化物，其热硬性和耐磨性都有显著提高，淬火硬度达62～65HRC，热硬性温度达550～600 ℃，允许的切削速度比非合金工具钢高2～4倍。高速工具钢虽然硬度和耐热性不如硬质合金，但由于其抗弯强度、冲击韧性比硬质合金高，而且具有切削加工方便、刃磨容易、可以铸造及热处理等优点，所以常用来制造形状复杂的刀具，如成形车刀、钻头、铰刀、丝锥、拉刀、铣刀、齿轮刀具、螺纹刀具等。高速工具钢的常用牌号有W18Cr4V和W6Mo5Cr4V2等。

（4）硬质合金。它是用硬度及熔点都很高的碳化钨、碳化钛以及黏结剂钴，采用粉末冶金的方法制成的，有很高的硬度（87～92HRA）和热硬性（900～1 000 ℃）。允许的切削速度比高速工具钢高出4～10倍。但是，它的抗弯强度低，冲击韧性差。因此，在生产中常将硬质合金刀片用焊接或机械夹固的方法固定在刀体上使用。常用的硬质合金有钨钴类、钨钛钴类和通用类三大类。

3. 其他刀具材料

陶瓷、人造金刚石和立方氮化硼也可作为刀具材料，它们的硬度、耐磨性、热硬性均高于上述各种刀具材料。但这些材料的脆性大，抗弯强度和冲击韧性很差，主要用于高硬度材料的半精加工和精加工。

12.2.2 刀具切削部分的几何参数

金属切削刀具的种类繁多，构造各异，其中较简单、较典型的是车刀，其他刀具的切削部分都可以看成是以车刀为基本形态演变而成的，如图12-3所示。下面以外圆车刀为例分析刀具切削部分的几何角度。

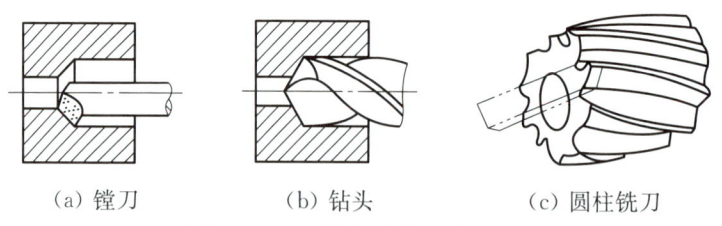

(a) 镗刀　　　(b) 钻头　　　(c) 圆柱铣刀

图12-3　刀具切削部分的形态

1. 车刀的组成

车刀由刀头和刀杆两部分组成，外圆车刀如图12-4所示。刀头为切削部分，刀杆为支承部分。刀头一般由三面、两刃、一尖组成。

（1）前面。指切屑流出时接触的表面。

（2）主后面。指与工件过渡表面相对的表面。

(3) 副后面。指与工件已加工表面相对的表面。

(4) 主切削刃。指前面与主后面的交线,担负主要的切削工作。

(5) 副切削刃。指前面与副后面的交线,担负少量的切削工作,起一定的修光作用。

(6) 刀尖。指主切削刃与副切削刃的相交部分,一般为一小段过渡圆弧。

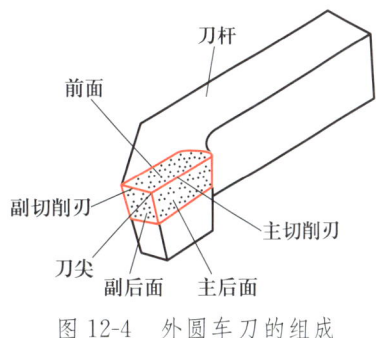

图 12-4 外圆车刀的组成

2. 辅助平面

为确定各刀面和切削刃的空间位置,需要建立三个相互垂直的辅助平面。外圆车刀的辅助平面和角度如图 12-5 所示。

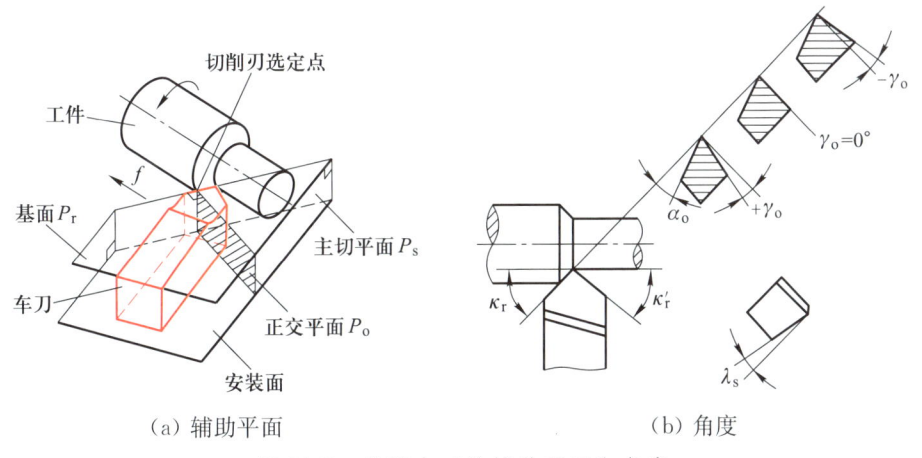

(a) 辅助平面 (b) 角度

图 12-5 外圆车刀的辅助平面和角度

(1) 基面。通过主切削刃选定点并与该点切削速度矢量垂直的平面,用 P_r 表示。

(2) 切削平面。通过主切削刃上选定点与切削刃相切并垂直于基面的平面。它是该点的切削速度矢量和切削刃的切线组成的平面,用 P_s 表示。

(3) 正交平面。通过主切削刃上选定点并垂直于基面和切削平面的平面,用 P_o 表示。

3. 刀具的几何角度

(1) 在正交平面内测量的角度。前角 γ_o,前面与基面间的夹角;后角 α_o,主后面与切削平面间的夹角。

(2) 在基面内测量的角度。主偏角 κ_r,主切削刃在基面上的投影与进给方向之间的夹角,车刀常用的主偏角有 45°、60°、75°、90°等;副偏角 κ_r',副切削刃在基面上的投影与进给反方向之间的夹角。

(3) 在切削平面内测量的角度。刃倾角 λ_s,主切削刃与基面之间的夹角,主要影响刀头的强度和排屑方向,如图 12-6 所示。当刀尖为主切削刃的最高点时,刃倾角为正;反之,刃倾角为负。

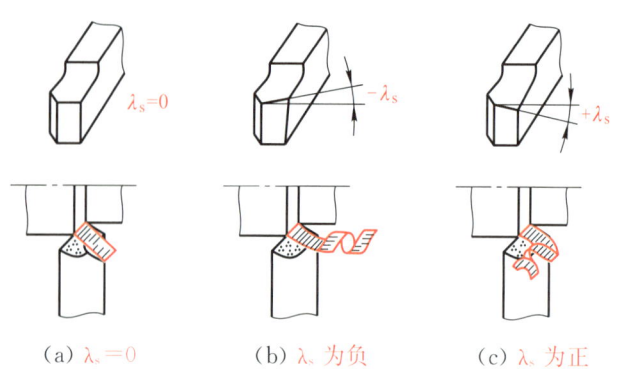

图 12-6 刃倾角及其对排屑的影响

12.3 金属切削过程

12.3.1 切屑的形成及种类

切屑是金属层在刀具切削刃和前面的作用下，金属经过弹性变形、塑性变形，然后断裂而形成的。切屑有三种类型，如图 12-7 所示。

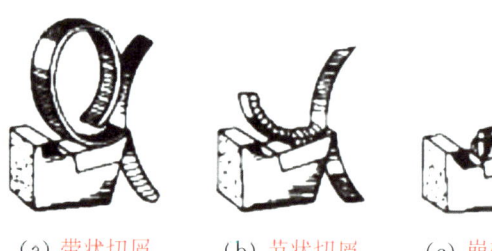

(a) 带状切屑　　(b) 节状切屑　　(c) 崩碎切屑

图 12-7 切屑类型

微视频
带状切屑

1. 带状切屑

带状切屑是最常见的一种切屑，切屑连续，形如带状或呈各种卷曲形状，切屑与刀具前面的接触面光滑，而反面呈微小的皱纹。其切削过程比较平稳，切削力波动小，已加工表面比较光洁。但切屑连绵不断，会缠绕在刀具或工件上，损坏刀刃，剐伤工件，生产不安全，因此要采取断屑措施。

2. 节状切屑

节状切屑与刀具前面接触的表面有明显的裂纹，另一面呈锯齿形。在切削速度较低、切削厚度较大、刀具前角较小的情况下，加工中等硬度钢材容易得到这种切屑。

3. 崩碎切屑

崩碎切屑是在切削铸铁、青铜等脆性金属材料时，由于材料塑性很小、抗拉强度较低，刀具切入后，切削层内靠近切削刃和前面的局部金属未经塑性变形就被挤裂或脆断，形成的不规则的碎块状切屑。工件材料越硬脆、刀具前角越小、切削厚度越大，就越容易产生这类切屑。

12.3.2 切削力

切削过程中,刀具与工件之间的相互作用力称为切削力。研究切削力时,可根据需要,选择作用于刀具上的力,或作用于工件上的力。切削力的来源为两部分:一是切削层在产生弹性变形、塑性变形时的变形抗力,二是刀具与切屑之间及刀具与工件之间的摩擦力。因此,凡是直接或间接影响切削变形与摩擦的因素都影响切削力的产生。

实际应用中,一般不直接研究切削力 F,而是研究它在三个相互垂直方向上的分力 F_c、F_f、F_p,如图 12-8 所示。

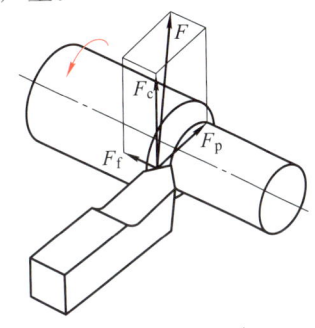

图 12-8 切削力

(1) 主切削力 F_c。切削力在主运动方向上的正投影称为主切削力,在三个分力中一般它的值最大。它是设计机床、刀具、夹具以及计算机床功率的主要依据。

(2) 进给力 F_f。切削力在进给运动方向上的正投影,在车外圆时亦称轴向分力或走刀抗力。它是计算进给机构零件强度的依据。

(3) 背向力 F_p。切削力在垂直进给运动方向的分力,背向力不做功,在车外圆时亦称径向分力或吃刀抗力。该力作用在机床、工件刚性最差的方向上,易使工件在水平面内变形并引起切削过程中的振动,影响工件的精度。它是校验机床刚度的主要依据。

切削力的数学表达式为

$$F=\sqrt{F_c^2+F_f^2+F_p^2}$$

影响切削力大小的因素有工件材料、切削用量、刀具角度、使用切削液及刀具材料等,在一般情况下对切削力影响较大的是工件材料和切削用量。工件材料的强度、硬度越高,切削时产生的切削力越大。背吃刀量 a_p 或进给量 f 加大均会使切削力增大,但两者的影响程度不同。

12.3.3 切削热

1. 切削热的产生与传导

切削过程中由于切削层变形及刀具与工件、切屑之间的摩擦产生的热称为切削热。切削热产生后通过切屑、工件、刀具以及周围介质(如空气、切削液等)传导和辐射出去。一般车削加工时,50%~86%的热量由切屑及切削液带走,10%~40%的热量传入工件,3%~9%的热量传入刀具,1%左右的热量传到周围介质。

2. 切削热对切削加工的影响

传入切屑和介质中的热量对加工没有影响。但钢料切屑发热后,表层金属会氧化,并随着温度高低呈现不同颜色,因此可以从切屑的颜色大致判断出切削温度。例如,切屑呈银白色和淡黄色表示切削温度不高,切屑呈紫色或紫黑色则说明切削温度很高。传入刀头的热量虽然不多,但由于刀头体积小,特别是高速切削时切屑与刀具前面发生连续而强烈的摩擦,因此刀头上温度最高点可达 1 000 ℃以上。刀具上温度过高会加速刀具的磨损。切削热传入工件后会导致工件膨胀或伸长，引起工件变形，影响加工精度。特别是加工细长轴、薄壁套以及精密零件时，热变形的影响更应引起注意。

为避免切削温度过高，可以从两方面着手改进：一是要减少切削变形，如合理选择切削用量和刀具角度，改善工件的加工性能等；二是减少摩擦，加强散热，如采用切削液。

12.3.4 刀具磨损和刀具寿命

在使用过程中，刀具的切削刃会变钝，以致无法再使用，但是经过重新刃磨以后，切削刃恢复锋利，仍可继续使用。这样经过使用—磨钝—刃磨锋利若干个循环以后，刀具的切削部分便无法继续使用而完全报废。刀具从开始切削到完全报废的实际切削时间的总和称为刀具总寿命。

1. 刀具磨损的形式与过程

刀具正常磨损时按发生部位不同可分为三种形式，即后面磨损、前面磨损、前面与后面同时磨损，如图12-9所示。

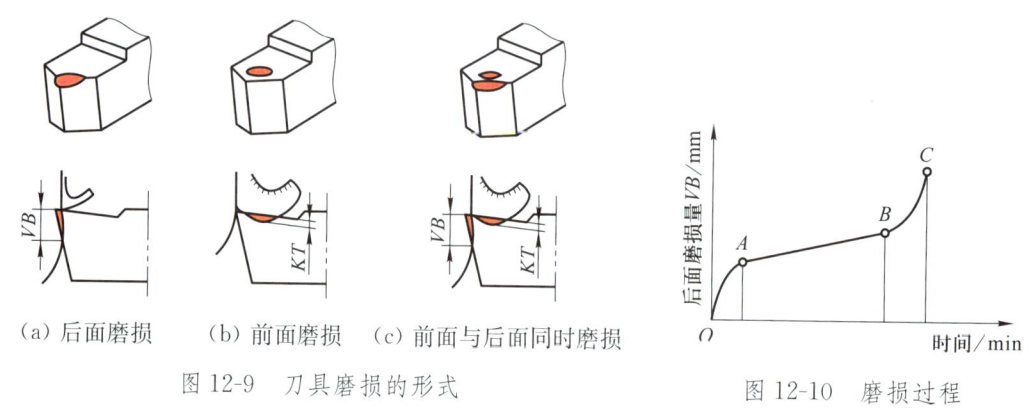

图12-9　刀具磨损的形式　　　　图12-10　磨损过程

刀具的磨损过程如图12-10所示，可分为三个阶段：第一阶段（OA段）称为初期磨损阶段，第二阶段（AB段）称为正常磨损阶段，第三阶段（BC段）称为急剧磨损阶段。

经验表明，在刀具正常磨损阶段的后期、急剧磨损阶段前，换刀重磨最好。这样既可保证加工质量，又能充分利用刀具材料。

2. 刀具寿命

刀具寿命是指新刃磨的刀具进行切削直至钝化所经过的切削总时间T，即刀具两次刃磨期间的切削时间。工程上常将刀具耐用度作为限定刀具磨损量的衡量标准。对于制造和刃磨比较简单、成本不高的刀具，寿命可定得低一些；对于制造和刃磨比较复杂、成本较高的刀具，耐用度明显高一些，寿命可定得高一些。例如，目前硬质合金焊接车刀的寿命大致为60 min，高速工具钢钻头的寿命为80～120 min，硬质合金面铣刀的耐用度为120～180 min，齿轮刀具的寿命为200～300 min。

3. 影响刀具磨损和寿命的因素

影响刀具磨损和寿命的因素很多，主要有刀具材料、刀具几何形状、切削用量、工件材料以及是否使用切削液等。在切削用量中,切削速度对刀具的磨损和耐用度影响最大。

12.3.5 切削液的选用

用改变外界条件来影响和改善切削过程是提高产品质量和生产率的有效措施之一,其中应用最广泛的是合理选择和使用切削液。

1. 切削液的作用和种类

切削液主要通过冷却和润滑作用来改善切削过程,一方面它吸收并带走大量切削热,起到冷却作用;另一方面它能渗入到刀具与工件和切屑的接触表面,形成润滑膜,有效地减小摩擦。因此,合理地选用切削液可以降低切削力和切削温度,提高刀具寿命和加工质量。常用的切削液有以下两类:

(1) 水类。如水溶液(肥皂水、苏打水等)、乳化液等。这类切削液的比热容大、流动性好,主要起冷却作用,也有一定的润滑作用。为了防止机床和工件生锈,常加入一定量的防锈剂。

(2) 油类。又称为切削油,主要成分是矿物油,少数采用动植物油或复合油。这类切削液的比热容小、流动性差,主要起润滑作用,也有一定的冷却作用。

为了改善切削液的性能,还常在切削液中加入油性添加剂、防霉添加剂、抗泡沫添加剂和乳化剂等。

2. 切削液的选择和使用

切削加工时,应根据加工性质、工件材料和刀具材料等来选择合适的切削液。

粗加工时,主要要求冷却,也希望降低一些切削力及切削功率,一般应选用冷却作用较好的切削液,如低浓度的乳化液等。精加工时,主要希望提高表面质量和减少刀具磨损,一般应选用润滑作用较好的切削液,如高浓度的乳化液或切削油等。

加工一般钢材时,通常选用乳化液或硫化切削油。加工铜合金和非铁金属时,一般不宜采用含硫化油的切削液,以免腐蚀工件。加工铸铁、青铜、黄铜等脆性材料时,为了避免崩碎切屑进入机床运动部件,一般不用切削液。但在低速精加工(如宽刃精刨、精铰等)中,为了提高表面质量,可用煤油作为切削液。

高速工具钢刀具的耐热性较低,为了提高刀具耐用度,一般要根据加工的性质和工件材料选用合适的切削液。硬质合金刀具由于耐热性和耐磨性较好,一般不用切削液;如果要用,必须连续地、充分地供给,以免硬质合金刀片因骤冷骤热而开裂。

切削液的使用目前以浇注法最为普遍,在使用中应注意把切削液尽量浇注到切削区,仅浇注到刀具上是不恰当的。为了提高其使用效果,可以采用喷雾冷却法或内冷却法。

12.4 金属切削机床的分类与型号

12.4.1 机床的分类

按机床使用刀具和加工性质的不同,目前我国机床可分为11类:车床、钻床、镗床、磨床、齿轮加工机床、螺纹加工机床、铣床、刨插床、拉床、锯床和其他机床。图12-11为常见机床的外形。

在同类机床中,按加工精度的不同可分为普通机床、精密机床和高精度机床三个等级,按使用范围的不同分为通用机床和专用机床,按自动化程度的不同分为手动机床、机动机床、半自动机床和自动机床,按尺寸、质量的不同分为一般机床和重型机床等。

(a) 车床

(b) 铣床

(c) 刨床

(d) 钻床

(e) 磨床

图 12-11　常见机床的外形

12.4.2 机床型号的编制方法

机床的型号是机床产品的代号,用来表示机床的类别、主要参数和主要特性的代号。我国机床型号的编制采用汉语拼音字母和阿拉伯数字按一定规律组合表示,例如:

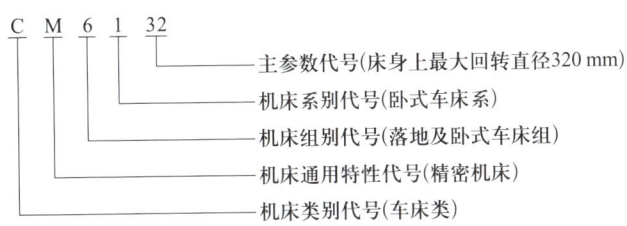

车床型号及组成

金属切削机床的类、组、系划分可查阅《金属切削机床 型号编制方法》(GB/T 15375—2008)。

1. 机床类别代号

表12-2列出了我国机床的11个类别及其代号。机床类别代号一般以机床名称汉语拼音首字母表示并按名称读音。

表12-2 机床的类别和代号

类别	车床	钻床	镗床	磨 床			齿轮加工机床	螺纹加工机床	铣床	刨插床	拉床	锯床	其他机床
代号	C	Z	T	M	2M	3M	Y	S	X	B	L	G	Q
读音	车	钻	镗	磨	2磨	3磨	牙	丝	铣	刨	拉	割	其

2. 机床通用特性代号

表12-3列出了机床的各种通用特性及其代号。特性代号表示机床具有的特殊性能,并用特性汉语拼音首字首表示。机床特性代号在机床型号中列在机床类别代号的后面。例如,CK6140车床中K表示具有程序控制特性。

表12-3 机床的通用特性和代号

通用特性	高精度	精密	自动	半自动	数控	加工中心自动换刀	仿形	轻型	加重型	柔性加工单元	数显	高速
代号	G	M	Z	B	K	H	F	Q	C	R	X	S
读音	高	密	自	半	控	换	仿	轻	重	柔	显	速

3. 机床的组别和系别代号

每类机床按用途、性能、结构相近或有派生关系分为若干组。例如车床分为十组,每组分为若干系。在机床型号中,在类别代号和特性代号后,第一位阿拉伯数字表示组别,第二位阿拉伯数字表示系别。

4. 机床的主参数代号

主参数代表机床规格的大小。各类机床以什么尺寸作为主参数有统一规定，主参数代号以其主参数的折算值表示。表 12-4 给出了常见机床的主参数及其折算系数。

表 12-4　常见机床的主参数及其折算系数

机床名称	主参数名称	主参数折算系数
卧式车床	床身上最大回转直径	1/10
摇臂钻床	最大钻孔直径	1/1
卧式坐标镗床	工作台面宽度	1/10
外圆磨床	最大磨削直径	1/10
立式升降台铣床	工作台面宽度	1/10
卧式升降台铣床	工作台面宽度	1/10
龙门刨床	最大刨削宽度	1/100
牛头刨床	最大刨削长度	1/10

5. 机床重大改进代号

当机床的性能及结构有重大改进时，按其改进设计的次序用汉语拼音字母 A、B、C 等表示，写在机床型号的末尾。

6. 机床型号示例

示例 1：型号 THM6350，工作台最大宽度为 500 mm 的精密卧式加工中心。

示例 2：型号 TH6340/5L，工作台最大宽度为 400 mm 的 5 轴联动卧式加工中心。

示例 3：型号 MKG1340，最大磨削直径为 400 mm 的高精度数控外圆磨床。

示例 4：型号 MB8240，最大回转直径为 400 mm 的半自动曲轴磨床。变换第一种形式为 MB8240/1，变换第二种形式为 MB8240/2。

示例 5：型号 T4163A，工作台面宽度为 630 mm，经过第一次重大改进的立式单柱坐标镗床。

示例 6：型号 CX5112A，最大车削直径为 1 250 mm，经过第一次重大改进的数显单柱立式车床。

示例 7：型号 Z5625×4A，最大钻孔直径为 25 mm，经过第一次重大改进的四轴立式排钻床。

示例 8：型号 Z3040×16，最大钻孔直径为 40 mm，最大跨距为 1 600 mm 的摇臂钻床。

知识拓展

"核城"老机床背后的故事

在中国核城"404"（甘肃酒泉）展览馆里有一台老式机床（图 12-12），它为我国第一颗原子弹的研制成功立下了汗马功劳。我国第一颗原子弹使用的核心设备加工精度要求极高，一旦不合格，几十万人所有的努力都将前功尽弃，在没有精密数控机床的年代，这个看似不可能的加工任务落在了原公浦的身上，这是中核集团 404 厂一名退休职工，他说："这件工作只能成功不允许失败，我的压力比天还大。"顶着巨大的压力，1964 年 5 月 1 日凌晨，这项工作终于完成。5 个月后，中国第一颗原子弹在新疆罗布泊成功爆炸。

图 12-12 "老机床"

小　结

金属切削加工是目前应用最广泛的制造机械零件的方法，是通过刀具和工件在金属切削机床上的相对切削运动来实现的。

切削运动分为主运动和进给运动。切削要素包括切削用量要素和切削层尺寸平面要素。

刀具材料有非合金工具钢、合金工具钢、高速工具钢和硬质合金。前两者由于热硬性差，通常只用于制造低速、手工用刀具。后两者是主要的刀具材料。高速工具钢广泛用于制造较复杂的成形刀具。硬质合金具有很高的硬度和热硬性，但由于抗弯强度低、冲击韧度差，故通常把它焊接或夹持在刀体上使用。

刀具角度对切削加工的影响很大，应合理选择。

切削热传入工件后会导致工件膨胀或伸长，引起工件变形，影响加工精度。合理选择和使用切削液是提高产品质量和生产率的有效措施。

习题十二

一、名词解释

切削运动、主运动、进给运动、切削速度、进给量、背吃刀量、切削力、切削热。

二、填空题

1. 按照加工精度的不同可将机床分为_____、_____和_____机床。
2. 根据在切削加工中所起的作用不同,切削运动分为_____和_____运动。
3. 切削用量三要素是指_____、_____和_____。
4. 车刀由_____和_____两部分组成。
5. 切屑有三种类型,分别是_____、_____和_____。
6. 常用的切削液有_____和_____两类。

三、判断题

1. 切削运动分为旋转运动和直线运动两种。（ ）
2. 切削加工时,主运动有且只有一个。（ ）
3. 切削三要素是指切削层公称厚度、切削层公称宽度和切削层公称横截面积。（ ）
4. 切削铸铁、青铜等脆性材料时,易形成带状切屑。（ ）
5. 切削液的主要作用是可以降低切削力和切削温度,提高刀具寿命和加工质量。（ ）

四、简答题

1. 什么是主运动和进给运动？各有何特点？
2. 切削用量要素包括哪几项？车削时,切削速度怎样计算？
3. 以车刀为例说明刀具的结构和刀具的角度。
4. 切屑可分为哪几种？它们对切削过程有何影响？
5. 什么是切削力？切削力的产生与哪些因素有关？
6. 切削热如何传出？它对工件和刀具有何影响？
7. 切削液分哪几类？比较其性能和适用范围。
8. 对刀具切削部分的材料有什么要求？目前常用的刀具材料有哪几种？

单元十三　机械加工方法与设备

📖 学习目标
1. 掌握车削加工方法、加工范围、加工种类及特点。
2. 掌握铣削加工方法、加工范围、加工种类及特点。
3. 掌握钻削和镗削、磨削、刨削和拉削加工方法、加工范围及特点。

📖 重　　点
车削、铣削、磨削加工范围、刀具及工艺特点。

📖 难　　点
车床组成及车削运动，铣床组成及铣削运动。

📖 案例引入

切削加工是利用切削刀具从工件毛坯上切除多余的材料，以获得具有一定形状、尺寸、精度和表面结构的零件的加工方法。在现代机械制造中，除少数零件采用精密铸造、精密锻造、粉末冶金和工程塑料压制等方法直接获得外，绝大多数的零件都要通过切削加工获得，以保证零件的精度和表面结构要求。因此，切削加工在机械制造中占有十分重要的地位。

金属的切削加工是靠刀具和工件之间作相对运动完成的，通过切削加工使工件符合预定的技术要求。金属切削加工按机械化程度和使用刀具的形式，分为钳工和机械加工两部分。钳工主要是通过工人手持刀具进行切削加工，机械加工是通过工人操纵机床进行切削加工，主要有车削、铣削、钻削、镗削、磨削、刨削和拉削加工等。

13.1　车　削

13.1.1　车削加工范围

车削加工是在车床上利用工件的旋转和刀具的移动来实现的，主要用于各种回转表面及回转体端面的加工。如内外圆柱面、圆锥面及回转成形表面等，有时还能加工螺纹面，如图13-1所示。

微课
车削概述

微视频

大国工匠——
车工裴永斌

动画
车削加工

微视频
车外圆
微视频
车端面
微视频
车螺纹

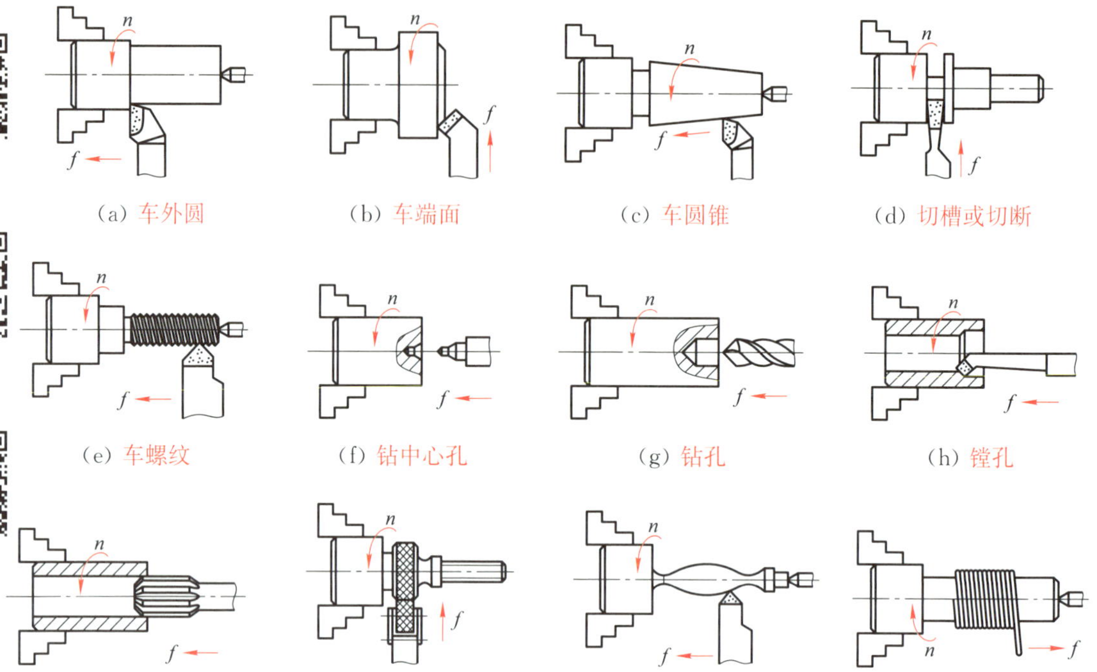

(a) 车外圆 (b) 车端面 (c) 车圆锥 (d) 切槽或切断
(e) 车螺纹 (f) 钻中心孔 (g) 钻孔 (h) 镗孔
(i) 铰孔 (j) 滚花 (k) 车成形面 (l) 绕弹簧

图 13-1 车削加工

在各种车床中，卧式车床应用最普遍，它的加工范围很广，能车削内外圆柱面、圆锥面、环形槽、回转成形表面、端面及螺纹，还可以进行钻孔、扩孔、铰孔和滚花等。

13.1.2 车床组成及运动

用于车削的机床按用途和结构不同主要分为卧式及落地车床，转塔车床，立式车床，仿形及多刀车床，单轴自动车床和多轴自动、半自动车床，数控车床，车削中心，各种专门化车床（如曲轴与凸轮轴车床）及铲齿车床等。在大批大量生产中还有各种专用车床。

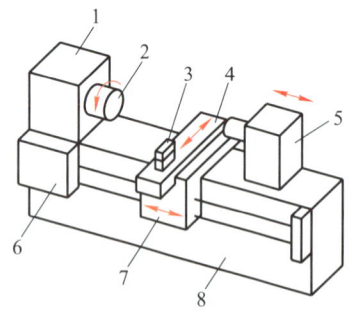

1—主轴箱；2—主轴；3—刀架；
4—床鞍；5—尾座；6—进给箱；
7—滑板箱；8—床身。

图 13-2 卧式车床的组成

卧式车床的组成如图 13-2 所示，主要部件有床身、主轴箱、进给箱、滑板箱、刀架、尾座等。加工时，工件由主轴带动作旋转主运动，刀具安装在刀架上作纵向或横向进给运动。普通车床是车床中应用最广的一种，常用的型号有 CA6140 型卧式车床，其最大加工直径为 400 mm。除上述主要组成部分外，还有动力源（如电动机）、液压冷却和润滑系统以及照明系统等。

其他类型的车床（例如立式车床、转塔车床、仿形车床等）的基本结构，与卧式车床类似，可以看成是它的演变和发展。

13.1.3 工件在车床上的安装

工件的安装方式是依据工件的形状和尺寸来确定的,车床上工件常用的安装方式如图13-3所示。

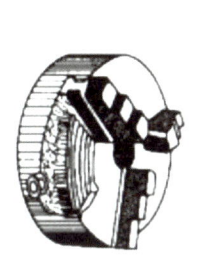
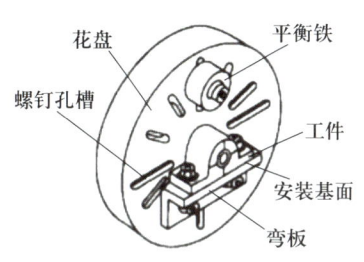

(a) 三爪自定心卡盘　　(b) 四爪单动卡盘安装　　(c) 花盘上安装

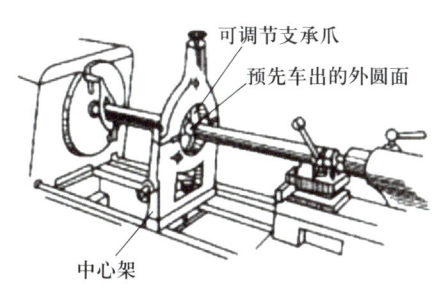
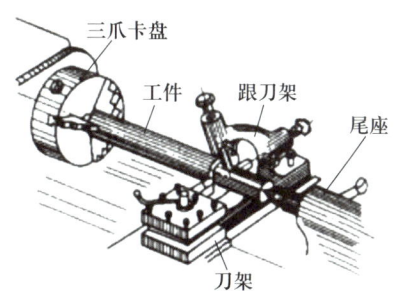

(d) 两顶尖间安装及中心架的应用(一)　　(e) 两顶尖间安装及中心架的应用(二)

图 13-3　车床上工件常见的安装方式

1. 卡盘或花盘安装

卡盘或花盘安装用于长径比小于 4 的工件。其中,三爪自定心卡盘用于圆形和六角形工件及棒料,能自动定心,安装方便。四爪单动卡盘用于加工毛坯或方形、椭圆形等不规则的工件,夹紧力大。花盘用于形状不规则、无法用卡盘装夹的工件,如支架类工件,安装时用角铁和螺钉等夹持。

2. 顶尖安装

顶尖安装用于长径比大于 4 的轴类工件。工件的端面需先用中心钻钻出中心孔,可采用"一夹一顶"或"两端顶"方式安装。对于长径比大于 10 的细长轴类工件,为增加工件的刚性,还需使用中心架或跟刀架。

13.1.4 车削加工用刀具

按加工表面不同,车削加工刀具分为外圆车刀、端面车刀、割刀、镗刀和成形车刀等。

1. 外圆车刀

外圆车刀用于纵向车削外圆,可分为直头外圆车刀、弯头外圆车刀、宽刃精车刀和曲线刃车刀四种,分别如图 13-4 中序号 4、3、9、5 所示。

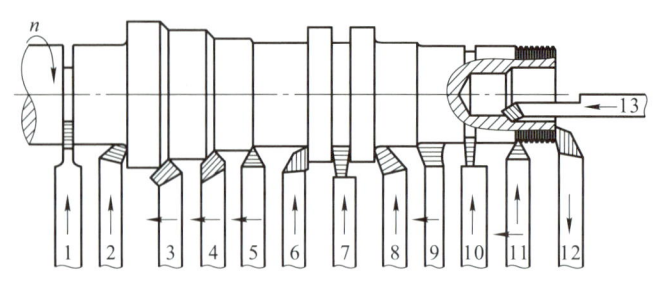

图 13-4　车刀

直头外圆车刀制造简单，但只能加工外圆，加工端面时必须转动刀架。弯头外圆车刀既可用于纵向车削外圆，又可用于横向车端面及内外圆倒角，但加工表面较粗糙且刀具耐用度较差。宽刃精车刀做成平头直线刃，用于车削加工时和曲线刃车刀一样都能获得表面粗糙度值较小的工件表面，适用于精车。

2. 端面车刀

端面车刀用于车端面，按进给方向分为纵向端面车刀和横向端面车刀。

（1）纵向端面车刀。如图 13-4 中序号 6、12 所示，可以由外圆向内纵向进给，也可以由中心向外纵向进给。

（2）横向端面车刀。如图 13-4 中序号 2 所示，用于加工不大的台肩端面。

3. 割刀

割刀（图 13-4 中序号 1、7、10）用于切断工件或切槽。割刀刀头的长度和宽度由工件直径及槽宽尺寸决定。用于切断时，割刀刀头长度应比切断处外圆半径略大一些，而在选择刀头宽度时应考虑各方面因素的影响，通常取 2～6 mm。

4. 镗刀

镗刀用于加工通孔、不通孔、孔内的槽或端面，如图 13-5 所示。镗刀刀柄尺寸受孔径和孔深限制，而且伸出越长，刚度越低，特别是在加工小直径的深孔时，切削条件不利，生产率极低。

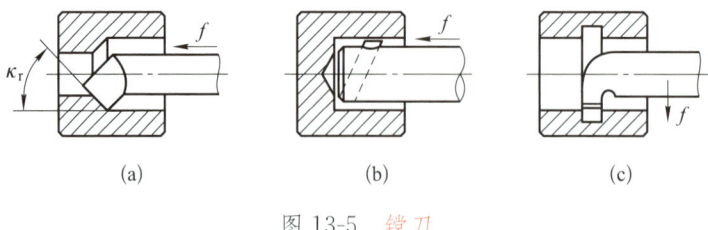

图 13-5　镗刀

5. 成形车刀

成形车刀（图 13-4 中序号 2、8、11）是专用车刀，根据工件外形轮廓设计，用在卧式车床、转塔车床、半自动和自动车床上加工工件内、外表面的回转成形面。

13.1.5 车削加工

1. 粗车

粗车的主要目的是从毛坯表面上去除较多的加工余量,并为后续加工预留一定的余量。为保证粗车的生产率,一般在一次工作行程中尽可能采用较大的背吃刀量和进给量。从毛坯表面进行粗车时,为避免因车削量的不均匀而产生车削振动,保证较长的车刀寿命,切削速度应较低。一般粗车时的经济精度为 IT12~IT11 级,表面粗糙度 Ra 为 12.5~6.3 μm。粗车一般作为低精度表面的终加工或高精度表面的预加工。

2. 半精车

半精车是介于精车和粗车之间的车削加工。半精车的经济精度为 IT10~IT8 级,表面粗糙度 Ra 为 6.3~3.2 μm。半精车可作为中等精度表面的终加工,也可作为磨削或其他精加工工序的预加工。

3. 精车

为了保证获得较高车削质量的表面,精车时一般采用较小的进给量及背吃刀量和较高的车削速度。精车的经济精度为 IT8~IT7 级,表面粗糙度 Ra 为 3.2~0.8 μm。精车一般作为较高精度表面的终加工。对于加工精度要求较高和表面粗糙度值小的表面,精车也可以作为精细加工或其他光整加工的预加工。

4. 精细车

为了保证高的表面加工质量,一般采用高切削速度、小的进给量和背吃刀量,在精密车床上进行加工。精细车削加工精度可达 IT7~IT6 级,表面粗糙度 Ra 为 0.8~0.2 μm。对于磨削加工性不好的非铁金属零件的加工,常采用精细车削作为终加工。精细车削一般使用立方氮化硼、金刚石等超硬材料车刀。

13.1.6 车削加工的特点

1. 易于保证各加工表面的位置精度

对于轴套或盘类零件,在一次装夹中车出各外圆面、内圆面和端面,可保证各轴段外圆的同轴度、端面与轴线的垂直度、各端面之间的平行度及外圆面与孔的同轴度等的精度。

2. 加工的材料范围广

车削可用于钢材、铸铁、非铁金属和某些非金属等材料的加工,并且适用于非铁金属和某些低碳不锈钢零件的精加工。当非铁金属和某些低碳不锈钢零件要求较高的精度和较小的表面粗糙度值时,因材料的硬度低、塑性韧性较好,不宜采用磨削加工,这时可采用金刚石车刀在精车后进行精细车,精度可达 IT6~IT5 级,表面粗糙度 Ra 为 0.4~0.2 μm。

3. 生产率较高

切削过程连续平稳进行,切削面积和切削力基本不变,可采用较大的切削用量,进行高速切削或强力切削,有利于其生产率的提高。

4. 加工成本较低

车床附件较多,能满足一般零件的装夹,生产准备时间短。车刀结构简单,制造、刃磨和安装方便。因此，车削加工生产成本较低。

13.2 铣削

铣削加工

铣床的结构

13.2.1 铣削加工范围

铣削加工是在铣床上利用刀具的旋转主运动和工件或刀具的进给运动来加工工件的。铣削加工是切削效率较高的一种加工方法。铣削加工范围非常广泛，使用各种不同类型的铣刀，可以加工出各种平面（水平面、垂直面、台阶面）、沟槽（键槽、T形槽、燕尾槽、特形槽等）、齿形零件（齿轮、链轮、棘轮、花键轴等）、螺旋形表面（螺纹、螺旋槽）及特形曲面。另外，铣削还可以用于回转体表面和内孔的铰削、镗削加工以及切断加工，如图13-6所示。

(a) 铣平面　(b) 铣平面　(c) 铣台阶面　(d) 铣平面

(e) 铣沟槽　(f) 铣沟槽　(g) 切断　(h) 铣曲面

(i) 铣键槽　(j) 铣键槽　(k) 铣T形槽　(l) 铣燕尾槽

(m) 铣V形槽　(n) 铣成形面　(o) 铣型腔　(p) 铣螺旋槽

图13-6　铣削加工

13.2.2 铣床组成及运动

铣床是主要用铣刀在工件上加工各种表面的机床。铣床的种类很多，主要有升降台式铣床、床身铣床、龙门铣床、工具铣床、仿形铣床及数控铣床等。常用的铣床是升降台式铣床，按主轴在铣床上布置方式不同，分为卧式和立式铣床两种类型。卧式铣床的主轴呈水平状态，立式铣床的主轴呈垂直状态（图 13-7）。下面以卧式铣床为例进行说明。

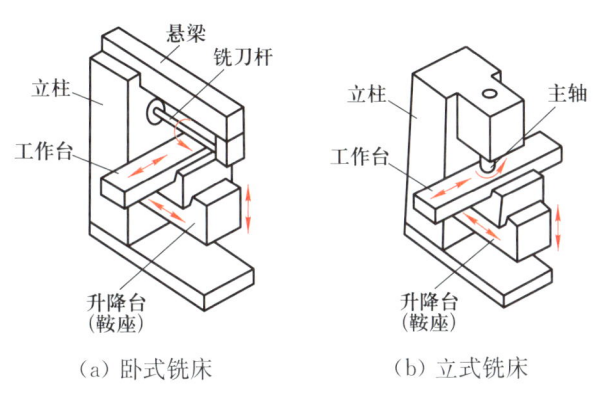

图 13-7　铣床的组成

1. 卧式升降台铣床

卧式升降台铣床如图 13-7a 所示。铣削时，铣刀安装在铣刀杆上，铣刀旋转为主运动；工件用螺栓、压板或夹具安装在工作台上，可随工作台做纵向进给运动。滑座沿升降台上的导轨移动，可实现横向进给运动；升降台可沿床身导轨升降，实现垂直进给运动。床身固定在底座上，内部装有主传动机构，顶部导轨上装有悬臂，悬臂上装有安装铣刀心轴的支架。工作台能在水平面内旋转一定角度（±45°）的卧式铣床称为卧式万能铣床。

卧式升降台铣床常见的型号有 X6132、X6020B 等。

2. 升降台铣床型号的含义

以 X6132 型万能升降台铣床为例，说明铣床型号的含义，如图 13-8 所示。

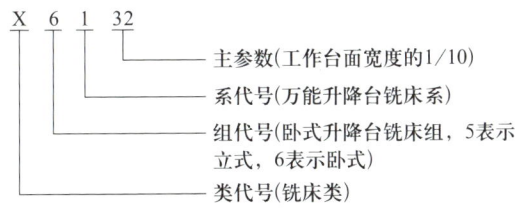

图 13-8　铣床型号的含义

13.2.3 铣刀

铣刀是多刃回转刀具，由刀齿和刀体组成。刀体为回转体形状。刀齿分布在刀体圆周表面的称为圆柱铣刀，刀齿分布在刀体端面的称为面铣刀。铣刀按用途可分为以下五种。

1. 铣平面用的铣刀

铣平面用的铣刀包括面铣刀和圆柱形铣刀,如图 13-9 所示。对较小平面,可用立铣刀和三面刃铣刀加工。

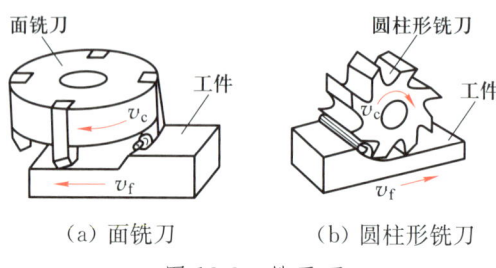

(a) 面铣刀　　　　(b) 圆柱形铣刀

图 13-9　铣平面

2. 铣槽用的铣刀

如图 13-10 所示,铣槽用的铣刀有立铣刀和三面刃铣刀等。

3. 铣特种槽用的铣刀

如图 13-11 所示,铣特种槽用的铣刀有 T 形槽铣刀和角度铣刀等。

 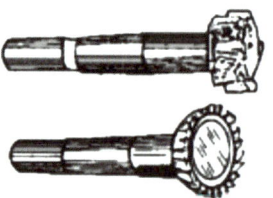 

(a) T形槽铣刀　　　　(b) 角度铣刀

图 13-10　铣槽用的铣刀　　　图 13-11　铣特种槽用的铣刀

4. 成形铣刀

由于其刀齿齿廓形状与工件加工表面吻合,刀具需要根据加工表面形状专门设计制造,如图 13-12 所示。

5. 锯片铣刀

如图 13-13 所示的锯片铣刀为切断用铣刀,该铣刀还可用于铣窄槽。

 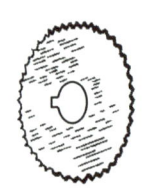

图 13-12　成形铣刀　　　图 13-13　锯片铣刀

13.2.4 铣削方式

铣削加工平面可以用周铣法，也可以用端铣法，如图 13-14 所示。在选用铣削方法时，要充分注意到它们各自的特点和使用场合，以保证加工质量和生产率。

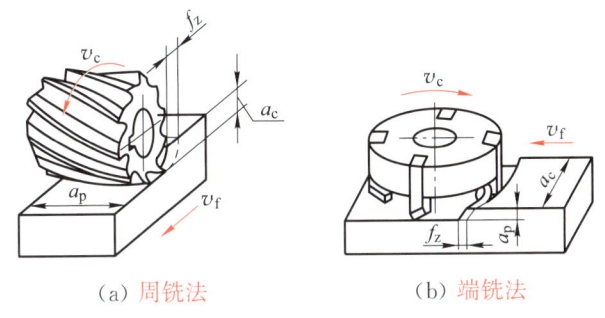

(a) 周铣法　　　　　(b) 端铣法

图 13-14　铣削方法

1. 周铣法

用圆柱铣刀的圆周刀齿来铣削工件表面的铣削方法称为周铣法。周铣法可以利用多种形式的铣刀，根据铣削时铣刀的旋转方向和工件移动方向之间的关系，周铣法可分为顺铣和逆铣两种，如图 13-15 所示。

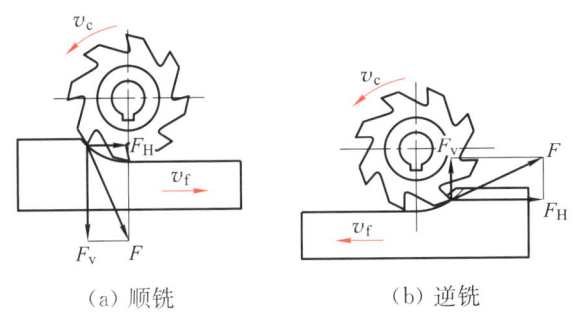

(a) 顺铣　　　　　(b) 逆铣

图 13-15　周铣法

（1）顺铣。顺铣时，切削部位刀齿的旋转方向和工件的进给方向相同，每个刀齿的切削厚度由最大减小到零，有利于提高加工表面的质量。同时，铣削力将工件压向工作台，有利于提高刀具耐用度和工件装夹稳定性，但容易引起工作台振动，使进给速度不平稳，影响加工表面质量，严重时还会发生打刀现象。因此，顺铣时机床应具有消除丝杠和螺母之间侧向间隙的装置。精加工时，铣削力小，不易引起工作台的振动，多采用顺铣。

（2）逆铣。逆铣时切削部位刀齿的旋转方向和工件的进给方向相反，每个刀齿的切削厚度由薄到厚。开始切削时，刀齿一边挤压工件表面，一边在工件表面上滑行，使刀齿磨损加剧，工件产生加工硬化现象，并降低了表面质量。因此，逆铣多用于粗加工。

2. 端铣法

用面铣刀的端面刀齿铣削工件表面的铣削方法称为端铣法。参与端铣工作的刀刃较多,切削力变化小,较平稳,表面较光洁,精度较高,生产率也较高。一般地,端铣优于周铣。在大批量生产中,常用端铣方式加工表面。但周铣的适应性强,在生产中广泛应用。

13.2.5 铣削加工

1. 铣削水平面

铣削水平面可在卧式铣床上用圆柱铣刀铣削,也可在立式铣床上用面铣刀铣削,如图 13-16 所示。在立式铣床上用面铣刀铣削水平面时,加工表面比较光洁,铣削比较平稳,因此最好在立式铣床上采用面铣刀铣削水平面。

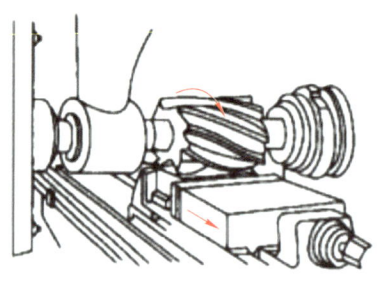
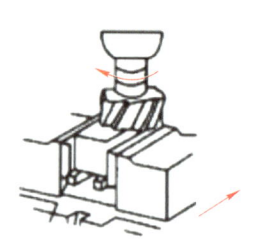

(a) 卧式铣床上用圆柱铣刀　　　　(b) 立式铣床上用面铣刀

图 13-16　铣削水平面

2. 铣削垂直面

垂直面可用卧式铣床(图 13-17)与立式铣床加工。立式铣床上用立铣刀的圆周齿铣削垂直平面,如图 13-18 所示。

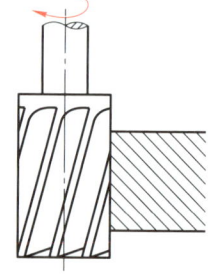

(a)　　　　(b)

图 13-17　卧式铣床铣削垂直面　　图 13-18　立铣刀的圆周齿铣削垂直平面

3. 铣槽

按槽的形状不同,铣槽可分为以下三种:

(1) **铣削直槽**。直槽可在卧式铣床上用盘形铣刀铣削(图 13-19),也可在立式铣床上用立铣刀铣削(图 13-20)。

(2) **铣削半圆形键槽**。半圆形键槽采用与键槽同直径、同厚度的专用铣刀进行铣削,如图 13-21 所示。

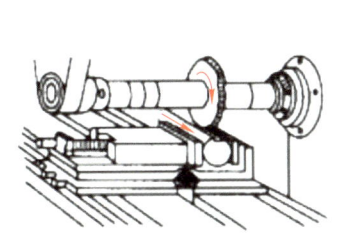  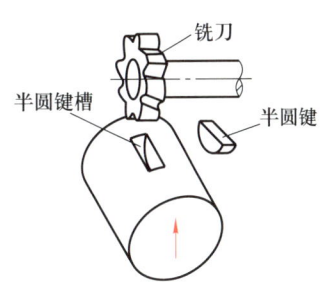

图 13-19　盘形铣刀铣削直槽　　图 13-20　立铣刀铣削直槽　　图 13-21　铣削半圆形键槽

（3）**铣削 T 形槽**。T 形槽的加工分两步进行，先用圆盘铣刀铣削直槽，然后再用 T 形铣刀铣削 T 形槽，如图 13-22 所示。

 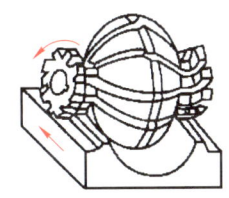

（a）铣直槽　　（b）铣 T 形槽

图 13-22　铣削 T 形槽　　　　图 13-23　用特形铣刀铣削特形面

4. 铣削曲线外形和特形面

（1）**铣削曲线外形**。曲线外形可以在立式铣床上用立铣刀沿划线手动进给铣削，也可以在立式铣床上利用靠模铣削。

（2）**铣削特形面**。特形面需用特形铣刀铣削，如图 13-23 所示。

13.2.6　铣削加工特点

1. 生产率高

因为铣刀是多刃刀具，有几个刀齿同时参加切削，无空行程，可实现高速切削，所以铣削生产率较高。

2. 加工范围广

铣刀类型多，铣床附件多，使铣床加工范围极为广泛。

3. 铣削质量中等

由于切削运动不平稳，容易产生振动，使铣削加工的质量只有中等精度。经粗铣精铣后，尺寸精度可达 IT9～IT7 级，表面粗糙度 Ra 可达 3.2～1.6 μm，直线度可达 0.12～0.08 mm/m。

4. 铣削加工成本较高

由于铣床和铣刀结构复杂，因此铣削加工成本较高。铣削适用于单件小批生产，也适用于大批量生产。

13.3 钻削和镗削

13.3.1 钻削加工

1. 钻削的加工范围

钻削加工有钻孔、扩孔和铰孔等方法,如图 13-24 所示。钻削属于定尺寸切削加工,加工的孔径受到刀具直径的限制。根据加工方法的不同,可分为粗加工、半精加工和精加工。

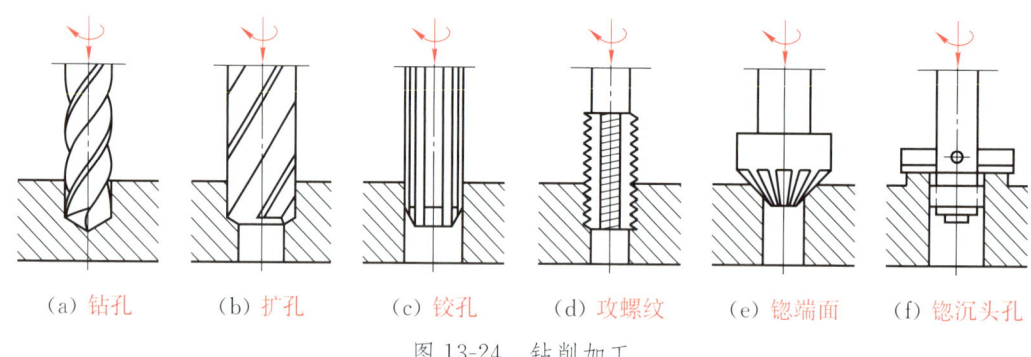

(a) 钻孔　　(b) 扩孔　　(c) 铰孔　　(d) 攻螺纹　　(e) 锪端面　　(f) 锪沉头孔

图 13-24　钻削加工

2. 钻床组成及钻削运动

钻削加工时,刀具旋转作为主运动,同时沿轴向移动作为进给运动,如图 13-25 所示。常用的钻床有台式钻床、立式钻床和摇臂钻床三种。

(1) 台式钻床。适于加工小型工件上的各种小孔(直径在 13 mm 以下),例如台式钻床 Z4012,其主参数为最大钻孔直径 12 mm。

(2) 立式钻床。如图 13-25a 所示,比台式钻床刚性好、功率大,适于单件、小批生产加工中、小型工件。典型的立式钻床如 Z5135,其主参数为最大钻孔直径 35 mm。

(3) 摇臂钻床。如图 13-25b 所示,摇臂能绕立柱作 360°回转和沿立柱上下移动,故在加工中不必移动工件即可在很大范围内钻孔,适合加工大中型工件。典型的摇臂钻床如 Z3040,其最大钻孔直径为 40 mm。

微视频　钻床

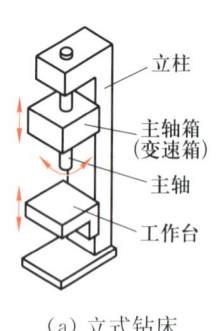
(a) 立式钻床

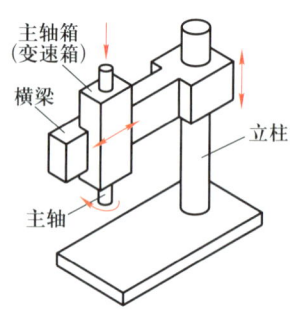
(b) 摇臂钻床

图 13-25　钻床的组成及其切削运动

3. 钻削刀具

钻削加工通常要在工件上形成孔,扩大或修整已形成的孔。在钻削过程中使用的刀具统称为孔加工刀具。孔加工刀具的种类很多,常用的有以下几种:

(1) 麻花钻。麻花钻是一种形状较为复杂的钻孔刀具,其排屑槽呈螺旋状,在孔加工中应用最为广泛。麻花钻有直柄和锥柄两种形式,如图 13-26 所示。国家标准规定麻花钻的直径范围为 0.5~75 mm。它的加工精度一般能达到 IT13~IT11 级,表面粗糙度 Ra 能达到 12.5~6.3 μm。

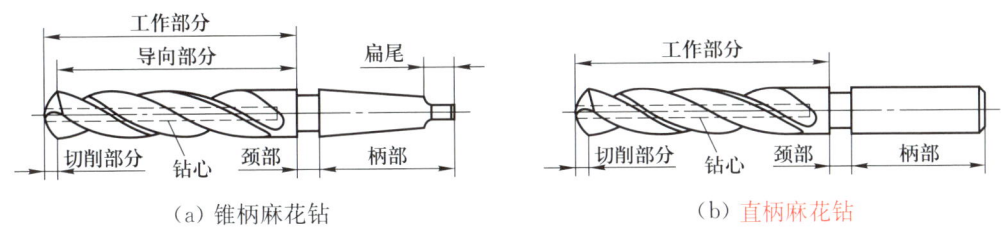

图 13-26　标准麻花钻

(2) 扩孔钻。扩孔钻形状与麻花钻相似,但齿数多,一般有 3 或 4 个,导向性能较好,切削运动平稳;扩孔加工余量小,参与工作的主刀刃较短,与钻孔相比大大改善了切削条件;容屑槽浅,钻心较厚,刀体强度高,刚性好。因此,扩孔钻钻孔的加工质量比麻花钻高。

扩孔钻加工精度一般可达 IT11~IT10 级,表面粗糙度 Ra 可达 6.3~3.2 μm,常用于铰孔或磨孔前的扩孔以及一般精度孔的终加工,如图 13-27 所示。

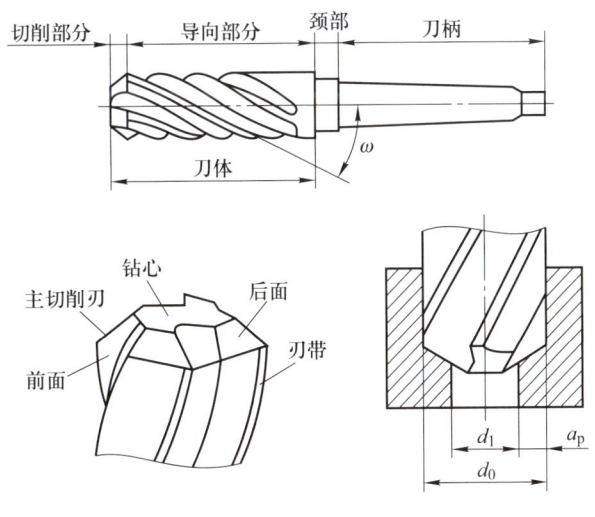

图 13-27　扩孔钻

(3) 锪钻。锪钻主要用来加工各种沉头孔、锥孔、端面凸台等,如图 13-28 所示。

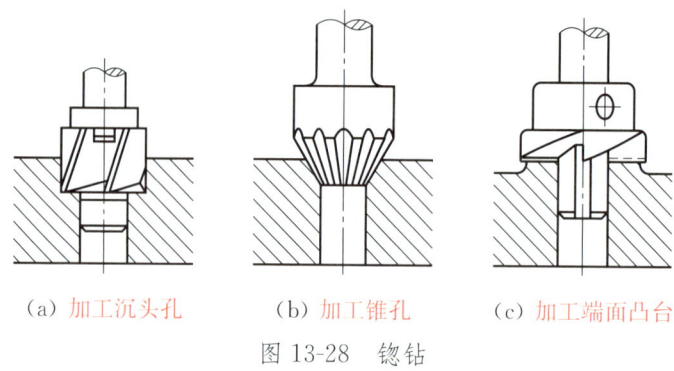

(a) 加工沉头孔　　(b) 加工锥孔　　(c) 加工端面凸台

图 13-28　锪钻

(4) 铰刀。铰刀用于孔的半精加工和精加工。由于加工余量小,刀齿数目多(齿数 $z=6\sim12$),并且有较长的校准、修光刃,切削运动比较平稳,因此加工精度和表面质量都很高。铰刀按使用方法分为机用铰刀和手用铰刀两种类型(图 13-29),按铰孔形状分为圆柱形和圆锥形两种。

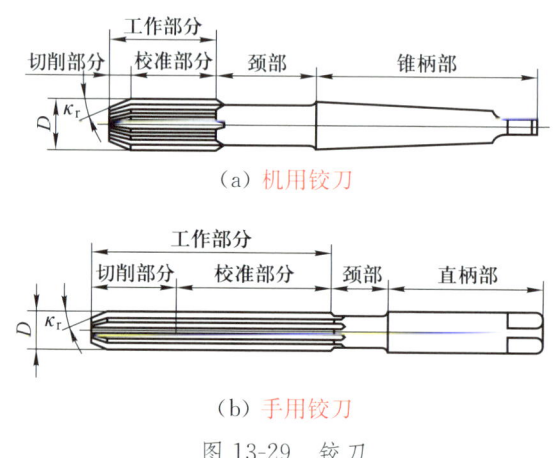

(a) 机用铰刀

(b) 手用铰刀

图 13-29　铰刀

铰刀的加工精度可达 IT8~IT6 级,表面粗糙度 Ra 可达到 1.6~0.4 μm。铰孔由于生产率较高,加工费用低,质量好,因此广泛用于中小直径孔的精加工。

(5) 镗刀。镗刀可以对不同直径和形状的孔进行粗、精加工。特别是加工一些大直径的孔和孔内环槽时,镗刀几乎是唯一可用的刀具。镗削加工精度为 IT11~IT6 级,表面粗糙度 Ra 为 6.3~0.8 μm。镗刀的突出优点是能够修正上道工序所造成的轴线歪曲、偏斜等缺陷,因此镗刀适宜用来进行孔距精度要求较高的孔系加工。

(6) 复合刀具。复合刀具可同时或按顺序完成不同表面加工,减少了机床数量,节省了机动和辅助时间,使生产率提高,加工成本降低。孔加工复合刀具由两把或两把以上的孔加工刀具组合而成,如图 13-30 所示。孔加工复合刀具能保证工件加工表面间较高的位置精度,如孔的同轴度、端面的垂直度等,因而可加工要求较高的零件。但孔加工复合刀具在结构和工作条件上也存在一定的问题:刀柄细长,强度和刚度较差;粗、精加工一起完成,影响了工件的加工质量;复合刀具同时参加工作的刀齿较多,切削量大,切屑多,排屑困难,易产生阻塞,导致刀齿损坏。孔加工复合刀具在组合机床及自动化生产线上应用较为广泛。

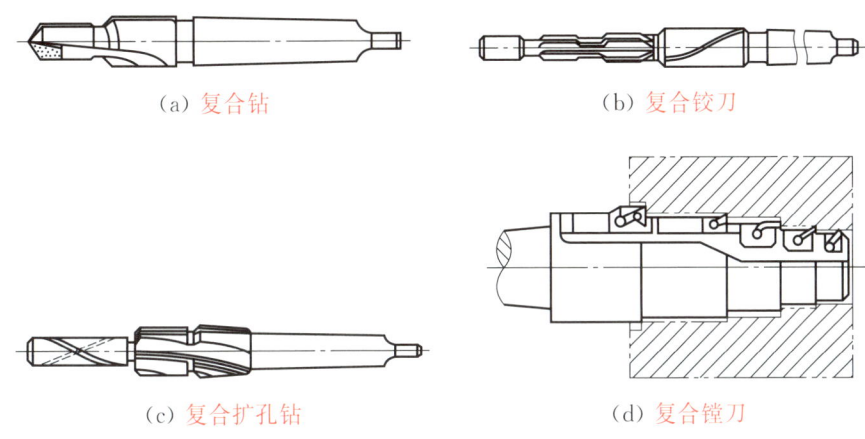

图 13-30 复合刀具

4. 钻削加工

(1) 钻孔。钻孔是利用钻头在实体材料上加工出孔的加工方法。其常用的刀具为麻花钻。钻孔的工作条件比较复杂,钻孔时钻头的工作部分大都处在已加工表面的包围中,需要妥善解决钻头的刚度、热硬性、强度,以及在加工过程中的容屑、排屑、导向和冷却润滑等问题,尽量避免在钻削力的作用下,刚性很差且导向性不好的钻头产生弯曲,以致钻出的孔产生"引偏"现象。钻孔加工属于粗加工。

(2) 扩孔。扩孔是利用扩孔钻头对已有孔径进行扩大的切削加工方法。扩孔时使用扩孔钻来扩大孔径,可以在一定程度上矫正钻孔时的轴线偏斜。扩孔时的切削余量较小,一般为 0.4~0.5 mm,切屑较薄,容易排屑,不易划伤孔壁。扩孔加工属于半精加工。

(3) 铰孔。利用铰刀对已有孔的孔壁进行微量切削加工的方法称为铰孔。铰孔可提高已有孔的尺寸精度和降低孔壁的表面粗糙度值。铰孔为精加工,但是铰孔加工不能矫正孔的空间位置。

13.3.2 镗削加工

在镗床上进行切削加工称为镗削。镗削加工时,刀具的旋转运动作为主运动,刀具或工件沿轴向的移动为进给运动。镗床的组成如图 13-31 所示。按结构和用途不同,镗床可分为卧式镗床、落地镗床、坐标镗床等。例如:T68 型卧式镗床,其主参数为镗轴直径 80 mm;T4663 型卧式坐标镗床,其主参数为工作台宽度 630 mm。除了可以镗孔外,镗床还可以进行钻孔、扩孔、铰

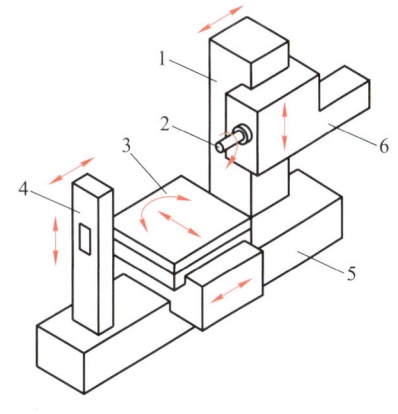

1—前立柱;2—主轴;3—工作台;
4—后立柱;5—床身;6—主轴箱。

图 13-31 镗床的组成

孔、铣平面、铣端面、车内螺纹等，镗床的加工范围如图 13-32 所示。

动画
多刃复合镗刀

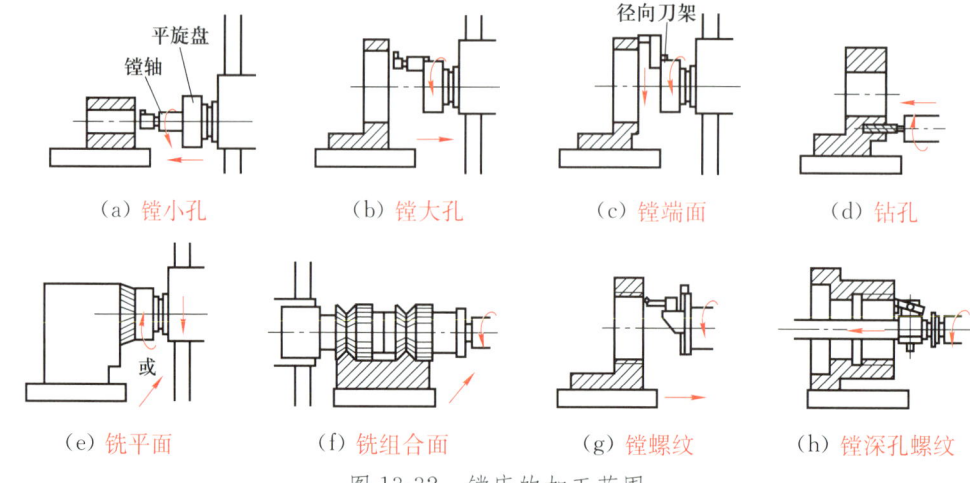

图 13-32　镗床的加工范围

镗刀刀柄尺寸受到工件孔径的限制，刚性较差，加工时不宜采用太大的切削用量，同时在加工过程中需通过调刀来达到孔径要求的精度，因此镗孔生产率较低。但是镗刀通用性强，结构简单，在单件、小批生产中，镗孔是较经济的孔加工方法之一。特别是对于直径在 100 mm 以上的大孔，镗孔几乎是唯一的精加工方法。

与钻床比较，镗床可以加工直径较大的孔，加工精度较高，并且镗孔加工可以修正原孔的轴线偏斜等误差，获得较高的孔位置精度。因此，镗床特别适合于加工变速器箱体、机架等结构复杂、尺寸较大的零件。在这类零件上常常需要加工一系列分布在不同平面、不同轴线上的孔，而且精度要求较高。一般镗孔的尺寸公差等级为 IT8～IT7，表面粗糙度 Ra 为 1.6～0.8 μm；精细镗孔时公差等级为 IT7～IT6，表面粗糙度 Ra 为 0.8～0.1 μm。

13.4　磨　削

13.4.1　磨削加工范围

微视频
磨削加工

用砂轮或其他磨具加工工件表面的加工方法称为磨削加工。磨削加工的公差等级为 IT6～IT5，表面粗糙度 Ra 为 0.8～0.2 μm；高精度磨削可使表面粗糙度 Ra＜0.025 μm。因此，磨削加工一般作为精加工工序。磨削的加工范围很广，可加工各种外圆、内孔、平面、成形面及刃磨各种切削刀具等。此外，磨削也可用于清理毛坯，甚至于对余量不大的精密锻造或铸造的毛坯，也可以直接磨削成零件成品。常见的磨削加工如图 13-33 所示。

13.4.2　磨床组成及磨削运动

通常把使用砂轮加工的机床称为磨床。磨床的种类很多，较常见的有外圆磨床、内圆磨床、平面磨床和工具刃磨磨床等，分别用于加工外圆表面、内孔、平面及刃磨各种刀具。专用磨床可以对成形面、螺纹和齿轮轮齿等进行磨削。磨削时，砂轮的旋转作为主运动，工件的

单元十三 机械加工方法与设备

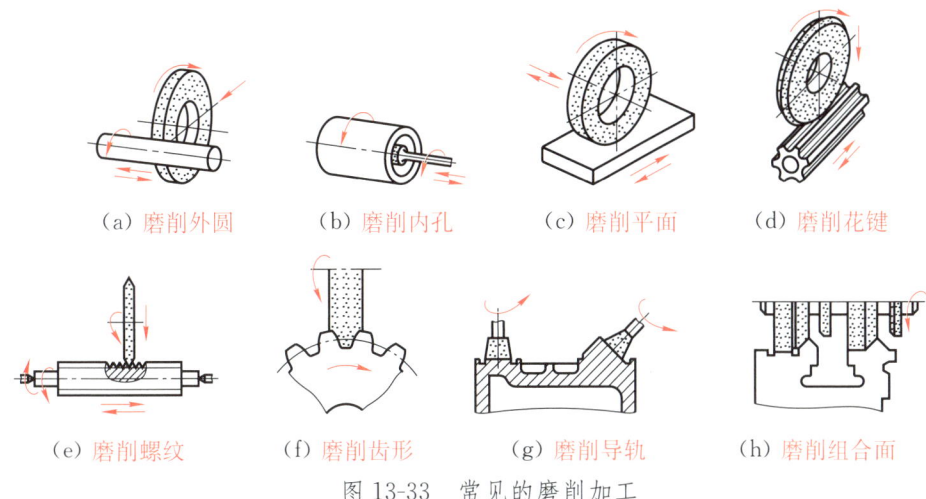

(a) 磨削外圆　　(b) 磨削内孔　　(c) 磨削平面　　(d) 磨削花键

(e) 磨削螺纹　　(f) 磨削齿形　　(g) 磨削导轨　　(h) 磨削组合面

图 13-33　常见的磨削加工

移动和转动作为进给运动,磨床的组成如图 13-34 所示。常用的磨床有 M1432A 型万能外圆磨床,其主参数为最大磨削直径 320 mm；M7120 型平面磨床,其主参数为工作台工作面宽度 200 mm；M6025 型万能工具磨床,其主参数为最大可刃磨刀具直径 250 mm。

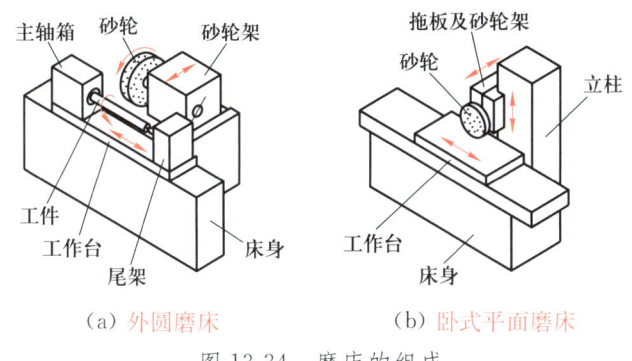

(a) 外圆磨床　　　　　　(b) 卧式平面磨床

图 13-34　磨床的组成

13.4.3　磨削工具

磨削用的砂轮是由许多细小且极硬的磨料微粒与结合剂混合成形后烧结而成的,具有一定的孔隙。由于砂轮表面布满磨粒,可以将其视为具有很多刀齿的多刃刀具。磨削过程是形状各异的磨粒在高速旋转运动中,对工件表面进行切削、挤压、滑擦以及抛光的综合作用,如图 13-35 所示。

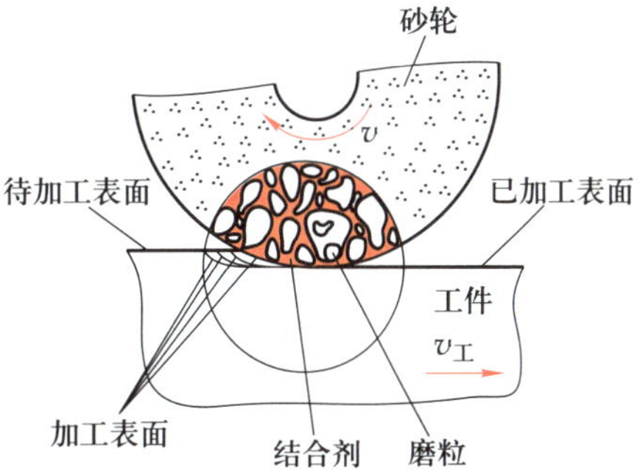

1. 砂轮的选用

图 13-35　磨削过程

根据加工工件形状和加工要求,可制成各种形状的砂轮,见表 13-1。正确选用砂轮对磨削加工起着重要的作用。选用砂轮时,其外径在可能的情况下应尽量选大一些,使砂轮圆周速度提高,以降低工件表面粗糙度值和提高生产率。砂轮宽度应根据机床的刚度、功率确定。机床刚性好、功率大,可选用宽砂轮。

表 13-1 砂轮的形状与代号

形状							
名称	平行	薄片	双边凹	筒形	杯形	碗形	碟形
代号	P	PB	PSA	N	B	BW	D

2. 砂轮的修整

在磨削过程中,由于砂轮不可能时时具有自锐性且磨屑和碎磨粒会堵塞砂轮的空隙,砂轮表面的磨料脱落不均匀,致使砂轮丧失外形精度,因此需要修整砂轮,去除表层磨料,以恢复砂轮的切削能力与外形精度。修整砂轮时常用金刚石笔,它由大颗粒金刚石镶焊在刀柄尖端制成,修整过程相当于用金刚石车刀切削砂轮外圆。修整砂轮时,应根据不同的磨削条件选择不同的修整用量。

13.4.4 磨削加工

1. 外圆磨削

外圆磨削主要用于磨削外圆柱面和圆锥面。根据砂轮与工件的相对运动关系可分为纵向磨削法和径向磨削法。

(1) 纵向磨削法。纵向磨削法是应用最广泛的外圆磨削方法,如图 13-36a 所示。磨削时,工件一边转动,一边与工作台一起做直线往复运动。每一往复行程终了时,砂轮完成径向进给,继续进行磨削。纵向磨削法可以用同一个砂轮加工长度不同的工件,能达到较高的加工精度和较小的表面粗糙度值,磨削长轴或精磨时多采用此法,但生产率较低。

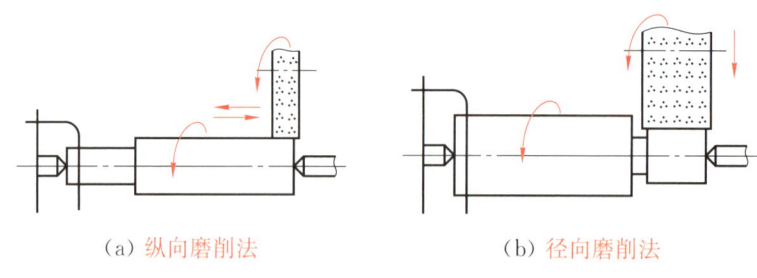

(a) 纵向磨削法　　(b) 径向磨削法

图 13-36 外圆磨削

(2) 径向磨削法。如图 13-36b 所示,砂轮宽度一般大于工件磨削部分长度,工作台静止,砂轮在磨削过程中径向进给,直至磨削余量全部磨去。径向磨削法的磨削效率很高,但散热条件差,易产生烧伤,磨削时应控制砂轮的进给量。同时,因砂轮与工件无轴向相对移动,磨粒在工件表面形成的重复刻划痕迹不易消除,其加工精度较低,表面粗糙度值较大。

径向磨削常用于磨削长度较短的外圆表面及两边都有台肩的轴颈,并用于成形磨削。

2. 平面磨削

平面磨削一般作为铣削和刨削加工后的精加工工序。平面磨削的方式有周边磨削和端面磨削两种,如图13-37所示。

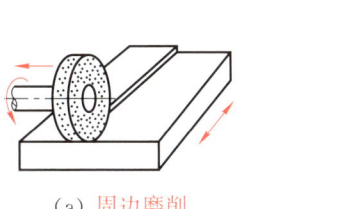

(a) 周边磨削　　　(b) 端面磨削

图 13-37　平面磨削

(1) 周边磨削。用砂轮的周边进行磨削的方式称为周边磨削。周边磨削时砂轮与工件接触面小,切削量小,砂轮圆周上的磨损基本一致,能达到较高的加工精度。

(2) 端面磨削。用砂轮的端面进行磨削的方式称为端面磨削。端面磨削时砂轮与工件接触面大,磨削效率高,但砂轮端面的各点磨损不一,故加工精度较低。

3. 内圆磨削

内圆磨削的砂轮受孔径的限制,直径不能过大。为了达到很高的磨削速度,要求内圆磨床具有很高的主轴转速。由于砂轮直径小,消耗大,在内圆磨削中常分粗磨和精磨两个阶段。内圆磨削主要用于淬火工件的圆柱孔和圆锥孔的精密加工,如图13-38所示。

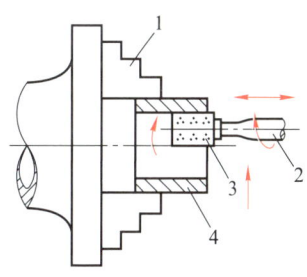

1—卡盘;2—砂轮轴;
3—砂轮;4—工件。

图 13-38　内圆磨削

4. 无心磨削

无心磨削的工件不用顶尖或卡盘来夹持,而由一个托板托住,并由砂轮对面的导轮(摩擦轮)带动而获得旋转和轴向进给运动。无心磨削主要用于外圆磨削,也可进行内圆磨削,如图13-39所示。用无心磨床磨削工件时生产率很高,但更换工件时调整磨床很费时间,因此只适合成批和大量生产。

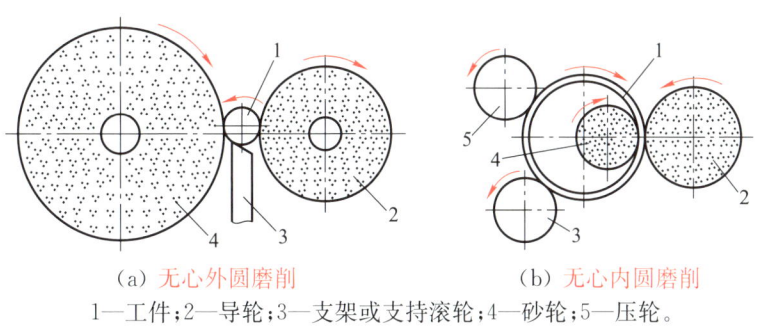

(a) 无心外圆磨削　　　(b) 无心内圆磨削

1—工件;2—导轮;3—支架或支持滚轮;4—砂轮;5—压轮。

图 13-39　无心磨削

13.4.5 磨削加工的特点

1. 可加工高硬度材料

磨具的磨料为刚玉、碳化硅以及碳化硼等材料,它们的硬度很高,仅次于金刚石。因此,磨削既可加工一般金属材料,又能加工用一般刀具难以加工的材料,如淬硬钢、冷硬铸铁、硬质合金、宝石、玻璃和超硬材料氮化硅等。

2. 加工精度高,表面粗糙度值小

砂轮磨料颗粒很小,产生的切削力很小,保证了工件的加工精度。通常磨削尺寸精度可达 IT7～IT5,表面粗糙度 Ra 为 0.8～0.2 μm。对于经过磨削加工后的零件,尺寸精度可控制为 1～2 μm。

3. 磨削温度高

磨削速度一般可达 30～50 m/s,产生的切削热多,砂轮的导热性差,磨削区瞬时温度可达 1 000 ℃。磨削高温可能使工件变形、烧伤或使力学性能下降。为减少磨削高温对加工质量的影响,在磨削过程中应以正确方式浇注适量的切削液进行冷却。磨削钢件时,一般采用的切削液是乳化液和苏打水。

4. 磨削的径向分力大

磨削时径向分力很大,使机床砂轮工艺系统产生弹性变形,使实际磨削深度比名义磨削深度小。因此,在磨去主要加工余量以后,随着磨削力的减小,工艺系统弹性变形恢复,应继续光磨一段时间,直至磨削火花消失。光磨对于提高磨削精度和表面加工质量具有重要意义。

13.5 刨削与拉削

13.5.1 刨削加工

1. 刨削加工范围

刨削主要用来加工平面、斜面和沟槽等,如图 13-40 所示。

2. 刨床的组成及刨削运动

刨削刀具相对工件的往复直线运动作为主运动,工件相对刀具在垂直于主运动方向的间歇运动作为进给运动。常用刨削设备有牛头刨床、龙门刨床等,如图 13-41 所示。牛头刨床因其滑枕和刀架形似"牛头"而得名,一般用于加工中小型工件。

例如,B6050 型牛头刨床的主参数为最大刨削长度 500 mm。龙门刨床适合加工大型工件或同时加工多个中小型工件。例如,B2012A 型龙门刨床的主参数为最大刨削宽度 1 250 mm,最大刨削长度为 4 000 mm。

3. 刨刀

刨刀的形状类似于车刀,构造和刃磨简单。刨刀刀柄的横截面积比车刀大,刨削时可承受较大的冲击力。刨刀根据加工对象不同可分为平面刨刀、偏刀、切刀、角度偏刀和弯切刀等。常用刨刀如图 13-42 所示。

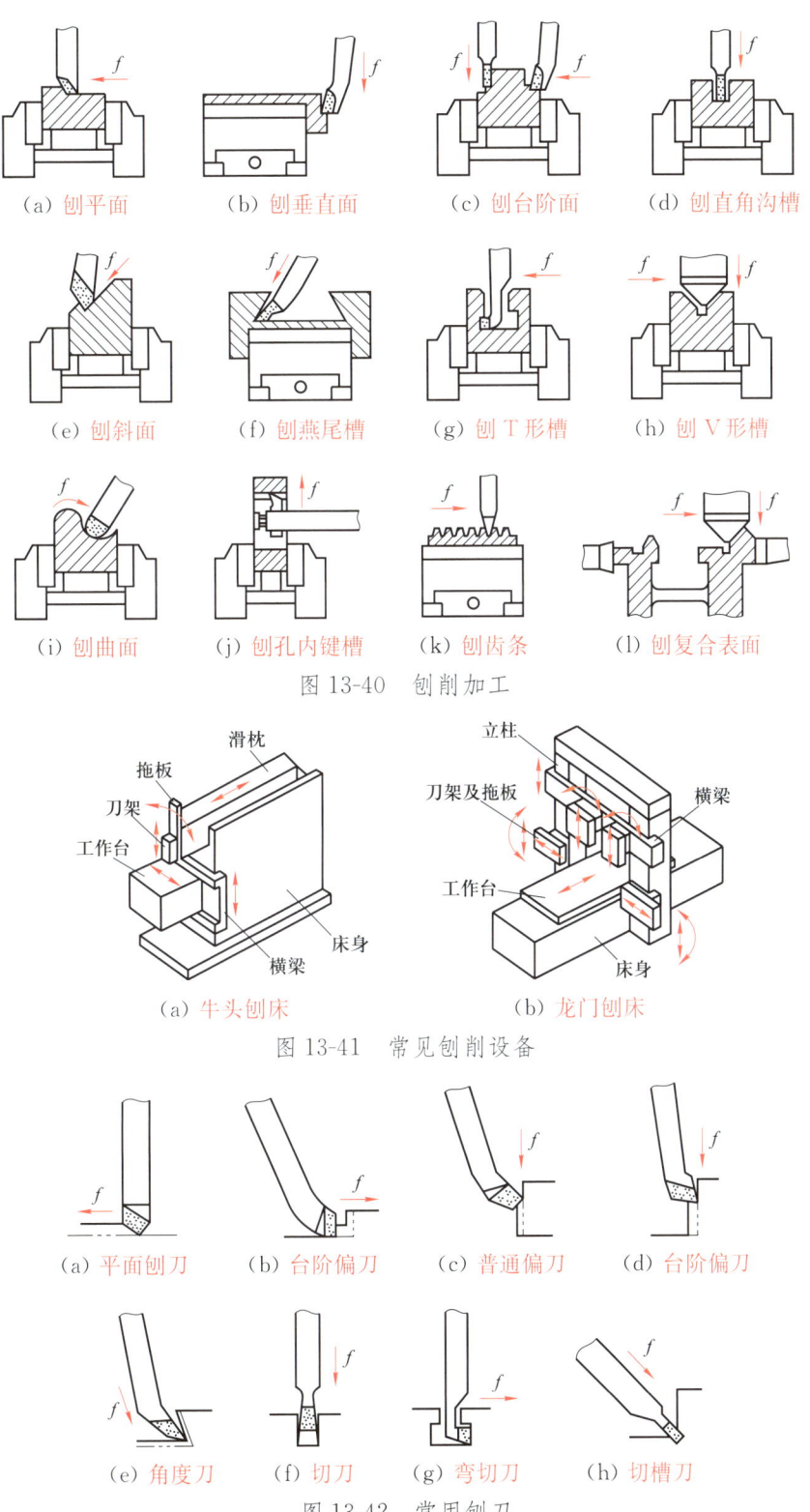

图 13-40 刨削加工

图 13-41 常见刨削设备

图 13-42 常用刨刀

4. 刨削的工艺特点

刨削一般具有以下工艺特点：

(1) 加工精度低。在一般条件下工件刨削精度和表面质量较差，采用中等切削速度刨削时对表面粗糙度的不利影响更明显，一般可达到 IT7～IT8，表面粗糙度 Ra 为 1.6～25 μm。

(2) 生产率低。刨削加工时，由于主运动为往复运动，切削过程不连续，受惯性力的影响，切削速度不可能很高，而且回程时为空行程，因此生产率较低。

(3) 加工成本低。刨削机床，刀具较为简单，刀具调整、刃磨比较方便，适应性强，故刨削加工成本低。

刨削加工广泛应用于单件、小批生产中，常用于各种平面（如水平面、斜面、垂直面）、沟槽（如 T 形槽、燕尾槽等）及纵向成形表面等的加工。

13.5.2 拉削加工

1. 拉削加工范围

拉削是采用不同形状的拉刀在拉床上拉削出各种形状的内外表面（见图 13-43）的加工方法。拉削只需一个主运动而无须进给运动，如图 13-44 所示。拉削只能提高工件的尺寸精度和表面粗糙度值，而不能改善工件各加工面的相互位置的精度。拉削圆孔的孔径一般为 18～125 mm，孔的深径比一般不超过 3，孔在拉削前不需要十分精确的预加工，经钻削或粗镗即可。

动画
拉刀工作原理

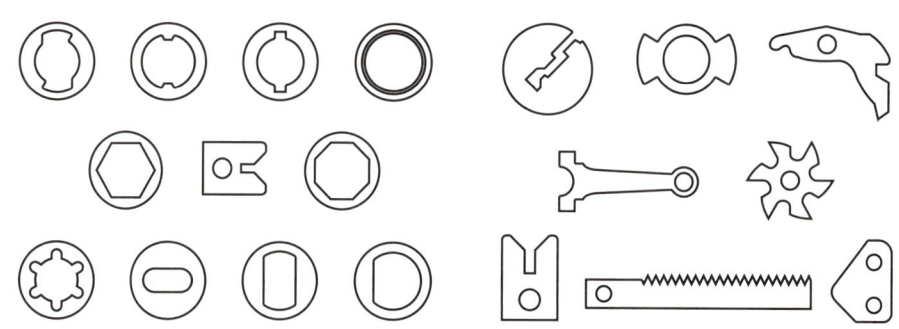

图 13-43 各种拉削工件表面形状

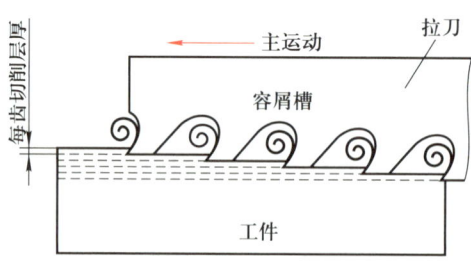

图 13-44 拉削运动

拉床按结构形式分为卧式和立式两种。一般拉床为液压传动，拉床上装有电动机，用来驱动液压泵等液压部件。

2. 拉削的工艺特点

(1) 生产率高。拉刀是多齿刀具,一次行程中能够完成粗加工和精加工。

(2) 加工质量高。拉床采用液压系统,传动平稳,拉削速度较低,可获得较高的加工精度和较低的表面粗糙度值。

(3) 适合批量生产。拉刀的结构复杂,制造难度较大,并且拉削每一种孔形均需要一种专门的拉刀,因此拉削仅适于大批量生产的孔形加工。

(4) 不能拉出阶梯孔和不通孔。

知识拓展

一、精密(超精密)加工

精密(超精密)加工已经成为在国际竞争中取得成功的关键技术,因为许多现代技术产品需要高精度制造。发展尖端技术,发展国防工业,发展微电子工业等都需要精密和超精密加工制造出来的仪器设备。

目前,在工业发达国家中,一般工厂能稳定掌握的加工精度是 $1\,\mu m$。与此相应,通常将加工精度为 $0.1\sim1\,\mu m$、表面粗糙度 Ra 为 $0.02\sim0.1\,\mu m$ 的加工方法称为精密加工,而将加工精度高于 $0.1\,\mu m$、表面粗糙度 Ra 小于 $0.01\,\mu m$ 的加工方法称为超精密加工。

现代制造业之所以要致力于提高加工精度,其主要原因在于:提高产品的性能和质量;提高其稳定性和可靠性;促进产品的小型化;增强零件的互换性;提高装配生产率,并促进自动化装配。不管是军事工业还是民用工业都需要这种先进的加工技术。精密(超精密)加工是尖端技术产品发展中不可缺少的关键加工手段。现代飞机、潜艇的性能和导弹的命中率,惯导仪表的精密陀螺、激光核聚变用的反射镜、大型天体望远镜的反射镜和多面棱镜,大规模集成电路的硅片、计算机硬盘、复印机的磁鼓、摄录像机的磁头等都需要超精密加工。

超精密加工技术的发展促进了机械、液压、电子、半导体、光学、传感器和测量技术及材料科学的发展。从某种意义上说,超精密加工担负着支持最新科学技术进步的重要使命,因此世界各国都对超精密加工技术十分重视,并投入大量的资金和人力来研究开发这项技术。

二、超精密加工的实现

实现超精密切削加工,不仅需要超精密的机床设备和刀具,也需要超稳定的环境条件,还需要运用计算机技术进行实时检测,反馈补偿。只有将各个领域的技术成就集成起来,才有可能实现超精密切削加工。下面对实现超精密加工的主要方面予以说明。

1. 工艺方法

(1) 超精密切削:通常采用金刚石刀具来实现。目前,金刚石刀具的刀尖半径可以做得极小,达到纳米级。超精密金刚石切削可加工各种镜面,成功地解决了高精度大型抛物面镜的加工,用于激光核聚变系统和天体望远镜。

(2) 精密和超精密磨削研磨:可以解决大规模集成电路基片的加工以及高精度硬盘加工等问题。

(3) 精密特种加工:如采用电子束、离子束刻蚀的方法进行加工,是一种精度极高的加工方法,用于大规模集成电路芯片的加工,线宽可达 $0.1~\mu m$。

2. 超精密机床

超精密机床是实现超精密切削的首要条件。它在结构、工作原理、精度要求、热平衡及机床抗振性能方面与普通机床相比有许多特殊要求。

(1) 精密轴承。被加工工件的加工精度主要取决于主轴的回转精度。目前,普遍利用空气轴承技术来提高主轴的回转精度,回转误差小于 $0.02~\mu m$。

(2) 微量进给装置。微量进给是实现超精密加工的必需条件。在超精加工条件下,一般的微量进给方式已远远不能满足要求,通常采用弹性变形、热变形或压电晶体变形等机构实现微量进给。

(3) 提高直线运动精度。通常采用空气静压或液体静压导轨,通过误差均化作用提高运动部件的移动精度。采用这种导轨还可以防止低速爬行现象。

(4) 采用反馈控制技术。采用在线检测、反馈控制技术来提高主轴的回转精度和工作台的移动或转动精度。这是一种有效而经济的技术。

(5) 性能优越的支承件。支承件应具有良好的抗振性和热稳定性,可以采用合成花岗岩石作为机床的支承件。

3. 检测和误差补偿

要达到亚微米级和纳米级的加工精度,检测是一个极为重要的方面。测量技术不仅用来检验工件的加工误差,也用于在线检测中实时测量工件的加工精度,给反馈控制提供数据。最新的研究证实,在扫描隧道显微镜下可移动原子,实现精密工程的最终目标——原子级精密加工。

4. 超稳定的加工环境条件

加工环境条件的极微小变化都可能影响加工精度,使超精密加工达不到预期目的。因此,超精密加工必须在超稳定的加工环境条件下进行。超稳定的加工环境条件主要是指恒温、防振、超净和恒湿四个方面的条件。由此带动了恒温技术、防振技术和净化技术的发展。

小 结

本单元介绍了各种切削加工的加工范围、工艺特点、加工刀具及加工方法等。在学习过程中,应注意理解、掌握各种不同的切削加工方法的特点、适用的加工范围和切削加工的工作原理。

在各种切削加工中,车削是机械制造中使用最广泛的一种加工方法,主要用于各种回转表面的加工,如内外圆柱面、圆锥面及回转成形表面等,有时还能加工螺纹,通过学习应重点掌握。铣削加工主要用于平面及沟槽的加工,钻削加工主要用于内孔表面的加工,磨削加工主要用于表面的精加工,刨削加工主要用于平面和沟槽的加工。学习本单元后要求能够正确选择简单工件的加工方法。

习题十三

一、名词解释

切削加工、车削加工、铣削加工、顺铣、逆铣、钻孔、镗削加工、磨削加工、拉削加工

二、填空题

1. 常用的切削加工方法主要有_____、_____、_____、_____和_____。
2. 车床按用途和结构不同主要分为_____、_____、_____车床等。
3. 车削外圆时是_____作主运动,_____作进给运动。
4. X6132 型号中,32 表示_____。
5. 铣床除了能加工平面外,还可以加工_____、_____、_____。
6. 根据铣刀的旋转方向和工件的进给方向不同,可将铣削分为_____和_____。
7. 在各类机床中,能用来加工内孔的机床有_____、_____、_____。
8. Z3040 型摇臂钻床型号的含义,Z 表示_____,30 表示_____,40 表示_____。

三、判断题

1. CA6140 型车床能完成钻、扩、铰孔等工作。　　　　　　　　　　　　(　　)
2. 车床上可以加工螺纹、钻孔、圆锥体。　　　　　　　　　　　　　　　(　　)
3. 铣床与刨床都能加工平面,但是铣床不能完全代替刨床。　　　　　　　(　　)
4. 铰孔和镗孔都是孔的精加工方法。　　　　　　　　　　　　　　　　　(　　)
5. 外圆磨床上磨外圆时,工件的转动是主运动。　　　　　　　　　　　　(　　)
6. 在平面磨床上可以采用端面磨削和圆周磨削两种方式。　　　　　　　　(　　)
7. 磨削时工件材料越硬,则所选用的砂轮也应该越硬。　　　　　　　　　(　　)

四、简答题

1. 车床能完成哪些工作?简述车削加工的工艺特点。
2. 车削加工时工件的装夹方式有哪些?
3. 按加工精度和表面粗糙度要求,车削加工可分为哪几种?
4. 平面的铣削方式有哪些?各有哪些优缺点?
5. 钻削加工的特点是什么?钻削加工主要应用在哪些方面?
6. 车床镗孔和镗床镗孔有何不同?
7. 外圆的磨削方法有哪些?各有什么优缺点?
8. 刨床能完成哪些加工工作?
9. 拉削为什么加工质量好、生产率高?

单元十四 零件材料与加工工艺的选择

学习目标

1. 掌握零件的失效形式和选材原则。
2. 掌握零件毛坯选择依据、现有生产条件和新材料、新工艺、新技术的应用。
3. 掌握零件材料热处理技术和工序位置的合理安排。
4. 掌握典型零件材料和毛坯的选择及加工工艺分析。

重　点

零件的失效形式和选材原则，零件毛坯选择依据，零件材料热处理技术条件和工序位置的合理安排。

难　点

齿轮、轴类零件的选材和工艺分析。

案例引入

零件材料种类繁多，如何合理地选择成为一项很重要的工作。每个零件不仅要符合一定的外形和尺寸要求，而且要根据零件的工作条件（包括工作环境、应力状态和载荷性质等）选用合适的材料、毛坯和热处理工艺，以保证零件的正常使用。若材料、毛坯选择不当或热处理工艺不合理，则可能会造成零件的成本较高或加工困难，有时机械设备不能正常运转或寿命缩短，甚至引起损坏和影响安全。因此，选材料及成形工艺与产品开发、加工制造、服役功能等关系甚大，是直接影响工业经济发展和企业经济效益的重要环节。

以汽车为例，它在制造中要使用各种各样的材料，如钢铁、铝合金、工程塑料、橡胶、玻璃等。目前可供使用的钢铁材料有 2 000 多种，面对如此之多的材料，要制造一个特定的零件以实现不同的功能和用途，应根据一定的原则来选择。

14.1 零件的失效分析

选用材料最主要的依据是保证零件正常工作，不易失效。所谓失效，是指零件在使用过程中,由于尺寸、形状或材料的组织与性能发生变化而失去正常工作所具有的功能。零件在以下三种情况下都认为已失效:零件完全不能工作;虽能工作,但已不能完成指定的功能;零件有严重损坏而不能再继续安全工作。

零件的失效可能是刚一开始工作就发生,这种早期失效会带来巨大经济损失,甚至可能造成人身或设备事故。因此,在选择材料前,了解工件的失效形式和原因,找出防止失效的措施,对于零件的合理选材和成形尤为重要。这种运用各种分析实验方法分析零件失效的原因和形式,研究采取补救和预防措施的技术活动和管理活动称为失效分析。

14.1.1 零件的失效形式

零件失效的主要形式有变形、断裂、表面损伤和破坏正常工作条件引起的失效等。

1. 变形失效

变形失效主要包括弹性变形失效和塑性变形失效。

(1) 弹性变形失效:弹性变形失效是指由于发生过大的弹性变形而造成的零件失效。弹性变形失效是由零件的工作应力超过了材料的弹性极限所致。例如,炮筒若产生过量的弹性变形,射击就会偏离目标;车床主轴在工作过程中若发生过量的弹性弯曲变形,不仅产生振动,使所加工零件的表面粗糙度值增大,而且使其加工质量严重下降,还会造成轴与轴承配合不良。

(2) 塑性变形失效:塑性变形失效是指零件或工具由于发生过量塑性变形而不能继续工作的失效。塑性变形失效由零件的工作应力超过材料的屈服强度所致。零件的过量塑性变形,轻者造成设备工作条件恶化,重者会造成设备损坏。例如,高压容器的紧固螺栓若发生过量塑性变形而伸长,就会导致容器渗漏;变速器中的齿轮轴和齿轮由于承受载荷后发生了塑性变形,会导致传动轴轴线平行度超差,回转时引起传动轴之间距离发生周期性变化,而且齿形也会发生变化,使轴上齿轮啮合状况不良,传动噪声增大,引起滑移,使齿轮变速困难,甚至造成卡齿或断齿,不能正常变速或引起设备事故。

过量变形的原因主要是零件或工具的材料强度(R_m、R_{eL})较低。造成金属材料强度低的原因很多,如选用材料不当、热处理工艺不当、零件或工具在使用过程中内部组织发生变化等。

2. 断裂失效

断裂是机械零件或工具失效的主要形式,如齿轮轮齿的断裂(图14-1)。断裂失效是指零件在工作过程中完全断裂而导致整个机械设备无法正常工作的现象。根据零件或工具断裂前变形量大小和断口形状,可分为脆性断裂和塑性断裂两种。

(1) 塑性断裂。塑性断裂是指零件或工具在断裂前产生明显的塑性变形后的断裂,即零件或工具的尺寸发生明显的变化,是一种有先兆的断裂。材料的屈强比越小,则断裂前的塑性变形量越大。断裂时一般截面减小,断口常呈纤维状特征,如图14-2所示。

(2) 脆性断裂。脆性断裂在断裂前零件或工具几何尺寸几乎不发生变化,即没有明显的塑性变形,断口较齐平,断面常呈细颗粒状,如图14-2所示。

图 14-1 齿轮轮齿断裂

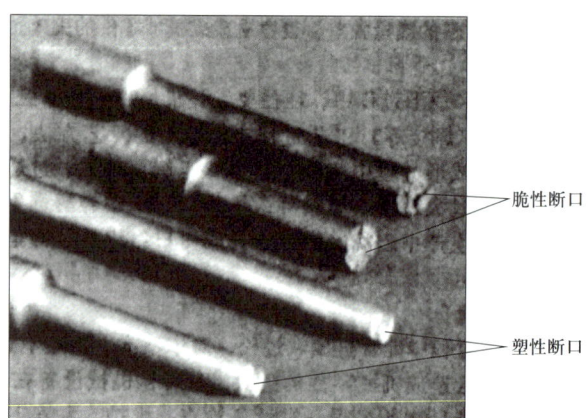
图 14-2 断裂失效

引发断裂的原因是多方面的,如材料的力学性能未达到预定的要求(如热处理工艺不当)、设计的承载能力小于实际工作时所施加的载荷或短时间过载等。但有时在零件的实际承载比设计允许的承载能力小得多时也会发生断裂现象。产生这种断裂的原因很多,如金属材料内部组织的变化和微裂纹的扩展、应力、疲劳、蠕变等。实际上,金属零件的断裂并不是某种单一因素所造成的,往往是几种因素共同作用的结果,涉及零件的金属材料的化学成分、组织、加工制造和运行条件等一系列问题。

3. 表面损伤失效

表面损伤是指机械零件因表面损伤而造成机械设备无法正常工作或精度不能满足要求的现象。表面损伤失效大致可分为三类,即磨损失效、腐蚀失效及表面疲劳失效。

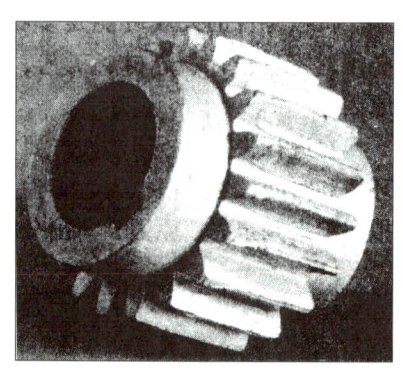
图 14-3 齿轮轮齿磨损

(1) **磨损失效**。磨损失效是指相对运动的接触表面的材料在机械力的作用下,以细屑形式逐渐被磨损掉,使零件或工具的尺寸不断变小的一种失效方式。例如,齿轮的轮齿磨损(图 14-3)、轴颈尺寸的减少、刀具的变钝等都是磨损现象。单位时间内(指单位行程或每转)材料的磨损量(或尺寸)称为磨损率。磨损率越小,则材料的耐磨性就越好,零件的使用寿命就越长。因此,零件或设备的精度和寿命在很大程度上取决于材料的耐磨性。

(2) **腐蚀失效**。腐蚀失效是由于化学或电化学腐蚀作用而造成的零件失效,由于大多数腐蚀都发生在零件表面或从零件表面开始,因此被归类于表面损伤失效。通常所说的金属表面生锈,就是腐蚀的一种类型。金属的腐蚀是非常普遍的现象,它可以是整个表面的全面性腐蚀,也可以是局部腐蚀和晶间腐蚀等。腐蚀造成金属材料的损耗,引起零件尺寸和性能变化,最后导致失效。

(3) **表面疲劳失效**。表面疲劳失效是指零件工作时,在相互接触的两个运动表面,特别是滚动接触时,由于承受交变接触应力的作用,使表层材料因发生疲劳破坏而脱落,造成零件或工具的失效。按损伤的程度,表面疲劳失效分为麻点与剥落两种方式。

4. 破坏正常工作条件引起的失效

有些零件只有在一定的工作条件下才能正常工作,否则就会引起失效,如带传动因过载发生打滑、安全离合器打滑等。

14.1.2 零件失效的原因

机械零件失效的原因主要从设计、材料、加工工艺和安装使用等方面进行分析。

1. 设计不合理

机械零件的结构形状和尺寸设计不合理,如零件上存在尖角、尖锐缺口、过渡圆角太小等,均可造成较大的应力集中。另外,安全系数过小,在实际工作中机械零件的承载能力不够,或者对工作环境的变化情况估计不足等均属于设计不合理。

2. 选材不合理

在设计中对机械零件可能出现的失效方式判断有误,使选用材料的性能不能满足工作条件的要求,或选用材料的质量太差,也容易造成机械零件的失效。

3. 加工工艺不当

机械零件在加工和成形过程中往往要经过机械加工(车、铣、刨、磨等)、冷热成形(铸造、锻造、冲压、焊接等)工艺过程。若采用的工艺方法、工艺参数不正确,就可能造成各种缺陷。例如,热成形过程中容易产生带状组织、过热、过烧等,机械加工中常出现刀痕较深、表面粗糙度值过大、磨削裂纹等,热处理工序中容易产生氧化、脱碳、淬火变形与开裂等,球墨铸铁生产中出现的球化不良或白口组织等,都是导致机械零件早期失效的原因。

4. 安装使用不正确

机械设备在安装过程中配合过紧、过松,对中不准,固定不紧,重心不稳,润滑条件不良,密封不严等都会造成机械零件的失效。另外,使用机械设备时违章操作、超温、超速、超载、缺乏经验、判断失误,对设备检查、维护不良等均会引起零件过早失效。

5. 正常工作条件的破坏

带传动因过载发生打滑,或因带轮传动面遭受油污而打滑,安全离合器过载打滑或安全销被剪断等,都属于正常工作条件破坏。因此,要找出原因,采取适当措施来避免正常工作条件的破坏。

14.1.3 失效分析的一般过程

机械零件的失效可能是多种因素共同作用的结果。因此,失效分析是一项系统工程,必须对零件的设计、选材、工艺、安装、使用、维护等各方面进行系统分析,才能找出失效的原因。在进行失效分析时,首先要注意收集失效零件的残骸,全面调查了解失效的部位、特点、环境和时间,然后根据失效零件损坏的特征进行综合分析,有时还要利用各种测试手段或模拟实验来判定失效原因,写出分析报告并提出改进方案。

14.2 选材的原则及方法

在进行材料及成形工艺选择时,一般在满足零件使用性能要求的前提下,考虑材料的工艺性和经济性,并要保障环境不被污染,符合可持续发展要求。

14.2.1 选材的原则

1. 使用性原则

材料使用性原则是指在零件或构件正常工作情况下材料应具备的性能。它包括力学性能和化学性能等,是材料和成形工艺选择应首先考虑的问题。

零件的使用要求体现在对形状、尺寸、表面结构、加工精度等外部质量的要求上,也体现在化学成分、组织结构、力学性能、物理性能、化学性能等内部质量的要求上。在进行材料和成形工艺选择时,主要从三个方面予以考虑:零件的负载和工作情况、对零件尺寸和质量的限制、零件的重要程度。由于零件工作条件和失效形式的复杂性,要求在选择时必须根据具体情况具体分析,找出最关键的力学性能指标,同时兼顾其他性能。

零件的负载情况主要指载荷的大小和应力状态。工作状况指零件所处的环境,如介质(是否有腐蚀性)、工作温度和摩擦等。若零件主要满足强度要求且尺寸和重量又有所限制,则选用强度较高的材料;若零件主要满足刚度要求,则应选择刚度好的材料;若零件的接触应力较高,如齿轮和滚动轴承,则应选用可进行表面强化的材料;在高温下工作的零件,应选用耐热材料;在腐蚀介质中工作的零件应选用耐腐蚀的材料等。

注意,在材料的各项性能指标中,只以屈服强度或疲劳强度等一个指标作为选择材料的依据常常是不合理的。如果"减轻质量"也是机械设计的主要要求之一,就需采用综合性能指标对零件质量进行评定。零件的尺寸和质量还可能影响成形方法的选择。对于小零件,用棒料切削加工可能是经济的,而大尺寸零件往往采用热加工成形;对于利用各种方法成形的零件,一般也有尺寸限制,若采用熔模铸造和粉末冶金,一般仅限于质量为几千克、十几千克重的零件。

零件的具体力学性能指标和数值确定之后,即可利用手册选材。但应注意以下两点:第一,材料性能不仅与化学成分有关,也与加工处理后的状态有关,注意手册列出的数据应满足的条件;第二,材料的数据与加工处理时试样的尺寸有关,如对钢材,一般随着截面尺寸的增大,其力学性能将下降,这种现象称为"尺寸效应"。因此,应注意零件尺寸与手册中试样尺寸的差别并对其性能指标进行适当的修正。

必须指出,要直接测得实际零件的各种力学性能数值是很困难的,甚至是不可能的。一般利用材料的硬度和强度 R_m 之间存在的一定关系,及 R_m 与其他力学性能指标(R_{eL}、R_{-1}、A、Z、K)存在的一定关系,通过硬度来间接地反映零件的强度、塑性、韧性及疲劳强度等力学性能。另外,由于测定硬度的方法最为简便且不破坏零件,因此大多数零件在图样上只标出所要求的硬度值,以综合体现零件所要求的力学性能。

2. 工艺性原则

材料工艺性是指材料适应某种加工的能力。在零件设计时，必须考虑工艺性。零件图中所示的硬度值、尺寸公差、表面粗糙度、结构形状及技术要求等直接影响其加工工艺。有些材料从零件的使用性能要求来看是完全合适的，但无法加工制造或加工制造很困难，成本很高，实际上就是工艺性不好。因此，工艺性对零件加工的难易程度、生产率、生产成本等方面起着十分重要的作用。材料的工艺性要求与零件的制造加工工艺路线关系密切，具体的工艺性要求是工艺方法和工艺路线相结合而提出来的。材料工艺性能主要包括以下方面：

(1) **铸造性能**。包括流动性、收缩性、热裂倾向性、偏析性及吸气性等。

(2) **压力加工性能**。包括锻造性、冷冲压性等。

(3) **焊接性能**。即材料在一定焊接条件下获得优质焊接接头的难易程度，一般情况下通常用焊接接头产生工艺缺陷（如裂纹、气孔等）的敏感性及焊件对使用性能的满足程度来衡量。

(4) **切削加工性**。即材料接受切削加工的能力，一般用切削抗力、加工零件表面粗糙度值、加工时切屑排除的难易程度和刀具耐用度等来衡量。表14-1 中对常用材料的切削加工性进行了比较。

表14-1 常用材料的切削加工性

切削加工性等级	材 料	材料的切削加工性	相对加工性 K_v	代表性的材料
1	一般非铁金属	很容易加工	8～20	铝镁合金、锡青铜
2	易切削钢	易加工	2.5～3.0	易削钢（R_m=400 MPa～500 MPa）
3	较易切削的钢材	易加工	1.6～2.5	30 钢正火（R_m=500 MPa～580 MPa）
4	一般非合金钢、铸铁	普通	1.0～1.5	45 钢、灰铸铁
5	稍难切削的材料	普通	0.7～0.9	85 钢（轧材）、20Cr13 调质（R_m=850 MPa）
6	较难切削的材料	难加工	0.5～0.65	65Mn 钢调质（R_m=950～1 000 MPa）、易切不锈钢
7	难切削的材料	难加工	0.15～0.5	不锈钢
8	很难切削的材料	难加工	0.04～0.14	耐热合金钢、钛合金

注：材料切削加工性通常用刃具耐用度为 60 min 时的切削速度 v_{60} 来表示。v_{60} 越高，表示材料的切削加工性越好，并以 R_m=600 MPa 的 45 钢的 v_{60} 为基准，简写为 v_{60}^0。若以其材料的 v_{60} 与 v_{60}^0 相比，其比值 $K_v=v_{60}/v_{60}^0$ 称为相对加工性。

(5) **热处理工艺性**。包括淬透性、变形开裂倾向、过热敏感性、回火脆性倾向、氧化脱碳倾向等。选材时，应根据零件的热处理要求选择与热处理工艺相适应的材料。

(6) **黏接固化性**。对于高分子材料、陶瓷材料、复合材料及粉末冶金制品，其黏接固化性是重要的工艺指标。

3. 经济性原则

经济性原则是指所选用的材料加工成零件后,零件生产和使用的总成本最低,经济效益最好。经济性涉及材料的成本、材料的供应是否充足、加工工艺过程是否复杂、成品率,以及同一产品中使用材料的品种、规格等,还要考虑零件在使用中的维护维修等附加成本。从经济性原则考虑,应尽可能选用价廉、货源充足、加工方便的材料,而且尽量减少所选材料的品种、规格。通常,在满足零件使用性能的前提下,尽量优先选用价廉的材料,如能用非合金钢的不用合金钢,能用我国资源丰富的硅锰钢就不用我国资源匮乏的铬镍钢等。表14-2列出了我国常用金属材料的相对价格。

表14-2 我国常用金属材料的相对价格

材料	相对价格	材料	相对价格
碳素结构钢	1	非合金工具钢	1.4～1.5
低合金高强度结构钢	1.2～1.7	量具刃具用合金钢	2.4～3.7
优质碳素结构钢	1.4～1.5	合金模具钢	5.4～7.2
易切削结构钢	2	高速工具钢	13.5～15
合金结构钢	1.7～2.9	铬不锈钢	8
镍铬合金结构钢	3	镍铬不锈钢	20
滚动轴承钢	2.1～2.9	普通黄铜	13
合金弹簧钢	1.6～1.9	球墨铸铁	2.4～29

4. 适应环境保护和节能原则

环境恶化,资源和能源的枯竭等已为世人关注,这不仅阻碍生产发展,而且威胁人类生存。因此,在发展工业的同时必须考虑环境保护和节能的问题。

(1) **尽量减少能源消耗**。材料经各种加工成为制品,生产系统中的能耗主要由加工工艺流程来确定。因此,在选择制品的成形加工方法时,应考虑选择消耗能源少、低能耗的成形加工方法和材料,尽量采用少、无切削加工新工艺,即绿色制造。

(2) **尽量减少贵重材料的使用**。在满足零件使用要求的前提下,尽量采用一般材料,而不要选用价格高昂的材料。

(3) **不使用对环境有害和会产生对环境有害物质的材料**。采用加工废弃物少、容易再生处理,能够实现回收再利用的材料。还要注意 CO_2 等有害气体、氰化物等有毒物质和污水的排量等情况,即绿色环保产品。

14.2.2 材料选择的方法

大多数机械零件都是在多种应力条件下进行工作的,对力学性能的要求也是比较复杂的。因此,在零件设计选材时,应以零件最主要的性能要求作为选材的主要依据,同时兼顾其他性能要求。以下介绍几种常用结构件的选材方法。

1. 以综合力学性能为主的选择

在机械制造中有相当多的结构零件，如轴、杆、套类零件等，在工作时均不同程度地承受着静、动载荷的作用，其失效形式可能为变形失效和断裂失效。因此，这些零件要求具有较高的强度和较好的塑性与韧性，即良好的综合力学性能。对于这类零件的选材，可根据受力大小选用中碳非合金钢或中碳合金钢，采用锻造成形，并进行调质或正火处理即可满足性能要求。有些零件也可选用球墨铸铁铸造成形，并经正火或等温淬火处理后使用，或采用将低碳合金钢淬火成低碳马氏体的方法，也有很好的效果。

2. 以疲劳强度为主的选择

疲劳破坏是零件在交变应力作用下最常见的破坏形式，如齿轮、曲轴、滚动轴承及弹簧等零件的失效，大多数是因疲劳破坏引起的，疲劳裂纹开始于受力最大的表层。因此，类似于这种零件的选材，应主要考虑疲劳强度。

实践证明，材料的抗拉强度越高，其疲劳强度也越高；在抗拉强度相同的条件下，调质后的组织比退火、正火后的组织具有更高的塑性和韧性，对应力集中的敏感性小，具有较高的疲劳强度。

对于承受较大载荷的零件应考虑选用淬透性较好的材料，并采用锻造毛坯，以便通过调质处理提高零件的疲劳强度。提高零件疲劳强度最有效的方法是进行表面处理，如选调质钢或低淬透性钢进行表面淬火，选渗碳钢进行渗碳淬火，选渗氮钢进行渗氮等。

另外，改善零件的结构形状，避免应力集中，降低零件表面粗糙度值、采取表面强化（如喷丸或滚压）均可使表层造成残余压应力，可以部分抵消工作时产生的拉应力，从而提高零件的疲劳强度。

此外，还可以对工件施加两种以上的化学热处理或化学热处理配合其他热处理工艺（复合热处理），如对 GCr15 轴承零件进行渗氮后再整体淬火，可使表层获得较高的残余压应力，使轴承寿命提高。

3. 以磨损为主的选择

零件根据工作条件的不同可分为两类：一类是磨损较大、受力较小的零件，其主要失效形式是磨损，因此要求材料具有高的耐磨性，如刀具、钻套、顶尖、各种量具、冷冲模等，选用高碳非合金钢或高碳合金钢，采用锻造毛坯并进行淬火和低温回火处理，获得高硬度的回火马氏体和碳化物组织，即能满足耐磨的要求。另一类是同时受磨损及循环交变应力、冲击载荷作用的零件，其失效形式主要是磨损、过量的变形与疲劳破坏，如传动齿轮、凸轮等。为使其表面有高的耐磨性并具有较高的疲劳强度，应选用能进行表面淬火、渗碳、渗氮等处理的钢材，经锻造成形和相应的热处理后使零件具有"外硬内韧"的特性，既耐磨又能承受冲击，心部还能获得一定的综合力学性能。

机床中的变速齿轮广泛采用中碳非合金钢或中碳合金钢（如 45 钢或 40Cr）等，经正火或调质处理后再进行表面淬火，可获得较高的表面硬度和较好的心部综合力学性能。

承受高冲击载荷和强烈磨损的汽车、拖拉机变速齿轮，应采用合金渗碳钢（如

20CrMnTi、20MnVB)等,经渗碳后进行淬火和低温回火处理,使表面具有高硬度的高碳马氏体和碳化物组织,同时具有高的耐磨性,而心部是低碳马氏体组织,具有高的强度和良好的塑性与韧性,能承受较大的冲击。

工作时所受载荷不是很大但对精度要求很高、要求硬度更高和耐磨性更好的重要零件,如高精度磨床主轴及镗床主轴、镗杆等,常选用专门的渗氮用钢(38CrMoAlA),进行整体调质处理后对其表面进行渗氮热处理。

对于在高应力、强烈摩擦、高冲击载荷作用下的零件(如铁路道岔、坦克履带板等),不但要求材料具有高的耐磨性,还要具有很好的韧性,此时可选用高锰耐磨钢(ZGMn13型)并进行相应的水韧处理来满足要求。

零件在使用过程中引起失效形式的主要性能指标,必须作为选材的重要依据,常见机械零件的主要失效形式和主要抗力指标见表14-3。

表14-3 常见机械零件的主要失效形式和主要抗力指标

零件名称	工作条件	主要损坏形式	主要抗力指标
重要螺栓	拉应力或交变应力、切应力、冲击载荷	拉断(过量塑性变形)、疲劳断裂	$R_{r0.2}$、布氏硬度,以及抗压或对称拉伸时的疲劳强度
重要传动齿轮	交变弯曲应力、压应力、交变接触应力、冲击载荷,轮齿表面摩擦与磨损	轮齿的折断、过度磨损、疲劳麻点剥落	R_{-1}、洛氏硬度、抗弯强度、接触疲劳强度
曲轴、轴类	交变弯曲应力、扭转应力、冲击负荷、轴颈处磨损	疲劳破坏或断裂、过度磨损	$R_{r0.2}$、R_{-1}、洛氏硬度、综合力学性能
滚动轴承	压应力、点或线接触下自交变接触应力磨损	过度磨损破坏,疲劳破坏造成的断裂、麻点剥落	R_{-1}、洛氏硬度、弹性极限、抗压强度、耐蚀性
弹簧	交变应力(扭转应力或弯曲应力)、冲击、振动	弹力丧失、疲劳破坏引起断裂	R_{-1}、弹性极限、屈强比

注:R_{-1}为光滑试样对称弯曲应力的疲劳强度;$R_{r0.2}$为屈服强度(规定残余延伸强度)

14.3 零件毛坯的选择

零件毛坯选择与零件的成形工艺紧密相关。成形工艺选择又与材料的选择有着密切的关系,如柴油机曲轴,若选用球墨铸铁,则成形方法只能选用铸造,若选用钢材则一般选用锻造成形等。采用合理的成形工艺可有效地保证材料的使用性能。

有时成形工艺的确定要优先于材料的选择进行考虑,如麻花钻,选用硬质合金制造,从使用性能上看是完全可以的,但无法成形或成形困难,成本很高,这就应从成形工艺选择出发,更换材料,使之与成形工艺相适应。

14.3.1 零件毛坯的种类

零件毛坯的种类主要有铸件、锻件、冲压件、焊接件、型材、粉末冶金等。

常用零件毛坯和其成形方法的特点及应用见表14-4。

表14-4 常用零件毛坯和其成形方法的特点及应用

毛坯类型	铸件	锻件	冲压件	焊接件	轧材	粉末冶金件
成形特点	液态下成形	固态下塑变	同锻件	永久性连接	同锻件	压制烧结
对原材料工艺性能要求	流动性好,收缩率低	塑性好,变形抗力小	同锻件	强度高,塑性好,液态下化学稳定性好	同锻件	粉末具有一定颗粒度和微观形状
常用材料	灰铸铁、球墨铸铁、中碳钢及铝合金、铜合金等	中碳钢及合金结构钢	低碳钢及非铁金属薄板	低碳钢、低合金钢、不锈钢及铝合金等	低、中碳钢、合金结构钢、铝合金等	金属或非金属粉末,特别是高熔点材料
金属组织特征	晶粒粗大、疏松、杂质无方向性	晶粒细小、致密	组织细	焊缝区为铸造组织,熔合区和过热区有粗大晶粒	同锻件	多孔材料
力学性能	灰铸铁件力学性能差,球墨铸铁、可锻铸铁及铸钢件较好	比相同成分的铸钢件好	变形部分的强度、硬度提高,结构刚度好	接头的力学性能可达到或接近母材	同锻件	有些低于铸件和锻件
结构特征	形状一般不受限制,可以相当复杂	形状一般较铸件简单	结构轻巧,形状可以较复杂	尺寸、形状一般不受限制,结构较轻	形状简单,横向尺寸变化小	结构较简单
材料利用率	高	低	较高	较高	较低	最高
生产周期	长	自由锻短,模锻长	长	较短	短	长
生产成本	较低	较高	批量越大,成本越低	较高	低	
主要适用范围	受力不大或承压件,或要求有耐磨性、形状复杂件	力学性能尤其是强度和韧性要求较高的传动件和工具、模具	用于以薄板成形或分离的各种零件	主要用于制造各种金属结构,部分用于制造零件毛坯	形状简单件	高熔点、多孔、互不融合材料
应用	机架、床身、底座、工作台、导轨、变速器箱体、泵体、阀体、带轮、轴承座、曲轴、齿轮等	机床主轴、传动轴、曲轴、连杆、齿轮、凸轮、螺栓、弹簧、锻模、冲模等	汽车车身覆盖件、电器及仪器、仪表壳及零件、油箱、水箱等各种金属件	锅炉、压力及化工容器、管道、厂房构架、吊车构架、桥梁、车身、船体、飞机构件、重型机械的机架、立柱、工作台等	光轴、丝杠、螺栓、螺母、销等	硬质合金刀具、含油轴承、摩擦片等

14.3.2 零件毛坯选择的依据

1. 依据材料种类和其性能选择

某些材料由其工艺特性决定了其毛坯的制造方法,如铸铁和有些金属只能铸造。对塑性良好的金属,可选择冲压件;对于重要的钢制零件,为获得良好的力学性能,应选用锻件毛坯。

2. 依据零件的形状与尺寸选择

机械零件常分为轴类、盘套类、支架箱体类。轴类零件(如主轴、心轴、曲轴、凸轮轴等)几乎都采用锻造成形或直接用相应的型材加工制成,常用的材料为中碳钢或合金钢,如45、40Cr、40CrNi等。异型轴(凸轮轴、曲轴)或特殊轴也可用球墨铸铁或特殊性能钢成形。盘套类零件(如齿轮、带轮、手轮等),以齿轮应用最广,以中碳钢或中碳合金钢锻造及铸造较多。小齿轮可用圆钢或非金属材料(如塑料)成形,也可用冲压或冷挤压成形。对力学性能要求不高或尺寸较大的盘套类零件可采用灰铸铁或球墨铸铁铸造成形。支架箱体类零件多采用灰铸铁或球墨铸铁铸造成形,受力复杂的可采用铸钢件,也有采用钢或铸钢材料焊接成形的。

3. 依据生产纲领的大小选择

生产纲领即一定时间内零件的生产批量,它对于材料及成形工艺的选择也极为重要。按一定时间内产量来分,可分为单件(年产量<10件)、小批(年产量10~200件)、大批(年产量500~5 000件)、大量(年产量>25 000件)。一般规律是:单件、小批生产采用模具或工装费用低、设备投资小的生产方法,如铸件选用手工砂型铸造成形方法,锻件采用自由锻或胎模锻成形方法,焊接采用手工或半自动焊方法;薄板件则采用钣金、钳工等成形方法。大批大量生产时,应采用高精度、高生产率的成形方法,如铸造采用机器造型,锻造采用模锻,焊接采用埋弧自动焊及板料冲压等,虽然用于毛坯制造的设备和工艺装备费用高,但可通过提高生产率、节省材料和减少机械加工费用等来补偿,从而降低总的成本。表14-5列出了各种生产类型的工艺成形方法。

表14-5 各种生产类型适用的工艺成形方法

单件小批生产	成批生产	大量(连续)生产
型材锯割、热切下料	型材锯、剪料	型材剪切
木模样手工砂型铸造	砂型机器造型	铸造生产线、压力铸造
自由锻	胎模锻	模锻
焊条电弧焊	自动或半自动焊	压焊或弧焊自动线
冷作成形(旋压等)	板料冷冲压	多工位冲压、冲压生产线

4. 依据现有的生产条件选择

在选择成形方法和材料时,必须考虑企业的现有生产条件(如设备状况、技术水平、管理水平等),一般情况下应充分利用本企业现有条件。当本企业生产条件不能满足生产要求时,再考虑调整毛坯种类、成形方法,对设备进行技术改造,或扩建厂房更新设备,也可外协或外购。如单件生产大、重型零件,现有生产条件不具备重型或专用设备,可采用板、型材焊接,或将大件分成小的铸、锻或冲压件,然后再采用铸-焊、锻-焊或冲-焊的组合方法形成大件的成形工艺。

5. 优先利用新工艺、新材料、新技术

随着现代工业的发展和市场繁荣,需求越来越多变的个性化,这就要求产品的类型更新快、生产周期短、质优价廉。因此,对新工艺、新材料、新技术的应用越来越重要,如精密铸造、精密模锻、精密冲裁、液态模锻、冷挤压、超塑性成型粉末冶金、复合材料成型以及快速成型等,采用少、无切削成型方法,提高产品质量、生产率和经济效益。

14.4 零件热处理的技术条件和工序位置

为了提高零件的综合力学性能,改善钢件和其他金属材料的强度、韧性和耐磨性能等,延长零件的使用寿命,需要对零件进行热处理。但有时对于难加工的零件材料,为了改善零件的切削加工性能及消除残余应力,也需要对零件进行热处理。因此,应根据零件的技术要求和材料的性质合理地安排热处理的工序位置。

14.4.1 零件热处理的技术条件

零件必须满足以下三个方面的技术要求才具备了热处理的条件,通过热处理可以获得性能优良的零件。

1. 零件的热处理工艺性

热处理工艺性能包括淬透性、淬硬性、耐回火性、过热敏感性、氧化脱碳倾向、淬火变形和开裂倾向等。

(1) 淬透性和淬硬性。淬透性主要取决于钢的化学成分、合金元素含量和淬火前的组织状态。淬透性好的模具钢淬火时采用较缓和的冷却介质,就可以获得较深的硬化层。形状复杂的小型模具采用高淬透性的模具钢制造,可以减少模具的变形和开裂;大截面、深型腔模具选用高淬透性模具钢制造,淬火后心部也能得到良好的组织和硬度。淬硬性主要取决于钢中碳的质量分数,例如对要求耐磨性高的零件,一般选用高碳钢制造。

(2) 耐回火性。耐回火性是在回火过程中随着温度的升高,钢抵抗硬度下降的能力。回火温度相同时,硬度下降少的钢耐回火性好。耐回火性越高,钢的热硬性越高,在相同的硬度下韧性也较好。一般受到强烈挤压和摩擦的零件也要求零件材料具有较高的耐回火性。

(3) 过热敏感性。零件在加热过程中,出现过热现象,会得到粗大的马氏体组织,降低韧性,增加早期断裂的危险。因此,对使用在加热环境中的零件,要求其材料过热敏感性低,而对这样的零件有过热倾向要求。

(4) 氧化脱碳倾向。在加热过程中如果发生氧化脱碳现象,就会改变零件的形状和性能,严重降低硬度、耐磨性和使用寿命,使零件早期失效,因此要求零件的氧化脱碳倾向要小。例如,对于容易发生氧化、脱碳的钼含量较高的模具钢,宜采用真空热处理、可控气氛热处理、盐浴热处理等,以避免模具钢氧化脱碳。

(5) 淬火变形和开裂倾向。零件淬火变形和开裂倾向与材料成分、原始组织状态、工件几何形状尺寸、热处理工艺方法及参数等都有很大关系,设计选材时必须加以考虑。例如,对一些形状复杂的精密模具,淬火后难以修整,这就要求材料淬火回火后的变形程度要小,一般应选择微变形钢。

2. 零件结构上的要求

设计机械零件时不仅要考虑毛坯制造和切削加工的工艺性,而且还应从结构上考虑零件热处理的工艺性,以保证获得性能良好的工件。

(1) 设计时应尽量使零件结构对称,以减少变形。采用图 14-4 a、b、c、d 的结构合理,图 14-4e 所示的结构不合理。

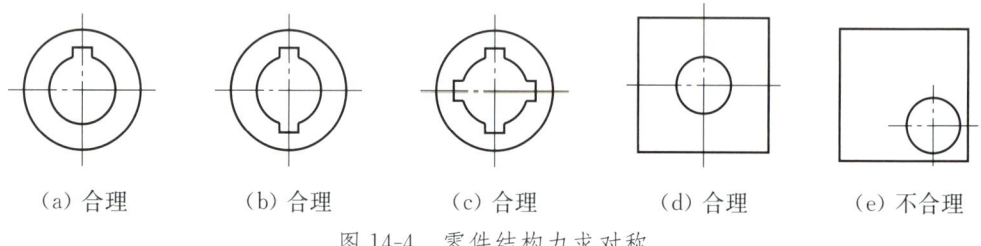

图 14-4　零件结构力求对称

(2) 避免零件壁厚悬殊,力求均匀,可减少温差,降低应力,避免变形。图 14-5a 中,不通孔造成壁厚不均匀,不合理;图 14-5b 中将其改为通孔,壁厚均匀,合理。

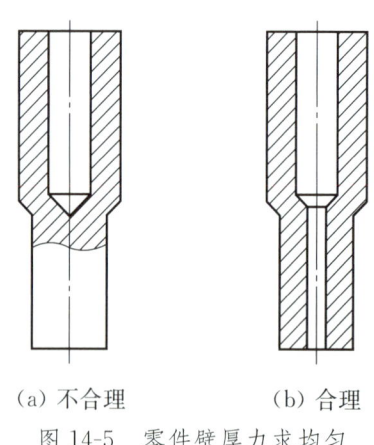

图 14-5　零件壁厚力求均匀

(3) 截面过渡自然。切忌出现图 14-6a、c 中的尖角;宜做成图 14-6b、d 所示的圆弧过渡,这样热处理工艺性较好。

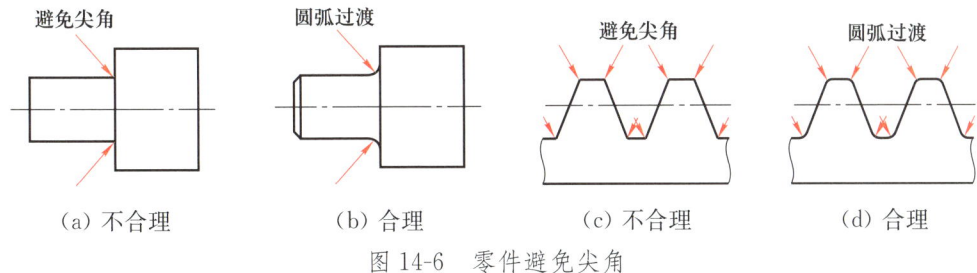

图 14-6 零件避免尖角

(4) 尽量设计封闭结构,减少变形。如图 14-7 所示,特殊情况下可设工艺肋,热处理后去除工艺肋。

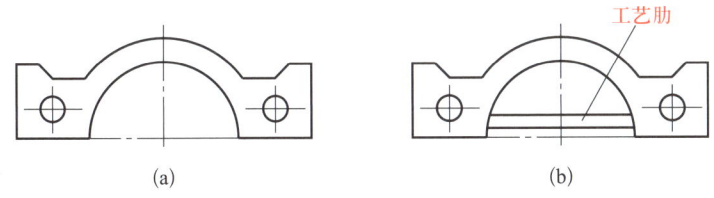

图 14-7 零件采用封闭结构

(5) 采用组合件减少变形。如某 6 m 宽剪板机剪刀淬火变形大,校直困难,后来改成四段加工,热处理则容易控制。

(6) 适当修改结构形状,以减少淬火变形及修正工作量,如图 14-8 所示。

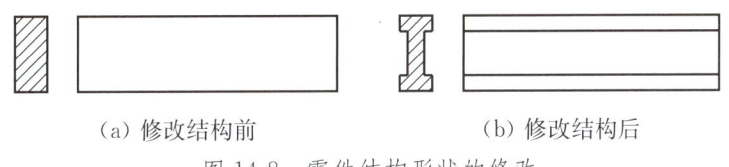

图 14-8 零件结构形状的修改

(7) 淬火部分应无精密尺寸的槽孔或螺纹,以避免变形开裂及剥落等现象发生。

3. 零件材料化学成分的要求

C、Si、Mn、S、P 这 5 种基本元素的质量分数,以及各种合金元素的质量分数不但对钢材组织和性能有影响,而且对材料的热处理性能有重要影响。

(1) C 的影响。C 是钢材中所含的主要元素。在选用钢材时,首先要考虑碳的质量分数的合适范围,然后再确定适当的热处理工艺,使钢材的组织能保证得到适当的性能。

(2) Si 的影响。Si 在钢材中溶于铁素体,能提高钢材强度、硬度及弹性。但一般非合金钢中 Si 的质量分数不超过 0.4%,因此 Si 的影响不大。

(3) Mn 的影响。Mn 在钢材中能溶于铁素体或渗碳体,提高钢材的强度和硬度,并能与硫化合形成 MnS 经由炉渣除去,减少 S 的危害。但一般非合金钢中 $w_{Mn}<0.8\%$,影响不显著。

(4) S 的影响。S 在钢中与 Fe 化合形成 FeS,从而产生热脆现象。S 还降低钢材的可焊性、耐蚀性及力学性能，同时又易产生偏析。因此，含量必须加以限制，在普通非合金钢中 $w_s<0.055\%$，在优质碳素钢中 $w_s<0.045\%$，而在高级优质钢中 $w_s<0.03\%$。

(5) P 的影响。P 增加钢材的硬度和强度，但降低韧性和塑性，形成冷脆。P 也有可利用的一面，如含 P 的普通低合金钢有耐腐蚀、耐磨和抗压等特点，含 P 的易削结构钢在自动机床上加工时有利于提高生产率和降低表面粗糙度值。

(6) 合金元素的影响。钢材中最常见的合金元素有 Cr、Ni、Mo、W、V、Ti、B 等。在钢材中加入适当的合金元素可以显著地提高其综合力学性能，也可以改善钢材的耐热、耐腐蚀、耐磨等特殊性能。

合金元素对材料的热处理性能主要有四个方面：合金元素能细化晶粒，合金元素能提高钢材的淬透性，合金元素能降低 M_s 温度，合金元素能提高回火抗力。

14.4.2 热处理工序的位置安排

热处理可以提高材料的力学性能，改善金属的切削性能以及消除残余应力。在制订工艺路线时，应根据零件的技术要求和材料性质合理地安排热处理工序。热处理工序可分为预备热处理和最终热处理。

1. 预备热处理

(1) 退火、正火和调质处理。退火、正火和调质处理的目的是改善工件材料力学性能和切削加工性能，一般安排在粗加工前或粗加工后、半精加工前进行，放在粗加工前可改善粗加工时材料的切削加工性能并可减少工件运输工作量，放在粗加工与半精加工之间有利于消除粗加工所产生的内应力对工件的影响，可保证调质层的厚度。

(2) 时效处理。时效处理的目的是消除毛坯制造和机械加工过程中产生的内应力，一般安排在粗加工后、精加工前进行。为了减少工件运输工作量，对于加工精度要求不高的工件，一般把消除内应力的热处理安排在毛坯进入机械加工车间前进行。对于机床床身、立柱等结构复杂的铸件，应在粗加工前后都要进行时效处理。对于精度要求较高的工件（如镗床的箱体），应安排两次或多次时效处理。对于精度要求很高的精密丝杠、主轴等零件，则应在粗加工、半精加工之间安排多次时效处理。

2. 最终热处理

(1) 淬火。淬火的目的是提高工件的表面硬度，一般安排在半精加工后、磨削等精加工前进行。这是因为在淬火后工件表面会产生氧化层且产生一定的变形，必须进行磨削或其他能够加工淬硬层的工序。

(2) 渗碳淬火。渗碳淬火的目的是改善工件的表面力学性能。高温渗碳淬火工件变形大，一般将渗碳淬火工序放在半精加工和精加工之间进行。

(3) 渗氮、氰化处理。渗氮、氰化处理的目的也是改善工件的表面力学性能，可根据零件的加工要求，安排在粗、精磨之间或精磨之后进行。

14.5 典型零件材料和毛坯的选择及加工工艺分析

零件种类繁多,性质要求各异,零件材料和毛坯的合理选择对产品具有重要的意义。下面以几个典型零件为例,介绍其材料及成形工艺的选择方法。

14.5.1 齿轮类零件

下面以坦克行星转向机连接齿轮为例(图14-9)进行分析。

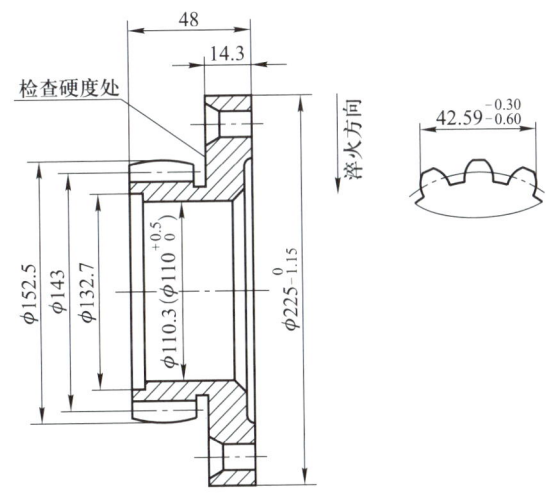

图 14-9 坦克行星转向机连接齿轮

1. 齿轮类零件的工作条件、失效方式及性能要求

(1) 工作条件

齿轮在坦克、火炮、军车等装备中都有应用,它起着传递动力、改变运动速度或方向的作用,有的还有分度定位作用。坦克行星转向机连接齿轮在坦克传动部分中和其他齿轮、齿套配合传递发动机的动力,虽然传递的动力较大,但均为常啮合齿轮,齿与齿之间的相对速度等于零,所有齿都参加工作。因此,行星转向机连接齿轮采用38CrSi钢调质处理后即可使用。齿轮工作时的受力情况如下:

① 齿轮工作时,通过齿面传递动力,在啮合齿面上相互滚动和滑动,承受较大的接触应力,并发生强烈摩擦。

② 由于传递扭矩,齿根承受较大的弯曲应力。

③ 由于换挡、起动或啮合不良,齿部承受一定冲击作用。

(2) 失效形式

① 疲劳断裂。主要起源在齿根,常常一齿断裂引起多个齿断裂。它是齿轮最严重的失效形式。

② 过载断裂。主要是由冲击载荷过大而造成的。

③ 齿面磨损。主要是摩擦磨损和磨粒磨损,使齿厚变小,齿隙增大。

④ 麻点剥落。接触应力作用下齿面接触疲劳破坏,产生微裂纹并逐渐发展而引起。

(3) 性能要求

① 较高的疲劳强度。特别是齿根部要有足够的强度,使工作时产生的弯曲应力不造成疲劳断裂。

② 较高的接触疲劳强度和耐磨性。使齿面在受到接触应力后不发生麻点剥落。

③ 心部要有足够的韧性。

行星转向机连接齿轮为常啮合齿轮,以上四种失效形式可能发生的概率很小,只要具有良好的综合力学性能就能满足性能要求。淬火、回火后的硬度为341~387HBW。

2. 齿轮类零件选材

根据齿轮的工作条件、运转速度(低速、中速或高速)、载荷性质与大小(是否受到冲击或工作时平稳程度)、尺寸等,齿轮可选用调质钢、渗碳钢、铸钢、铸铁、非铁金属和非金属材料来制造。根据齿轮的工作条件,推荐选用的一般齿轮材料和热处理方法见表14-6。

(1) 调质钢齿轮。调质钢主要用于制造硬度和耐磨性要求不很高,对韧性要求一般的中、低速和载荷不大的中小型传动齿轮。车床、钻床、铣床等机床的主轴箱齿轮、车床挂轮齿轮等,通常采用45钢、40Cr、40MnB、35SiMn、38CrSi、45Mn等钢制造。一般常用的热处理工艺是经调质或正火处理后进行表面淬火和低温回火,有时经调质和正火处理后也可直接使用。对于承受载荷不很大但要求精度高、运动速度快的齿轮,可选用渗氮用钢(38CrMoAlA),经调质处理和渗氮处理后使用。

(2) 渗碳钢齿轮。渗碳钢主要用于制造高速、重载、冲击较大的重要齿轮。坦克变速器的各档主从动齿轮,侧减速器的从动齿轮,齿轮传动箱的主动齿轮、中间齿轮和从动齿轮,汽车、拖拉机变速器齿轮、驱动桥齿轮、立式车床的重要齿轮等,通常采用20Cr2Ni4A、20CrMnMo、20CrMnTi、20MnVB、20CrMo等合金渗碳钢制造,经渗碳淬火和低温回火处理后,表面硬度高,耐磨性好,心部韧性好,耐冲击。为了增加齿面的残余压应力,进一步提高齿轮的疲劳强度,还可进行喷丸处理。

(3) 铸钢和铸铁齿轮。少数齿轮还可采用铸钢和铸铁等材料制造。铸钢可用于制造力学性能要求较高但形状复杂、难以锻造成形的大型齿轮。起重机齿轮通常选用ZG270-500、ZG310-570、ZG340-640、ZG40Cr等铸钢制造。对于耐磨性、疲劳强度要求较高但冲击载荷较小的齿轮,如机油泵齿轮等,可选用球墨铸铁(QT500-7、QT600-3)。对于冲击载荷很小的低精度、低速齿轮,可选用灰铸铁(如HT200、HT250、HT300)制造。

(4) 非铁金属齿轮。在仪器仪表及有腐蚀介质中工作的轻载齿轮,常选用耐蚀、耐磨的非铁金属(如黄铜、铝青铜、锡青铜、硅青铜等)来制造。

(5) 塑料齿轮。随着塑料的发展与塑料性能的提高,采用尼龙、ABS、聚甲醛等塑料制造的塑料齿轮已得到越来越广泛的应用。塑料齿轮具有摩擦系数小、减振性好、噪声低、质量轻、耐蚀性好、生产成本低等优点,但其强度、硬度、弹性模量低,使用温度不高,尺寸稳定

表 14-6 根据工作条件推荐选用的一般齿轮轮材料和热处理方法

传动方式	速度	工作条件 载荷	小齿轮 材料	小齿轮 热处理	小齿轮 硬度	大齿轮 材料	大齿轮 热处理	大齿轮 硬度
开式传动	低速	轻载,无冲击,不重要的传动	Q275	正火	150~180HBW	HT200	正火	170~230HBW
开式传动	低速	轻载,无冲击,不重要的传动	Q275	正火	150~180HBW	HT250	正火	170~240HBW
开式传动	低速	轻载,冲击小	45	正火	170~200HBW	QT500-7	正火	170~207HBW
开式传动	低速	轻载,冲击小	45	正火	170~200HBW	QT600-3	正火	197~269HBW
闭式传动	低速	中等载荷	ZG310~570	正火	170~200HBW	35	正火	150~180HBW
闭式传动	低速	中等载荷	45	调质	200~250HBW	ZG270~500	调质	190~230HBW
闭式传动	低速	重载	45	整体淬火	38~48HRC	35,ZG270~500	整体淬火	35~40HRC
闭式传动	低速	重载	45	调质	220~250HBW	35,ZG270~500	调质	190~230HBW
闭式传动	低速	重载	45	整体淬火	38~48HRC	35	整体淬火	35~40HRC
闭式传动	中速	中等载荷	40Cr	调质	230~280HBW	45,50	正火	220~250HBW
闭式传动	中速	中等载荷	40MnB	调质	230~280HBW	ZG270~500	调质	180~230HBW
闭式传动	中速	中等载荷	40MnVB	调质	230~280HBW	35,40	正火	190~230HBW
闭式传动	中速	重载	38CrSi	调质	341~387HBW			
闭式传动	中速	重载	45	整体淬火	38~48 HRC	35	整体淬火	35~40HRC
闭式传动	中速	重载	45	表面淬火	45~50HRC	45	调质	220~250HBW
闭式传动	高速	中等载荷,无猛烈冲击	40Cr,40MnB,40MnVB	整体淬火	35~42HRC	35,40	整体淬火	35~40HRC
闭式传动	高速	中等载荷,无猛烈冲击	40Cr,40MnB,40MnVB	表面淬火	52~56HRC	45,50	表面淬火	45~50HRC
闭式传动	高速	中等载荷,无猛烈冲击	40MnB,38CrSi,40MnVB	整体淬火	35~42 HRC	35,40	整体淬火	35~40HRC
闭式传动	高速	中等载荷,无猛烈冲击	40MnB,38CrSi,40MnVB	表面淬火	35~38 HRC	45,50	表面淬火	45~50HRC
闭式传动	高速	中等载荷,有冲击	20Cr,20Mn2B,20MnVB,20CrMnTi	表面淬火	52~56HRC	ZG310~570	正火	160~210HBW
闭式传动	高速	中等载荷,有冲击	20Cr,20Mn2B,20MnVB,20CrMnTi	渗碳淬火低温回火	52~56HRC	35	调质	190~230HBW
闭式传动	高速	中等载荷,有冲击	20Cr,20Mn2B,20MnVB,20CrMnTi	渗碳淬火低温回火	52~56HRC	20Cr20MnVB	渗碳淬火	56~62HRC

性较差。因此,塑料齿轮主要用于制造轻载、低速、耐腐蚀、无润滑或少润滑条件下工作的齿轮,如仪表齿轮、无声齿轮、凸轮、蜗轮等。

行星转向机连接齿轮属于中速、中载、冲击较小的零件,选用调质钢制造就能满足坦克行星转向机的性能要求,从表14-6中查看得知,选用38CrSi钢制造较为适宜。

3. 齿轮毛坯的选择

(1) 齿轮毛坯的选择

依据齿轮的工作条件、运转速度和结构尺寸,可以确定选用何种材料最合适,但对毛坯的制造还应考虑其他因素。如果尺寸较小、对力学性能要求不高,可直接采用热轧钢料。对于选用灰铸铁、球墨铸铁、铸钢材料生产的齿轮,则应选择铸造毛坯。除此之外,一般都采用锻造毛坯。批量较小或尺寸较大的齿轮采用自由锻成形方法。大批量的齿轮可采用模锻成形方法。对于直径比较大、结构复杂的齿轮,还可采用铸钢-焊接或锻钢-焊接的组合成形方法。

行星转向机连接齿轮采用铸造工艺,则组织粗大、内部缺陷多、力学性能差,而采用锻造工艺则组织致密、流线分布比较合理、力学性能好,因此选用锻造毛坯较为合适。

(2) 齿轮加工工艺路线的选择

① 对于工作条件较好、力学性能要求不太高的齿轮(如车床的挂轮等),可选用优质非合金调质钢(如45钢),其预备热处理采用正火代替调质,最终热处理对齿部采用表面淬火+低温回火,具体加工工艺路线为下料→锻造→正火→机械加工→齿部表面淬火+低温回火→磨齿→检验。

② 对中速、中载、工作比较平稳的重要齿轮(如行星转向机连接齿轮等),可选用合金调质钢(如40Cr、38CrSi、40MnB等),机械粗加工后采用整体调质处理,具体加工工艺路线为下料→锻造→正火或退火→机械粗加工→调质(调质后进行喷砂处理去除氧化皮表面)→机械精加工(内外圆及端面的精车)→检验。对较重要的齿轮,经半精加工后对其齿部进行表面淬火+低温回火。

③ 对于高速、重载、冲击较大的重要齿轮(如坦克、汽车、拖拉机变速器齿轮或后桥大、小减速齿轮等),则选用合金渗碳钢(如18Cr2Ni4WA、20CrMnMo、20CrMnTi、20MnVB等)进行渗碳处理。其加工工艺路线为下料→锻造→正火→机械粗加工及齿形加工(不渗碳部位保护)→渗碳、淬火+低温回火→氮化或喷丸处理→机械精加工(磨齿)→检验。

(3) 齿轮热处理工序选择

正火是为了均匀和细化晶粒组织,消除锻造内应力,获得良好的切削加工性能,并为最终热处理作好组织准备。调质处理是为了获得较高的强度和硬度,使心部获得足够的塑性和韧性,获得良好的综合力学性能。

喷砂处理是一种表面强化工序,它不仅可清除表面氧化皮,而且还可使齿面形成残余压应力,从而提高材料的疲劳强度,延长材料的使用寿命。

14.5.2 轴类零件

以坦克侧减速器主动齿轮轴(图14-10)为例进行分析。

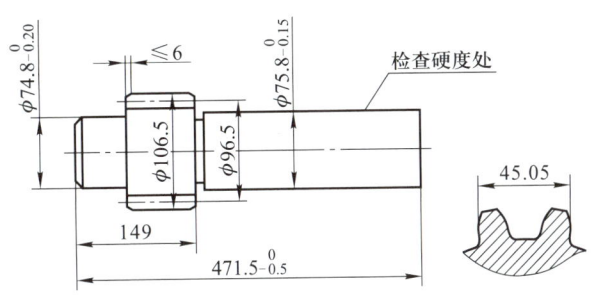

图 14-10 坦克侧减速器主动齿轮轴

1. 轴类零件的工作条件、失效形式及性能要求

(1) 轴类零件的工作条件

轴类零件是机械设备中主要零件之一,是决定机械设备运行精度和寿命的关键零件,其作用是支撑回转零件并传递运动和扭矩。轴的种类很多,各种轴的尺寸相差悬殊,如机械手表中摆动轴最小直径只有 0.085 mm,而汽轮机转子轴直径可达 1 000 mm。一般轴的工作条件为:

① 传递一定扭矩、承受交变弯曲应力和扭转应力的复合作用,以及拉、压应力作用。

② 轴颈承受较大的摩擦,尤其是与滑动轴承配合时。

③ 承受一定的冲击载荷、振动或短时过载。

坦克侧减速器主动齿轮轴是坦克侧减速器的一种重要齿轮,工作时负荷大,速度高,还要承受大的冲击载荷,需选用具有较高力学性能的材料。

(2) 失效形式

① 疲劳断裂。由于扭转疲劳和弯曲疲劳交变载荷长期作用造成轴断裂。它是最主要的失效方式。

② 脆性断裂。在重载或冲击载荷作用下轴发生的折断或扭断。

③ 磨损失效。这是在轴颈或花键处受强烈磨损所致。

④ 过量变形失效。在载荷作用下,轴发生过量弹性变形和塑性变形,影响设备正常运行。在工作时,坦克侧减速器主动齿轮轴不仅传递大的动力,而且齿轮轮齿之间有大的相对运动速度,在起动、变挡、上下坡、颠簸、制动时均受到较大的冲击载荷。这就要求齿面具有高的耐磨性,齿轮轴的心部具有足够的强度和高的冲击韧性。坦克侧减速器主动齿轮轴受力大、工作条件差,极易产生疲劳、磨损、脆断、过量变形而失效。

(3) 性能要求

根据轴的工作条件和失效方式,对坦克侧减速器主动齿轮轴选用材料提出如下性能要求:

① 良好的耐磨性,以防止齿部磨损。坦克侧减速器主动齿轮轴的某些部位(如齿部)承受大的啮合摩擦,故应具有高的硬度,以增加耐磨性。

② 良好的综合力学性能。即要求有高的强度和韧性,以防止过量变形和冲击或过载断裂及疲劳断裂。轴在高速运转时受到各种载荷的作用,如弯曲、扭转、冲击等,故要求轴具有抵抗各种载荷的能力。当弯曲载荷较大、转速较高时,轴还承受着很高的交变应力,因此要求主轴具有较高的疲劳强度。

为满足坦克侧减速器主动齿轮轴的性能要求,齿部的渗碳层深度为 1.5~1.8 mm、硬度≥57HRC,心部硬度为 35~49HRC。

2. 轴类零件选材

对轴进行选材时,应对轴的受力情况作进一步分析,按轴的受力类型选择材料。

(1) **承受载荷不大的轴**。对于承受载荷不大、转速不高的轴,主要考虑轴的强度、耐磨性及精度。例如,一些工作应力较低、强度和韧性要求不高的转动轴和主轴,常采用低碳或中碳非合金钢(如 20 钢、35 钢、45 钢)经正火后使用。若要求轴颈处有一定耐磨性,则选用 45 钢,并经调质后在轴颈处进行表面淬火和低温回火,具体加工工艺路线为下料→锻造→正火→机械加工→调质→精加工→检验。对尺寸较小、精度要求较高的仪表或手表中的轴,可采用非合金工具钢(如 T10 钢)或含铅高碳易切削钢(如 YT10Pb,$w_C=0.95$~1.05%)经淬火和低温回火后使用。

(2) **承受交变弯曲载荷或交变扭转载荷的轴**(如卷扬机轴、齿轮变速器轴)或同时承受上述两种载荷的轴(如机床主轴、发动机曲轴、汽轮机主轴)。对于这两类轴,在载荷作用下,应力在轴的截面上分布是不均匀的,表面部位的应力值最大,越往中心越小。选材时,不一定要选淬透性较好的钢种,一般只需淬透轴半径的 1/3~1/2,故常选用 45、40Cr 等,先调质处理,后在轴颈处进行高、中频感应加热表面淬火及低温回火。

(3) **同时承受交变弯曲(或扭转)及拉、压载荷的轴**。这类轴有锻锤锤杆、船舶推进器曲轴等。在它的整个截面上应力分布基本均匀,因此应选用淬透性较高的钢,如 30CrMnSi、35CrMo 或 42CrMo、40CrNiMo 等,一般经调质处理后在轴颈处进行表面淬火及低温回火。其加工工艺路线为合金结构钢下料→锻造→退火→机械加工→调质→半精加工→表面淬火+低温回火→精加工(磨削)→检验。

(4) **承受较大冲击载荷又要求较高耐磨性的形状复杂的轴**。这类轴有坦克侧减速器主动齿轮轴、侧减速器从动轴、汽车拖拉机的变速器轴、载荷较大的组合机床主轴、齿轮铣床主轴等,可选用合金渗碳钢(20Cr2Ni4A、20CrMnTi、20MnVB、20SiMnVB、18Cr2Ni4WA 等),先渗碳再进行淬火和低温回火。其加工工艺路线为合金渗碳钢下料→锻造→正火→机械加工→渗碳、淬火+低温回火→精加工(磨削)→检验。

(5) **高精度高速转动的轴**。这类轴有高精度磨床主轴、高精度镗床主轴及镗杆等,可选用渗氮钢(38CrMoAlA),经调质和渗氮处理后使用。精密淬硬丝杠采用 9Mn2V 或 CrWMn 钢,经淬火+低温回火后使用。采用 38CrMoAlA 钢制造轴类零件的加工工艺路线为下料→锻造→退火→粗加工→调质→精加工→去应力退火→粗磨→渗氮→精磨(或研磨)→检验。

制造轴的材料不限于上述钢种,还可以选用不锈钢、球墨铸铁和铜合金等,如一般载重汽车的发动机曲轴,常采用球墨铸铁(如QT700-2)制造。

坦克侧减速器主动齿轮轴属于承受较大冲击载荷,又要求较高耐磨性的形状复杂的轴,主要考虑轴的齿轮表面具有高的硬度和高的耐磨性,心部具有足够的强度和高的冲击韧性。因此,选用的材料为18CrNiWA钢。

3. 轴类零件毛坯的选择

轴类零件毛坯一般选用圆钢和锻件,阶梯轴各外圆直径相差较大时多采用锻件,台阶轴上各外圆直径相差较小时也可直接采用圆钢。由于毛坯经过锻造后,内部组织比较致密,流线分布比较合理,承载能力得以提高,因此重要的轴应选用锻件并进行调质处理。某些大型结构复杂的轴可采用钢锭直接锻造(如在水压机上进行锻造)。一般载重汽车发动机曲轴常采用球墨铸铁铸造成形。

坦克侧减速器主动齿轮轴选用18CrNiWA钢锻造毛坯。其加工工艺路线为合金渗碳钢下料→锻造→正火、回火→机加工→镀铜→渗碳、淬火+低温回火→精加工(磨削)→检验。

锻造的目的是获得致密的内部组织和合理的流线分布,进一步提高零件的承载能力。锻造后正火的目的是消除内应力,均匀和细化组织,为最终热处理作组织准备。为了改善18CrNiWA钢经正火后的机械加工性能,进行650 ℃的高温回火。正火后的去应力回火,是为了消除正火时的内应力,以减小随后淬火过程中的变形。镀铜的目的是对非渗碳表面进行保护。渗碳的目的是使轴的齿轮表面具有高的硬度和高的耐磨性,轴的心部具有足够的强度和高的冲击韧性。渗碳后正火的目的是消除渗碳层中的网状渗碳体并细化心部组织。加热至(800±10)℃的淬火使渗碳层获得细小针状马氏体和细小粒状渗碳体,零件的心部则获得具有足够强度和韧性的低碳合金马氏体。淬火后的回火则是为了消除淬火组织的脆性。

经过一系列处理,零件的表层组织为细小的回火马氏体和细小的粒状渗碳体,零件的心部为低碳的回火马氏体。侧减速器主动齿轮轴的最终热处理过程如图14-11所示。

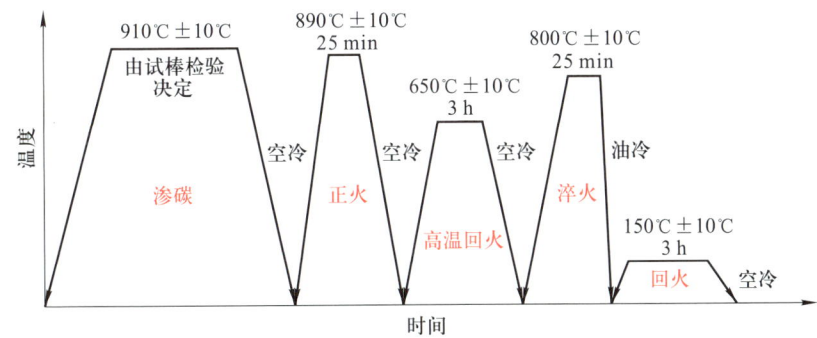

图14-11 侧减速器主动齿轮轴的最终热处理

> **知识拓展**

选材新理论应用

零件的选材一般情况下并不是只能用一种材料,而是能用很多种材料,在这些能用的材料当中如何选择满足使用要求,同时又经济和便于加工的材料才是较好的选择,例如,日常生活中用的碗,可以是塑料、陶瓷、各种金属、不锈钢、一次性的纸制碗等虽然都有应用,但是应用的场合各不相同。所以,解决零件材料选择问题的关键不是价格,主要是其应用的领域和适用的场合。

材质在产品设计中占据着重要的地位,设计人员必须熟悉产品所需要用到的材质的属性和作用,并选用最合适的材料。在材料选用方面,设计人员需要考虑到产品在使用功能、工艺、经济性、环保性等方面的要求。

产品的功能使用要求是设计人员在产品设计需要首要考虑的。材料能否满足产品功能使用的要求直接关系到产品的品质,甚至成败。这主要体现在产品的功能、造型尺寸、可靠性、质量等方面对材料的限制,以及产品某些特殊的功能属性要求,例如,防水、防尘、防震等。这些都是设计人员在选用产品材料时需要考虑的。

工艺要求主要体现在产品工艺对材料的限制。产品设计中,设计人员需要考虑对产品的材料进行加工处理,以达到预想的效果。而产品工艺对材料本身有着严格的要求,例如,机械加工、热处理、表面处理等方面对材料的要求。

经济性要求主要体现在材料价格、加工费用、材料利用率等影响生产成本的因素对材料的限制。企业追求利润最大化的经济属性,促使企业自觉、尽可能地降低生产成本,提高产品竞争力,提升产品的销售额和利润率。如果可以,设计人员要尽量用廉价材料来代替相对昂贵的稀有材料,如在一些耐磨部位的套用球墨铸铁替代铜套,用含油轴承替代车削加工的一些套,速度负载不大的情况下,用尼龙替代钢件齿轮或者铜蜗轮等。

环保要求是企业和设计人员都应自觉遵循的原则。设计人员应该在产品设计中充分考虑其环保要求,尽可能选用无污染、利用率高、可回收的材料,促进产品的可持续利用,表现出对环境的友好性。

有人用模糊决策来处理零件材料选择问题,利用线性规划理论,建立目标函数,将多目标决策领域中的交互式决策思想引入多属性决策领域,建立了零件材料选择的缩减多属性决策模型与方法;可使零件选材问题大为简化,同样也满足工程的需求精度,用模糊决策只能处理具有单个事件问题,其目标就是寻找最佳决策;而多属性决策综合评价不仅可以解决单个事件问题,还可以解决多个事件问题。

小 结

选用材料最主要的依据是保证零件正常地工作,使它不易失效。零件失效的主要形式有变形、断裂或表面损伤等。机械零件失效的原因很多,一般主要从设计、材料、加工工艺和安装使用等几个方面进行分析。失效分析是一项系统工程,必须对零件设计、选材、工艺、安装、使用、维修等各个方面进行系统分析,才能找出失效原因。在进行材料及成形工艺选择时,一般是在满足零件使用性能要求的前提下,考虑材料的工艺性和经济性,并要保障环境不被污染,符合可持续性发展要求。

1. 材料选择的方法

(1) 以综合力学性能为主的选择;(2) 以疲劳强度为主的选择;(3) 以磨损为主的选择。

2. 零件成形工艺选择的方法

零件成形工艺选择与材料的选择有着密切的关系,若选用球墨铸铁,则成形方法只能选用铸造;若选用钢材,则成形方法一般选用锻造等。

3. 材料及成形工艺选择的依据

(1) 依据零件的形状与尺寸来选择;(2) 依据生产批量选择;(3) 依据现有的生产条件选择;(4) 新工艺、新材料、新技术的利用。

典型零件的材料及成形工艺的选择:齿轮类、轴类等的选材及成形方法。

习题十四

一、名词解释

失效、失效分析、弹性变形失效、塑性变形失效、断裂失效、表面损伤失效。

二、填空题

1. 零件失效的主要形式有_____、_____、和_____。

2. 变形失效主要包括_____和_____。

3. 根据零件或工具断裂前的变形量大小和断口形状,可分为_____和_____两种。

4. 表面损伤失效大致可分为三类,即_____、_____、和_____。

5. 零件失效的原因主要有_____、_____、_____、_____、_____五种。

6. 选材的原则主要有_____、_____、_____、_____和_____。

三、选择题

1. 选择毛坯成形方法:

机床主轴( ),汽车、拖拉机变速器齿轮( ),车床床身( ),铝合金摩托车箱体、箱盖( )。

A. 砂型铸造;B. 压力铸造;C. 自由锻;D. 模锻。

2. 给以下零件进行选材:

机床主轴( ),坦克变速器主、被动齿轮( ),车床床身( ),锉刀( ),铰刀( )。

A. 45钢   B. T12   C. W18Cr4V   D. HT200   E. 20Cr2Ni4A

四、简答题

1. 零件材料选择的方法有哪几种？
2. 零件毛坯的种类及毛坯选择的依据是什么？
3. 零件失效的主要形式有哪几种？机械零件失效基本原因有哪些？
4. 零件设计在结构上有哪些基本要求？
5. 为什么轴杆类零件一般采用锻造成形，而机架类零件多采用铸造成形？
6. 简述轴类、齿轮类、箱体类零件的选材方法。

单元十五　先进制造技术

学习目标

1. 了解先进制造技术的内容及发展趋势。
2. 了解数控加工技术。
3. 了解柔性制造系统。
4. 了解3D打印技术。

重　点

数控加工技术与3D打印技术。

难　点

柔性制造系统。

案例引入

叶轮是涡轮式发动机、涡轮增压器等动力机械的关键部件,广泛应用于航空航天、船舶机械、石油化工等领域。日常生活中常见的应用就是汽车的涡轮增压器。由于叶轮的几何结构和加工工艺过程极为复杂,目前传统制造工艺方法很难满足设计要求,如何精确加工出来,并有效缩短生产周期,成为企业面临的一大难题。叶轮叶片扭曲大,极易发生加工干涉,现在通过五轴联动数控机床可精确地加工出叶轮成品(图15-1),并且还可以通过3D打

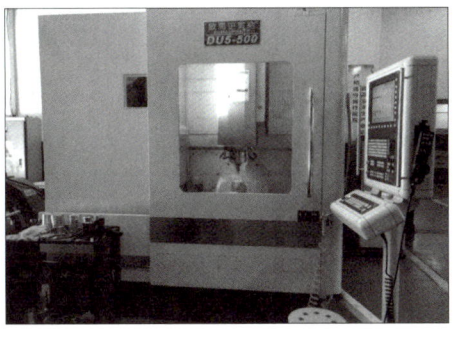

图15-1　五轴联动数控机床加工叶轮

印技术快速地制作叶轮模型(图15-2),能有效地控制时间和材料制造成本。

图 15-2　3D打印机及叶轮模型

15.1　先进制造技术概述

15.1.1　先进制造技术的概念及特征

1. 先进制造技术的概念

制造技术是指以人们所需的目的,运用知识和技能,利用客观物质工具,使原材料变成产品的技术总称。先进制造技术是传统制造技术不断吸收机械、电子、信息、材料、能源及现代管理等技术成果,将其综合应用于产品设计、制造、检测、管理、售后服务等机械制造全过程,实现优质、高效、低耗、清洁、灵活生产,取得理想技术经济效果的制造技术的总称。

2. 先进制造技术的特征

(1) 计算机、传感、自动化、新材料以及管理等要素的引入,与传统制造技术相结合,使制造技术成为一个能驾驭生产过程的物质流、信息流和能量流的系统工程。

(2) 先进制造技术贯穿于从产品设计、加工制造到产品销售及使用维护等全过程,成为"市场—产品设计—制造—市场"的大系统。

(3) 先进制造技术的各专业、学科间不断交叉、融合,其界限逐渐淡化甚至消失。

(4) 生产规模的扩大以及最佳技术经济效果的追求,使先进制造技术比传统技术更加重视工程技术与经营管理的结合,更加重视制造过程组织和管理体制的简化及合理化,产生一系列技术与管理相结合的新的生产方式。

(5) 发展先进制造技术的目的在于能够实现高速、高效、精密、微细、自动化、绿色化生产并取得理想的技术经济效果。

先进制造技术已不单单指加工过程的工艺方法,而且包含了从产品设计、加工制造到产品销售、用户服务等整个产品生命周期全过程的所有相关技术,涉及设计、工艺、加工自动化、管理以及特种加工等多个领域。它不仅需要数学、力学等基础科学,还需要系统科学、控制技术、计算机技术、信息科学、管理科学乃至社会科学。现代制造业已不仅仅是一个传统的产业,而是一个用现代制造技术进行了改造、充实和发展的多学科交叉和综合的充满生命力的科学。

15.1.2 先进制造技术的发展趋势

随着电子、信息等高新技术的不断发展,以及市场需求个性化与多样化,许多工业部门尤其是国防工业对产品的要求逐渐向高精度、高速度、高温、高压、大功率、小型化等方向发展。这一方面对加工技术的效率、精度、成本、柔性提出越来越高的要求;另一方面要求加工技术能够制造出进入人体的微小零件与设备,制造出更加低廉的安全载人飞船和太空探索机器,同时保证加工过程的安全、绿色。

先进制造技术发展的总趋势是向精密化、柔性化、网络化、智能化、集成化、清洁化、绿色化的方向发展,其发展趋势呈现出以下特点:

1. 信息技术对先进制造技术的发展起着越来越重要的作用

信息技术不断地向制造技术注入和融合,促进着制造技术的不断发展。同时,信息技术促进着设计技术的现代化,加工制造的精密化、快速化,自动化技术的柔性化、智能化,整个制造过程的网络化、全球化。

2. 设计技术不断现代化

产品设计是制造业的灵魂。现代设计技术的主要发展趋势是设计手段的计算机化,新的设计思想和方法不断出现,向全寿命周期设计发展,设计过程由单纯考虑技术因素转向综合考虑技术、经济和社会因素。

3. 成型及改性技术向精密、精确、少能耗、无污染方向发展

成型制造技术是铸造、塑性加工、粉末冶金等单元技术的总称。它的主要发展趋势是通过各种新型精密热处理和复合处理,达到零件组织性能精确、形状尺寸精密,并获得各种特殊性能要求的表面(涂)层,同时大大减少能耗及完全消除对环境的污染。

4. 加工制造技术向着超精密、超高速以及发展新一代制造装备的方向发展

(1) 超精密加工技术。目前加工精度达 $0.025~\mu m$,表面粗糙度 Ra 达 $0.004~5~\mu m$,已进入纳米级加工时代。超精切削厚度由目前的红外波段向可见光波段甚至更短波段趋近。超精加工机床向多功能模块化方向发展。超精加工材料由金属扩大到非金属。

(2) 超高速切削。目前铝合金超高速切削的速度已超过 $1~600~m/min$,铸铁为 $1~500~m/min$,超耐热镍合金为 $300~m/min$,钛合金为 $200~m/min$。超高速切削的发展已应用到一些难加工材料的切削加工,并且被广泛应用于航空航天及国防装备等制造领域。

(3) 新一代制造装备的发展。市场竞争和新产品、新技术、新材料的发展推动着新型加工设备的研究与开发。

5. 专业、学科间的界限逐渐淡化甚至消失

随着先进制造技术的不断发展,冷热加工之间,加工、检测、物流、装配过程之间,设计、材料应用、加工制造之间的界限均逐渐淡化,逐步走向一体化。

6. 绿色制造将成为21世纪制造业的重要特征

绿色制造业必将是21世纪制造业的重要特征，与此相应的绿色制造技术也将获得快速的发展。主要体现在以下方面：

（1）绿色产品设计技术，即使产品在生命周期内符合环保、人类健康、耗能低、资源利用率高的技术。

（2）绿色制造技术，主要包含绿色资源、绿色生产过程和绿色产品三个方面的内容。

（3）产品的回收和循环再制造技术。

7. 信息技术、管理技术与工艺技术紧密结合，先进的制造生产模式将获得不断发展。

15.2 数控加工

数字控制是用数字化信号对机械设备的运动及加工过程进行控制的一种方法，简称数控。它是一种自动控制技术，控制对象一般是位置、角度、速度等机械量，也可以是温度、压力、流量等物理量。

15.2.1 数控加工机床

数控加工机床简称数控机床。数控就是指把控制机床或其他设备的操作指令或程序，以数字形式给定的一种控制方式。利用这种控制方式，按照给定程序自动地进行加工的机床称为数控机床。目前，数控机床已经得到广泛应用。数控机床的种类有数控车床、数控铣床、数控磨床、加工中心等。如图15-3所示为数控车床，其机械部分与普通车床的差别不大。数控车床不仅能完成普通的车削加工，而且能利用数控系统和进给伺服系统完成复杂曲线组成的回转表面。

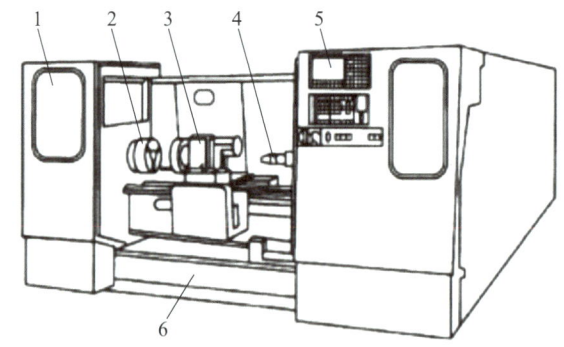

1—主轴箱；2—卡盘；3—刀架；4—顶尖；5—数控系统；6—床身。

图15-3 数控车床

数控铣床如图15-4所示。数控铣床的机械部分与普通铣床基本相同，工作台可以做横向、纵向和垂直方向的运动，因此，普通铣床能加工的工艺内容，数控铣床都能完成。此外，其数控系统通过伺服系统可同时控制两个或三个轴同时运动，加工出复杂的三维型面。数控铣床还可作为数控钻床或镗床使用,加工具有一定尺寸精度要求和位置精度要求的孔。

在数控铣床的基础上增加刀具库和自动换刀系统就构成了加工中心,如图 15-5 所示。加工中心的刀具库可以存放十几把甚至更多的刀具,由程序控制换刀机构自动调用与更换,这样就可以一次换刀完成多种工艺加工。

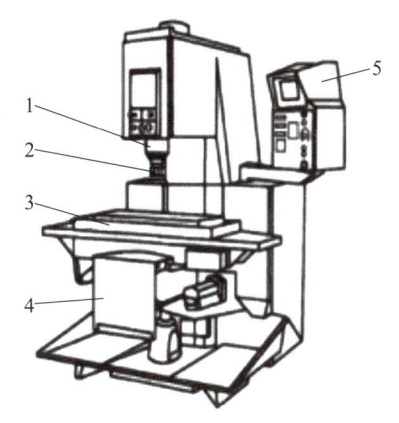

1—主轴;2—铣刀;3—工作台;
4—升降台(进给箱);5—数控系统。

图 15-4 数控铣床

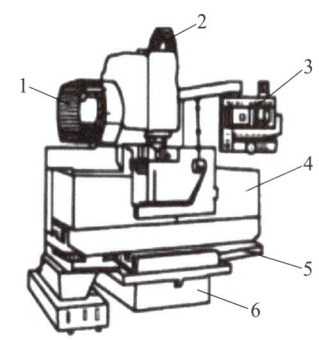

1—刀具库;2—主轴;3—数控系统;
4—防护罩;5—工作台;6—床身。

图 15-5 加工中心

与普通机床相比,数控机床主要有以下优点:

(1) 自动化程度高、生产率高。数控机床对零件的加工是按事先编制的程序自动完成的,操作者除了操作键盘输入程序、装卸零件及进行必要的测量与观察外,不需要进行繁杂的手工操作,其自动化程度高。同时,由于数控机床能有效地减少加工零件需要的机动时间和辅助时间,因而其加工生产率比普通机床高得多。

(2) 加工精度高、产品质量稳定。数控机床具有很高的控制精度,可以保证很高的定位精度和重复定位精度,因此所加工零件的精度高,能达到 $0.1\ \mu m$,而且产品尺寸一致性好,质量稳定。同时,数控机床的自动加工方式还可以避免生产者的人为操作误差,保证产品质量。

(3) 控制灵活、适应性强。在数控机床上只要改变控制程序,就可以完成对不同工件的加工,这就为单件、小批生产创造了便利条件,非常适合于模具零件的加工。

15.2.2 五轴联动数控机床

按照旋转轴的类型,五轴联动数控机床可以分为三类:双转台五轴机床(图 15-6)、双摆头五轴机床(图 15-7)、单转台单摆头五轴机床(图 15-8)。旋转轴分为两种:使主轴方向旋转的旋转轴称为摆头,使装夹工件的工作台旋转的旋转轴称为转台。

按照旋转轴的旋转平面分类,五轴机床可分为正交多轴和非正交多轴。两个旋转轴的旋转平面均为正交面(XY、YZ 或 XZ 平面)的机床为正交多轴,两个旋转轴的旋转平面有一个或两个不是正交面的机床为非正交多轴。按照主轴的轴向又把五轴机床分为立式和卧式两种。

微视频

数控铣削加工

 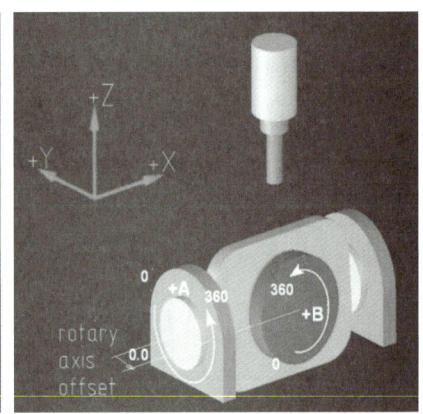

图 15-6 双转台五轴机床

 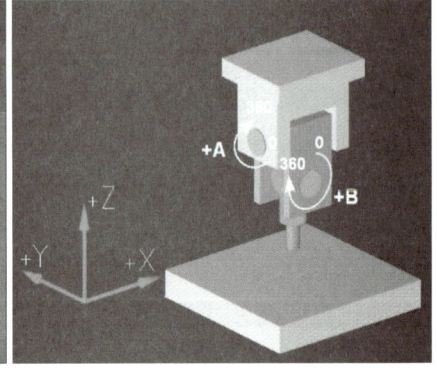

图 15-7 双摆头五轴机床

五轴联动
加工叶轮

 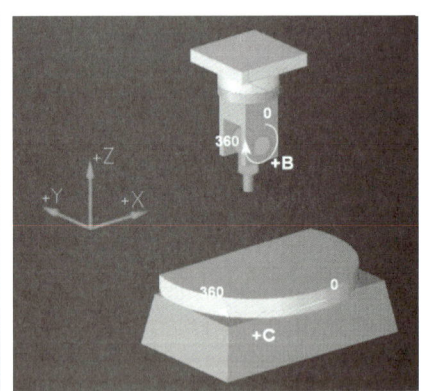

图 15-8 单转台单摆头五轴机床

1. 双转台五轴机床

(1) 结构。两个旋转轴均属转台类，B 轴旋转平面为 YZ 平面，C 轴旋转平面为 XY 平面。一般两个旋转轴结合为一个整体构成双转台结构，放置在工作台面上。

(2) 特点。加工过程中工作台旋转并摆动,可加工工件的尺寸受转台尺寸的限制,适合加工体积小、质量轻的工件。主轴始终为竖直方向,刚性比较好,可以进行切削量较大的加工。

2. 双摆头五轴机床

(1) 结构。双摆头五轴两个旋转轴均属摆头类,B 轴旋转平面为 ZX 平面,C 轴旋转平面为 XY 平面。两个旋转轴结合为一个整体构成双摆头结构。

(2) 特点。加工过程中工作台不旋转或摆动,工件固定在工作台上,加工过程中静止不动。适合加工体积大、质量重的工件;但因主轴在加工过程中摆动,所以刚性较差,加工切削量较小。由于自身结构特点,加工范围小。

3. 单转台单摆头五轴机床

(1) 结构。单转台单摆头五轴旋转轴 B 为摆头,旋转平面为 ZX 平面;旋转轴 C 为转台,旋转平面为 XY 平面。

(2) 特点。加工过程中工作台只旋转不摆动,主轴只在一个旋转平面内摆动,加工特点介于双转台和双摆头之间。

由于五轴联动数控机床的刀具和角度在加工过程中可以随时调整,所以五轴联动加工方式很灵活,可以避免其他刀具的妨碍而且能一次性完成全部加工。五轴联动加工的优势非常明显,它可以加工一般的三轴数控机床所不能加工或者不能一次性就能完成加工的自由曲面,如飞机发动机和汽轮机的叶片、舰艇的螺旋推进器、其他有特殊曲面的复杂模具等。

五轴联动加工在效率高的前提下,也可实现自由曲面的加工精度和质量。如三轴机床加工复杂的曲面时,要用球头铣刀,它的切削效率较低,而且刀具的角度不能自由调整,所以很难保证加工表面质量。但是,如果用五轴联动数控机床加工,因为刀具的角度是可以自由调整的,就可以避免以上情况的发生,从而能获得更高的切削效率和优质的加工表面质量。

五轴联动数控机床的优点如下:

(1) 延长了刀具的长度。

(2) 避免了刀具(刀头)零线速度的加工。

(3) 解决了三轴机床加工工件必须多次装卡才能完成的加工。

(4) 实现五面体复杂曲面的连续加工。

15.2.3 数控机床编程与加工

在数控机床上加工零件,要把待加工零件的全部工艺过程、工艺参数等加工信息以代码的形式记录在控制介质上,通过控制介质上的信息来控制机床,自动实现零件的全部加工过程。从分析零件图到数控机床获得控制介质上的所需信息的全过程称为编程。数控编程的一般步骤如下:

(1) 分析零件图、确定工艺过程。对需要在数控机床加工的零件,要根据零件图分析其特点,选择合适的数控机床,确定加工工艺路线,选择合适的刀具和切削用量,充分发挥机床的效能。

(2) 数值计算。根据零件的几何尺寸、确定的加工工艺路线及设定的坐标系，计算出数控机床所需输入的数据。数值计算的复杂程度取决于零件的复杂程度和数控系统的功能。

(3) 编写加工程序。根据计算出的加工工艺路线数据和已确定的工艺参数，按照数控系统规定的功能代码指令和程序段格式编写零件加工程序。

(4) 程序输入。将编写好的加工程序采用手动数据输入或介质（磁盘等）输入数控机床。

(5) 校对检查程序、通信输入方式等。校对机床的运动轨迹是否正确，检查更正由于计算和编写程序所造成的错误。

(6) 试加工。程序校验结束后，必须在机床上试加工，试加工的零件应符合零件图样的质量要求和技术要求。试加工零件检验合格后，数控编程工作完成。

数控编程一般分为手工编程和自动编程。手工编程时，从分析零件图、确定加工工艺过程到程序输入和校对检查都是由人工完成。加工形状简单、计算量小、程序不多的零件，采用人工编程较容易，方便快捷且成本低。自动编程时，利用计算机专用软件来编制数控加工程序，编程人员只需根据零件图样的要求，使用数控编程语言，由计算机自动地进行数值计算及处理，编写出加工程序。

15.3 柔性制造系统

15.3.1 柔性制造系统 FMS 的概念

物质生活的丰富、市场竞争的加剧、客观需求越来越多样化，限制了大量生产方式的发展，一方面迫使制造业不得不向超低成本、高品质、高效率、多品种、中小批自动化生产方向转变，另一方面科学技术的迅猛发展又推动了自动化程度和制造水平的提高。在需求和技术两者的促使下出现了柔性制造系统，并迅速在制造业中得到了广泛应用。

柔性制造系统（flexible manufacturing system，FMS）是指具有柔性且自动化程度高的制造系统。它是集数控技术、计算机技术、机器人技术及现代生产管理技术为一体的现代制造技术。在我国的有关标准中，FMS 被定义为："柔性制造系统是由数控加工设备、物料运储装置和计算机控制系统等组成的自动化制造系统"。它包括多个柔性制造单元，能根据制造任务或生产环境的变化迅速进行调整，以适应多品种、中小批生产"。

柔性制造系统有两个主要特点，即柔性和自动化。一个理想的柔性制造系统应具备以下八种柔性：

(1) 设备柔性。系统中的加工设备具有适应加工对象变化的能力。

(2) 工艺柔性。系统能以多种方法加工某一族工件的能力。

(3) 产品柔性。系统能够经济而迅速地转换到生产一族新产品的能力。

(4) 工序柔性。系统改变每种工件加工工序先后顺序的能力。

(5) 运行柔性。系统处理局部故障，并维持继续生产原定工件的能力。

(6) 批量柔性。系统在成本核算上能适应不同批量的能力。

(7) 扩展柔性。系统能根据生产需要方便地模块化组建和扩展的能力。

(8) 生产柔性。系统适应生产对象变换的范围和综合能力。

15.3.2 柔性制造系统的构成

柔性制造系统的基本组成随待加工工件及其他条件变化而变化,但系统的扩展必须以模块结构为基础。用于切削加工的柔性制造系统主要由以下几部分组成:

1. 加工系统

加工系统包括两台以上的数控机床、加工中心或柔性制造单元、工业机器人以及其他加工设备,如测量机、清洗机、动平衡机和各种特种加工设备等,用以自动完成多种工序的加工。

2. 运储系统

运储系统包含传送带、有轨小车、无轨小车、搬运机器人、自动化立体仓库系统、刀具库系统、夹具系统、上下料托盘、交换工作台、随行工作台等机构,能对刀具、工件和原材料等物料进行自动装卸、运输和储存。

3. 计算机控制系统

能够实现对柔性制造系统的运行控制、刀具管理、质量控制、数据管理和网络通信。计算机控制系统接收来自工厂主计算机的指令并对整个柔性制造系统实施监控,对每个数控机床或制造单元的加工实施控制,协调各控制装置之间的动作。

4. 系统软件

系统软件用以确保柔性制造系统有效地适应中小批生产过程的管理、控制及优化工作。系统软件一般包括设计规划软件、生产过程分析软件、生产计划调度软件及系统管理与监控软件等。

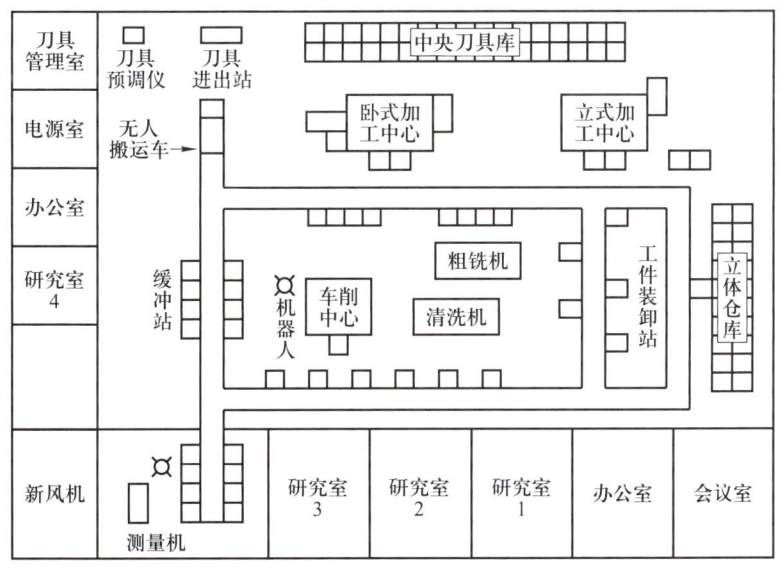

图 15-9 柔性制造系统示意图

如图 15-9 所示是一个典型的柔性制造系统示意图。它是计算机集成制造系统实验工程中柔性制造系统的组成及平面布局。该柔性制造系统由加工中心、车削中心、清洗机、粗铣机、无人搬运车、机器人等设备组成，还包括自动仓库托盘站和装卸站等。在装卸站由人工将毛坯安装在托盘夹具上；然后，由物料传送系统把毛坯连同托盘夹具输送到第一道工序的加工机床旁边，排队等候加工；一旦该加工机床空闲，就由自动上下料装置立即将工件送上机床进行加工；当每道工序加工完成后，物料传送系统便将由该机床加工完成的半成品取出，送至执行下一道工序的机床等候。如此不停地运行，直至完成最后一道加工工序。在整个运行过程中，除了进行切削加工之外，若有必要还需进行清洗、检验等工序，最后将加工结束的零件入库储存。

15.3.3 柔性制造系统的分类

柔性制造系统按规模级别可分为四类。

柔性制造单元

1. 柔性制造单元（flexible manufacturing cell，FMC）

FMC 的问世并在生产中使用比柔性制造系统晚 6~8 年，它由 1 或 2 台加工中心、工业机器人、数控机床及物料运输储存设备组成，具有适应加工多品种产品的灵活性，可将其视为一个规模最小的柔性制造系统，是柔性制造系统向廉价化及小型化方向发展的一种产物。其特点是实现单机柔性化及自动化，迄今已达到普及应用程度。

2. 柔性制造系统

柔性制造系统通常包括 4 台或更多台全自动数控机床（加工中心与车削中心等），由集中的控制系统及物料搬运系统连接起来，可在不停机的情况下实现多品种、中小批的加工及管理。

3. 柔性制造线（flexible manufacturing line，FML）

FML 是处于单一或少品种大批量非柔性自动线与多品种、中小批 FMS 之间的生产线。其加工设备可以是通用的加工中心、数控机床，亦可采用专用的机床或数控机床，对物料搬运系统柔性的要求低于 FMS，但生产率更高。它以离散型生产中的 FMS 和连续性生产过程中的分散型控制系统（DCS）为代表，特点是实现生产线柔性化及自动化，其技术已日臻成熟，迄今已达到实用阶段。

4. 柔性制造工厂（flexible manufacturing factory，FMF）

FMF 亦称工厂自动化，是将多条 FMS 连接起来，配以自动化立体仓库，用计算机系统进行有机联系，采用从订货、设计、加工、装配、检验、运送至发货的完整 FMS。它也包括了计算机辅助设计（CAD）、计算机辅助制造（CAM），并使计算机集成制造系统（CIMS）投入实际使用。它实现全厂范围的生产管理、产品加工及物料储运过程的全盘自动化。FMF 是自动化生产的最高水平，反映出世界上最先进的自动化应用技术。它将制造、产品开发及经营管理的自动化连成一个整体，以信息流控制物质流的智能制造系统（IMS）为代表。它的特点是实现生产系统柔性化及自动化，进而实现工厂柔性化及自动化。

15.3.4 柔性制造系统的优点

1. 有很强的柔性制造能力

由于 FMS 备有较多的刀具、夹具以及数控加工程序,因此能接受各种不同的零件加工,柔性度很高,有的企业将多至 400 种不同的零件安排在一个 FMS 中加工。FMS 的这个特点,对新产品开发特别有利。

2. 提高设备利用率

在 FMS 中,工件是安装在托盘上输送的,并通过托盘能够快速地在机床上进行定位与夹紧,节省了工件装夹时间。此外,因借助计算机管理而使加工不同零件时的准备时间大为减少,很多准备时间可在机床工作时间内同时进行。因此,零件在加工过程中其等待时间大大减少,从而可使机床的利用率提高到 75%~90%。

3. 减少设备成本与占地面积

机床利用率的提高使每台机床的生产率提高,相应地可以减少设备数量。有关资料表明,一条具有 9 台机床的 FMS 代替了原来 29 台机床,还使加工能力提高了 38%,占地面积减少了 25%。

4. 减少直接生产工人,提高劳动生产率

FMS 除了少数操作由人力控制(如装卸、维修和调整)外,可以说正常工作完成是由计算机自动控制的。在这个控制水平下,FMS 通常实施 24h 工作制,将所有靠人力完成的操作集中安排在白班进行,晚上除留一人看管外,系统完全处于无人操作状态下工作,直接生产工人大为减少,劳动生产率提高。

5. 减少在制品的数量,提高对市场的反应能力

由于 FMS 具有高柔性、高生产率以及准备时间短等特点,能够对市场变化作出较快反应,没有必要保持较大的在制品和成品库存量。

6. 提高产品质量

由于 FMS 自动化水平高,工件装夹次数和经过的机床数减少,夹具的耐久性好。这样,技术工人可把注意力更多地投放在机床和零件的调整上,有助于零件加工质量的提高。

7. FMS 可以逐步地实现实施计划

若建一条刚性自动线,要等全部设备安装调试建成后才能投入生产,因此它的投资必须一次性投入。而 FMS 则可进行分步实施,每步的实施都能进行产品的生产,因此 FMS 的各个加工单元都具有相对独立性。

15.4 3D 打印技术

15.4.1 3D 打印技术概述

3D 打印技术(three-dimension printing),学名"快速成型技术"(rapid prototyping,RP),也被称为"增材制造技术"(additive manufacturing,AM)。3D 打印技术以 CAD(com-

初识 3D 打印

puter aided design)文件为基础,无须传统的刀具、模具、车床以及复杂工艺,而是运用粉末状金属或塑料等可黏合材料,通过逐层叠加、堆积生成的方式来打印"三维"物体,它几乎可以直接制造任意形状的三维实物。美国材料与试验协会(ASTM)将"增材制造"定义为:基于三维模型数据,采用与减材制造相反的逐层叠加的方式生产物品的过程,通常通过计算机控制将材料逐层叠加,最终将计算机上的三维模型变为立体实物,是大批量制造模式向个性化制造模式发展的引领技术。

3D打印
叶轮模型

3D打印工作原理可分为数据处理及制造两个阶段。它是一种快速成型技术,以数字建模为基础,运用粉末状金属或塑料等可黏合材料,通过逐层打印的方式来构造物体,常在模具制造、工业设计等领域用于制造模型,后逐渐用于一些产品的直接制造,使用这种技术打印零部件。该技术在珠宝、鞋类、工业设计、建筑、工程和施工(AEC)、汽车、航空航天、牙科和医疗产业、教育、地理信息系统、土木工程、枪械(图15-10)以及其他领域都有所应用。

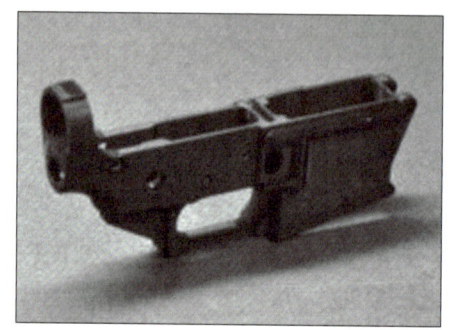

图15-10　3D打印枪械

3D打印技术出现在20世纪90年代中期,实际上是利用光固化和纸层叠等技术的最新快速成型装置。它与普通打印工作原理基本相同,打印机内装有液体或粉末等"打印材料",与计算机连接后,通过计算机控制把"打印材料"一层层叠加起来,最终把计算机上的蓝图变成实物。通俗地说,3D打印机是可以"打印"出真实的3D物体的一种设备,如打印机器人、玩具车以及各种模型,甚至食物等。之所以通俗地称其为"打印机"是参照了普通打印机的技术原理,因为分层加工的过程与喷墨打印十分相似。这项打印技术称为3D立体打印技术。

3D打印常用材料有尼龙玻纤、耐用性尼龙材料、石膏材料、铝材料、钛合金、不锈钢、镀银、镀金、橡胶等。

15.4.2　3D打印过程及特点

三维打印的设计过程是:先通过计算机建模软件建模,再将建成的三维模型"分区"成逐层的截面,即切片,从而指导打印机逐层打印。3D打印与传统的通过模具生产有很大的不同,打印耗材由传统的墨水、纸张转变为胶水、粉末,当然胶水和粉末都是经过处理的特殊材料,不仅对固化反应速度有要求,而且对于模型强度以及"打印"分辨率都有要求。3D打印技术能够实现600 dpi分辨率,每层厚度只有0.01 mm,即使模型表面有文字或图片也能够清晰打印。受到喷墨打印原理的限制，打印速度势必不会很快，较先进的产品可以实现每小时 25 mm 高度的垂直速率，相比早期产品有 10 倍提升，而且可以利用有色胶水实现彩色打印，色彩深度高达 24 位。

3D 打印精度高，打印出的模型品质好。除了可以表现出外形曲线上的设计外，还可以打印出各种结构及运动部件。如果用来打印机械装配图，齿轮、轴承、拉杆等都可以正常活动，而腔体、沟槽等形态特征位置准确，甚至可以满足装配要求，打印出的实体还可通过打磨、钻孔、电镀等方式进一步加工。

3D 打印最大的优点是无须机械加工或任何模具，就能直接从计算机图形数据中生成任何形状的零件，从而极大地缩短产品的研制周期，提高生产率和降低生产成本。同时，3D 打印还能够打印出一些传统生产技术无法制造出的外形，同时，3D 打印技术还能够简化整个生产流程，具有快速有效的特点。

知识拓展

其他先进制造技术

一、高能束流加工技术

高能束流加工技术目前在机械、航空航天、电子、国防等工业中均得到成功应用。高能束流加工技术的最大特点是不使用具有具体形状的固体工具或刀具，而是使用光子、电子、离子或水等某种形式的高密度的能量流直接对工件材料进行加工。

高能束流加工是特种加工技术的重要分支之一。通常将激光加工、电子束加工和离子束加工称为高能束加工，亦称三束加工。此外，水射流加工及磨料流加工由于加工形式与上述加工技术相似，因此也可以归于高能束流加工范畴。它们的共同特点是以具有很高能量密度的束流，通过一定的装置在空间传输并在工件表面聚焦，从而去除工件材料或完成其他功能。它们的不同之处在于所用的能量载体不同，分别为光子、电子、离子和水流（有时含磨料），因而其加工机制、功能、效果和使用范围就有所不同。

高能束流加工是 20 世纪 60 年代迅速发展起来的工艺技术，并逐步应用于科学研究和工业生产中，尤其在难加工材料、精密微细加工、仪器仪表零件加工、微电子器件制造、微机电系统、航空航天及武器装备零件制造中得到越来越广泛的应用。高能束流加工是当代具有代表性的先进制造技术之一，是极具生命力的一种特种加工技术。

二、微细加工技术

微细加工技术与以集成电路制造为代表的微电子制造技术一起成长，其发展在许多领域引发了微型化、小型化革命，微型机械及微机电系统技术随之诞生。微细加工技术由于其加工对象尺度小到微米级，所加工的尺寸公差及几何公差小至数十纳米，表面粗糙度则低达纳米级，因此它往往兼具微小和超精密加工的特征。微细加工技术已受到人们的高度重视，被列为 21 世纪的关键技术之一。其主要内容包括硅微细加工、光刻加工、LIGA 及准 LIGA 技术、准分子激光加工、生物加工和薄膜沉积技术等。

微细加工起源于半导体制造工艺，原来是指加工尺度约在微米级范围的加工方式。在微机械研究领域中，它是微米级、亚微米级乃至纳米级微细加工的通称。广义上的微细加工方式十分丰富，几乎涉及各种现代加工方式。微机械制造过程又往往是多种现代加工方式的组合。

微细加工技术已广泛应用于大规模和超大规模集成电路的生产中。这些微细加工技术使众多的微电子器件及相关技术和产业蓬勃兴起，并迎来了人类社会的信息革命。同时，微细加工技术也逐渐被赋予更广泛的内容和更高的要求。目前，微细加工技术在特种新型器件、电子零件和电子装置、机械零件和装置、表面分析、材料改性等方面也在发挥日益重要的作用。特别是在微机械研究和制作方面，微细加工技术已经成为必不可少的基础环节。

三、纳米加工技术

1. 纳米加工技术的概念

纳米技术通常是指在纳米级上研究物质（包括原子、分子）的特性和相互作用（主要是量子特性），以及利用这些特性的多学科交叉的科学与技术。根据纳米科技与传统学科领域的结合，纳米科技细分为纳米材料学、纳米电子学、纳米生物学、纳米化学、纳米机械学与纳米加工等。

纳米科技的首要任务是通过各种手段（如微细加工技术和扫描探针技术等）来制备纳米材料或具有纳米级尺寸的结构，其次借助先进的观察测量技术与仪器来研究所制备材料或结构的各种特性，最后根据其特殊的性质来进行有关的应用。因此，从一定程度上来讲，纳米材料、纳米加工制造技术以及纳米测量表征技术成为纳米科技发展的三个非常重要的支撑技术。

2. 纳米加工

（1）**纳米加工分类**。纳米级加工技术包括切削加工、化学腐蚀、能量束加工、复合加工、扫描隧道显微技术加工等多种方法。纳米加工技术近年来有了突破性进展，现已成为现实的、有广阔发展前景的全新加工领域。

（2）**纳米切削加工**。纳米切削加工研究的目的是适应更微小、更精密的应用要求，突破传统加工方法对加工精度的制约，实现人为地控制被加工材料表面剥落，以达到纳米级尺寸的加工精度。典型的纳米切削工艺是用金刚石单点刀具，结合扫描探针显微镜技术，切削速度通常为 $1 \sim 100 \text{ m/s}$。它已能够实现几十纳米尺度的切削加工。

四、绿色加工技术

1. 绿色加工的定义

绿色加工是指在不牺牲产品的质量、成本、可靠性、功能和能量利用率的前提下，充分利用资源，尽量减轻加工过程对环境产生有害影响的程度。其内涵是指在加工过程中实现优质、低耗、高效及清洁化。

2. 绿色加工的分类

根据绿色加工的追求目标，绿色加工技术可分为以下三种类型。

(1) **节约资源的加工技术**：在加工过程中简化加工系统的组成，节省材料消耗的加工技术。如通过优化毛坯形状减小加工余量，降低刀具材料的消耗，减少或取消切削液的使用，简化加工系统的组成要素等。

(2) **节省能源的加工技术**：加工过程中要消耗大量的能量，这些能量一部分转化为有用功，而大部分则转化为其他能量形式而消耗掉。这些能量转化为热能、噪声或振动，影响加工精度，降低机床可靠性，对操作者和环境造成不同程度的影响。为此，目前采用的主要方法有减摩、降耗和低能耗工艺。

(3) **环保型加工技术**：通过一定的工艺手段减少或完全消除废液、废气、废渣、噪声等，提高加工系统的运行效率。

在实际生产中，往往不是追求单一的目标，因此常常在一种加工方法中包含这三类技术，只不过有所偏重而已。

3. 绿色加工的基本特征

(1) **绿色加工的技术先进性**。技术先进性是绿色加工的实施前提。在加工过程中采用先进的技术，以保证可靠地实施加工工艺。需要强调的是，技术先进性并不是不切实际、不计成本地使用最新技术，而是应选择满足绿色加工要求并符合本企业生产实际的工艺。

(2) **绿色加工的绿色性**。资源消耗少、环境污染小、能耗低是绿色加工的最显著特征。加工过程中资源消耗的减少和环境污染的减小不仅能减少对社会环境的危害，同时也有利于劳动者的安全和身体健康。能耗低有利于生产者降低成本，节约能源。

(3) **绿色加工的经济性**。经济性是绿色加工必不可少的条件。产品若不具备用户可以接受的价格，就不能走向市场。加工成本是影响产品成本的最重要因素之一，因此实施绿色加工同样必须考虑成本。

五、虚拟切削技术

虚拟切削技术是在对零件的几何参数、材料物理性能、加工过程切削参数以及加工物理过程（受力变形、热变形等）进行全面物理建模的基础上，利用计算机仿真技术加工过程的动态情况和加工结果进行综合分析的一种综合新型技术。为分析加工过程及结果，可根据NC加工机床的实际状况用NC代码驱动虚拟加工环境中的NC机床进行虚拟切削加工，它可描述刀具的真实运动轨迹，完成碰撞、干涉检查，还可逼真地描述加工后工件的几何误差、几何尺寸误差和表面粗糙度等属性，并将虚拟成品零件与设计零件进行比较，如零件精度不能满足设计要求，则可对工艺参数（进给量、切削速度等）或工件装夹方式进行调整改进，如有必要，还可对零件的结构设计进行完善，以提高其可加工性。通过虚拟切削加工可得到一个优化的加工方案，据此进行实际加工，可提高加工成功率，减少原材料消耗，改善产品质量，降低生产成本和缩短产品开发周期。虚拟切削加工与传统切削加工的区别在于它生产的是数字化产品，而不是实际产品，它的最大好处是不需消耗实际资源和能量。

小结

先进制造技术在传统制造技术的基础上不断吸收机械、电子、信息、材料、能源及现代管理等技术成果,将其综合应用于产品设计、制造、检测、管理、售后服务等机械制造全过程,实现优质、高效、低耗、清洁、灵活生产,取得理想技术经济效果。

先进制造技术主要包括数控加工、柔性制造系统、3D打印技术、高能束流加工技术、微细加工技术、纳米加工技术、绿色加工技术、虚拟切削技术等。

习题十五

一、名词解释

制造技术、先进制造技术、数控、数控机床、柔性制造系统、柔性制造单元、3D打印技术。

二、简答题

1. 什么是先进制造技术?它有哪些主要特征?
2. 与普通机床相比数控机床的主要优点有哪些?
3. 什么叫五轴联动加工?
4. 五轴联动数控机床可分为哪些类型?
5. 五轴联动加工中心有哪些优点?
6. 柔性制造系统主要由哪些部分组成?其优点是什么?
7. 什么是3D打印技术?
8. 3D打印技术的应用范围有哪些?
9. 简要阐述增材制造之3D打印对经济的促进作用。
10. 试述其他的先进制造技术有哪些。

主要参考文献

[1] 黎震,谢燕琴.机械制造基础[M].5 版.北京:高等教育出版社,2021.
[2] 姜凤敏,宋佳娜.机械工程材料及成形工艺[M].4 版.北京:高等教育出版社,2019.
[3] 郁志纯.机械基础[M].3 版.北京:高等教育出版社,2023.
[4] 徐晓峰.工程材料与成形工艺基础[M].北京:机械工业出版社,2017.
[5] 张普礼.机械加工设备[M].北京:机械工业出版社,2014.
[6] 王靖东,赵建平.金属切削与加工[M].3 版.北京:高等教育出版社,2021.

郑重声明

高等教育出版社依法对本书享有专有出版权。任何未经许可的复制、销售行为均违反《中华人民共和国著作权法》，其行为人将承担相应的民事责任和行政责任；构成犯罪的，将被依法追究刑事责任。为了维护市场秩序，保护读者的合法权益，避免读者误用盗版书造成不良后果，我社将配合行政执法部门和司法机关对违法犯罪的单位和个人进行严厉打击。社会各界人士如发现上述侵权行为，希望及时举报，我社将奖励举报有功人员。

反盗版举报电话 （010）58581999　58582371
反盗版举报邮箱 dd@hep.com.cn
通信地址 北京市西城区德外大街 4 号　高等教育出版社知识产权与法律事务部
邮政编码 100120